A. SPEISER

—

DIE THEORIE DER GRUPPEN VON ENDLICHER ORDNUNG

DIE THEORIE DER GRUPPEN
VON ENDLICHER ORDNUNG

DIE THEORIE DER GRUPPEN VON ENDLICHER ORDNUNG

MIT ANWENDUNGEN
AUF ALGEBRAISCHE ZAHLEN UND GLEICHUNGEN
SOWIE AUF DIE KRYSTALLOGRAPHIE

VON

ANDREAS SPEISER

ORD. PROFESSOR DER MATHEMATIK AN DER UNIVERSITÄT BASEL

Vierte, erweiterte und berichtigte Auflage
Mit 43 Abbildungen, einer Farbtafel und einem Anhang

SPRINGER BASEL AG 1956

ISBN 978-3-0348-4078-1   ISBN 978-3-0348-4153-5 (eBook)
DOI 10.1007/978-3-0348-4153-5

VORWORT ZUR ERSTEN AUFLAGE

In ihren elementaren Teilen besteht die Gruppentheorie aus einer Reihe vielleicht nicht immer völlig organisch zusammenhängender Methoden und Begriffe, und die Gliederung des Stoffes ist hier schon in hohem Maße festgelegt. Wem unsere Darstellung etwas knapp erscheint, den verweisen wir zur Ergänzung auf die ausgezeichneten und ausführlichen Darstellungen von *Weber* (Algebra, Bd. 2) und von *Netto* (Gruppen- und Substitutionstheorie, Leipzig 1908). Beim Studium dieser Anfangsteile braucht man sich keineswegs streng an die Reihenfolge der Paragraphen zu halten, sondern im allgemeinen werden die ersten Paragraphen der einzelnen Kapitel leicht verständlich sein, die späteren dagegen wesentlich schwerer.

Erst mit der Theorie der Substitutionsgruppen setzt eine weittragende und systematische Theorie ein, die, wie wir am Schluß zu zeigen versuchen, noch lange nicht ausgeschöpft ist. Sie kommt im Grunde auf eine zahlentheoretische Behandlungsweise heraus, deren Terminologie (Produkt, Multiplizieren usw.) ja bereits von Anfang an erscheint.

Entsprechend dem Plane dieser Sammlung von Einzeldarstellungen wurde den Anwendungen besondere Aufmerksamkeit gewidmet. Neben mannigfaltigen algebraischen und zahlentheoretischen Sätzen kommt hier in erster Linie die Krystallographie in Betracht. Diese besitzt ja gegenüber allen anderen Fällen des Gelingens mathematischer Naturbeschreibung den Vorzug größter begrifflicher Einfachheit und strengster arithmetischer Präzision.

Bei der Durchsicht der Korrekturen haben mich die Herren Prof. Dr. *R. Courant*, Prof. Dr. *R. Fueter* und Prof. Dr. *G. Pólya* unterstützt und auf manche Verbesserungen hingewiesen, wofür ihnen hier aufs beste gedankt sei.

Mein Dank gilt ferner meiner Frau, die mir bei der Herstellung des Manuskriptes geholfen hat.

Zürich, im Dezember 1922.   *A. Speiser*

VORWORT ZUR ZWEITEN AUFLAGE

In dieser zweiten Auflage sind die Kapitel über *Abel*sche Gruppen und die einleitenden Abschnitte über die Substitutionsgruppen ausführlicher gestaltet worden. Bei der großen Bedeutung, welche die Gruppentheorie in der Krystallographie gewinnt, schien es mir erwünscht, auch das entsprechende Problem der Ebenensymmetrien darzustellen. Dabei gewahrte ich, dass diese Probleme schon von den Ägyptern in ihrer Ornamentik gelöst worden sind. Die Folgerungen für die Geschichte der Mathematik habe ich in einem einleitenden Abschnitt angedeutet. Ein weiterer einleitender Aufsatz behandelt die Ableitung der Gruppen aus Gruppoiden, ein Problem, das wahrscheinlich an einzelnen Fällen auch schon im Altertum, mit der dialektischen Methode, behandelt worden ist.

Die Lektüre dieses Buches kann ebensogut mit dem 6. oder 8. Kapitel als mit dem ersten begonnen werden. Die Aufsuchung sämtlicher Symmetrien eines Ornamentes kann als beste Einführung in den Gruppenbegriff empfohlen werden, sie wird als methodisches Hilfsmittel auch von den Krystallographen angewandt.

Auch sonst hat der Text im einzelnen manche Änderungen erfahren, besonders durch die wertvolle Hilfe, welche mir von verschiedenen Kollegen zuteil geworden ist. Den ersten Teil, bis zu den Substitutionsgruppen, hat Herr Privatdozent Dr. *Bessel-Hagen* einer eingehenden Revision unterzogen, von deren Resultaten ich ausgiebig Gebrauch gemacht habe. Für die Substitutionsgruppen verdanke ich vor allem Herrn Prof. Dr. *Fueter* wichtige Hinweise. Beide Herren sowie Herr *J. J. Burckhardt* haben mich bei der Durchsicht der Korrekturen unterstützt, manche weitere Fachgenossen haben mir ihre Bemerkungen mitgeteilt. Ihnen allen spreche ich auch an dieser Stelle meinen Dank aus, ebenso der Verlagsbuchhandlung *Julius Springer* für ihr großes Entgegenkommen bei der Drucklegung.

Zürich, im August 1927. *A. Speiser*

VORWORT ZUR DRITTEN AUFLAGE

Auch für diese dritte Auflage ist mir von verschiedenen Kollegen wertvolle Hilfe zuteil geworden. Ich möchte vor allem Herrn *K. Witt* nennen, der mich in Zürich besuchte und mir vieles mitgeteilt hat, das ich verwerten konnte; außer dem im Text Erwähnten nenne ich noch besonders die schönen Untersuchungen von *Hall*. Die neuere Entwicklung der Physik legte es nahe, die Lehre von den symmetrischen Gruppen ausführlicher darzustellen, ferner fügte ich, ebenfalls von dieser Seite angeregt, einen Abschnitt über die algebraischen In- und Kovarianten hinzu, hoffend, daß auf diesem Wege diese etwas in den Hintergrund getretene Theorie wieder zu Ehren kommt.

Für die Korrektur wurde ich von Herrn Dr. *E. Trost* wesentlich unterstützt. Den beiden genannten Herren sowie der Verlagsbuchhandlung *Julius Springer* spreche ich meinen besten Dank aus.

Zürich, im September 1937. *A. Speiser*

VORWORT ZUR VIERTEN AUFLAGE

Von der dritten Auflage wurde durch den Dover Verlag in New York ein unveränderter Abdruck hergestellt. Die vorliegende vierte Auflage wurde an einigen Stellen korrigiert, ferner wurde in einem Anhang die Herstellung von Gruppenbildern erörtert und der Unterschied zwischen der funktionentheoretischen Auffassung und der Substitution erörtert. Dem Birkhäuser Verlag danke ich für die Herstellung der neuen Auflage und namentlich für die Hinzufügung des farbigen Titelbildes, das dieser Neuauflage zu besonderer Zierde gereicht.

Basel, im Juni 1955. *A. Speiser*

INHALTSVERZEICHNIS

12. Kapitel.

Gruppencharaktere.

13. Kapitel.

Anwendungen der Theorie der Gruppencharaktere.

14. Kapitel.

Arithmetische Untersuchungen über Substitutionsgruppen.

15. Kapitel.

Gruppen von gegebenem Grade.

16. Kapitel.

Die allgemeinen linearen homogenen Substitutionen und ihre Invarianten und Kovarianten.

17. Kapitel.

Gleichungstheorie.

Einleitung.

In dieser Einleitung habe ich zwei voneinander unabhängige Aufsätze zusammengestellt, welche mir zur Einführung in die Gruppentheorie geeignet erscheinen. Ich bemerke jedoch, daß die Kenntnis ihres Inhaltes in der Folge nirgends vorausgesetzt wird, so daß der Leser sie ruhig überschlagen kann.

I. Zur Vorgeschichte der Gruppentheorie.

Lange bevor man sich mit Permutationen beschäftigte, wurden mathematische Figuren konstruiert, die auf das engste mit der Gruppentheorie zusammenhängen und nur mit gruppentheoretischen Begriffen erfaßt werden können, nämlich die regulären Muster, welche durch Bewegungen und Spiegelungen mit sich selbst zur Deckung gebracht werden können. Sie bilden zusammen mit der Musik einen Hauptgegenstand der höheren Mathematik im Altertum. Insbesondere bestand die von den Griechen viel bewunderte ägyptische Mathematik zweifellos in der Auffindung solcher Figuren. In den Nekropolen von Theben sind prachtvolle Exemplare dieser Geometrie heute noch vorhanden, einige derselben sind im 6. Kapitel reproduziert. Während diese ägyptischen Ornamente meist einen sog. „unendlichen Rapport" enthalten, d. h. allseitig in der Ebene ins Unendliche fortgesetzt werden könnten, beschränken sich die uns erhaltenen griechischen Schriften dieser Art auf Figuren, welche ganz im Endlichen liegen und nur endlich viele Symmetrien aufweisen, nämlich auf die regulären Polygone und Polyeder. Das klassische Werk für dieses Gebiet der Mathematik bilden die Elemente von Euklid. Es enthält die vollständige geometrische und arithmetische Theorie der regulären Dreiecke, Vierecke, Fünfecke, Sechsecke und Fünfzehnecke, sowie der fünf regulären Körper, deren Untersuchung Plato gefordert hatte, weil er sie für den Bau der Atome gebrauchte. Hierzu waren Untersuchungen über biquadratische Irrationalitäten erforderlich, sie sind in dem umfangreichen und schwierigen 10. Buch enthalten. Das letzte Theorem des Werkes, im 13. Buch, gibt die für die Gruppentheorie fundamentale Konstruktion des Pentagondodekaeders auf den Kanten des Würfels. Man kann sagen, daß ein großer Teil des Euklidischen Werkes in das Gebiet der heutigen algebraischen Zahlentheorie und Gruppentheorie gehört.

Aber schon vor der Zeit Euklids hat die griechische Mathematik sich anderen Fragen zugewendet, nämlich der kontinuierlichen

Geometrie. Die Grundlagen derselben finden sich zerstreut in dem Eukli-dischen Werk selber; die uns erhaltenen Arbeiten von Archimedes und Apollonius beschäftigen sich durchgehends mit solchen Problemen, insbesondere mit den Kegelschnitten. Doch wissen wir, daß Archimedes die sog. halbregulären Körper bearbeitet hat, ferner ist kürzlich die Konstruktion des regulären Siebenecks durch Archimedes wiedergefunden worden (Isis 1926).

Jedenfalls hat die mathematische Tradition der Ägypter und Euklids in der Kunst, insbesondere in der Architektur und ihren Ornamenten, weiter gelebt. Der wichtigste Teil des sog. 15. Buches der Elemente von Euklid besteht aus Sätzen, die nach *Tannery* (Werke Bd. 1, S. 64 und Bd. 2, S. 118) von Isidorus von Milet, einem der Architekten der Sophienkirche in Konstantinopel, stammen. In der arabischen und persischen Kunst erlebte die ägyptische Ornamentik einen neuen ge-waltigen Aufschwung und schuf Gebilde von unerhörter Vollendung und mathematischer Tiefe. Die Abb. 40 und 41 geben Proben davon. Auch die sog. Arabesken gehören hierher. Sie verdanken ihre Lebendig-keit und Mannigfaltigkeit ausschließlich der Geometrie, denn die stili-sierten Blätter, die sich darin finden, haben ihre Form fast unverändert durch die Jahrhunderte beibehalten (vgl. *A. Riegl*, Stilfragen S. 260 und 262). Ähnliche Figuren finden sich in Menge an romanischen Domen, z. B. enthält das Portal von San Ambrogio in Mailand eine ganze Muster-karte von Borten- und Flächenornamenten. In der gotischen Archi-tektur trifft man sogar komplizierte Raumgruppen. Das schönste mir bekannte Beispiel wird von den aufeinander gestellten sechseckigen Prismen im Helm des Straßburger Münsters gebildet. Der Architekt war Johannes Hültz von Köln (etwa 1430). Grundriß und Aufriß sind z. B. in *G. Dehio*, Geschichte der deutschen Kunst, 2. Band der Abbil-dungen, S. 56 und 60, reproduziert.

Die regulären Körper tauchen wieder auf in der Kosmographie *Keplers*, wo sie die Sternsphären aufspannen; ihre Beschreibung bildet einen großen Teil der beiden herrlichen *Kepler*schen Werke: Prodro-mus, 1596 (übersetzt von *M. Caspar* unter dem Titel „Das Welt-geheimnis", Augsburg 1923) und Harmonice mundi 1619. Letzteres enthält eine Art von Synthese der regulären Polyeder und der Lehre von den Kegelschnitten zur Beschreibung des Weltbaues. Gleich darauf verschwindet die Gruppentheorie, wie im Altertum, und die kontinuier-liche Geometrie beherrscht das Interesse, bis in neuester Zeit die Lehre vom Bau der Krystalle den wunderbaren Zusammenhang der Atom-konfigurationen mit den Raumgruppen aufgedeckt und damit die Ver-mutungen Platos noch weit übertroffen hat.

Leider sind die ägyptischen und arabischen Ornamente bisher nie nach ihrem geometrischen Gehalt untersucht worden, und so bleibt eines der schönsten Kapitel der Geschichte der Mathematik noch zu schreiben. Man hat den Inhalt der vorgriechischen Mathematik in Fragen der elementaren Geometrie gesucht (vgl. z. B. *M. Cantor*, Geschichte der Mathematik, Bd. 1). Aber abgesehen von dem selbstverständlichen Urbestand scheinen diese Probleme nicht so sehr alt zu sein. Auch in der Musik sind die Fingerübungen später als die Kompositionen, für deren Exekution sie gemacht sind. Schon die ausgesprochene Neigung zum Langweiligen, welche wohl unvermeidlich der elementaren Mathematik anhaftet, spricht eher für die späte Entstehung, denn der schöpferische Mathematiker wird sich mit Vorliebe den interessanten und schönen Problemen zuwenden.

Sieht man dagegen die *Konstruktion symmetrischer Figuren* als Inhalt der frühen Mathematik an, so versteht man die hohe Stellung oberhalb aller Kunst, welche sie bei den Griechen eingenommen hat. Man versteht, daß Plato sie als das *Band*, welches die Ideen mit der Materie verknüpft, bezeichnet hat. Dieses kann doch unmöglich in Kongruenzsätzen, auch nicht im pythagoreischen Lehrsatz bestanden haben, vielmehr ist es nach den Angaben im Timäus die *Form der regulären Polyeder*. Diese als raumaufspannende Flächen aufgefaßten Figuren konstituieren die Elemente, und indem Plato die Natur der Außenwelt in ihren elementaren Teilen als etwas mathematisches erkannte, schien ihm das Hauptproblem aller realistischen Philosophie, welche das Geistige als das allein Wirkliche behauptet, nämlich die Existenz der sinnlich wahrnehmbaren Natur, gelöst zu sein: auch in ihr nehmen wir in Wirklichkeit etwas Geistiges wahr.

So zeigt uns die Vorgeschichte der Gruppentheorie, daß wir die Anfänge der höheren Mathematik vielleicht um 1000 Jahre früher legen müssen, als man es bisher getan hat, und daß die griechische Mathematik anknüpft an eine ägyptische Tradition, die mindestens in die 18. Dynastie, also in die Zeit von 1500 v. Chr., zurückreicht. Ferner ergeben sich enge Beziehungen zwischen der Mathematik und der Kunst, die jederzeit wieder aufgenommen werden können.

Zum Schluß möchte ich noch darauf hinweisen, daß die heutige Mathematik einstweilen nicht imstande ist, alles mathematisch Erfaßbare in der Kunst wiederzugeben. Insbesondere sind in der Musik noch manche Geheimnisse verborgen; wir wissen z. B. nur sehr weniges darüber, wie Bach seine Fugen ausgearbeitet hat. Immerhin haben die neuesten Untersuchungen von *Busoni, Lorenz, Werker, Graeser* u. a. schon sehr bemerkenswerte Resultate geliefert. Stets handelt es sich um Dinge, die man mit dem Sammelnamen „Symmetrien" bezeichnen kann; freilich sind sie in der Musik, wo es sich um einen zeitlichen Ablauf, nicht um eine räumliche Ausbreitung handelt, etwas anderer Natur als in der Ornamentik, aber die Verwandtschaft der beiden Künste ist klar.

II. Ableitung des Gruppenbegriffs aus den Permutationen.

In der elementaren Algebra werden die Vertauschungen von Dingen betrachtet. Man denkt sich n feste Stellen, die mit n Gegenständen, den sog. *Variablen,* so ausgefüllt werden, daß jede Stelle genau eine Variable enthält. Eine solche Verteilung wird in der Elementarmathematik Permutation genannt; wir wollen dafür aber lieber das Wort „Anordnung" oder etwas allgemeiner „Zustand" der Variablen gebrauchen, denn in der Gruppentheorie bedeutet das Wort Permutation etwas ganz anderes. Man zeigt nun leicht, daß es genau $n!$ verschiedene Anordnungen gibt, und mit derartigen Fragen über Anzahlen von Kombinationen begnügt sich die elementare Theorie.

Diese Anordnungen von Dingen enthalten aber ein Geheimnis, und um dieses aufzudecken, müssen wir etwas genauer auf den Gegenstand eingehen. Wir beschränken uns auf den Fall von drei Stellen und drei Variablen und erhalten 6 Anordnungen, die ich in folgender Weise numeriere:

$$\text{I. } (1,\ 2,\ 3) \qquad \text{II. } (2,\ 3,\ 1) \qquad \text{III. } (3,\ 1,\ 2)$$
$$\text{IV. } (1,\ 3,\ 2) \qquad \text{V. } (3,\ 2,\ 1) \qquad \text{VI. } (2,\ 1,\ 3).$$

Die Variablen sind hier einfach mit 1, 2, 3 bezeichnet. Sie haben den Namen „Variable" von der Tatsache, daß sie von einer Stelle zu einer anderen bewegt werden können, und wir wollen jetzt eine solche Bewegung betrachten, d. h. den Übergang von einer Anordnung in eine beliebige der 6 Anordnungen. Hierbei kommt es gar nicht darauf an, wie die Bewegung ausgeführt wird, es handelt sich vielmehr nur um den Inbegriff eines Anfangszustandes und eines Endzustandes. Da wir am Anfang und am Ende eine beliebige der 6 Anordnungen haben können, so gibt es genau 36 Übergänge, und diese wollen wir nun näher betrachten. Zu ihrer Bezeichnung schreiben wir erst die Nummer des Anfangszustandes, dann machen wir einen Pfeil, dann schreiben wir die Nummer des Endzustandes hin. So bedeutet II → V, daß die Anordnung (2, 3, 1) in die Anordnung (3, 2, 1) übergeführt wird. Wir können zwei Übergänge dann und nur dann nacheinander ausführen, wenn der Anfangszustand des zweiten mit dem Endzustand des ersten übereinstimmt. Das Resultat ist dann die Überführung des ersten Zustandes in den letzten unter Umgehung des mittleren. So lassen sich z. B. I → III und III → VI hintereinander ausführen und ergeben als Resultat I → VI. Dagegen ist der Übergang I → III nicht mit I → II zusammenzusetzen. Wir wollen dieses Verhalten, ohne auf eine nähere Definition einzugehen, dadurch ausdrücken, daß wir sagen: die 36 Übergänge bilden ein *Gruppoid*, eine Bezeichnung, die von *H. Brandt*[1]

---

[1] Über eine Verallgemeinerung des Gruppenbegriffs. Math. Ann. Bd. 96 (1926) S. 360—366.

herrührt. Unsere Hauptaufgabe ist nun die, vom Gruppoid zur Gruppe zu gelangen, und um das zu erläutern, wähle ich drei Beispiele, die jedermann bekannt sind, nämlich den Raum, die Zahlen und die Zeit.

Der *Raum*. Wir gehen aus von der Gesamtheit der Punkte des Euklidischen Raumes und betrachten den Übergang von einem beliebigen Punkt A zu einem beliebigen Punkt B, der auch mit A identisch sein darf. $A \to B$ nennen wir eine Strecke. Wiederum können wir zwei Strecken zusammensetzen, wenn der Anfangspunkt der zweiten mit dem Endpunkt der ersten übereinstimmt, und erhalten so aus $A \to B$ und $B \to C$ die Strecke $A \to C$. Wenn dagegen die Bedingung nicht erfüllt ist, so können wir die Strecken nicht zusammensetzen. Wiederum sagen wir, die Strecken im Raum bilden ein Gruppoid, wenn wir die eben definierte Art der Zusammensetzung zweier Strecken mit besonderer Eigenschaft berücksichtigen. Aus dem Begriff der Strecke löst sich der *Vektorbegriff* dadurch los, daß man von der besonderen Lage der Strecke absieht und nur ihre Größe und Richtung festhält. Ein Vektor kann an einen beliebigen Punkt angeheftet werden und liefert dann eine ganz bestimmte Strecke, d. h. einen ganz bestimmten Endpunkt. Er repräsentiert also eine unendliche Menge von Strecken. Vektoren lassen sich nun ohne irgendeine Einschränkung zusammensetzen, und zwar benutzt man für diese „Vektoraddition" zweier Vektoren zwei Strecken, die zusammensetzbar sind, und aus den Kongruenzsätzen folgt ohne weiteres, daß der zusammengesetzte Vektor unabhängig von der besonderen Wahl der Strecken ist. Wir drücken das, wiederum ohne nähere Definition, dadurch aus, daß wir sagen: die Vektoren bilden nach der Vektoraddition eine *Gruppe*.

Zahl. Wir gehen aus von der Reihe der ganzen positiven Zahlen und nennen ihre Individuen die zählenden Zahlen (Ordinalzahlen). Wiederum betrachten wir den Übergang von einer Zahl zu einer späteren und erhalten ein Gruppoid. Aber auch hier löst sich aus einem solchen Übergang, etwa $3 \to 8$, etwas heraus, was nicht an die beiden Grenzen 3 und 8 gebunden ist, nämlich die „Differenz" der beiden Zahlen. Sie kann an eine beliebige Zahl angeheftet werden und liefert immer eine bestimmte zweite, so ist $3 \to 8$ dieselbe Differenz wie $2 \to 7$ und wie $0 \to 5$. Indem wir diese letztere Art der Darstellung, nämlich die Anheftung an die Null, auszeichnen, bezeichnen wir die Differenz als die Zahl 5, nennen aber diesen neuen Zahlbegriff die *gezählte Zahl* (Kardinalzahl). Gezählte Zahlen lassen sich nun addieren. Freilich bilden sie noch keine Gruppe, vielmehr muß man noch eine Erweiterung auf die negativen ganzen Zahlen vornehmen. Dadurch erreicht man, daß jede zählende Zahl am Ende einer gezählten Zahl auftreten kann. So ist z. B. $0 \to 5$ auch durch $-3 \to 2$ darstellbar. Bei den Vektoren im Raum war das selbstverständlich, jeder Punkt kann als Endpunkt für einen

Vektor dienen. Die positiven und negativen gezählten Zahlen bilden nach der Addition eine Gruppe.

Zeit. Zur Deduktion der Zeit geht Aristoteles von der Bewegung aus, die er als Übergang von einem Anfangszustand in einen Endzustand bezeichnet. Auch hier haben wir zunächst ein Gruppoid: zwei Übergänge oder Bewegungen lassen sich nur dann zusammensetzen, wenn der Anfangszustand der zweiten Bewegung mit dem Endzustand der ersten übereinstimmt. Nun löst sich aber aus einer Bewegung etwas heraus, was durch eine Zahl gemessen werden kann, etwa durch die Umdrehung des Himmelsgewölbes während der Bewegung, und diese Zahl läßt sich an jeden Zustand anheften, sie liefert immer einen bestimmten Endzustand.

Die Uhr wird aus einem bloß sich bewegenden Instrument zu einem Zeitmesser erst durch eine Festsetzung von der folgenden Art: *Jede volle Umdrehung des großen Zeigers liefert dieselbe Zeit.*

Dies könnte der Sinn der allerdings schon *Plotin* (Enn. III 7. 9) unverständlichen Definition der Zeit durch *Aristoteles* sein:

Die Zeit ist die Zahl der Bewegung hinsichtlich des früher und später, die Zahl im Sinne der gezählten Zahl genommen (Arist. Physik 219 b).

Den Griechen scheint der Übergang vom Gruppoid zur Gruppe in der eben beschriebenen Art erhebliche Schwierigkeiten geboten zu haben. Sie empfanden als typisch dafür die Herauslösung des Tonintervalles aus dem Zweiklang, also z. B. der Quint aus $C-G$ oder $E-H$. Ihre Proportionenlehre sieht daher in dem Gemeinsamen von $4:2$ und $6:3$ ein Intervall, und dem, was wir Produkt zweier Quotienten nennen, geben sie den Namen der Summe: Quint + Quart = Oktave, aber $3/2 \cdot 4/3 = 2/1$ (vgl. hierzu *P. Tannery*, Du rôle de la musique grecque, Bibl. math. 3. Folge Bd. 3 und Werke 3. Bd. S. 68).

Dieser Aufstieg von der Strecke zum Vektor, von der Ordinalzahl zur Kardinalzahl, von der Bewegung zur Zeit, vom Zweiklang zum Intervall, allgemein vom Gruppoid zur Gruppe läßt sich auch an den Vertauschungen von Dingen ausführen, und erst an diesem Beispiel ist die Tragweite des Gruppenbegriffs klar geworden.

Erfordert wird nach den früheren Beispielen, daß sich aus dem Übergang von einer Anordnung zu einer anderen eine Operation herauslöst, welche auf jede Anordnung ausgeübt werden kann und stets eine bestimmte zweite liefert. Ferner müssen unter den resultierenden Anordnungen die sämtlichen genau einmal auftreten. *E. Galois* drückt dies (manuscrits publiés par *Tannery* 1908, p. 8) folgendermaßen aus: *Ce qui caractérise un groupe: On peut partir d'une des permutations quelconques du groupe.* Hier ist „permutation" im Sinne von „Anordnung" gebraucht.

Die Operation, welche dies leistet, ist die *Substitution*. Aus dem
Übergang der beliebigen Anordnung (a, b, c) in die Anordnung (d, e, f)
entnehmen wir bloß folgende drei Tatsachen:

$$a \text{ wird ersetzt durch } d,$$
$$b \quad ,, \quad ,, \quad ,, \quad e,$$
$$c \quad ,, \quad ,, \quad ,, \quad f.$$

Betrachten wir ein Beispiel: Der Übergang von I in II besagt, als
Substitution aufgefaßt, daß 1 in 2, 2 in 3 und 3 in 1 übergeführt wird,
oder kurz ausgedrückt, daß die drei Variablen 1, 2, 3 zyklisch vertauscht
werden. Diese Operation läßt sich auf jede Anordnung anwenden und
liefert immer eine bestimmte resultierende Anordnung. Man erhält
so genau 6 „Darstellungen" der Operation, die im folgenden so wiedergegeben sind, daß die Anfangsanordnung in eine erste, die Endordnung
in eine zweite Zeile geschrieben wird. Dadurch wird der Übergang zur
Substitution erleichtert, man hat einfach jede Variable durch die darunter
stehende zu ersetzen.

$$\begin{pmatrix} 1, & 2, & 3 \\ 2, & 3, & 1 \end{pmatrix} \begin{pmatrix} 2, & 3, & 1 \\ 3, & 1, & 2 \end{pmatrix} \begin{pmatrix} 3, & 1, & 2 \\ 1, & 2, & 3 \end{pmatrix} \begin{pmatrix} 1, & 3, & 2 \\ 2, & 1, & 3 \end{pmatrix} \begin{pmatrix} 3, & 2, & 1 \\ 1, & 3, & 2 \end{pmatrix} \begin{pmatrix} 2, & 1, & 3 \\ 3, & 2, & 1 \end{pmatrix}$$

Benützen wir die Numerierung der Anordnungen und als Bezeichnung
des Überganges einen Pfeil so erhalten wir folgendes:

$$\text{I} \to \text{II}, \quad \text{II} \to \text{III}, \quad \text{III} \to \text{I}, \quad \text{IV} \to \text{VI}, \quad \text{V} \to \text{IV}, \quad \text{VI} \to \text{V}.$$

Man verifiziert, daß auch als Resultat alle 6 Anordnungen gerade einmal auftreten.

Im Deutschen bezeichnet man derartige Substitutionen als *Permutationen*, und wir wollen uns diesem Sprachgebrauch anschließen. Man
sieht aber, daß sie etwas ganz Verschiedenes von dem sind, was in der
elementaren Mathematik mit diesem Wort bezeichnet wird.

Da es bei 3 Variabeln 36 Übergänge gibt und jede Permutation
genau 6 derselben beansprucht, so gibt es 6 Permutationen von 3 Dingen,
die man gewöhnlich so notiert, daß die erste Anordnung die natürliche
Aufeinanderfolge der Zahlen 1, 2, 3 ist. Die zweite ist dann eine der
6 möglichen Anordnungen. Unter ihnen kommt die identische Permutation vor, welche die Variabeln unverändert läßt. Sie spielt in der
Gruppentheorie die Rolle der Einheit bei der Multiplikation und muß
immer mitgezählt werden.

Zwei Permutationen lassen sich stets zusammensetzen und ergeben
als Resultat wieder eine Permutation. Führt die erste Permutation
die Variable a in b über und die zweite b in c, so führt die zusammengesetzte Permutation a in c über. Wählen wir als Beispiel die Zusammensetzung der beiden Permutationen

$$\begin{pmatrix} 1, & 2, & 3 \\ 2, & 3, & 1 \end{pmatrix} \quad \text{und} \quad \begin{pmatrix} 1, & 2, & 3 \\ 2, & 1, & 3 \end{pmatrix},$$

von denen die erste die zyklische Vertauschung der drei Variabeln, die zweite dagegen die Vertauschung der beiden ersten Variabeln bedeutet, so verfährt man so, daß man für die zweite diejenige Darstellung benutzt, deren erste Zeile mit der letzten der vorherigen übereinstimmt, nämlich

$$\begin{pmatrix} 2, & 3, & 1 \\ 1, & 3, & 2 \end{pmatrix}.$$

Die zusammengesetzte Permutation wird jetzt folgende:

$$\begin{pmatrix} 1, & 2, & 3 \\ 1, & 3, & 2 \end{pmatrix},$$

d. h. die Vertauschung der Variabeln 2 und 3. Hätten wir die Reihenfolge der beiden Permutationen vertauscht, so hätte sich folgendes Resultat ergeben:

$$\begin{pmatrix} 1, & 2, & 3 \\ 3, & 2, & 1 \end{pmatrix},$$

d. h. die Vertauschung der ersten mit der dritten Variabeln. *Bei der Zusammensetzung von Permutationen ist daher die Reihenfolge zu beachten, sie genügt nicht dem kommutativen Gesetz.* Hierin liegt wohl die prinzipielle Bedeutung der Theorie der Permutationen, sie ist ein Vorstoß in das Gebiet des nicht-Kommutativen. Die Vektoraddition ist bekanntlich kommutativ.

Man kann die 6 Anordnungen von 3 Dingen auch geometrisch deuten durch die 6 Decklagen eines Dreiecks mit sich selber. Wir fassen als „Stellen" die 3 Ecken des Dreiecks auf und können sie auf 6 verschiedene Arten mit den Nummern 1, 2, 3 versehen:

$$\begin{array}{cccccc}
3 & \quad 1 & \quad 2 & \quad 2 & \quad 1 & \quad 3 \\
\triangle & \quad \triangle & \quad \triangle & \quad \triangle & \quad \triangle & \quad \triangle \\
1\;2 & \quad 2\;3 & \quad 3\;1 & \quad 1\;3 & \quad 3\;2 & \quad 2\;1
\end{array}$$

Der Vertauschung der beiden Variabeln 1 und 2 entspricht die Spiegelung an einer Achse, welche durch den Punkt 3 geht und Mittelsenkrechte der Verbindungslinie 1—2 ist. Diese Gerade hat in den Figuren, von der festen Ebene aus gesehen, nicht eine feste Lage, und dies führt uns sofort zu der Tatsache, daß wir bei der Reduktion des Gruppoids auf die Gruppe auch anders hätten vorgehen können. Wir könnten alle diejenigen Übergänge zusammenfassen, welche derselben Bewegung oder Spiegelung des Dreiecks entsprechen. Nimmt man z. B. die Spiegelungsgerade durch den oberen Eckpunkt, welche also Mittelsenkrechte der unteren Seite ist, so besitzt sie folgende 6 Darstellungen, wie man aus den Figuren sofort ersieht:

$$\begin{pmatrix} 1, & 2, & 3 \\ 2, & 1, & 3 \end{pmatrix} \begin{pmatrix} 2, & 3, & 1 \\ 3, & 2, & 1 \end{pmatrix} \begin{pmatrix} 3, & 1, & 2 \\ 1, & 3, & 2 \end{pmatrix} \begin{pmatrix} 1, & 3, & 2 \\ 3, & 1, & 2 \end{pmatrix} \begin{pmatrix} 3, & 2, & 1 \\ 2, & 3, & 1 \end{pmatrix} \begin{pmatrix} 2, & 1, & 3 \\ 1, & 2, & 3 \end{pmatrix}.$$

Als Permutationen der Variabeln aufgefaßt, würden sie drei verschiedene Operationen ergeben, aber man sieht ihnen das Gemeinsame sofort an: in allen 6 werden die *beiden ersten Stellen* vertauscht. Entnimmt man also aus einem Übergang einer Anordnung in eine andere nur die Vertauschung der Stellen der einzelnen Variabeln unter Vernachlässigung der Nummern der Variabeln, so bekommt man wiederum aus dem Gruppoid 6 Operationen destilliert, deren jede durch 6 Übergänge repräsentiert wird, indem sie auf jede Anordnung angewendet werden kann und immer eine bestimmte resultierende Anordnung liefert. Freilich sind die beiden Gruppen, die man so erhält, nicht wesentlich verschieden, denn die Gesetze der Zusammensetzung zweier Operationen sind dieselben, wenn man nur der Variabelnpermutation dieselbe Stellenpermutation zuordnet. So hatten wir gefunden: wenn man die Variabeln erst zyklisch permutiert und nachher die beiden ersten Variabeln vertauscht, so ist das Resultat die Vertauschung der Variabeln 2 und 3. Es ist selbstverständlich, daß man hier statt des Wortes „Variable" auch das Wort „Stelle" setzen kann. Als „abstrakte Gruppe" sind die beiden Definitionen gleichbedeutend. Aber gerade die Tatsache, daß dieselbe Gruppe auf zwei verschiedene Weisen erhalten werden kann, weist deutlich darauf hin, daß die Permutationen das mathematische Gebilde nicht völlig rein wiedergeben. Die dialektische Untersuchung, welche nun notwendig wurde, hat im 19. Jahrhundert lange Zeit gebraucht und schließlich auf die Definition der abstrakten Gruppe geführt, wie wir sie im § 1 angeben.

Immer wenn man von der Bewegung einer flüssigen Materie in einem festen Raum, eines physischen Raumes in einem geometrischen Raume spricht, erhält man diese doppelte Möglichkeit, eine Gruppe herauszulösen. Um das einzusehen, brauchen wir bloß das Kontinuum durch eine endliche Zahl diskreter Zellen zu ersetzen, wie man das bei der Einführung des Raumintegrales zu tun pflegt. Das Gefäß, das die Flüssigkeit enthält, bestehe aus n mit 1 bis n numerierten *Zellen* oder *Stellen*, die Flüssigkeit aus ebensovielen *Molekülen*, welche den Variabeln entsprechen und ihrerseits numeriert seien. Eine Lage der Flüssigkeit im Gefäß wird dadurch festgelegt, daß für jede Zelle das darin befindliche Molekül angegeben wird. Dies entspricht genau der „Anordnung" von n Dingen. Eine Bewegung definieren wir nach Aristoteles als den Übergang von einer Verteilung zu einer neuen. Hieraus kann man auf zwei verschiedene Weisen eine Operation herauslösen, welche auf jede beliebige Anfangsverteilung angewendet werden kann und dann eine wohlbestimmte Endverteilung liefert:

1. Man entnimmt der Bewegung die Aussage: An die Stelle des Moleküles mit der Nummer a kommt das Molekül mit der Nummer b. Hier wird also b eine Funktion von a.

2. Man sieht auf die Stellenveränderung der einzelnen Moleküle und macht die Aussage: das Molekül, das sich an der Stelle mit der Nummer x befindet, kommt an die Stelle mit der Nummer y.

Den Übergang zum Kontinuum will ich hier nicht näher ausführen, sondern nur folgendes bemerken: Die Stellen des Gefäßes werden durch 3 Koordinaten, die Flüssigkeitsteilchen durch 3 Parameter charakterisiert. Die erste Aussage gibt eine Substitution der Parameter, die zweite eine solche der Koordinaten.

Das eben Auseinandergesetzte steht in engstem Zusammenhang mit dem Relativitätsproblem, denn da handelt es sich gerade darum, sich vom geometrischen Raum loszumachen und von den beiden Aussagen bloß die Aussage 1 zu benutzen, welche die Parameter der materiellen Teilchen enthält. Wenn wir uns im folgenden auf endliche Gruppen beschränken, so möchte ich hierzu *H. Weyl* zitieren (Handbuch der Philosophie, Abteilung II, Beitrag A, S. 59, München und Berlin 1926): „Es war für die Mathematik ein Glück, daß das Relativitätsproblem zuerst nicht am kontinuierlichen Punktraum, sondern an einem aus endlich vielen diskreten Objekten bestehenden System, nämlich an dem System der Wurzeln einer algebraischen Gleichung (mit rationalen Zahlkoeffizienten) durchgeführt wurde (*Galois*sche Theorie); das ist der Schärfe der Begriffsbildungen sehr zugute gekommen. .... Aus diesem Problemkreis ist auch die abstrakte Gruppentheorie entsprossen."

1. Kapitel.

Die Grundlagen.

§ 1. Die Postulate des. Gruppenbegriffs.

Ein System von verschiedenen Elementen bildet eine *Gruppe,* wenn folgende vier Postulate erfüllt sind:

I. Das Gruppengesetz. Jedem geordneten Paar von gleichen oder verschiedenen Elementen des Systems ist eindeutig ein Element desselben System zugeordnet, das *Produkt* der beiden Elemente. Die Formel dafür ist: $AB = C$.

II. Das Assoziativgesetz. Für die Produktbildung gilt die Gleichung: $(AB)C = A(BC)$. Nicht verlangt wird jedoch das *Kommutativgesetz* $AB = BA$.

III. Das Einheitselement. Es gibt ein Element E, das für jedes Element A des Systems folgendem Gesetz gehorcht: $AE = EA = A$. E heißt das *Einheitselement* oder die *Einheit* der Gruppe.

IV. Das inverse Element. Zu jedem Element A gibt es ein inverses Element $X = A^{-1}$, das der Gleichung genügt: $AX = E$.

Eine Gruppe, bei der alle Elemente in der Bildung des Produktes miteinander vertauschbar sind, heißt eine *kommutative* oder *Abelsche Gruppe.*

Ist die Anzahl der Elemente endlich, so heißt die Gruppe eine *endliche Gruppe.* Die Anzahl der Elemente heißt die *Ordnung* der Gruppe.

Die bekanntesten Gruppen sind *Abel*sche Gruppen mit unendlich vielen Elementen: Die ganzen positiven und negativen Zahlen bilden nach dem Gesetz der Addition eine Gruppe, ebenso die positiven rationalen Zahlen nach dem Gesetz der Multiplikation. Die „Einheit" ist im ersten Falle 0, im zweiten 1. Ferner bilden alle reellen Zahlen nach dem Gesetz der Addition und, nach Weglassung der Null, nach dem Gesetz der Multiplikation eine Gruppe.

Das Postulat II ist die knappste Fassung der allgemeinen Forderung, daß ein Produkt mehrerer Elemente eindeutig bestimmt ist, wenn man die Reihenfolge der Elemente beibehält. Sein Inhalt ist eben diese Forderung für ein Produkt von drei Elementen. Durch einen einfachen Schluß von n auf $n+1$ läßt sich hieraus der allgemeine Satz beweisen. Man setze voraus, daß jedes Produkt von n oder weniger Elementen eindeutig bestimmt ist. Ist nun eine Reihe von $n+1$ Elementen vorgelegt, deren Produkt zu bilden ist, so führt jede Art der Produktbildung zuletzt zu einem Produkt von zwei Elementen, deren erstes das Produkt der i ersten ursprünglichen Elemente darstellt, während das zweite das Produkt der übrigen ist. Es muß nun bloß gezeigt werden, daß auch der letzte Schritt für jeden Wert von i dasselbe Resultat liefert. Ist H das Produkt der $i-1$ ersten Elemente, I das i-te Element und K das Produkt der übrigbleibenden, so folgt aus dem zweiten Postulat:

$$H(IK) = (HI)K.$$

Indem man i der Reihe nach die Zahlen $2, 3, \ldots, n$ durchlaufen läßt, gewinnt man das gesuchte Resultat.

Fordert man noch das kommutative Gesetz, so ist ein Produkt durch die Elemente allein, unabhängig von der Reihenfolge, bestimmt. Es wird nämlich: $ABCD = A(BC)D = A(CB)D = ACBD$, woraus unmittelbar folgt, daß zwei aufeinanderfolgende Elemente miteinander vertauscht werden dürfen. Da man ferner durch derartige „Transpositionen" eine beliebige Reihenfolge herstellen kann, so ist die Behauptung bewiesen.

Das Postulat III fordert die Existenz eines Einheitselementes. *Allein* mit Hilfe des ersten Postulates läßt sich zeigen, daß nur *ein* Element vorkommen kann, das den dortigen Bedingungen genügt. Sei nämlich F ein weiteres Element, für das stets die Gleichungen $AF = FA = A$ erfüllt sind, so ergibt sich, wenn E an die Stelle von A gesetzt wird, für EF gleichzeitig das Element E und F. Wegen I folgt $E = F$.

Das zu A^{-1} inverse Element ist A. Denn aus $A^{-1}B = E$ folgt durch linksseitige Multiplikation mit A: $AA^{-1}B = A$, also $B = A$. A ist mit A^{-1} vertauschbar.

Ist $ABC\ldots F$ ein beliebiges Produkt von Elementen, so ist $F^{-1}\ldots C^{-1}B^{-1}A^{-1}$ das zu dem Produkt inverse Element.

Die Axiome III und IV lassen sich noch etwas verengern:

III. Es gibt mindestens ein E, das für alle A der Gleichung genügt:

$$A E = A.$$

IV. Die Gleichung $A X = E$ ist für jedes A lösbar.

Man löse nämlich $A X = E$ und $X Y = E$. Dann wird

$$X A = X A E = X A X Y = X E Y = X Y = E.$$

Also ist auch $E A = A X A = A E = A$. Hieraus folgt wie oben die Einzigkeit von E und vom inversen Element.

Historische Notiz. Die *abstrakte* Gruppentheorie ist eine relativ späte Entwicklungsphase des mathematischen Gebildes, das unseren Gegenstand bildet. Noch *Jordan*s Traité des substitutions (1870) behandelt ausschließlich *Permutationsgruppen*. Aber die Methoden, die *Euler, Lagrange, Ruffini, Gauß, Cauchy, Galois* und *Jordan* benutzen, sind großenteils unabhängig von dieser speziellen Bedeutung der Elemente. Das erste System abstrakter Gruppenpostulate soll das von *Kronecker* 1870 aufgestellte sein (Auseinandersetzung einiger Eigenschaften der Klassenzahl idealer komplexer Zahlen, Werke Bd. 2, S. 273). Neuerdings haben sich amerikanische Mathematiker mit der Aufstellung von Postulaten beschäftigt, z. B. *L. E. Dickson* (Definition of a group and a field by independent postulates. Amer. Transact. Bd. 6 (1905), S. 198—204) und *E. V. Huntington* (Note on the definition of abstract groups and fields by sets of independent postulates. Amer. Transact. Bd. 6, S. 181—197).

§ 2. Die Gruppentafel.

Eine Gruppe ist vollständig bestimmt, wenn das Produkt zweier beliebiger Elemente bekannt ist. Zur Tabellierung benutzt man, wenigstens in einfacheren Fällen, die **Gruppentafel,** eine zuerst von *Cayley*[1] angewandte Methode. Das Schema ist ein Quadrat mit ebensovielen Zeilen bzw. Kolonnen, als die Ordnung der Gruppe beträgt. Man bringt die Elemente, mit E beginnend, in eine bestimmte Reihenfolge und bezeichnet sowohl die Zeilen als die Spalten der Reihe nach damit. In die Parzelle, welche durch den Durchschnitt der mit A bezeichneten Zeile und der mit B bezeichneten Kolonne gebildet wird, schreibt man das Produkt $A B$. Wir geben als Beispiel die Gruppe niedrigster Ordnung, in welcher das kommutative Gesetz nicht gilt:

	E	A	B	C	D	F
E	E	A	B	C	D	F
A	A	B	E	D	F	C
B	B	E	A	F	C	D
C	C	F	D	E	B	A
D	D	C	F	A	E	B
F	F	D	C	B	A	E

---

[1] On the theory of groups as depending on the symbolical equation $\vartheta^n = 1$. Philos. Mag. (4) Bd. 7 (1854), S. 40—47. The collected Math. papers of *A. Cayley* Bd. 2, S. 123—130.

Man erkennt sofort als charakteristisches Merkmal für Gruppen mit dem kommutativen Gesetz die Symmetrie der Tafel in bezug auf die Hauptdiagonale. In der angegebenen Gruppe gilt aber z. B.: $AC = CB \neq CA$.

Die Tatsache, daß in jeder Zeile und in jeder Kolonne jedes Element der Gruppe genau einmal vorkommt, stellt eine fundamentale Eigenschaft aller Gruppen dar, wie folgendermaßen bewiesen wird:

Die Elemente einer Zeile sind in dem Ausdruck AX enthalten, wobei A ein festes Element darstellt, während X die ganze Gruppe durchläuft. Die Gleichung $AX = B$ läßt bei beliebigem A und B die eine Auflösung zu: $X = A^{-1}B$. Hieraus folgt, daß in dem System von der Gestalt AX jedes Element der Gruppe enthalten ist. Andererseits aber auch nur einmal; für endliche Gruppen ergibt sich das durch bloße Abzählung der Elemente, für unendliche muß man verwerten, daß aus $AB = AC$ folgt: $B = C$. Denn „multipliziert" man die Gleichung auf beiden Seiten von links mit A^{-1}, so erhält man: $A^{-1}AB = A^{-1}AC$ und daraus wegen des Assoziativgesetzes: $B = C$.

Eine modifizierte Tafel, die für spätere Untersuchungen von Wichtigkeit ist, erhält man, indem man entsprechende Zeilen und Kolonnen nicht mit denselben, sondern mit inversen Elementen bezeichnet, in folgender Weise:

	E	A	B	C	$\cdots$
E	E	A	B	C	$\cdots$
A^{-1}	A^{-1}	E	$A^{-1}B$	$A^{-1}C$	$\cdots$
B^{-1}	B^{-1}	$B^{-1}A$	E	$B^{-1}C$	$\cdots$
C^{-1}	C^{-1}	$C^{-1}A$	$C^{-1}B$	E	$\cdots$
$\cdots$	$\cdots$	$\cdots$	$\cdots$	$\cdots$	$\cdots$

Für die oben angeführte Gruppe nimmt dann die Tafel folgende Gestalt an:

	E	A	B	C	D	F
E	E	A	B	C	D	F
B	B	E	A	F	C	D
A	A	B	E	D	F	C
C	C	F	D	E	B	A
D	D	C	F	A	E	B
F	F	D	C	B	A	E

Man bemerkt, daß in der Hauptdiagonalen stets E steht.

Satz 1. *Für endliche Gruppen lassen sich die Postulate* III *und* IV *ersetzen durch das Postulat* III*, *das für gewisse Anwendungen bequemer ist:*

III*: *Aus $AB = AC$ folgt $B = C$ und aus $BA = CA$ folgt ebenfalls $B = C$.*

Beweis. Das Postulat besagt für endliche Gruppen, daß AX und XA mit X die sämtlichen Elemente der Gruppe durchlaufen. Denn ist g die Ordnung der Gruppe, so stellt AX g Elemente dar, die wegen des Postulates III* voneinander verschieden sind und daher mit den Elementen der Gruppe übereinstimmen müssen. Insbesondere läßt die Gleichung $AX = A$ eine Lösung zu, die mit E bezeichnet werde. Aus $AE = A$ folgt: $X(AE) = XA$, also wegen des Assoziativgesetzes $(XA)E = XA$. Da XA mit X alle Elemente der Gruppe durchläuft, so gilt für jedes Element der Gruppe: $XE = X$ und insbesondere $EE = E$. Aber auch EX durchläuft mit X sämtliche Elemente der Gruppe und aus $EEX = EX$ folgt, daß für jedes Element X der Gruppe die Gleichung gilt: $EX = X$. Damit ist das Postulat III aus dem Postulat III* abgeleitet. Das Postulat IV folgt sofort aus der Tatsache, daß die Gleichung $AX = E$ eine Lösung besitzen muß, weil AX alle Elemente, also auch das soeben nachgewiesene Element E, durchläuft.

Für unendliche Systeme folgt aus III* nicht die Existenz des Einheitselementes. Die positiven ganzen Zahlen bilden nach dem Gesetz der Addition ein System, das I, II und III* genügt, aber keine Gruppe bildet.

Im folgenden soll, falls nichts anderes bemerkt ist, ausschließlich von endlichen Gruppen die Rede sein.

Auch dem Assoziativgesetz entspricht, nach einer Mitteilung von *H. Brandt*, eine leicht angebbare Eigenschaft der Gruppentafel. Wählt man irgend zwei Felder, in denen die Elemente A und B stehen mögen, so aus, daß die Spalte, in der sich das erste befindet, und die Zeile, in der sich das zweite befindet, sich in einem Einheitsfelde treffen, so steht in dem Felde, wo sich die Zeile des ersten und die Spalte des zweiten treffen, das Produkt AB. Geometrisch ausgedrückt: Man fasse die drei Elemente A, B, E als Ecken eines Rechteckes auf, dessen Seiten vertikal und horizontal stehen, dann steht an der vierten Ecke das Produkt AB. Nimmt man z. B. in der letzten Gruppentafel F in der vierten Zeile und C in der zweiten, so findet man als vierte Ecke das Element B. Man ersieht aus der Tafel sofort, daß $FC = B$.

§ 3. Untergruppen.

Definition. Ein Teilsystem von Elementen der Gruppe, das für sich den Postulaten I bis IV genügt, und daher selbst eine Gruppe bildet, heißt eine *Untergruppe* der gegebenen Gruppe.

Zwei Untergruppen lassen sich von vornherein angeben, nämlich einerseits die gegebene Gruppe selbst, andererseits die Gruppe, die nur aus dem *einen* Element E besteht. Diese beiden Untergruppen werden durch den Ausdruck *uneigentliche Untergruppen* von den übrigen, den *eigentlichen Untergruppen*, unterschieden. Die Auffindung der eigentlichen Untergruppen ist eine der Hauptaufgaben der Theorie.

Satz 2[1]. *Die Ordnung einer Untergruppe ist ein Teiler der Ordnung der ganzen Gruppe.*

Beweis. Das Verfahren, das zu diesem Satz führt, hat *Euler* ausgedacht und auf zyklische Gruppen angewandt. Historisch stellt es das erste Beispiel eines echten gruppentheoretischen Beweises dar, sein Grundgedanke ist der größten Verallgemeinerung fähig und man kann die Gruppentheorie mit seiner Entdeckung beginnen lassen. Es besteht in einer Einteilung der Elemente der ganzen Gruppe $\mathfrak{G}$ in Systeme, welche durch die Untergruppe $\mathfrak{H}$ geliefert werden, und zwar in folgender Weise.

Man schreibe die Elemente von $\mathfrak{H}$ in eine Reihe

$$E, A, B, \ldots, F.$$

Nun wähle man aus $\mathfrak{G}$ irgendein Element X und bilde die Reihe

$$EX = X, \quad AX, \quad BX, \quad \ldots, \quad FX.$$

Nach Satz 1 sind die Elemente dieser neuen Reihe unter sich verschieden. Wenn X in $\mathfrak{H}$ liegt, so bestehen die beiden Reihen genau aus denselben Elementen, nämlich denjenigen von $\mathfrak{H}$. Ist aber X außerhalb von $\mathfrak{H}$, so haben die beiden Reihen kein Element gemeinsam. Denn es sei etwa

$$A = BX.$$

Dann folgt durch linksseitige Zusammensetzung mit B^{-1}:

$$B^{-1} A = X.$$

Links steht aber ein Produkt zweier Elemente aus $\mathfrak{H}$, und wir erhalten, den Widerspruch, daß X in $\mathfrak{H}$ enthalten ist.

Die zweite Reihe bezeichnet man symbolisch mit $\mathfrak{H}X$ und nennt sie eine *Nebengruppe* von $\mathfrak{H}$, wobei $\mathfrak{H}$ selbst zu den Nebengruppen gerechnet wird, um bei Abzählungen die Ausdrucksweise zu vereinfachen. Unser bisheriges Resultat läßt sich so aussprechen: Eine Nebengruppe ist entweder mit $\mathfrak{H}$ identisch, oder sie hat mit $\mathfrak{H}$ kein Element gemein. Nun müssen wir noch zeigen, daß dasselbe auch für zwei beliebige Nebengruppen gilt. Es mögen also die beiden Nebengruppen $\mathfrak{H}X$ und $\mathfrak{H}Y$ ein gemeinsames Element haben, so daß etwa gilt:

$$AX = BY.$$

Dann wird durch linksseitige Zusammensetzung mit B^{-1}

$$B^{-1} AX = Y,$$

d. h. Y gehört zur Nebengruppe $\mathfrak{H}X$. Hieraus folgt aber, daß die beiden Nebengruppen $\mathfrak{H}X$ und $\mathfrak{H}Y$ identisch sind, denn setzen wir $Y = CX$,

---

[1] *Lagrange, J. L.*: Réflexions sur la résolution algébrique des équations, 1771 (Œuvres Bd. 3, S. 205—421).

wobei C in $\mathfrak{H}$ liegt, so wird $\mathfrak{H}Y = \mathfrak{H}CX$, und weil $\mathfrak{H}C = \mathfrak{H}$ ist, so gilt $\mathfrak{H}CX = \mathfrak{H}X$, womit die Behauptung bewiesen ist.

Nun ordne man die Elemente von $\mathfrak{G}$ nach $\mathfrak{H}$ und seinen Nebengruppen. Man beginnt mit $\mathfrak{H}$ und bildet mit einem Element außerhalb von $\mathfrak{H}$ die Nebengruppe $\mathfrak{H}X$. Falls es noch Elemente von $\mathfrak{G}$ gibt, die weder in $\mathfrak{H}$ noch in $\mathfrak{H}X$ enthalten sind, so bilde man eine weitere Nebengruppe $\mathfrak{H}Y$. Nach einer endlichen Anzahl von Schritten nimmt das Verfahren ein Ende, jedes Element von $\mathfrak{G}$ ist genau in einer Nebengruppe von $\mathfrak{H}$ untergebracht. Wir schreiben symbolisch

$$\mathfrak{G} = \mathfrak{H} + \mathfrak{H}X + \mathfrak{H}Y + \cdots.$$

Da jede der Nebengruppen gleich viele Elemente enthält wie $\mathfrak{H}$, so ist unser Satz bewiesen.

Definition. Unter dem *Index* einer Untergruppe versteht man die Anzahl der Nebengruppen (inklusive der Untergruppe selber), also bei einer endlichen Gruppe den Quotienten der Ordnung der Gruppe und derjenigen der Untergruppe.

§ 4. Zyklische Gruppen.

Wir wollen in diesem Paragraphen einen besonders einfachen Typus von Gruppen vollständig kennen lernen, es sind diejenigen Gruppen, welche durch Zusammensetzung eines ihrer Elemente mit sich selbst erzeugt werden können. Wir setzen

$$A A = A^2, \quad A A A = A^3 \quad \text{usw.}$$

und bezeichnen diese neuen Elemente als die *Potenzen* von A. Sie bilden unter sich ein System, in dem das Postulat I erfüllt ist, denn das Produkt der n-ten Potenz von A mit der m-ten ist gleich der $(m + n)$-ten Potenz von A: $A^m A^n = A^{m+n}$. Ferner ist das *Assoziativgesetz* erfüllt, und hieraus folgt in diesem speziellen Falle noch das *Kommutativgesetz*: Sei $n > m$ und $n = m + l$, dann wird

$$A^n A^m = (A^m A^l) A^m = A^m (A^l A^m) = A^m A^n.$$

Satz 3. *In endlichen Gruppen bildet ein Element A zusammen mit seinen Potenzen eine kommutative Untergruppe, die durch A erzeugte Untergruppe. Gauß nennt sie die Periode von A.*

Beweis. Wir schreiben die Potenzen von A in eine Reihe

$$A, \quad A^2, \quad A^3, \quad \ldots, \quad A^m, \quad \ldots, \quad A^n, \quad \ldots.$$

Da nach Voraussetzung nur endlich viele Elemente in der Gruppe vorhanden sind, so können bei fortgesetzter Potenzierung nur endlich viele verschiedene Elemente entstehen. Es sei die $(n + 1)$-te Potenz von A die niedrigste, welche gleich einer früheren Potenz von A ist, dann gilt eine Gleichung von der Gestalt $A^{n+1} = A^m$. Hier muß m gleich 1 sein, denn durch Multiplikation mit A^{-1} erhält man $A^n = A^{m-1}$. Wäre also $m > 1$, so wäre bereits die n-te Potenz von A gleich einer niedrigeren, gegen die Voraussetzung. Aus $A^{n+1} = A$ folgt $A^n = E$ und $A^{n+i} = A^i$. Die am Anfang des Beweises aufgeschriebene Reihe der Potenzen von A ist also periodisch, eine Tatsache, welche bereits von *Euler* (Satz 8 der unten zitierten Abhandlung[1]) entdeckt worden ist. Die Potenzen von A sind so lange untereinander verschieden, bis man zum Einheitselement kommt, dann treten sie wieder, mit A beginnend, in derselben Reihenfolge auf. Aus diesem Sachverhalt folgt ohne weiteres die Behauptung von Satz 3. Denn jetzt ist die Existenz des Einheitselementes unter den Potenzen nachgewiesen (Postulat III), ferner ergibt sich, daß das zum Element A^i inverse das Element A^{n-i} ist (Postulat IV).

Definition. Der Exponent der niedrigsten Potenz des Elementes A, welche gleich dem Einheitselement ist, d. h. die Ordnung der durch A erzeugten Gruppe, heißt die *Ordnung des Elements A*. Eine Gruppe, welche durch *ein* Element erzeugt werden kann, heißt eine *zyklische* Gruppe.

Aus der Periodizität der Reihe der Potenzen von A ergibt sich die Tatsache, daß zwei Potenzen von A dann und nur dann dasselbe Element liefern, wenn die Differenz der Exponenten durch die Ordnung n von A teilbar ist. Will man daher wissen, welcher von den n ersten Potenzen von A eine gegebene Potenz A^s gleich ist, so hat man s durch n zu dividieren und den Rest r aufzusuchen. Es gilt dann $A^s = A^r$. Diese Tatsache legt es nahe, den Begriff der Potenz eines Elementes auch auf negative Exponenten auszudehnen, indem man festsetzt, daß unabhängig vom Vorzeichen gilt $A^r = A^s$, sobald $r - s$ durch n teilbar ist. Das zu A inverse Element A^{n-1} läßt sich dann auch in der Form A^{-1} schreiben, eine Bezeichnungsweise, welche wir bereits angewandt haben, und allgemein gilt die Formel

$$(A^i)^{-1} = A^{n-i} = A^{-i}.$$

Ferner gilt für positive und negative ganzzahlige Exponenten stets

$$A^r A^s = A^{r+s} \quad \text{und} \quad (A^r)^s = A^{rs}.$$

Wir wollen nun vollständige Einsicht in die zyklischen Gruppen gewinnen und beweisen zu diesem Zweck den

Satz 4. *Ein Element A von der Ordnung $n = p_1^{a_1} p_2^{a_2} \ldots p_r^{a_r}$ läßt sich auf eine und nur eine Weise darstellen als Produkt von r Elementen, die Potenzen von A sind und deren Ordnungen die Primzahlpotenzen $p_1^{a_1}, p_2^{a_2}, \ldots, p_r^{a_r}$ sind.*

Beweis. Es sei $n = lm$, wobei l prim zu m ist, ferner setze man $A^l = B$ und $A^m = C$. Die beiden Elemente B und C sind vertauschbar,

---

[1] *Euler, L.*: Theoremata circa residua ex divisione potestatum relicta, 1761, opera omnia I 2, S. 504. Eine deutsche Übersetzung des für diesen Algorithmus wichtigen Teils dieser Abhandlung findet sich in *A. Speiser*: Klassische Stücke der Mathematik, S. 110. Zürich 1925.

denn sie sind Potenzen desselben Elementes A. Ferner ist l die Ordnung von C und m die Ordnung von B, denn es gilt

$$B^m = A^{lm} = A^n = E,$$

und eine niedrigere Potenz von B kann nicht E sein, weil sonst die Ordnung von A nicht n wäre.

Jetzt bilde man die Gesamtheit der Elemente von der Gestalt

$$B^x C^y \quad (x = 1, 2, \ldots, m; y = 1, 2, \ldots, l).$$

Es sind lauter Potenzen von A, nämlich die $(lx + my)$-ten, ihre Anzahl ist $n = lm$.

Ich behaupte, daß sie sämtlich untereinander verschieden sind. Es sei nämlich

$$B^r C^s = B^u C^v,$$

dann folgt durch Multiplikation mit $B^{-u} C^{-s}$

$$B^{r-u} = C^{v-s}.$$

Wir erhalten so ein Element, das gleichzeitig Potenz von B und von C ist. Seine Ordnung teilt nach Satz 2 sowohl l als m und ist daher $= 1$. Wir finden so

$$B^{r-u} = C^{v-s} = E$$

und daraus

$$B^r = B^u, \quad C^v = C^s,$$

womit die Behauptung bewiesen ist.

Setzt man nun

$$l = p_1^{a_1}, \quad m = p_2^{a_2} \ldots p_r^{a_r},$$

so erkennt man, daß der Faktor von der Ordnung $p_1^{a_1}$ durch A vollständig bestimmt ist. Dasselbe beweist man für die übrigen Primzahlpotenzen, womit der Satz vollständig bewiesen ist.

Satz 5. *Jede Untergruppe einer zyklischen Gruppe ist zyklisch.*

Beweis. Die ganze Gruppe sei erzeugt durch das Element A von der Ordnung n. Falls die Untergruppe das Element A enthält, so ist sie mit der ganzen Gruppe identisch und keine eigentliche Untergruppe. Wir wollen nun annehmen, $A^b = B$ sei die niedrigste Potenz von A, welche in der Untergruppe vorkommt. Dann enthält die Untergruppe alle Potenzen von B. Zunächst beweisen wir, daß b ein Teiler von n ist. Wir schreiben zu diesem Zweck die Exponenten der Potenzen von A^b in eine Reihe

$$b, 2b, 3b, \ldots.$$

Falls b kein Teiler von n ist, so wird es zwei aufeinanderfolgende Zahlen dieser Reihe geben, zwischen denen n liegt. Es sei also

$$(x-1) b < n < x b.$$

Dann ist die Differenz $xb - n$ kleiner als b und $B^x = A^{xb} = A^{xb-n}$ ist eine Potenz von A, welche in der Untergruppe liegt und deren Exponent niedriger als b ist, gegen die Voraussetzung.

Auf gleiche Weise können wir zeigen, daß die Untergruppe außer den Potenzen von B keine weiteren Elemente enthält, daß sie also mit der durch B erzeugten zyklischen Gruppe identisch ist. Denn es sei A^a ein weiteres Element der Untergruppe, so daß a nicht durch b teilbar ist, dann liegt a zwischen zwei aufeinanderfolgenden Vielfachen von b, es gilt etwa

$$b\,y < a < b\,(y + 1).$$

Dann liegt das Element

$$A^a\,B^{-y} = A^{a-by}$$

ebenfalls in der Untergruppe, aber der Exponent von A ist niedriger als b gegen die Voraussetzung.

Aus diesem Beweis ergibt sich unmittelbar, daß die $\varphi(n)$ Potenzen A^a mit einem zu n primen Exponenten a und nur diese die Ordnung n haben, wobei $\varphi(n)$ die bekannte *Euler*sche Funktion bezeichnet.

Satz 6. *Ist n die Ordnung des Elementes A und ist m prim zu n, setzt man ferner $B = A^m$, so ist die Gleichung $B^x = A$ lösbar.*

Beweis. B erzeugt eine Untergruppe von der Ordnung n, nach dem vorigen Satz. Daher ist die durch B erzeugte Gruppe identisch mit der durch A erzeugten und enthält insbesondere das Element A selber.

Dieser letzte Satz ist identisch mit einem Fundamentalsatz der Zahlentheorie, daß nämlich die diophantische Gleichung

$$m\,x + n\,y = 1$$

stets ganzzahlige Lösungen x und y besitzt, wenn die beiden Zahlen m und n zueinander prim sind. Denn die Tatsache, daß $B^x = A$ eine Lösung besitzt, läßt sich auch so ausdrücken: die Gleichung

$$A^{mx} = A \qquad \text{bzw.} \qquad A^{mx-1} = E$$

besitzt eine Lösung. Das erfordert aber, daß $m\,x - 1$ durch n teilbar ist, d. h. daß die Gleichung $m\,x + n\,y = 1$ lösbar ist. Umgekehrt ist auf irgendeinem Weg die Lösbarkeit dieser Gleichung bewiesen, so folgt daraus Satz 6.

Wir wollen zum Schluß noch Anwendungen der Sätze über zyklische Gruppen auf beliebige Gruppen herleiten.

Satz 7. *Ist in einer beliebigen Gruppe das Element A von der Ordnung n in ein Produkt zweier vertauschbarer Elemente B und C zerlegt, deren Ordnungen m und l zueinander prim sind, so ist $n = ml$. Diese Zerlegung ist stets auf eine und nur eine Weise möglich und die Faktoren B und C sind Potenzen von A.*

Beweis. Daß eine solche Zerlegung möglich ist, folgt aus dem Beweis zu Satz 4. Wir müssen nur noch zeigen, daß stets B und C Potenzen von A sind. Zu dem Zweck heben wir die Gleichung $A = BC$ in die m-te Potenz und erhalten wegen der Vertauschbarkeit von B und C

$$A^m = B^m\,C^m = C^m.$$

Hieraus folgt zunächst, daß C^m eine Potenz von A ist. Bedenken wir nun, daß m prim zur Ordnung l von C ist, so folgt nach Satz 6, daß C eine Potenz von C^m und daher auch eine Potenz von A ist. Dasselbe beweist man in analoger Weise für B. Jede Zerlegung von A nach Satz 7 kann daher nur innerhalb der durch A erzeugten zyklischen Gruppe geschehen und ist infolgedessen eindeutig.

Jetzt läßt sich auch Satz 4 in allgemeinster Fassung folgendermaßen aussprechen:

Satz 8. *Ist $n = p_1^{a_1} p_2^{a_2} \ldots p_r^{a_r}$ die Ordnung des Elementes A in einer beliebigen Gruppe, so läßt sich A auf eine und nur eine Weise als Produkt von r untereinander vertauschbaren Elementen, deren Ordnungen die Primzahlpotenzen $p_i^{a_i}$ sind, darstellen. Die Faktoren sind Potenzen von A, und die Zerlegung ist diejenige des Satzes 4.*

Beweis. Es sei $A = A_1^{x_1} A_2^{x_2} \ldots A_r^{x_r}$ eine Zerlegung nach Satz 8. Setzen wir $B = A_1^{x_1}$, $C = A_2^{x_2} A_3^{x_3} \ldots A_r^{x_r}$, so wird $A = BC$ und wir erhalten eine Zerlegung in zwei Faktoren, wie sie Satz 7 zugrunde liegt. Wenden wir diesen Satz an, so ergibt sich, daß B eine Potenz von A und eindeutig bestimmt ist. Dasselbe beweisen wir von den übrigen Elementen $A_2^{x_2}, \ldots, A_r^{x_r}$.

Satz 9. *Kriterium für Untergruppen. Ein Teilsystem von Elementen einer endlichen Gruppe bildet stets eine Untergruppe, wenn das Produkt zweier beliebiger Elemente desselben wieder im System liegt.*

Beweis. Dieses Kriterium besagt, daß für Untergruppen von Gruppen endlicher Ordnung der Nachweis der Gültigkeit des ersten Gruppenpostulates genügt. Aus diesem folgt nämlich, daß mit dem Element A auch dessen Quadrat, also auch dessen dritte usw. Potenz, daher auch E und A^{-1} im System enthalten sind, womit für das System die Gültigkeit aller vier Gruppenpostulate nachgewiesen ist.

Untergruppen einer Untergruppe sind selbst Untergruppen der ursprünglichen Gruppe. Diejenigen Elemente, die zwei Untergruppen $\mathfrak{H}$ und $\mathfrak{K}$ einer Gruppe gemeinsam sind, bilden eine *Untergruppe*, welche der *Durchschnitt* der beiden Untergruppen genannt und durch $\mathfrak{H} \wedge \mathfrak{K}$ bezeichnet wird. Denn mit A und B ist auch das Produkt AB beiden Untergruppen gemeinsam.

§ 5. Beispiele von Gruppen.

Die „Elemente" einer Gruppe sind wie die Elemente einer Menge an keine Deutung gebunden und können in mannigfaltiger Weise auftreten. Wenn an einem Beispiel eine Gruppe aufgewiesen wird, so spricht man von einer *Darstellung der Gruppe*. Die abstrakte Gruppe, die dargestellt wird, erhält man aus ihrer Darstellung, indem man von der speziellen Bedeutung der Elemente abstrahiert. Daß bei dieser

Abstraktion das Wesentliche bestehen bleibt, wird sich im Verlauf der Theorie immer mehr herausstellen.

In diesem Paragraphen soll zunächst ein Musterexemplar einer Gruppe in verschiedenen Darstellungen gegeben und in Augenschein genommen werden, die sog. *Ikosaedergruppe* [1].

Eine Kugel, deren Mittelpunkt fest liegt, kann bekanntlich von jeder Lage in jede andere durch Drehung um eine Achse durch ihren Mittelpunkt übergeführt werden. Zwei Drehungen um dieselbe Achse, deren Drehwinkel sich bloß um Vielfache von 2π unterscheiden, ergeben dieselbe Endlage und sollen im folgenden als identisch gelten. Zwei Drehungen, von denen das nicht gilt, ergeben stets verschiedene Endlagen und gelten als verschieden. Führt man zwei Drehungen nacheinander aus, so läßt sich eine einzige Drehung angeben, welche die Anfangslage der Kugel in die Endlage überführt. Man hat damit jedem Paar von Drehungen eine neue Drehung zugeordnet. Nach diesem Gesetz der Zusammensetzung bilden die Drehungen der Kugel um Achsen durch ihren Mittelpunkt eine Gruppe. Das Einheitselement ist die Drehung um den Winkel 0 oder die Überführung der Kugel in dieselbe Lage. Die inverse Drehung ist eine Drehung um dieselbe Achse, aber um den entgegengesetzten Winkel. Außerdem gilt das Assoziativgesetz. Diese Gruppe ist von unendlicher Ordnung; man nennt sie eine *kontinuierliche Gruppe* weil ihre Elemente durch stetig veränderliche Parameter (Richtungscosinus der Drehachse und Sinus und Cosinus des Drehwinkels) charakterisiert werden können.

Aus dieser Gruppe lassen sich durch die Forderung der *Invarianz gewisser Figuren* endliche Gruppen ausscheiden. Diejenigen Drehungen, welche einen der Kugel einbeschriebenen regulären Körper mit sich selbst zur Deckung bringen, bilden eine Gruppe. Wir bestimmen ihre *Ordnung* durch Abzählung der verschiedenen *Deckungslagen*. Beispiel: das *Oktaeder*. Hält man zwei gegenüberliegende Ecken und die sie verbindende Achse fest, so gibt es noch die vier Drehungen um die Winkel 0, $\frac{\pi}{2}$ π, $\frac{3\pi}{2}$. An die Stelle der einen Ecke kann man jede der fünf übrigen Ecken bringen und für jede Ecke hat man vier Lagen des Oktaeders in Rechnung zu setzen, so daß im ganzen 24 Lagen entstehen. Der *Würfel* bietet nichts Neues, denn die Mittelpunkte der Flächen eines Oktaeders bilden die Ecken eines Würfels, der bei denselben Drehungen und bei keinen weiteren mit sich selbst zur Deckung kommt. Dagegen liefert das *Tetraeder* eine wesentlich neue Gruppe, deren Ordnug sofort auf 12 berechnet wird, endlich ergibt das *Ikosaeder* eine Gruppe von der Ordnung 60. Das *Pentagondodekaeder* liefert

---

[1] Vgl. *F. Klein:* Vorlesungen über das Ikosaeder und die Auflösung der Gleichungen vom 5. Grade. Leipzig 1884.

dieselbe Gruppe, da seine Eckpunkte wiederum mit den Mittelpunkten der 20 Seitenflächen des Ikosaeders in Beziehung stehen.

Außer diesen Polyedern müssen noch die sog. *Dieder* in Betracht gezogen werden, da sie besonders übersichtliche und für den Aufbau komplizierterer Gruppen wichtige Gruppen liefern. Ein Dieder besteht aus der doppelt zu zählenden Fläche eines regelmäßigen ebenen n-Ecks. Sein Mittelpunkt sei in den Kugelmittelpunkt gebracht. Alsdann gibt es genau $2n$ Drehungen der Kugel, welche das Dieder mit sich selbst zur Deckung bringen. Eine Drehung vom Winkel $\dfrac{2\pi}{n}$ um eine Achse senkrecht zur Fläche sowie die $n-1$ daraus durch Wiederholung entstehenden Drehungen mit den Winkeln $2\cdot\dfrac{2\pi}{n},\ldots,n\cdot\dfrac{2\pi}{n}$ bilden die eine Hälfte. Dazu kommen noch n Drehungen vom Winkel π um die n in der Diederebene gelegenen Achsen, die durch die Eckpunkte bzw. Kantenmittelpunkte gehen (Umklappungen). Die ersten n seien mit $A, A^2, \ldots, A^n = E$ bezeichnet; die übrigen n bilden die Nebengruppe dieser zyklischen Untergruppe. Sei C eines dieser letzteren Elemente, so gilt die geometrisch sofort ersichtliche Beziehung $AC = CA^{-1}$. Daraus folgt weiter $AAC = ACA^{-1} = CA^{-1}A^{-1}$ und schließlich $A^iC = CA^{-i}$. Hieraus ergibt sich weiter die geometrisch evidente Tatsache, daß alle Elemente der Nebengruppe die Ordnung 2 haben: $A^iCA^iC = A^iCCA^{-i} = E$. Einen speziellen Fall der Diedergruppen bildet die in § 2 durch die Gruppentafel gegebene Gruppe. Hier ist $n = 3$.

Nun sollen die *Elemente* der Ikosaedergruppe angegeben werden. Die Drehung von $\dfrac{2\pi}{5}$ um eine Achse durch zwei gegenüberliegende Ecken des Ikosaeders erzeugt eine Untergruppe von der Ordnung 5, deren 4 von E verschiedene Elemente die Ordnung 5 haben. Im ganzen gibt es 6 solche Achsen, die zusammen 24 verschiedene Elemente von der Ordnung 5 ergeben. Drehungen um eine Achse durch die Mittelpunkte zweier gegenüberliegender Seitenflächen ergeben Untergruppen von der Ordnung 3, die je 2 Elemente von der Ordnung 3 enthalten. Da es 10 solche Achsen gibt, so folgen hieraus 20 Elemente von der Ordnung 3. Die Drehungen vom Winkel π um die 15 Achsen, welche je zwei gegenüberliegende Kantenmittelpunkte verbinden, liefern noch 15 Elemente von der Ordnung 2. Nimmt man das Einheitselement dazu, so sind damit alle 60 Elemente erschöpft, denn $24 + 20 + 15 + 1 = 60$.

Nach den Elementen sollen die *Untergruppen* aufgewiesen werden. Bereits sind 15 von der Ordnung 2, 10 von der Ordnung 3 und 6 von der Ordnung 5 aufgefunden, die übrigen entsprechen wieder geometrischen Invarianten.

Außer den 5 Drehungen um eine Achse durch Eckpunkte gibt es noch 5 Drehungen von π, welche diese Achse in sich selbst überführen, nämlich solche um gewisse Achsen senkrecht dazu. Damit erhält man eine Diedergruppe von der Ordnung 10, deren es entsprechend den 6 Achsen 6 gibt. Die 10 Achsen durch die Flächenmittelpunkte ergeben ebensoviele Diedergruppen von der Ordnung 6, und die 15 Achsen durch die Kantenmittelpunkte liefern schließlich 5 Diedergruppen von der Ordnung 4. Hierzu kommen als die merkwürdigsten noch 5 Untergruppen von der Ordnung 12, die der folgenden geometrischen Tatsache entsprechen: Zu jeder Kante gibt es eine ihr gegenüberliegende parallele. Man denke sich ein solches Kantenpaar in der XZ-Ebene parallel der X-Achse eines rechtwinkligen räumlichen Koordinatensystems. Man erkennt nun sofort, daß es ein weiteres Kantenpaar parallel der Y-Achse, und ein drittes parallel der Z-Achse gibt. Die 15 Kantenpaare zerfallen so in fünf Systeme, von denen jedes 3 Paare enthält, die unter sich ein orthogonales System bilden und je eine der 5 oben erwähnten Diedergruppen von der Ordnung 4 liefern. Die Mittelpunkte der Kanten eines Systems bilden die Eckpunkte eines *Oktaeders*. Man kann sonach dem Ikosaeder 5 Oktaeder einbeschreiben, die bei den Drehungen sich untereinander vertauschen. Diejenigen Drehungen der Ikosaedergruppe, bei denen ein Oktaeder mit sich selbst zur Deckung gebracht wird, bilden eine Untergruppe, deren Index 5, deren Ordnung also 12 ist (vgl. auch § 9). Hierdurch ist gleichzeitig bewiesen, daß die Oktaedergruppe, deren Ordnung 24 ist, eine Untergruppe von Index 2 enthält; diese ist eine Tetraedergruppe.

Hiermit ist folgende große Zahl von Untergruppen der Ikosaedergruppe gefunden worden: 15 Gruppen von der Ordnung 2, 10 von der Ordnung 3, 6 von der Ordnung 5. Diese 31 Untergruppen sind sämtlich zyklisch. Dazu kommen folgende Diedergruppen: 5 von der Ordnung 4, 10 von der Ordnung 6, 6 von der Ordnung 10. Schließlich gibt es noch 5 Untergruppen von der Ordnung 12, welche den Typus der Tetraedergruppe haben. Insgesamt sind 57 eigentliche Untergruppen aufgewiesen worden. Daß damit alle Untergruppen aufgezählt sind, ist ein Satz, der mit den Hilfsmitteln der vorigen Paragraphen nicht bewiesen werden kann.

Die moderne Gruppentheorie hat ihren Ausgang genommen von den *Permutationsgruppen*, und es soll daher schon an dieser Stelle einiges darüber angemerkt werden[1]. Bringt man eine Anzahl verschiedener Dinge, etwa die Zahlen 1 bis n, in eine bestimmte Reihenfolge, so pflegt man dies eine Anordnung dieser n Dinge zu nennen, und man beweist leicht, daß es $n!$ verschiedene Anordnungen von n verschiedenen Dingen gibt. In der Gruppentheorie versteht man unter einer *Permutation* die *Operation der Vertauschung*, und zwar ist eine solche Permutation vollständig bestimmt, wenn für jedes Ding angegeben ist, durch welches es ersetzt wird. Eine Permutation der Zahlen 1 bis n wird bezeichnet, indem man in einer ersten Zeile diese Zahlen

---

[1] Vgl. hierzu den zweiten Aufsatz der Einleitung.

in irgendeiner Reihenfolge, am besten in der natürlichen, aufschreibt und in eine zweite Zeile unter jede Zahl diejenige schreibt, durch die sie bei Vertauschung ersetzt wird. Die sämtlichen Permutationen der Zahlen 1, 2, 3 sind sonach

$$\begin{pmatrix} 1\ 2\ 3 \\ 1\ 2\ 3 \end{pmatrix} \begin{pmatrix} 1\ 2\ 3 \\ 2\ 3\ 1 \end{pmatrix} \begin{pmatrix} 1\ 2\ 3 \\ 3\ 1\ 2 \end{pmatrix} \begin{pmatrix} 1\ 2\ 3 \\ 1\ 3\ 2 \end{pmatrix} \begin{pmatrix} 1\ 2\ 3 \\ 3\ 2\ 1 \end{pmatrix} \begin{pmatrix} 1\ 2\ 3 \\ 2\ 1\ 3 \end{pmatrix}.$$

Führt man zwei Permutationen hintereinander aus, so ist das Resultat wieder eine Permutation, die aus diesen beiden *zusammengesetzte Permutation.* Damit ist das Gesetz zur Gruppenbildung gegeben. Das Einheitselement ist die identische Permutation, die keine Vertauschung ausübt; das inverse Element besteht darin, daß die Vertauschung wieder rückgängig gemacht wird. Die 6 oben hingeschriebenen Permutationen bilden eine Gruppe, deren Gruppentafel durch diejenige des § 2 gegeben ist, wenn man die Permutationen in der angegebenen Reihenfolge mit E, A, B, C, D, F bezeichnet. So ist z. B.

$$\begin{pmatrix} 1\ 2\ 3 \\ 2\ 3\ 1 \end{pmatrix} \begin{pmatrix} 1\ 2\ 3 \\ 1\ 3\ 2 \end{pmatrix} = \begin{pmatrix} 1\ 2\ 3 \\ 3\ 2\ 1 \end{pmatrix}, \quad \text{d. h. } AC = D.$$

Denn A ersetzt 1 durch 2, C führt 2 in 3 über, durch AC wird daher 1 in 3 übergeführt usw.

Die sämtlichen Permutationen von n Dingen bilden eine Gruppe von der Ordnung $n!$. Die 5 Oktaeder, die einem Ikosaeder einbeschrieben werden konnten, erfahren bei jeder Drehung eine Vertauschung. Daher läßt sich die Ikosaedergruppe als Permutationsgruppe von 5 Dingen darstellen, wodurch die zentrale Stellung des Ikosaeders in der Theorie der Gleichungen 5. Grades bedingt ist.

***Cayley*s Satz 10**[1]. *Jede Gruppe $\mathfrak{G}$ läßt sich als Permutationsgruppe ihrer Elemente darstellen.*

Beweis. Die Elemente von $\mathfrak{G}$ seien $E, A, B, \ldots$ und X sei ein beliebiges unter ihnen, dann stellt

$$\begin{pmatrix} E & A & B & C & \ldots \\ EX & AX & BX & CX & \ldots \end{pmatrix}$$

eine Permutation derselben dar. Wir ordnen sie dem Element X zu. Ist S ein Element von $\mathfrak{G}$, so ist die obige Permutation identisch mit der folgenden

$$\begin{pmatrix} S & AS & BS & CS & \ldots \\ SX & ASX & BSX & CSX & \ldots \end{pmatrix},$$

denn auch diese ersetzt jedes Element durch das rechts mit X multiplizierte, bloß die Reihenfolge in der Schreibweise ist geändert. Ferner entspricht den Elementen

$$Y: \begin{pmatrix} E & A & B & \ldots \\ Y & AY & BY & \ldots \end{pmatrix} \quad \text{und} \quad XY: \begin{pmatrix} E & A & B & \ldots \\ XY & AXY & BXY & \ldots \end{pmatrix}.$$

---

[1] Vgl. das Zitat in der Anm. auf S. 12.

Nun ist

$$\begin{pmatrix} E & A & B & \dots \\ Y & AY & BY & \dots \end{pmatrix} \text{ identisch mit } \begin{pmatrix} X & AX & BX & \dots \\ XY & AXY & BXY & \dots \end{pmatrix},$$

also

$$\begin{pmatrix} E & A & B & \dots \\ X & AX & BX & \dots \end{pmatrix} \begin{pmatrix} E & A & B & \dots \\ Y & AY & BY & \dots \end{pmatrix} = \begin{pmatrix} E & A & B & \dots \\ XY & AXY & BXY & \dots \end{pmatrix},$$

d. h. die Zusammensetzung der zu X und Y gehörigen Permutationen liefert die zu XY gehörige, womit der Satz bewiesen ist.

Scholion.

Um die Wichtigkeit der vier Postulate nachzuweisen, sei folgendes Beispiel angegeben, bei dem bloß IV nicht erfüllt ist, das aber ersichtlich gar nichts mehr mit einer Gruppe zu tun hat: Die Elemente seien die Zahlen von 0 bis 100; zwei Zahlen sei als „Produkt" ihr größter gemeinschaftlicher Teiler zugeordnet. Dieses Gesetz genügt dem Postulat I sowie dem Assoziativ- und dem Kommutativgesetz. Die Zahl 0 bildet das Einheitselement, wenn 0 als größter gemeinschaftlicher Teiler von 0 mit sich selbst definiert wird, dagegen gibt es für die Zahlen von 0 bis 100 keine inversen Zahlen. Bildet man das „Produkt" der Zahlen von 0 bis 100 mit 5, so erhält man nur 1 oder 5, von einer Permutation der Zahlen ist also keine Rede mehr.

§ 6. Elementenkomplexe.

Ein System von Elementen aus einer Gruppe heißt ein *Komplex.* Wir bezeichnen einen solchen nach dem Vorgang von *Frobenius* [1] mit großen deutschen Buchstaben, außer wenn er aus einem einzigen Element besteht, wo im allgemeinen lateinische Buchstaben angewendet werden. Besteht der Komplex $\mathfrak{C}$ aus den Elementen $A, B, C, \dots$, so wird das nach *Galois* in Formeln ausgedrückt unter Benutzung des Pluszeichens: $\mathfrak{C} = A + B + C + \cdots$ Als weitere Regeln stellen wir folgende auf: $\mathfrak{A} + \mathfrak{B}$ bedeutet die Gesamtheit der in mindestens einem der Komplexe $\mathfrak{A}$ und $\mathfrak{B}$ enthaltenen Elemente, $\mathfrak{A}\mathfrak{B}$ die Gesamtheit der Produkte je eines Elementes aus $\mathfrak{A}$ mit einem Element aus $\mathfrak{B}$; mehrfach auftretende Elemente werden nur einmal gezählt. Einen speziellen Fall dieser Bezeichnung stellt diejenige der Nebengruppen $\mathfrak{H}A$ dar. Die notwendige und hinreichende Bedingung dafür, daß der Komplex $\mathfrak{C}$ eine Untergruppe ist, besteht in der Gleichung $\mathfrak{C}\mathfrak{C} = \mathfrak{C}$ (vgl. das Kriterium auf S. 20).

Stets gilt das Distributivgesetz

$$(\mathfrak{A} + \mathfrak{B})(\mathfrak{C} + \mathfrak{D}) = \mathfrak{A}\mathfrak{C} + \mathfrak{A}\mathfrak{D} + \mathfrak{B}\mathfrak{C} + \mathfrak{B}\mathfrak{D}.$$

---

[1] Über endliche Gruppen. Berl. Sitzungsber. 1895, S. 163.

Zunächst muß nun die Einteilung der Elemente einer Gruppe nach einer Untergruppe und deren Nebengruppen näher untersucht werden. Bereits in § 3 wurde gezeigt, daß die Elemente einer Gruppe $\mathfrak{G}$ durch eine Untergruppe $\mathfrak{H}$ in Systeme zerfallen: $\mathfrak{G} = \mathfrak{H} + \mathfrak{H}A + \cdots$, deren Anzahl gleich dem Index von $\mathfrak{H}$ unter $\mathfrak{G}$ ist. Diese Zerlegung ist unabhängig von der speziellen Wahl der die Nebengruppen bestimmenden Elemente $A, \ldots$, denn zwei Elemente X und Y aus $\mathfrak{G}$ gehören dann und nur dann zur selben Nebengruppe, wenn XY^{-1} in $\mathfrak{H}$ liegt. Ist nämlich $XY^{-1} = H$, so wird

$$\mathfrak{H}X = \mathfrak{H}(HY) = (\mathfrak{H}H)Y = \mathfrak{H}Y,$$

und gehören umgekehrt X und Y beide zur selben Nebengruppe $\mathfrak{H}A$, so folgt aus $X = H_1 A$ und $Y = H_2 A$, daß

$$XY^{-1} = (H_1 A)(H_2 A)^{-1} = H_1 H_2^{-1}$$

in $\mathfrak{H}$ liegt.

Ein Komplex von der Gestalt $\mathfrak{H}A$ heißt eine *rechtsseitige Nebengruppe* und die Zerlegung $\mathfrak{G} = \mathfrak{H} + \mathfrak{H}A + \cdots$ die *rechtsseitige Zerlegung* von $\mathfrak{G}$ nach $\mathfrak{H}$.

Ein Komplex von der Gestalt $A\mathfrak{H}$ heißt eine *linksseitige Nebengruppe* von $\mathfrak{H}$. Von diesen gelten entsprechende Sätze, wie von den rechtsseitigen. Hier sei nur der folgende bewiesen: Zwei Elemente B und C gehören dann und nur dann zu derselben linksseitigen Nebengruppe, wenn $B^{-1}C$ in $\mathfrak{H}$ liegt. Ist nämlich $B^{-1}C = H$, so wird $C = BH$ und $B = CH^{-1}$, und umgekehrt folgt aus $B = AH_1$ und $C = AH_2$

$$B^{-1}C = H_1^{-1}H_2.$$

Wir fassen dies zusammen in folgendem

Satz 11. *Eine Gruppe $\mathfrak{G}$ zerfällt durch eine Untergruppe $\mathfrak{H}$ von der Ordnung h und dem Index k in k Komplexe von je h Elementen, die Untergruppe und ihre rechtsseitigen Nebengruppen. Eine zweite Zerlegung mit entsprechenden Eigenschaften wird durch die Untergruppe und ihre linksseitigen Nebengruppen geliefert. Zwei Elemente X und Y gehören derselben rechts- bzw. linksseitigen Nebengruppe dann und nur dann an, wenn XY^{-1} bzw. $X^{-1}Y$ in $\mathfrak{H}$ liegt.*

Die beiden Zerlegungen sind im allgemeinen voneinander verschieden und stimmen nur für Normalteiler (§ 7) überein.

Man beweist leicht folgende Tatsache:

Ist

$$\mathfrak{G} = \mathfrak{H} + \mathfrak{H}A_2 + \cdots + \mathfrak{H}A_k$$

eine rechtsseitige Zerlegung, so ist

$$\mathfrak{G} = \mathfrak{H} + A_2^{-1}\mathfrak{H} + \cdots + A_k^{-1}\mathfrak{H}$$

eine linksseitige.

Unter $\{\mathfrak{A}\}$ versteht man die Gesamtheit der Elemente, die sich als Produkt von beliebig vielen Elementen aus $\mathfrak{A}$ darstellen lassen. Jedes

Element aus $\mathfrak{A}$ darf im Produkt beliebig oft vorkommen. Weil E in $\{\mathfrak{A}\}$ liegt, so ist $\{\mathfrak{A}\}\{\mathfrak{A}\} = \{\mathfrak{A}\}$, daher ist $\{\mathfrak{A}\}$ eine Untergruppe, und zwar die kleinste, welche den Komplex $\mathfrak{A}$ enthält. Jede Untergruppe, die $\mathfrak{A}$ enthält, enthält auch $\{\mathfrak{A}\}$. $\{\mathfrak{A}\}$ heißt die durch den Komplex $\mathfrak{A}$ *erzeugte* Untergruppe. $\{A\}$ ist die durch das Element A erzeugte zyklische Gruppe: $A, A^2, A^3, \ldots, A^n = E$.

Eine Gruppe kann gegeben werden, indem man eine Anzahl ihrer Elemente und die zwischen ihnen bestehenden Beziehungen gibt. Man hat nur noch festzusetzen, daß alle Produkte der erzeugenden Elemente dann und nur dann dasselbe Element der Gruppe ergeben, wenn das aus den vorgeschriebenen Relationen folgt. Die hiermit zusammenhängenden Fragen sind noch nicht sehr eingehend untersucht, sie sind vielleicht auch besser der Theorie der unendlichen Gruppen einzuordnen. Wir geben aber als Beispiel die Erzeugung der Diedergruppen. Die Diedergruppe von der Ordnung $2n$ ist vollständig bestimmt durch zwei Elemente A und C mit den Relationen

$$1. \quad A^n = E, \qquad 2. \quad C^2 = E, \qquad 3. \quad CA = A^{-1}C.$$

Alle Elemente sind enthalten in der Gestalt

$$A^x C^y \qquad (x = 0, 1, \ldots, n-1; \ y = 0,1).$$

Alle weiteren Produkte lassen sich mit Hilfe der Relation 3. auf diese zurückführen, und als Produkt zweier beliebiger Elemente $A^x C^y$ und $A^z C^t$ findet sich leicht

$$A^x C^y A^z C^t = A^{x+(-1)^y z} C^{y+t}.$$

Man verifiziere die Geltung des assoziativen Gesetzes!

Für $n = 2$ erhält man eine Gruppe von der Ordnung 4, die abelsch ist, weil $A^{-1} = A$. Sie heißt die *Vierergruppe*, ihre von E verschiedenen Elemente A, B, AB besitzen die Ordnung 2.

Natürlich können die erzeugenden Relationen in verschiedener Weise für dieselbe Gruppe gewählt werden. Ein besonders eindrucksvolles und wichtiges Beispiel bilden die unendlichen Gruppen, welche *Thomsen*[1] der Euklidischen Geometrie zugrunde gelegt hat. Wir geben n Elemente der Ordnung 2, sog. Involutionen vor. Aus ihnen bildet man die Gruppe aller Verbindungen dieser Elemente, wobei man natürlich annehmen darf, daß niemals dasselbe Element unmittelbar auf sich folgt, da ja $A^2 = E$ ist. Nun fordern wir weiter

Postulat: das Produkt dreier beliebiger der erzeugenden Elemente hat stets die Ordnung 2.

Es gilt also $ABC = CBA$, denn CBA ist invers zu ABC und ein Element hat dann und nur dann die Ordnung 2, wenn es mit seinem inversen identisch ist. Dies besagt aber, daß man bei drei aufeinanderfolgenden erzeugenden Elementen das erste mit dem dritten vertauschen kann. Ist nun irgend ein Produkt von erzeugenden Elementen gegeben, $ABCDEF$, so darf man die an ungerader Stelle stehenden Elemente ACE beliebig untereinander vertauschen, ebenso die an gerader Stelle stehenden BDF. Hieraus folgt, daß die Ordnung eines Produktes einer ungeraden Anzahl von Erzeugenden stets 2 ist. Denn schreibt man $ABCD\ldots ABCD\ldots$, so steht das erste B und das zweite A an einer geraden Stelle, man darf

---

[1] *Thomsen, G.:* Grundlagen der Elementargeometrie, S. 25. Leipzig 1933.

sie daher vertauschen und erhält $AACD\ldots BBCD\ldots$, also $CD\ldots CD\ldots$, was wieder das Quadrat eines Produktes einer ungeraden Zahl von Erzeugenden ist, aber mit weniger Faktoren.

Die Produkte von zwei Elementen nennen wir Translationen und beweisen leicht, daß sie vertauschbar sind. Denn in $AB\cdot CD$ darf man A mit C und B mit D vertauschen, woraus sich ergibt $AB\cdot CD = CD\cdot AB$. Nun gilt die merkwürdige Tatsache, daß unser Postulat völlig gleichwertig mit folgendem Postulat ist:

Postulat. Die Translationen sind vertauschbar.

Wir müssen nur noch zeigen, daß aus diesem Postulat das erste folgt, d. h. daß $ABC\cdot ABC = E$ ist. Nun schreiben wir $A\cdot BC\cdot AB\cdot C$ und vertauschen die beiden mittleren Translationen. Es ergibt sich in der Tat $A\cdot AB\cdot BC\cdot C = E$.

Die Elemente unserer Gruppe, welche Produkte einer geraden Anzahl von Erzeugenden sind, bilden eine Untergruppe vom Index 2 der ganzen Gruppe, die Gruppe der Translationen. Sie ist abelsch und besitzt $n-1$ unabhängige Erzeugende von unendlich hoher Ordnung.

Zwei Komplexe $\mathfrak{A}$ und $\mathfrak{B}$, für die $\mathfrak{A}\mathfrak{B} = \mathfrak{B}\mathfrak{A}$ ist, heißen untereinander *vertauschbar*. Bei der Diedergruppe ist z. B. $\{A\}C = C\{A\}$. Die Tatsache, daß ein Komplex $\mathfrak{A}$ mit einem Element B vertauschbar ist: $\mathfrak{A}B = B\mathfrak{A}$, kann auch so geschrieben werden: $B^{-1}\mathfrak{A}B = \mathfrak{A}$.

Aus zwei abstrakt gegebenen Gruppen $\mathfrak{G}$ und $\mathfrak{G}'$ mit den Elementen $E, A, B, \ldots$ und $E', A', B', \ldots$ kann man durch folgende Festsetzung eine neue Gruppe herleiten: Man postuliert, daß die Elemente von $\mathfrak{G}$ und $\mathfrak{G}'$ untereinander verschieden sind, und daß jedes Element von $\mathfrak{G}$ mit jedem Element von $\mathfrak{G}'$ vertauschbar ist. Die Produkte je eines Elementes von $\mathfrak{G}$ und eines Elementes von $\mathfrak{G}'$ bilden eine Gruppe, welche das **direkte Produkt** von $\mathfrak{G}$ und $\mathfrak{G}'$ genannt wird und häufig mit $\mathfrak{G}\times\mathfrak{G}'$ bezeichnet wird. Ihre Ordnung ist das Produkt der Ordnungen von $\mathfrak{G}$ und $\mathfrak{G}'$. Man kann ferner die beiden Einheitselemente einander gleich setzen. Dies macht für die Beschaffenheit des direkten Produktes nichts aus, vereinfacht aber die Schreibweise. Dann läßt sich Satz 4 in folgender Weise aussprechen: Jede zyklische Gruppe ist das direkte Produkt von zyklischen Gruppen, deren Ordnungen die höchsten in der Ordnung der ursprünglichen Gruppe aufgehenden Primzahlpotenzen sind.

2. Kapitel.
Normalteiler und Faktorgruppen.
§ 7. Normalteiler.

Definition. Besteht zwischen zwei Elementen A und B einer Gruppe $\mathfrak{G}$ eine Beziehung von der Gestalt $B = X^{-1}AX$, wobei X ebenfalls in $\mathfrak{G}$ liegt, so heißen A und B *konjugierte* oder *gleichberechtigte Elemente* und man sagt: *B entsteht aus A durch Transformation mit X.*

Für diese Beziehung gelten die Grundgesetze der Äquivalenz:

1. Jedes Element ist mit sich selbst konjugiert, denn es gilt $A = E^{-1}AE$.

2. Ist A mit B konjugiert, so ist auch B mit A konjugiert. Aus $B = X^{-1}A X$ folgt nämlich $A = X B X^{-1} = (X^{-1})^{-1} B (X^{-1})$.

3. Ist A mit C und B mit C konjugiert, so ist auch A mit B konjugiert. Aus $C = X^{-1}A X$ und $C = Y^{-1}B Y$ folgt

$$B = Y X^{-1} A X Y^{-1} \equiv (X Y^{-1})^{-1} A \, (X Y^{-1}) .$$

Satz 12. *Bezeichnet man die mit einem Element konjugierten Elemente als eine* **Klasse** *von Elementen, so zerfällt die Gruppe in eine Anzahl von Klassen, die untereinander keine gemeinsamen Elemente besitzen.*

Satz 13. *Elemente derselben Klasse besitzen dieselbe Ordnung.*

Beweis. Es gilt: $X^{-1}A X \cdot X^{-1}A X = X^{-1}A^2 X$ und allgemein $(X^{-1}A X)^n = X^{-1}A^n X$. Ist daher $A^n = E$, so wird $(X^{-1}A X)^n = X^{-1}E X = E$, und ist umgekehrt $(X^{-1}A X)^n = E$, so wird $X^{-1}A^n X = E$ und daraus folgt $A^n = E$, w. z. b. w.

Allgemeiner gilt die Formel

$$X^{-1}A X \cdot X^{-1}B X = X^{-1}A B X ,$$

die wir folgendermaßen interpretieren: *Aus einer Gleichung $A B = C$ geht durch Transformation der drei Elemente mit demselben Element X eine richtige Gleichung hervor.*

Bilden also die Elemente $E, A, B, \ldots$ eine Untergruppe $\mathfrak{H}$, so bilden auch $E, X^{-1}A X, X^{-1}B X, \ldots$ eine Untergruppe, die wir nach dem vorigen Paragraphen mit $X^{-1}\mathfrak{H}X$ bezeichnen.

Definition. $\mathfrak{H}$ *und* $X^{-1}\mathfrak{H}X$ *heißen* **konjugierte Untergruppen.**

Konjugierte Gruppen besitzen dieselbe Ordnung und als abstrakte Gruppen sind sie einander gleich. Kennt man die Gruppentafel von $\mathfrak{H}$ so ergibt sich diejenige von $X^{-1}\mathfrak{H}X$ dadurch, daß man die Elemente von $\mathfrak{H}$ durch die mit X transformierten Elemente ersetzt. Indem wir die eingehende Betrachtung dieses allgemeinen Falles auf das 4. Kapitel verschieben, gehen wir zu der Behandlung eines besonders wichtigen von *Galois* entdeckten Spezialfalles über.

Definition. Eine Untergruppe, die mit ihren konjugierten identisch ist, heißt ein **Normalteiler** (auch eine **invariante** oder **ausgezeichnete Untergruppe**) der Gruppe.

Ist also die Untergruppe $\mathfrak{N}$ ein Normalteiler, so gilt für jedes Element X der ganzen Gruppe die Gleichung $X^{-1}\mathfrak{N}X = \mathfrak{N}$ oder $\mathfrak{N}X = X\mathfrak{N}$. Mit jedem Element A liegt auch jedes konjugierte Element $X^{-1}A X$ in $\mathfrak{N}$, d. h. *ein Normalteiler enthält mit jedem Element die ganze zugehörige Klasse von Elementen.* Diese Bedingung ist zugleich hinreichend dafür, daß eine Untergruppe einen Normalteiler bildet.

Beispiele.

1. *Die Abelschen Gruppen.* Hier bildet jedes Element für sich eine Klasse, jede Untergruppe ist Normalteiler.

2. *Die Diedergruppen.* Hier bildet die zyklische Untergruppe vom Index 2 einen solchen. Denn die ganze Gruppe zerfällt unter Anwendung der Bezeichnung auf S. 27 in die Nebengruppen $\{A\} + \{A\}C$. Wegen $C^{-1}AC = A^{-1}$ wird $C\{A\} = \{A\}C$.

Satz 14. *Jede Untergruppe vom Index 2 ist ein Normalteiler.*

Beweis. Ist $\mathfrak{H}$ die Untergruppe von $\mathfrak{G}$, und ist S ein Element von $\mathfrak{G}$ außerhalb von $\mathfrak{H}$, so wird $\mathfrak{G} = \mathfrak{H} + \mathfrak{H}S = \mathfrak{H} + S\mathfrak{H}$. Daher wird $\mathfrak{H}S = S\mathfrak{H}$.

Satz 15. *Der Durchschnitt zweier Normalteiler ist wieder ein Normalteiler.*

Beweis. Mit jedem Element ist die ganze zugehörige Klasse den beiden Normalteilern gemeinsam. Daher besteht auch der Durchschnitt aus einer Summe von Klassen und ist ein Normalteiler.

Dagegen ist ein Normalteiler eines Normalteilers nicht notwendig ein Normalteiler der ganzen Gruppe.

Satz 16. *Die mit allen Elementen einer Gruppe vertauschbaren Elemente bilden einen Abelschen Normalteiler, der das **Zentrum der Gruppe** genannt wird.*

Beweis. Aus $AX = XA$ und $BX = XB$ folgt $ABX = AXB = XAB$, d. h. mit zwei Elementen gehört auch deren Produkt dem Zentrum an. Das Zentrum bildet daher eine Untergruppe, und zwar offenbar einen *Abel*schen Normalteiler. Ferner ist jede Untergruppe des Zentrums Normalteiler der ganzen Gruppe.

Als weitere Normalteiler erwähnen wir die durch die Elemente einer Klasse erzeugte Untergruppe. Denn ist $AB\cdots F$ ein Produkt von Elementen einer Klasse, so ist auch $X^{-1}AB\cdots FX = X^{-1}AX\cdot X^{-1}BX\cdots X^{-1}FX$ ein solches für jedes X. Daher enthält die Untergruppe die ganze durch $AB\cdots F$ repräsentierte Klasse und ist also Normalteiler.

Jede Gruppe $\mathfrak{G}$ besitzt zwei uneigentliche Normalteiler, nämlich ihre beiden uneigentlichen Untergruppen $\mathfrak{G}$ und E.

Wir definieren nun:

Definition. Eine Gruppe, die außer ihren beiden uneigentlichen Untergruppen keinen Normalteiler besitzt, heißt eine *einfache* Gruppe.

Offenbar sind alle Gruppen, deren Ordnung eine Primzahl ist, einfach. Sie sind zyklisch. Alle einfachen *Abel*schen Gruppen sind von Primzahlordnung. Denn jede Gruppe besitzt eine Untergruppe von Primzahlordnung und diese ist Normalteiler bei *Abel*schen Gruppen. Es gibt aber auch nichtzyklische einfache Gruppen.

Um hierfür ein Beispiel zu geben, wollen wir die Einfachheit der Ikosaedergruppe nachweisen, indem wir nur den Klassenbegriff benutzen. Schon jetzt sei aber bemerkt, daß die wirksamsten bisher bekannten Methoden zur Herstellung von einfachen Gruppen von der

Theorie der Permutationsgruppen und der Kongruenzgruppen geliefert werden (vgl. Kap. 8 § 35 und Kap. 15 § 71).

Die Elemente der Ikosaedergruppe lassen sich in folgender Weise in Klassen einteilen:

Eine Drehung A von $\dfrac{2\pi}{5}$ um eine Achse durch eine Ecke besitzt die Ordnung 5. Sei X eine Drehung, welche irgendeine andere Ecke des Ikosaeders an ihre Stelle bringt; führt man dann die Drehung A aus und bringt die Ecke durch X^{-1} wieder an ihren alten Platz, so ist das Resultat XAX^{-1} eine Drehung von $\dfrac{2\pi}{5}$ um diese Ecke. Hiermit ist nachgewiesen, daß 12 Operationen von der Ordnung 5 in eine Klasse gehören. Mit A gehört auch A^{-1} dazu, als Drehung um die gegenüberliegende Ecke. In gleicher Weise bilden die übrigen Elemente der Ordnung 5, nämlich die Drehungen um die Winkel $\dfrac{4\pi}{5}$, $\dfrac{6\pi}{5}$, eine Klasse. Daß diese beiden Klassen voneinander verschieden sind, folgt leicht aus dem eben Bewiesenen, braucht aber für das Folgende nicht vorausgesetzt zu werden. Man beweist in gleicher Weise, daß alle 20 Elemente von der Ordnung 3 und alle 15 von der Ordnung 2 je eine Klasse bilden. Daher besitzt die Ikosaedergruppe folgende 5 Klassen: Das Einheitselement E bildet eine Klasse für sich, die 4 übrigen setzen sich aus 15, 20, 12 und 12 Elementen zusammen. Eine einfache Abzählung ergibt, daß kein Normalteiler vorhanden ist. Ein solcher müßte sich nämlich aus diesen Komplexen zusammensetzen, das Einheitselement enthalten und außerdem noch als Ordnung einen Teiler von 60 besitzen, was nicht möglich ist.

Definition. $C = B^{-1}A^{-1}BA$ heißt der **Kommutator** von A und B.

Offenbar gilt $BA = ABC$, und A und B sind dann und nur dann vertauschbar, wenn $C = E$ ist.

Satz 17. *Wenn zwei Normalteiler $\mathfrak{M}$ und $\mathfrak{N}$ einer Gruppe außer E kein gemeinsames Element besitzen, so ist jedes Element von $\mathfrak{M}$ mit jedem Element von $\mathfrak{N}$ vertauschbar.*

Beweis. Sei A in $\mathfrak{M}$ und B in $\mathfrak{N}$, dann liegt $B^{-1}AB$ in $\mathfrak{M}$, folglich auch $B^{-1}A^{-1}B$, denn dieses ist das inverse Element zum vorigen, daher schließlich auch der Kommutator $C = (B^{-1}A^{-1}B)A$. Andererseits liegt $C = B^{-1}(A^{-1}BA)$ auch in $\mathfrak{N}$, folglich ist C gleich dem einzigen $\mathfrak{M}$ und $\mathfrak{N}$ gemeinsamen Element E.

Historische Notiz. Der Begriff des Normalteilers wurde von *E. Galois* 1830 entdeckt (Lettre à *Auguste Chevalier*, Oeuvres publ. par *E. Picard*, S. 25. Paris 1897). Eine Publikation der Beweise von *Galois* erfolgte jedoch erst 1846 durch *Liouville* in seinem Journal.

§ 8. Faktorgruppen.

Ein Normalteiler $\mathfrak{N}$ und seine Nebengruppen können selbst als Elemente einer Gruppe aufgefaßt werden. Benutzt man nämlich die

Verknüpfungsvorschrift für Komplexe, die in § 6 aufgestellt worden ist, so ergibt sich für die Nebengruppen von $\mathfrak{N}$

$$\mathfrak{N}\,A\,\mathfrak{N}\,B = \mathfrak{N}\,\mathfrak{N}\,A\,B = \mathfrak{N}\,A\,B.$$

In Worten: *Das Produkt zweier Nebengruppen des Normalteilers ist wieder eine Nebengruppe.*

Definition. Die Gruppe, deren Elemente durch einen Normalteiler $\mathfrak{N}$ von $\mathfrak{G}$ und seine Nebengruppen gebildet werden, heißt die *Faktorgruppe* oder *Quotientengruppe* des Normalteilers und wird mit $\mathfrak{G}/\mathfrak{N}$ bezeichnet. Ihre Ordnung ist gleich dem Index des Normalteilers, also gleich dem Quotienten der Ordnungen der ganzen Gruppe und des Normalteilers.

Eine Gruppe ist nicht vollständig bestimmt durch einen Normalteiler und seine Faktorgruppe, aber ihre Ordnung ist das Produkt der Ordnungen des Normalteilers und der Faktorgruppe und die Analogie mit den Teilbarkeitseigenschaften der ganzen Zahlen kann weit fortgeführt werden.

Vor allen Dingen ist es nun möglich, alle Untergruppen und Normalteiler von $\mathfrak{G}$, welche $\mathfrak{N}$ enthalten, zu bestimmen. Denn diese Untergruppen bestehen aus einer Anzahl von Nebengruppen von $\mathfrak{N}$ und es gelten die beiden Sätze:

Satz 18. *Diejenigen Nebengruppen von $\mathfrak{N}$, welche eine Untergruppe $\mathfrak{H}$ von $\mathfrak{G}$ bilden (welche $\mathfrak{N}$ enthält), bilden eine Untergruppe der Faktorgruppe $\mathfrak{G}/\mathfrak{N}$.*

Beweis. $\mathfrak{N}$ ist nicht nur von $\mathfrak{G}$, sondern auch von $\mathfrak{H}$ Normalteiler, wie aus der Definition des Normalteilers unmittelbar hervorgeht. Wir zerlegen $\mathfrak{H}$ nach $\mathfrak{N}$ und seinen Nebengruppen $\mathfrak{H} = \mathfrak{N} + \mathfrak{N}\,A_2 + \cdots + \mathfrak{N}\,A_s$. Diese Nebengruppen bilden die Elemente der Faktorgruppe $\mathfrak{H}/\mathfrak{N}$, also eine Gruppe, und zwar eine Untergruppe von $\mathfrak{G}/\mathfrak{N}$, weil sie auch Nebengruppen von $\mathfrak{N}$ in $\mathfrak{G}$ sind.

Satz 19. *Bilden die Nebengruppen $\mathfrak{N}$, $\mathfrak{N}A_2, \ldots, \mathfrak{N}A_s$ eine Untergruppe der Faktorgruppe $\mathfrak{G}/\mathfrak{N}$, so bilden die Elemente von $\mathfrak{G}$, welche in diesen Nebengruppen enthalten sind, eine Untergruppe von $\mathfrak{G}$, welche $\mathfrak{N}$ enthält.*

Beweis. Wir bilden den Komplex $\mathfrak{N} + \mathfrak{N}A_2 + \cdots + \mathfrak{N}A_s$. Da das Produkt zweier beliebiger dieser Nebengruppen wieder im System liegt, so bildet dieser Komplex eine Untergruppe von $\mathfrak{G}$, welche $\mathfrak{N}$ enthält.

Offenbar ist auch der Index der entsprechenden Untergruppen unter $\mathfrak{G}$ und unter $\mathfrak{G}/\mathfrak{N}$ derselbe.

Es gilt nun die weitere wichtige Tatsache, daß Normalteilern des einen Problems Normalteiler des anderen entsprechen:

Satz 20. *Jeder Normalteiler einer Faktorgruppe $\mathfrak{G}/\mathfrak{N}$ liefert einen Normalteiler von $\mathfrak{G}$; jeder Normalteiler von $\mathfrak{G}$, der $\mathfrak{N}$ enthält, entspricht einem Normalteiler der Faktorgruppe.*

Mit Hilfe des Komplexkalküls von § 6 kann der ganze Beweis in wenigen Strichen gegeben werden:

Wegen $\mathfrak{N}X = X\mathfrak{N}$ für jedes X in $\mathfrak{G}$ gilt

$$\mathfrak{N}X^{-1}\mathfrak{N}A_i\,\mathfrak{N}X = \mathfrak{N}\mathfrak{N}\mathfrak{N}X^{-1}A_iX = \mathfrak{N}X^{-1}A_iX.$$

Ist nun $\mathfrak{K}/\mathfrak{N}$ Normalteiler von $\mathfrak{G}/\mathfrak{N}$ und $\mathfrak{N}A_i$ Element von $\mathfrak{K}/\mathfrak{N}$, so muß die Nebengruppe $\mathfrak{N}X^{-1}A_iX$ in $\mathfrak{K}/\mathfrak{N}$ liegen, also muß $X^{-1}A_iX$ in $\mathfrak{K}$ liegen und $\mathfrak{K}$ ist Normalteiler.

Umgekehrt, ist $\mathfrak{K}$ Normalteiler von $\mathfrak{G}$, so liegt mit A_i auch $X^{-1}A_iX$ in $\mathfrak{K}$, daher ist $\mathfrak{N}X^{-1}A_iX$ eine Nebengruppe aus $\mathfrak{K}$ und $\mathfrak{K}/\mathfrak{N}$ ist Normalteiler von $\mathfrak{G}/\mathfrak{N}$.

Die Faktorgruppe kann nur für Normalteiler definiert werden, denn es gilt der

Satz 21. *Wenn das Produkt zweier beliebiger Nebengruppen einer Untergruppe $\mathfrak{H}$ stets wieder eine Nebengruppe von $\mathfrak{H}$ ist, so ist $\mathfrak{H}$ Normalteiler.*

Beweis. Sei h die Ordnung von $\mathfrak{H}$, dann enthält nach Voraussetzung bei beliebigem A der Komplex $\mathfrak{H}A\mathfrak{H}$ h Elemente. Da E in $\mathfrak{H}$ vorkommt, so sind darunter die beiden Komplexe $\mathfrak{H}A$ und $A\mathfrak{H}$ enthalten und diese müssen identisch sein, da sie beide h Elemente besitzen. Daher gilt bei beliebigen A: $\mathfrak{H}A = A\mathfrak{H}$ oder $\mathfrak{H} = A^{-1}\mathfrak{H}A$.

§ 9. Isomorphe Gruppen.

Mit dem Begriff des Normalteilers ist aufs engste ein weiterer fundamentaler Begriff der Gruppentheorie verbunden, nämlich der Isomorphismus zweier Gruppen. Nehmen wir als Beispiel die Drehungen eines regulären Körpers, etwa eines Oktaeders. Sie bilden eine Gruppe $\mathfrak{G}$ von der Ordnung 24. Bei jeder Drehung erfahren die 6 Ecken des Oktaeders eine Permutation, wir können mit einer von *Hurwitz* stammenden Ausdrucksweise sagen, die Permutation wird durch die Drehung *induziert*. Ebenso entspricht jeder Drehung eine Vertauschung der drei Durchmesser, welche gegenüberliegende Ecken verbinden, die Drehungsgruppe induziert daher auch eine Permutationsgruppe von drei Dingen.

Wir gehen von einer Gruppe $\mathfrak{G}$ mit den Elementen $E, A, B, \ldots$ aus und geben ein System $\mathfrak{G}'$ von Elementen. $\mathfrak{G}$ sei auf $\mathfrak{G}'$ so abgebildet, daß jedem Element von $\mathfrak{G}$ ein und nur ein Element von $\mathfrak{G}'$ entspricht, während jedes Element von $\mathfrak{G}'$ Bild mindestens eines Elementes von $\mathfrak{G}$ ist. Bei dieser Abbildung soll das Gruppengesetz (Postulat I) von $\mathfrak{G}$ auf $\mathfrak{G}'$ übertragbar sein. Wenn also das Element X von $\mathfrak{G}$ auf X' von $\mathfrak{G}'$ abgebildet wird, so soll das Bild von AB, also $(AB)'$, gleich dem Produkt $A'B'$ sein. Falls diese Forderung erfüllt ist, so bilden die

Elemente von $\mathfrak{G}'$ eine Gruppe. Denn das Postulat I ist nach Voraussetzung erfüllt, ebenso gilt das Assoziativgesetz. Ist ferner E' das dem Einheitselement E von $\mathfrak{G}$ entsprechende Element von $\mathfrak{G}'$, so ergibt sich für beliebiges X aus $\mathfrak{G}$

$$(XE)' = (EX)' = X' = X'E' = E'X',$$

womit für E' die nötigen Eigenschaften bewiesen sind. Schließlich folgt aus $XX^{-1} = E$ die Gleichung $X'(X^{-1})' = E'$. Definiert man daher als inverses Element zu X' das Element $(X^{-1})'$, so ist auch das vierte Postulat erfüllt.

Falls die beiden Gruppen $\mathfrak{G}$ und $\mathfrak{G}'$ gleichviele Elemente haben, so ist die Zuordnung eineindeutig, die Gruppentafel für $\mathfrak{G}$ geht in diejenige für $\mathfrak{G}'$ über, wenn man allgemein X durch X' ersetzt, und die beiden Gruppen sind abstrakt betrachtet identisch. Wir bezeichnen in diesem Fall $\mathfrak{G}$ und $\mathfrak{G}'$ als *einstufig* oder *holoedrisch isomorph*.

Besonders wichtig ist jedoch der Fall, wo $\mathfrak{G}'$ weniger Elemente als $\mathfrak{G}$ enthält. In diesem Fall heißen die beiden Gruppen *mehrstufig* oder *meroedrisch isomorph*. In neuerer Zeit wird häufig der Ausdruck isomorph auf den Fall des einstufigen Isomorphismus eingeschränkt und man bezeichnet alsdann mehrstufig isomorphe Gruppen als *homomorph*.

Satz 22. *Ist $\mathfrak{G}$ mehrstufig isomorph (homomorph) mit $\mathfrak{G}'$, so entspricht dem Einheitselement E' von $\mathfrak{G}'$ ein Normalteiler $\mathfrak{N}$ von $\mathfrak{G}$ und $\mathfrak{G}'$ ist mit $\mathfrak{G}/\mathfrak{N}$ einstufig isomorph.*

Beweis. Die Gesamtheit der Elemente von $\mathfrak{G}$, denen E' entspricht, bilden eine Untergruppe, denn mit A und B entspricht auch AB dem Element $E'E' = E'$. Diese Untergruppe ist Normalteiler, denn dem Element $X^{-1}AX$ entspricht das Element $X'^{-1}E'X' = E'$ bei beliebigem X. Zwei Elementen X und Y von $\mathfrak{G}$ entspricht dann und nur dann dasselbe Element A' von $\mathfrak{G}'$, wenn XY^{-1} dem Einheitselement $A'A'^{-1} = E'$ entspricht, d. h. wenn sie in dieselbe Nebengruppe des Normalteilers $\mathfrak{N}$ gehören. Dem Produkt zweier Nebengruppen von $\mathfrak{N}$ entspricht das Produkt der zugeordneten Elemente von $\mathfrak{G}'$.

Ist eine Gruppe, die aus mehr als einem Element besteht, mit einer einfachen Gruppe isomorph, so ist der Isomorphismus ein holoedrischer. So ist z. B. die Permutationsgruppe der 5 Oktaeder, welche einem Ikosaeder einbeschrieben sind, bei den 60 Ikosaederdrehungen selber von der Ordnung 60.

Mit Hilfe der bisherigen Entwicklungen ist es möglich, einen vollständigen Einblick in die Oktaedergruppe, auf welcher die Theorie der Gleichungen 4. Grades beruht, zu bekommen. Sie bildet ein außerordentlich lehrreiches Beispiel für die vorangehenden Sätze.

Die drei Hauptachsen des Oktaeders, welche je zwei gegenüberliegende Ecken verbinden, mögen als die X-, Y- und Z-Achse bezeichnet werden. Jeder Oktaederdrehung entspricht eine Vertauschung dieser drei Achsen, und man sieht leicht, daß jede der sechs möglichen Vertauschungen dieser drei Achsen hervorgerufen wird. Damit ist ein Isomorphismus der Permutationsgruppe von drei Dingen mit der Gruppe der Oktaederdrehungen aufgedeckt, und infolgedessen besitzt die Oktaedergruppe, deren Ordnung 24 ist, einen Normalteiler $\mathfrak{N}$ von der Ordnung 4, bestehend aus denjenigen Drehungen, welche die drei Achsen in sich überführen. Diese vier Drehungen sind die identische sowie die drei Drehungen vom Winkel π um die drei Achsen. Ihre Faktorgruppe ist eine Diedergruppe von der Ordnung 6, welche einen Normalteiler vom Index 2 besitzt. Diesem entspricht ein Normalteiler der Oktaedergruppe von der Ordnung 12, bestehend aus $\mathfrak{N}$ und den 8 Drehungen von der Ordnung 3 um die Achsen durch zwei gegenüberliegende Flächenmittelpunkte. Auch dieser Normalteiler besitzt eine geometrische Deutung, die am besten am Würfel gezeigt werden kann, dessen Gruppe mit der Oktaedergruppe übereinstimmt. Der Würfel sei so aufgestellt, daß seine Kanten mit den Koordinatenachsen parallel sind. Der Normalteiler besteht wieder aus den drei Drehungen von π um die drei Koordinatenachsen und den Drehungen um Achsen durch die Eckpunkte. Aus den Eckpunkten kann man vier auswählen, welche gleichzeitig Eckpunkte eines einbeschriebenen Tetraeders sind. Auf der oberen Fläche parallel der XY-Ebene seien es die beiden Ecken auf einer Diagonale von links vorne nach rechts hinten, auf der unteren diejenigen auf der Diagonale von rechts vorne nach links hinten. Die anderen vier Ecken bilden gleichfalls die Ecken eines einbeschriebenen Tetraeders. Bei jeder Drehung des Oktaeders erfahren diese zwei Tetraeder eine Vertauschung, und man überzeugt sich sofort, daß der Normalteiler aus denjenigen Drehungen besteht, bei denen jedes Tetraeder in sich übergeführt wird, während die übrigen Drehungen eine Vertauschung bewirken. Der Normalteiler von der Ordnung 12 ist holoedrisch isomorph mit der Gruppe der zwölf Tetraederdrehungen, er tritt auch als Untergruppe der Ikosaedergruppe auf.

Ist eine mit $\mathfrak{G}$ isomorphe Gruppe gegeben, so kann der Isomorphismus oft auf mehrere Arten hergestellt werden, indem $\mathfrak{G}$ verschiedene Normalteiler besitzen kann, deren Faktorgruppen holoedrisch isomorph sind. Beispiele dafür bieten sich schon unter den *Abel*schen Gruppen.

Ein Isomorphismus einer Gruppe mit sich selbst heißt **Automorphismus** (Kap. 9). Ein solcher ist stets holoedrisch.

§ 10. Der Hauptsatz über Normalteiler.

Unter einem *größten Normalteiler* einer Gruppe $\mathfrak{G}$ versteht man einen solchen, der in keinem anderen Normalteiler außer $\mathfrak{G}$ selbst enthalten ist. Eine Gruppe kann mehrere größte Normalteiler enthalten, und es gilt der folgende

Hauptsatz 23. *Sind $\mathfrak{N}_1$ und $\mathfrak{N}_2$ zwei größte Normalteiler von $\mathfrak{G}$ und ist $\mathfrak{D}$ ihr Durchschnitt, so bestehen zwischen den Faktorgruppen die Beziehungen*

$$\mathfrak{G}/\mathfrak{N}_1 = \mathfrak{N}_2/\mathfrak{D}, \qquad \mathfrak{G}/\mathfrak{N}_2 = \mathfrak{N}_1/\mathfrak{D},$$

wobei das Gleichheitszeichen den holoedrischen Isomorphismus bedeutet.

Beweis. Die durch $\mathfrak{N}_1$ und $\mathfrak{N}_2$ erzeugte Untergruppe $\mathfrak{N}_1\mathfrak{N}_2$* ist ein Normalteiler von $\mathfrak{G}$, der $\mathfrak{N}_1$ und $\mathfrak{N}_2$ enthält, und ist daher mit $\mathfrak{G}$ identisch. $\mathfrak{N}_1$ sei nach Nebengruppen von $\mathfrak{D}$ zerlegt

$$\mathfrak{N}_1 = \mathfrak{D} + \mathfrak{D}A_2 + \mathfrak{D}A_3 + \cdots + \mathfrak{D}A_r.$$

Alsdann bilde man

$$\mathfrak{L} = \mathfrak{N}_2 + \mathfrak{N}_2A_2 + \mathfrak{N}_2A_3 + \cdots + \mathfrak{N}_2A_r.$$

Dieser Komplex enthält $\mathfrak{N}_2$ und $\mathfrak{N}_1$ und wir wollen zeigen, daß er mit $\mathfrak{N}_1\mathfrak{N}_2 = \mathfrak{G}$ identisch ist. Es wird nämlich

$$\mathfrak{N}_1\mathfrak{N}_2 = \mathfrak{N}_2\mathfrak{N}_1 = \mathfrak{N}_2(\mathfrak{D} + \mathfrak{D}A_2 + \cdots + \mathfrak{D}A_r)$$
$$= \mathfrak{N}_2 + \mathfrak{N}_2A_2 + \cdots + \mathfrak{N}_2A_r = \mathfrak{L}$$

wegen $\mathfrak{N}_2\mathfrak{D} = \mathfrak{N}_2$.

Die Faktorgruppen $\mathfrak{G}/\mathfrak{N}_2$ und $\mathfrak{N}_1/\mathfrak{D}$ sind holoedrisch isomorph, denn aus $\mathfrak{N}_2A_i = \mathfrak{N}_2A_k$ folgt, daß $A_iA_k^{-1}$ in $\mathfrak{N}_2$ und daher in $\mathfrak{D}$ liegt, d. h. daß $i = k$ ist. Und ferner folgt aus $\mathfrak{N}_2A_i\mathfrak{N}_2A_k = \mathfrak{N}_2A_l$ sofort $\mathfrak{D}A_i\mathfrak{D}A_k = \mathfrak{D}A_l$, und umgekehrt. Damit ist die zweite Gleichung, nämlich $\mathfrak{G}/\mathfrak{N}_2 = \mathfrak{N}_1/\mathfrak{D}$, bewiesen. Die erste folgt durch Vertauschung der beiden Normalteiler.

Satz 24. *Ist $\mathfrak{N}$ Normalteiler und $\mathfrak{H}$ Untergruppe von $\mathfrak{G}$, bezeichnet $\mathfrak{D}$ den Durchschnitt von $\mathfrak{H}$ und $\mathfrak{N}$, ferner $\mathfrak{L}$ den Komplex $\mathfrak{H}\mathfrak{N}$, so ist $\mathfrak{L}$ eine Gruppe und $\mathfrak{D}$ ist Normalteiler von $\mathfrak{H}$ und es gilt $\mathfrak{L}/\mathfrak{N} = \mathfrak{H}/\mathfrak{D}$.*

Beweis. Weil $\mathfrak{N}$ mit allen Elementen von $\mathfrak{G}$ vertauschbar ist, gilt $\mathfrak{N}\mathfrak{H} = \mathfrak{H}\mathfrak{N}$ und $\mathfrak{N}\mathfrak{H}\mathfrak{N}\mathfrak{H} = \mathfrak{N}\mathfrak{N}\mathfrak{H}\mathfrak{H} = \mathfrak{N}\mathfrak{H}$, womit bewiesen ist, daß $\mathfrak{L}$ eine Untergruppe von $\mathfrak{G}$ ist. Daher ist $\mathfrak{N}$ auch Normalteiler von $\mathfrak{L}$. Wir bilden nun $\mathfrak{G}$ auf $\mathfrak{G}/\mathfrak{N}$ ab, indem wir alle Elemente von $\mathfrak{N}$ durch E ersetzen. Hierbei gehen genau diejenigen Elemente von $\mathfrak{H}$ in E über, welche in $\mathfrak{N}$, also in $\mathfrak{D}$ liegen. Daher ist $\mathfrak{D}$ Normalteiler von $\mathfrak{H}$ und $\mathfrak{H}$ geht in $\mathfrak{H}/\mathfrak{D}$ über. Ferner ist das Bild von $\mathfrak{L} = \mathfrak{H}\mathfrak{N}$ gleich dem Bild von $\mathfrak{H}$, weil $\mathfrak{N}$ in E übergeht, und die Gruppe $\mathfrak{L}/\mathfrak{N} = \mathfrak{H}/\mathfrak{D}$.

Es ist nützlich, die Sätze durch ein geometrisches Bild zu befestigen. Wir wählen dazu die Darstellung der Gruppe und ihrer Untergruppen durch einen sog. Graph. Man ordnet jeder Untergruppe einen Punkt zu und verbindet zwei Punkte durch eine Strecke, falls die zugeordneten

---

* $\{\mathfrak{N}_1, \mathfrak{N}_2\} = \mathfrak{N}_1\mathfrak{N}_2$; denn $\mathfrak{N}_1$ und $\mathfrak{N}_2$ sind vertauschbar, woraus folgt $\mathfrak{N}_1\mathfrak{N}_2 \cdot \mathfrak{N}_1\mathfrak{N}_2 = \mathfrak{N}_1\mathfrak{N}_2$.

Untergruppen in der Beziehung: Gruppe zu Untergruppe stehen. Natürlich braucht man bei einem solchen Schema nicht alle Untergruppen zu berücksichtigen. Der Satz 23 nimmt dann die Gestalt eines Parallelogrammes (Abb. 1) an. Gegenüberliegende Seiten repräsentieren isomorphe Faktorgruppen.

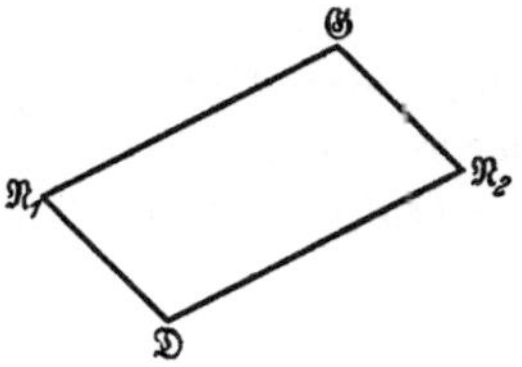

Satz 24 ergibt ebenfalls ein Parallelogramm (Abb. 2), aber nur ein Paar gegenüberliegender Seiten entspricht hier einer Faktorgruppe, das andere repräsentiert bloß die Tatsache, daß die Indices dieselben sind.

Man kann auf diese Weise auch kompliziertere Sätze übersichtlich gestalten, etwa folgenden:

Satz 25. $\mathfrak{A}$ *und* $\mathfrak{B}$ *seien zwei Normalteiler,* $\mathfrak{U}$ *eine beliebige Untergruppe von* $\mathfrak{G}$. *Ferner bedeute allgemein* $O(\mathfrak{A})$ *die Ordnung der Gruppe* $\mathfrak{A}$. *Dann gilt*

$$O(\mathfrak{A}) : O(\mathfrak{B}) = \{O(\mathfrak{A}\,\mathfrak{U}) : O(\mathfrak{B}\,\mathfrak{U})\}\,\{O(\mathfrak{A} \wedge \mathfrak{U}) : O(\mathfrak{B} \wedge \mathfrak{U})\}.$$

Beweis. Man zeichne untenstehendes Schema (Abb. 3).

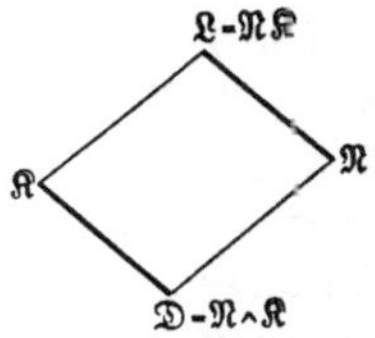

Wir haben hier die beiden Parallelogramme $\mathfrak{A}$, $\mathfrak{A}\,\mathfrak{U}$, $\mathfrak{U}$, $\mathfrak{A} \wedge \mathfrak{U}$ und $\mathfrak{U}$, $\mathfrak{B}\,\mathfrak{U}$, $\mathfrak{B}$, $\mathfrak{B} \wedge \mathfrak{U}$.

Nun gilt

$$\frac{O(\mathfrak{A})}{O(\mathfrak{B})} = \frac{O(\mathfrak{A})}{O(\mathfrak{A} \wedge \mathfrak{U})} \cdot \frac{O(\mathfrak{A} \wedge \mathfrak{U})}{O(\mathfrak{B} \wedge \mathfrak{U})} \cdot \frac{O(\mathfrak{B} \wedge \mathfrak{U})}{O(\mathfrak{B})}.$$

Aus dem Parallelogramm folgt aber die Gleichheit der Seite $\mathfrak{A} \to (\mathfrak{A} \wedge \mathfrak{U})$ mit $\mathfrak{A}\,\mathfrak{U} \to \mathfrak{U}$ und der Seite $\mathfrak{B} \wedge \mathfrak{U} \to \mathfrak{B}$ mit $\mathfrak{U} \to \mathfrak{B}\,\mathfrak{U}$. Daher wird

$$\frac{O(\mathfrak{A})}{O(\mathfrak{A} \wedge \mathfrak{U})} \cdot \frac{O(\mathfrak{B} \wedge \mathfrak{U})}{O(\mathfrak{B})} = \frac{O(\mathfrak{A}\,\mathfrak{U})}{O(\mathfrak{B}\,\mathfrak{U})},$$

denn zu gleichen Seiten gehören gleiche Indices. Setzt man dies oben ein, so erhält man die Aussage des Satzes.

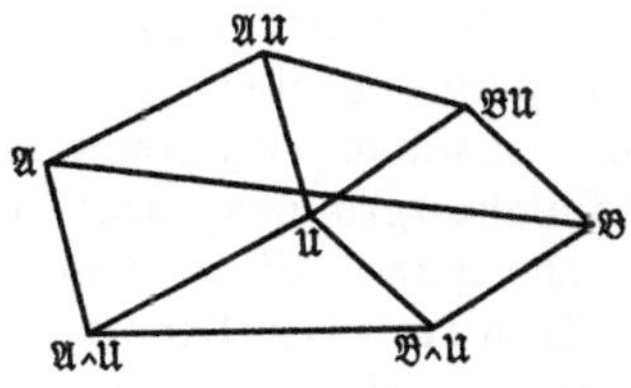

Der Satz 24 besitzt sein Analogon in der elementaren Zahlentheorie. *Dort* beweist man:

Sind h und k zwei ganze positive Zahlen und ist d der größte gemeinsame Teiler, l das kleinste gemeinsame Vielfache derselben, so gelten die Gleichungen

$$l/h = k/d \quad \text{und} \quad l/k = h/d.$$

Hier gilt nach dem eben bewiesenen Satz 24:

Sind $\mathfrak{H}$ und $\mathfrak{K}$ zwei Untergruppen von $\mathfrak{G}$, die beide in der durch sie erzeugten Gruppe $\{\mathfrak{H}\mathfrak{K}\} = \mathfrak{L}$ als Normalteiler enthalten sind (d. h. jedes Element der einen Gruppe ist mit der anderen Gruppe vertauschbar), bezeichnet man ferner den Durchschnitt von $\mathfrak{H}$ und $\mathfrak{K}$ mit $\mathfrak{D}$, so gelten im Sinne des holoedrischen Isomorphismus die beiden Gleichungen

$$\mathfrak{L}/\mathfrak{H} = \mathfrak{K}/\mathfrak{D} \quad \text{und} \quad \mathfrak{L}/\mathfrak{K} = \mathfrak{H}/\mathfrak{D}.$$

Satz 26. *Ist s die niedrigste Potenz des Elementes A aus $\mathfrak{G}$, die in einem Normalteiler $\mathfrak{N}$ von $\mathfrak{G}$ liegt, so ist s ein Teiler des Indexes von $\mathfrak{N}$ unter $\mathfrak{G}$.*

Beweis. Der Komplex

$$\mathfrak{C} = \mathfrak{N} + \mathfrak{N}A + \cdots + \mathfrak{N}A^{s-1}$$

bildet eine Untergruppe von $\mathfrak{G}$, denn er kann mit $\mathfrak{N}\{A\}$ bezeichnet werden und A ist mit $\mathfrak{N}$ vertauschbar, weil $\mathfrak{N}$ Normalteiler von $\mathfrak{G}$ ist. Die Ordnung s von $\mathfrak{C}/\mathfrak{N}$ ist ein Teiler der Ordnung von $\mathfrak{G}/\mathfrak{N}$.

§ 11. Kompositionsreihen.

Definition. Ist $\mathfrak{N}_1$ ein größter Normalteiler von $\mathfrak{G}$, $\mathfrak{N}_2$ ein größter Normalteiler von $\mathfrak{N}_1$ (der nicht notwendig Normalteiler von $\mathfrak{G}$ zu sein braucht), $\mathfrak{N}_3$ ein größter Normalteiler von $\mathfrak{N}_2$ usw., so erhält man eine Reihe von Untergruppen, deren jede in der vorhergehenden enthalten ist und die mit E schließt: $\mathfrak{G}, \mathfrak{N}_1, \mathfrak{N}_2, \ldots, \mathfrak{N}_r = E$. Diese Reihe heißt eine *Kompositionsreihe* von $\mathfrak{G}$.

Die Faktorgruppen zweier aufeinanderfolgenden Gruppen der Reihe: $\mathfrak{G}/\mathfrak{N}_1, \mathfrak{N}_1/\mathfrak{N}_2, \ldots, \mathfrak{N}_{r-1}/\mathfrak{N}_r$ sind lauter einfache Gruppen, denn wenn $\mathfrak{N}_i/\mathfrak{N}_{i+1}$ einen Normalteiler besäße, so gäbe es nach Satz 20 einen Normalteiler von $\mathfrak{N}_i$, der $\mathfrak{N}_{i+1}$ als eigentlichen Normalteiler enthielte gegen die Voraussetzung. Diese einfachen Gruppen sollen als die *Primfaktorgruppen* oder einfacher als die Primfaktoren der Kompositionsreihe bezeichnet werden.

Fundamentalsatz 27 *von Jordan-Hölder*[1]. *Für zwei beliebige Kompositionsreihen stimmen die Primfaktorgruppen in ihrer Gesamtheit, aber nicht notwendig in ihrer Reihenfolge, überein.*

Dieser Satz bildet ein gewisses Analogon zu dem Satz über die eindeutige Zerlegbarkeit einer ganzen Zahl in Primfaktoren. Immerhin ist zu bemerken, daß eine Gruppe durch die Primfaktorgruppen der Kompositionsreihen nur in speziellen Fällen, z. B. wenn sie einfach ist, vollständig bestimmt ist, und daß bei gegebener Reihenfolge der Primfaktorgruppen nicht notwendig eine Kompositionsreihe existiert, welche gerade diese Reihenfolge liefert.

Beweis. Der Satz ist selbstverständlich für einfache Gruppen und daher für alle Gruppen, deren Ordnung eine Primzahl ist. Zum Beweis des allgemeinen Satzes wendet man vollständige Induktion an. Der Satz sei bewiesen für alle Gruppen, deren Ordnung ein Produkt von weniger als n Primzahlen ist, und die Ordnung von $\mathfrak{G}$ sei ein Produkt von n Primzahlen. Man darf ferner voraussetzen, daß $\mathfrak{G}$ einen eigentlichen Normalteiler besitzt, da der Satz für den anderen Fall

---

[1] *C. Jordan* bewies 1870 in seinem traité des substitutions die Gleichheit der *Ordnungen* der Faktorgruppen; *O. Hölder:* Math. Ann. Bd. 34 (1897), S. 37, die Gleichheit der Faktorgruppen.

selbstverständlich ist. Wenn $\mathfrak{G}$ nur *einen* größten Normalteiler besitzt, so folgt der Satz sofort aus der Voraussetzung. Es seien daher zwei Kompositionsreihen von $\mathfrak{G}$ gegeben mit verschiedenen ersten Normalteilern: $\mathfrak{G}, \mathfrak{M}_1, \mathfrak{M}_2, \ldots, \mathfrak{M}_r = E$ und $\mathfrak{G}, \mathfrak{N}_1, \mathfrak{N}_2, \ldots, \mathfrak{N}_s = E$. Läßt man in den beiden Reihen $\mathfrak{G}$ weg, so erhält man Kompositionsreihen für $\mathfrak{M}_1$ und $\mathfrak{N}_1$, und für diese beiden Gruppen gilt der Satz nach Voraussetzung. Der Durchschnitt von $\mathfrak{M}_1$ und $\mathfrak{N}_1$ sei $\mathfrak{D}_1$, dann gilt wegen Satz 24

$$\mathfrak{G}/\mathfrak{M}_1 = \mathfrak{N}_1/\mathfrak{D}_1 \quad \text{und} \quad \mathfrak{G}/\mathfrak{N}_1 = \mathfrak{M}_1/\mathfrak{D}_1.$$

Weil $\mathfrak{G}/\mathfrak{M}_1$ und $\mathfrak{G}/\mathfrak{N}_1$ einfache Gruppen sind, so ist $\mathfrak{D}_1$ größter Normalteiler sowohl von $\mathfrak{M}_1$ als von $\mathfrak{N}_1$, und man kann daher für diese beiden Untergruppen Kompositionsreihen bilden, die mit $\mathfrak{D}_1$ beginnen und von da an übereinstimmen

$$\mathfrak{M}_1, \mathfrak{D}_1, \mathfrak{D}_2, \ldots, \mathfrak{D}_u = E \quad \text{und} \quad \mathfrak{N}_1, \mathfrak{D}_1, \mathfrak{D}_2, \ldots, \mathfrak{D}_u = E.$$

Die beiden Kompositionsreihen von $\mathfrak{G}$:

$$\mathfrak{G}, \mathfrak{M}_1, \mathfrak{D}_1, \ldots, E \quad \text{und} \quad \mathfrak{G}, \mathfrak{N}_1, \mathfrak{D}_1, \ldots, E$$

besitzen wegen $\mathfrak{G}/\mathfrak{M}_1 = \mathfrak{N}_1/\mathfrak{D}_1$ und $\mathfrak{G}/\mathfrak{N}_1 = \mathfrak{M}_1/\mathfrak{D}_1$ dieselben Primfaktorgruppen. Dasselbe gilt von den beiden Reihen:

$$\mathfrak{G}, \mathfrak{M}_1, \mathfrak{M}_2, \ldots, \mathfrak{M}_r = E \quad \text{und} \quad \mathfrak{G}, \mathfrak{M}_1, \mathfrak{D}_1 \ldots, E,$$

sowie von den beiden Reihen:

$$\mathfrak{G}, \mathfrak{N}_1, \mathfrak{N}_2, \ldots, \mathfrak{N}_r = E \quad \text{und} \quad \mathfrak{G}, \mathfrak{N}_1, \mathfrak{D}_1, \ldots, E,$$

denn die beiden ersten Reihen bestehen aus $\mathfrak{G}$ und zwei Kompositionsreihen von $\mathfrak{M}_1$, für welche nach der Voraussetzung der vollständigen Induktion der Satz gilt. Für die beiden letzten Reihen gilt dasselbe. Nimmt man alles zusammen, so ergibt sich der Beweis unseres Satzes.

Definition. Eine Gruppe, deren Primfaktorgruppen sämtlich einfache Gruppen von Primzahlordnung, also zyklische Gruppen sind, heißt eine *auflösbare Gruppe.*

Die Oktaedergruppe ist auflösbar, denn sie besitzt einen Normalteiler vom Index 2, dieser einen solchen vom Index 3, nämlich eine Diedergruppe von der Ordnung 4. Diese letztere ist *Abel*sch und besitzt drei Normalteiler vom Index 2, deren Ordnung 2 ist. Es gibt also 3 Kompositionsreihen, je mit 3 zyklischen Primfaktorgruppen von der Ordnung 2 und einer von der Ordnung 3. Man beweist leicht, daß nur die eine Anordnung 2, 3, 2, 2 möglich ist.

Ist $\mathfrak{M}$ ein Normalteiler von $\mathfrak{G}$, so gibt es stets eine Kompositionsreihe von $\mathfrak{G}$, die $\mathfrak{M}$ enthält. Entweder ist $\mathfrak{M}$ ein größter Normalteiler von $\mathfrak{G}$, dann ist die Behauptung selbstverständlich. Im anderen Falle sei $\mathfrak{N}_1$ ein eigentlicher Normalteiler von $\mathfrak{G}$, der $\mathfrak{M}$ enthält, und zwar ein größter von dieser Beschaffenheit. Er ist größter Normalteiler von $\mathfrak{G}$. Wenn $\mathfrak{M}$ noch nicht größter Normalteiler von $\mathfrak{N}_1$ ist, so suche man wie vorher einen solchen, der $\mathfrak{M}$ enthält. Man erhält so eine Kompositionsreihe von $\mathfrak{G}$, die zunächst bis $\mathfrak{M}$ läuft, und von hier aus fährt man in der üblichen Weise fort. Ist diese Reihe $\mathfrak{G}, \mathfrak{N}_1, \mathfrak{N}_2, \ldots, \mathfrak{M}, \ldots$, so bildet $\mathfrak{G}/\mathfrak{M}, \mathfrak{N}_1/\mathfrak{M}, \mathfrak{N}_2/\mathfrak{M}, \ldots, \mathfrak{M}/\mathfrak{M} = E$ eine Kompositionsreihe von $\mathfrak{G}/\mathfrak{M}$ und man erhält alle Kompositionsreihen von $\mathfrak{G}$, die $\mathfrak{M}$ enthalten, bis zu dieser Untergruppe $\mathfrak{M}$, indem man alle Kompositionsreihen von $\mathfrak{G}/\mathfrak{M}$ bildet.

Satz 28. *Jede Untergruppe einer auflösbaren Gruppe ist auflösbar und ihre Primfaktorgruppen bestehen aus einem Teil derjenigen der ganzen Gruppe.*

Beweis. Sei $\mathfrak{H}$ eine Untergruppe der auflösbaren Gruppe $\mathfrak{G}$ und sei $\mathfrak{G}, \mathfrak{N}_1, \ldots, \mathfrak{N}_r = E$ eine Kompositionsreihe von $\mathfrak{G}$. Die letzte Gruppe dieser Reihe, die $\mathfrak{H}$ enthält, sei $\mathfrak{N}_{i-1}$, dann ist $\mathfrak{N}_i$ als Normalteiler von $\mathfrak{N}_{i-1}$ mit jedem Element von $\mathfrak{H}$ vertauschbar und $\{\mathfrak{N}_i \mathfrak{H}\} = \mathfrak{N}_{i-1}$, weil dies eine Gruppe sein muß, die $\mathfrak{N}_i$ als eigentlichen Normalteiler enthält, während sie selbst in $\mathfrak{N}_{i-1}$ enthalten ist; zwischen $\mathfrak{N}_i$ und $\mathfrak{N}_{i-1}$ gibt es aber keine Gruppe, da $\mathfrak{N}_{i-1}/\mathfrak{N}_i$ eine Gruppe von Primzahlordnung ist. Der Durchschnitt $\mathfrak{H}_i$ von $\mathfrak{H}$ und $\mathfrak{N}_i$ ist Normalteiler von $\mathfrak{H}$, und nach Satz 24 wird $\mathfrak{H}/\mathfrak{H}_i = \mathfrak{N}_{i-1}/\mathfrak{N}_i$. Daher ist $\mathfrak{H}_i$ ein größter Normalteiler von $\mathfrak{H}$ und ist ganz in $\mathfrak{N}_i$ enthalten. Eine Fortsetzung dieses Verfahrens ergibt den Beweis unseres Satzes.

Satz 29. *Es sei $\mathfrak{H}_i$ der Durchschnitt einer Untergruppe $\mathfrak{H}$ mit $\mathfrak{N}_i$, der $(i + 1)$-ten Gruppe in der Kompositionsreihe $\mathfrak{G}, \mathfrak{N}_1, \mathfrak{N}_2, \ldots, \mathfrak{N}_r = E$, für $i = 1, 2, \ldots, r$, dann ist $\mathfrak{H}_{i-1}/\mathfrak{H}_i$ holoedrisch isomorph mit $\mathfrak{N}_{i-1}/\mathfrak{N}_i$ oder mit einer Untergruppe von $\mathfrak{N}_{i-1}/\mathfrak{N}_i$.*

Beweis. Man zeigt wie beim vorigen Beweis, daß jedes Element von $\mathfrak{H}_{i-1}$ mit $\mathfrak{N}_i$ vertauschbar ist und daß $\{\mathfrak{H}_{i-1} \mathfrak{N}_i\} = \mathfrak{L}_i$ in $\mathfrak{N}_{i-1}$ enthalten ist. Daraus folgt, daß $\mathfrak{L}_i/\mathfrak{N}_i$ eine Untergruppe von $\mathfrak{N}_{i-1}/\mathfrak{N}_i$ ist. Ferner ist $\mathfrak{L}_i/\mathfrak{N}_i = \mathfrak{H}_{i-1}/\mathfrak{H}_i$.

Der Satz 28 ist ein spezieller Fall von Satz 29. $\mathfrak{H}, \mathfrak{H}_1, \ldots, \mathfrak{H}_r = E$ bildet nicht notwendig eine Kompositionsreihe für $\mathfrak{H}$, aber man kann weitere Gruppen dazwischen schalten unter Benutzung der Kompositionsreihen von $\mathfrak{H}_{i-1}/\mathfrak{H}_i$ und so zu einer Kompositionsreihe für $\mathfrak{H}$ gelangen. Natürlich brauchen die Gruppen $\mathfrak{H}_i$ nicht alle voneinander verschieden zu sein, $\mathfrak{H}_i$ kann ebensogut eigentlicher als uneigentlicher Normalteiler von $\mathfrak{H}_{i-1}$ sein.

§ 12. Hauptreihen.

Man kann ähnliche Reihen wie die Kompositionsreihen bilden, indem man nur Normalteiler von $\mathfrak{G}$ zuläßt.

Definition. Eine Reihe von Normalteilern von $\mathfrak{G}$: $\mathfrak{G}, \mathfrak{N}_1, \mathfrak{N}_2, \ldots, \mathfrak{N}_r = E$ heißt eine **Hauptreihe** von $\mathfrak{G}$, wenn jeder im vorhergehenden enthalten ist und wenn kein Normalteiler von $\mathfrak{G}$ dazwischengeschaltet werden kann, der in $\mathfrak{N}_{i-1}$ enthalten ist und $\mathfrak{N}_i$ enthält. Die Faktorgruppen $\mathfrak{G}/\mathfrak{N}_1$, $\mathfrak{N}_1/\mathfrak{N}_2$, ..., $\mathfrak{N}_{r-1}/E = \mathfrak{N}_{r-1}$ heißen die Primfaktorgruppen der Hauptreihe.

Satz 30. *Die Primfaktorgruppen zweier Hauptreihen derselben Gruppe stimmen in ihrer Gesamtheit untereinander überein.*

Beweis. Da $\mathfrak{N}_1$, $\mathfrak{N}_2$, ..., $\mathfrak{N}_{r-1}$, E im allgemeinen nicht mehr Hauptreihe von $\mathfrak{N}_1$ sein wird, so muß die vollständige Induktion etwas anders angewandt werden als im Fall der Kompositionsreihen. Der letzte Normalteiler $\mathfrak{N}_{r-1}$ vor E ist ein solcher, der keinen eigentlichen Normalteiler von $\mathfrak{G}$ enthält außer sich selbst. Einen solchen Normalteiler heißt man einen *kleinsten Normalteiler*. Die Ordnung von $\mathfrak{G}$ sei ein Produkt von n Primfaktoren und die Gültigkeit des Satzes sei vorausgesetzt für alle Gruppen, deren Ordnung das Produkt von höchstens $n-1$ Primfaktoren ist. Die Reihe $\mathfrak{G}/\mathfrak{N}_{r-1}$, $\mathfrak{N}_1/\mathfrak{N}_{r-1}$, ..., $\mathfrak{N}_{r-2}/\mathfrak{N}_{r-1}$, E bildet nach Satz 20 eine Hauptreihe für $\mathfrak{G}/\mathfrak{N}_{r-1}$. Wenn $\mathfrak{G}$ nur einen kleinsten Normalteiler besitzt, so folgt der Satz aus der Voraussetzung, da er für $\mathfrak{G}/\mathfrak{N}_{r-1}$ gilt. Ebenso folgt der Satz für zwei Hauptreihen die denselben kleinsten Normalteiler enthalten. Nun seien $\mathfrak{M}$ und $\mathfrak{N}$ zwei kleinste Normalteiler und $\mathfrak{K} = \mathfrak{M} \times \mathfrak{N}$ (vgl. Satz 17) der durch sie erzeugte Normalteiler. Nach Satz 25 gilt im Sinne holoedrischer Isomorphie $\mathfrak{K}/\mathfrak{N} = \mathfrak{M}$ und $\mathfrak{K}/\mathfrak{M} = \mathfrak{N}$. Zwischen $\mathfrak{K}$ und $\mathfrak{M}$ und ebenso zwischen $\mathfrak{K}$ und $\mathfrak{N}$ gibt es keinen Normalteiler von $\mathfrak{G}$, denn ein Normalteiler zwischen $\mathfrak{K}$ und $\mathfrak{M}$ müßte neben $\mathfrak{M}$ noch mindestens ein Element aus $\mathfrak{N}$, daher auch dessen ganze Klasse und den durch sie erzeugten Normalteiler enthalten. Dieser letztere ist aber identisch mit $\mathfrak{N}$, weil $\mathfrak{N}$ kleinster Normalteiler ist. Nun sei $\mathfrak{G}$, $\mathfrak{K}_1$, ..., $\mathfrak{K}$, $\mathfrak{M}$, E eine Hauptreihe, die $\mathfrak{K}$ enthält. Dann ist auch $\mathfrak{G}$, $\mathfrak{K}_1$, ..., $\mathfrak{K}$, $\mathfrak{N}$, E eine solche. Die Primfaktorgruppen dieser beiden Reihen stimmen überein, also auch diejenigen aller Hauptreihen, die $\mathfrak{M}$ oder $\mathfrak{N}$ enthalten, w. z. b. w.

Satz 31. *Ein kleinster Normalteiler ist entweder eine einfache Gruppe oder das direkte Produkt holoedrisch isomorpher einfacher Gruppen.*

Beweis. Der Satz gilt für Gruppen, deren Ordnung eine Primzahl ist. Wir können daher vollständige Induktion anwenden und den Satz für Gruppen niedrigerer Ordnung als $\mathfrak{G}$ voraussetzen. Es sei $\mathfrak{N}$ ein kleinster Normalteiler von $\mathfrak{G}$. Ist $\mathfrak{N}$ einfach, so gilt der Satz 31. Ist $\mathfrak{N}$ nicht einfach, so besitzt $\mathfrak{N}$ einen kleinsten Normalteiler $\mathfrak{J}$ und von diesem dürfen wir voraussetzen, daß er das direkte Produkt einfacher Gruppen ist. Im allgemeinen wird $\mathfrak{J}$ nicht Normalteiler von $\mathfrak{G}$ sein, aber mit $\mathfrak{J}$ ist auch $X^{-1}\mathfrak{J}X$, wo X ein beliebiges Element von $\mathfrak{G}$ bedeutet, in $\mathfrak{N}$ enthalten. $X^{-1}\mathfrak{J}X$ ist Normalteiler von $X^{-1}\mathfrak{N}X = \mathfrak{N}$. Die verschiedenen Gruppen, die man erhält, wenn X alle Elemente von $\mathfrak{G}$ durchläuft, seien $\mathfrak{J}$, $\mathfrak{K}$, $\mathfrak{L}$,.... Die durch sie erzeugte Gruppe ist ein Normalteiler von $\mathfrak{G}$, der in $\mathfrak{N}$ enthalten ist und daher mit $\mathfrak{N}$ übereinstimmt. $\mathfrak{J}$ und $\mathfrak{K}$ besitzen außer E kein Element gemeinsam, da der Durchschnitt von $\mathfrak{J}$ und $\mathfrak{K}$ ein Normalteiler von $\mathfrak{N}$ sein muß.

Die Gruppe $\{\mathfrak{J}\mathfrak{K}\}$ ist daher wegen Satz 17 das direkte Produkt von $\mathfrak{J}$ und $\mathfrak{K}$, also $\mathfrak{J} \times \mathfrak{K}$, und außerdem Normalteiler von $\mathfrak{N}$. Sie kann noch weitere Gruppen aus der Reihe $\mathfrak{J}$, $\mathfrak{K}$, $\mathfrak{L} \ldots$ enthalten. Wenn sie aber $\mathfrak{L}$ nicht enthält, so ist wieder jedes Element von $\mathfrak{L}$ mit jedem Element von $\mathfrak{J} \times \mathfrak{K}$ vertauschbar und man hat das direkte Produkt $\mathfrak{J} \times \mathfrak{K} \times \mathfrak{L}$ zu bilden. Indem man so fortfährt, erhält man schließlich $\mathfrak{N}$ dargestellt als das direkte Produkt gewisser Gruppen aus der Reihe $\mathfrak{J}$, $\mathfrak{K}$, $\mathfrak{L} \ldots$. Diese sind sämtlich holoedrisch isomorph, da sie in $\mathfrak{G}$ konjugiert sind, ferner sind sie direkte Produkte einfacher Gruppen nach Voraussetzung. Also ist auch $\mathfrak{N}$ das direkte Produkt einfacher Gruppen, womit der Satz bewiesen ist.

Satz 32. *Die Primfaktorgruppen einer Hauptreihe sind einfache Gruppen oder das direkte Produkt holoedrisch isomorpher einfacher Gruppen.*

Beweis. Ist $\mathfrak{G}$, $\mathfrak{N}_1$, $\mathfrak{N}_2$, $\ldots$, E eine Hauptreihe von $\mathfrak{G}$, dann bildet, wie schon bemerkt, $\mathfrak{G}/\mathfrak{N}_i$, $\mathfrak{N}_1/\mathfrak{N}_i$, $\ldots$, $\mathfrak{N}_{i-1}/\mathfrak{N}_i$, E eine Hauptreihe für $\mathfrak{G}/\mathfrak{N}_i$. Daher ist $\mathfrak{N}_{i-1}/\mathfrak{N}_i$ ein kleinster Normalteiler von $\mathfrak{G}/\mathfrak{N}_i$ und hat also die verlangte Beschaffenheit.

Aus einer Hauptreihe kann leicht eine Kompositionsreihe gebildet werden, indem man gewisse Gruppen einschaltet. Ist $\mathfrak{N}_{i-1}/\mathfrak{N}_i$ eine einfache Gruppe, so ist das offenbar nicht möglich, ist dagegen diese Faktorgruppe das direkte Produkt von n holoedrisch isomorphen Gruppen vom Typus $\mathfrak{J}$, so kann man zwischen $\mathfrak{N}_{i-1}$ und $\mathfrak{N}_i$ genau $n-1$ Gruppen $\mathfrak{K}_1$, $\mathfrak{K}_2$, $\ldots$, $\mathfrak{K}_{n-1}$ hineinfügen und es wird

$$\mathfrak{N}_{i-1}/\mathfrak{K}_1 = \mathfrak{K}_1/\mathfrak{K}_2 = \ldots = \mathfrak{K}_{n-1}/\mathfrak{N}_i = \mathfrak{J}.$$

Macht man das für alle Primfaktorgruppen der Hauptreihe, so erhält man eine Kompositionsreihe.

Satz 33. *Für auflösbare Gruppen bestehen die Primfaktorgruppen der Hauptreihen aus Abelschen Gruppen, welche direktes Produkt zyklischer Gruppen von Primzahlordnung sind.*

Beweis. Unter den Primfaktorgruppen können keine direkten Produkte von nicht-*Abel*schen einfachen Gruppen vorkommen, denn diese müßten auch in der Kompositionsreihe als Primfaktoren auftreten. Daher sind sie direkte Produkte von *Abel*schen einfachen Gruppen und letztere haben nach § 7 Primzahlordnung.

Satz 34. *Alle Abelschen Gruppen sind auflösbar.*

Beweis. Der Satz folgt aus den allgemeinen Theoremen von § 17 ohne weiteres. Wir können ihn aber im Anschluß an den vorigen Satz so beweisen: In einer *Abel*schen Gruppe sind auch alle Faktorgruppen daher auch die Primfaktorgruppen auflösbar; man kann folglich die Hauptreihen zu Kompositionsreihen ergänzen, für welche die Primfaktorgruppen Primzahlordnung haben.

§ 13. Kommutatorgruppen.

Ist C der Kommutator von A und B, so ist $X^{-1}CX$ derjenige von $X^{-1}AX$ und $X^{-1}BX$. Daher bildet die Gesamtheit der Kommutatoren einer Gruppe einen invarianten Komplex, der im allgemeinen keine Untergruppe ist. Der von diesem Komplex erzeugte Normalteiler heißt die *Kommutatorgruppe* von $\mathfrak{G}$.

Satz 35. *Die Faktorgruppe der Kommutatorgruppe ist Abelsch und die Kommutatorgruppe ist in jedem Normalteiler enthalten, dessen Faktorgruppe Abelsch ist.*

Beweis. Sei $\mathfrak{C}$ die Kommutatorgruppe und C der Kommutator der beiden Elemente A und B von $\mathfrak{G}$. Dann wird, wegen $BA = ABC$,

$$(B\mathfrak{C})\,(A\mathfrak{C}) = BA\mathfrak{C} = ABC\mathfrak{C} = AB\mathfrak{C} = (A\mathfrak{C})\,(B\mathfrak{C}).$$

Ist umgekehrt für den Normalteiler $\mathfrak{N}$ stets $(A\mathfrak{N})\,(B\mathfrak{N}) = (B\mathfrak{N})\,(A\mathfrak{N})$, so wird $AB\mathfrak{N} = BA\mathfrak{N}$ und daher insbesondere $BA = ABN$, wobei N in $\mathfrak{N}$ liegt. Daher enthält $\mathfrak{N}$ jeden Kommutator und damit die ganze Kommutatorgruppe.

Die Kommutatorgruppe ist Durchschnitt aller Normalteiler mit Abelscher Faktorgruppe, und insbesondere gilt der Satz, daß der Durchschnitt zweier Normalteiler mit *Abel*scher Faktorgruppe selbst eine *Abel*sche Faktorgruppe besitzt. Jede Untergruppe von $\mathfrak{G}$, die $\mathfrak{C}$ enthält, ist Normalteiler von $\mathfrak{G}$, weil $\mathfrak{G}/\mathfrak{C}$ *Abel*sch ist (Satz 20).

Die Kommutatorgruppe heißt auch erste abgeleitete Gruppe oder *erste Ableitung* von $\mathfrak{G}$. Sie besitzt selbst eine Kommutatorgruppe, die zweite Ableitung von $\mathfrak{G}$. Auch die zweite Ableitung ist Normalteiler von $\mathfrak{G}$, und der Beweis dieser Tatsache verläuft genau so wie derjenige für die erste Ableitung. Indem man die Kommutatorgruppe der zweiten Ableitung bildet, erhält man die dritte Ableitung, und eine Fortsetzung dieses Verfahrens liefert die Reihe der abgeleiteten Gruppen. Diese Reihe hat ein Ende, sobald eine Gruppe auftritt, die mit ihrer Kommutatorgruppe übereinstimmt, was z. B. stets eintritt, wenn sie einfach und nicht zyklisch ist.

Satz 36. *Eine Gruppe, für welche die Reihe der Ableitungen mit E schließt, ist auflösbar und alle auflösbaren Gruppen besitzen diese Eigenschaft.*

Beweis. Sei $\mathfrak{G}, \mathfrak{A}_1, \mathfrak{A}_2, \ldots, E$ die Reihe der Ableitungen von $\mathfrak{G}$; dann ist $\mathfrak{A}_{i-1}/\mathfrak{A}_i$ *Abel*sch und daher auflösbar; man kann also zwischen die einzelnen Gruppen dieser Reihe, wenn nötig, weitere einschalten, so daß man eine Kompositionsreihe von $\mathfrak{G}$ erhält, deren Primfaktorgruppen sämtlich Primzahlen als Ordnungen haben. Daher ist $\mathfrak{G}$ auflösbar. Ist umgekehrt $\mathfrak{G}$ auflösbar, so ist die Faktorgruppe jedes ihrer größten Normalteiler *Abel*sch, und die Kommutatorgruppe von $\mathfrak{G}$ ist daher von $\mathfrak{G}$ verschieden. Dasselbe gilt von allen abgeleiteten Gruppen, denn jede Untergruppe einer auflösbaren Gruppe ist auflösbar (Satz 28).

Ist $\mathfrak{G}$ auf $\mathfrak{G}'$ abgebildet, so werden die Kommutatoren von $\mathfrak{G}$ auf die Kommutatoren von $\mathfrak{G}'$ abgebildet und jeder Kommutator von $\mathfrak{G}'$ ist Bild von mindestens einem Kommutator von $\mathfrak{G}$. Daher wird die Ableitung von $\mathfrak{G}$ auf die Ableitung von $\mathfrak{G}'$ abgebildet und dasselbe gilt von den höheren Ableitungen. Hieraus ergibt sich der

Satz 37. *Ist $\mathfrak{G}$ auf $\mathfrak{G}'$ abgebildet, so leistet diese Abbildung auch eine solche der i-ten Ableitung von $\mathfrak{G}$ auf die i-te Ableitung von $\mathfrak{G}'$.*

Aus diesem Satz folgt unmittelbar

Satz 38. *Ist $\mathfrak{N}$ ein Normalteiler von $\mathfrak{G}$ und ist die i-te Ableitung von $\mathfrak{G}/\mathfrak{N}$ die erste, welche gleich dem Einheitselement $\mathfrak{N}$ dieser Faktorgruppe ist, so ist die i-te Ableitung von $\mathfrak{G}$ die erste, welche in $\mathfrak{N}$ enthalten ist.*

Beweis. Nach dem vorigen Satz wird die i-te Ableitung von $\mathfrak{G}$ auf das Einheitselement von $\mathfrak{G}/\mathfrak{N}$ abgebildet und liegt daher in $\mathfrak{N}$. Dagegen wird die $(i-1)$-te Ableitung von $\mathfrak{G}$ nicht auf das Einheitselement von $\mathfrak{G}/\mathfrak{N}$ abgebildet und ist daher nicht in $\mathfrak{N}$ enthalten.

Satz 39. *Sind $\mathfrak{N}_1$ und $\mathfrak{N}_2$ zwei Normalteiler von $\mathfrak{G}$ ohne gemeinsame Elemente außer E, und sind die i-ten Ableitungen von $\mathfrak{G}/\mathfrak{N}_1$ und $\mathfrak{G}/\mathfrak{N}_2$ die Einheitselemente der betreffenden Gruppen, so ist auch die i-te Ableitung von $\mathfrak{G}$ gleich E.*

Beweis. Nach dem vorigen Satz ist die i-te Ableitung $\mathfrak{A}_i$ von $\mathfrak{G}$ sowohl in $\mathfrak{N}_1$ als in $\mathfrak{N}_2$ enthalten und daher gleich E.

§ 14. Ein Theorem von *Frobenius*.

Durch die bisher gewonnenen Ergebnisse sind wir in den Stand gesetzt, folgenden Fundamentalsatz von *Frobenius*[1] zu beweisen

Satz 40. *Ist g die Ordnung der Gruppe $\mathfrak{G}$ und ist n ein Teiler von g, so ist die Anzahl der Elemente aus $\mathfrak{G}$, die der Gleichung $X^n = E$ genügen, durch n teilbar.*

Da $X = E$ stets eine Lösung ist, so muß die Anzahl mindestens gleich n sein.

Beweis. Der Satz gilt für Gruppen, deren Ordnung eine Primzahl ist, und wir können daher die Methode der vollständigen Induktion anwenden. Wir setzen ihn also als bewiesen voraus für alle Gruppen, deren Ordnung ein Teiler von g ist. In der Gruppe $\mathfrak{G}$ selbst gilt der Satz für $n = g$, denn die g Elemente von $\mathfrak{G}$ genügen der Gleichung $X^g = E$. Indem wir noch einmal vollständige Induktion anwenden, nehmen wir an, daß der Satz gilt für $n = mp$, wobei p eine Primzahl ist und beweisen, daß der Satz auch für m gilt.

Die Anzahl der Elemente, deren Ordnung ein Teiler von l ist, wollen wir mit n_l bezeichnen. Dann besagt also unsere Voraussetzung, daß n_{mp} durch mp teilbar ist. Diejenigen Elemente, deren Ordnung ein

---

[1] *Frobenius, G.*: Über einen Fundamentalsatz der Gruppentheorie. Berl. Sitzungsber. 1903, S. 987 und 1907, S. 428.

Teiler von m ist, sind enthalten unter den n_{mp} Elementen, deren Ordnung ein Teiler von mp ist. Daher wird

$$n_{mp} = n_m + \bar{n}_m,$$

wobei $\bar{n}_m$ die Anzahl derjenigen Elemente bezeichnet, deren Ordnung ein Teiler von mp, aber nicht von m ist. Wenn wir zeigen können, daß $\bar{n}_m$ durch m teilbar ist, so folgt dasselbe auch für n_m.

Wir setzen nun $m = p^{a-1}s$, wobei s zu p prim ist, und zeigen zuerst, daß $\bar{n}_m$ durch p^{a-1}, nachher, daß $\bar{n}_m$ durch s teilbar ist. Daraus folgt dann, daß $\bar{n}_m$ durch m teilbar ist.

Der Komplex $\mathfrak{A}$ der durch $\bar{n}_m$ abgezählten Elemente besteht aus lauter Elementen, deren Ordnung durch p^a, aber nicht durch p^{a+1} teilbar ist. Jedes dieser Elemente läßt sich auf eine und nur eine Weise als Produkt PQ darstellen, wobei die Ordnung von P gleich p^a, diejenige von Q zu p prim ist und P und Q vertauschbar sind. Zu jedem Element von $\mathfrak{A}$ gehört also eindeutig ein „Konstituent" P von der Ordnung p^a. Daß $\bar{n}_m$ durch p^{a-1} teilbar ist, läßt sich folgendermaßen einsehen. Ist $p^a r$ die Ordnung des Elementes A aus $\mathfrak{A}$, so gibt es unter den Potenzen von A (§ 4) $\varphi(p^a r) = p^{a-1}(p-1)\varphi(r)$ Elemente, deren Ordnung $p^a r$ ist, und diese Zahl ist durch p^{a-1} teilbar. Die Elemente von $\mathfrak{A}$ lassen sich so in Systeme ohne gemeinsame Elemente einteilen, und die Anzahl der Elemente in jedem System ist durch p^{a-1} teilbar. Das gleiche gilt also auch für $\bar{n}_m$.

Nun muß gezeigt werden, daß diese Zahl auch durch s teilbar ist, und zu dem Zweck betrachten wir diejenigen Elemente aus $\mathfrak{A}$, deren Konstituent dasselbe Element P ist. Die Gesamtheit der Elemente aus $\mathfrak{G}$, die mit P vertauschbar sind, bildet eine Untergruppe $\mathfrak{H}$, deren Ordnung mit $p^a t$ bezeichnet sei. Der Index der durch P erzeugten zyklischen Gruppe $\mathfrak{P}$ unter $\mathfrak{H}$ ist alsdann t. Wir betrachten nun die Faktorgruppe $\mathfrak{H}/\mathfrak{P}$. Da ihre Ordnung ein Teiler von g ist, so gilt für sie der zu beweisende Satz. Ist also s' der größte gemeinsame Teiler von s und t, so ist die Anzahl der Elemente der Faktorgruppe $\mathfrak{H}/\mathfrak{P}$, deren Ordnung ein Teiler von s' ist, durch s' teilbar. Die Anzahl der Elemente, deren Konstituent P ist, ist also durch s' teilbar, denn jede Nebengruppe von $\mathfrak{P}$, deren Ordnung Teiler von s' ist, liefert genau ein solches Element aus $\mathfrak{A}$. Wir betrachten nun die Klasse von P. Sie enthält genau $g/p^a t$ Elemente. Jedes dieser Elemente ist Konstituent von gleich vielen Elementen aus $\mathfrak{A}$ und die Anzahl der durch sie gelieferten Elemente von $\mathfrak{A}$ ist daher teilbar durch $g s'/p^a t$.

Daß diese Zahl durch s teilbar ist, folgt nun ohne weiteres: s' ist größter gemeinschaftlicher Teiler von s und t, daher ist $g s'$ durch st teilbar, denn s und t sind Teiler von g; und da s zu p prim ist, so ist die Behauptung bewiesen. Hieraus folgt nun, daß sich die Elemente von $\mathfrak{A}$ in Systeme einteilen lassen, deren jedes eine durch s teilbare

Anzahl von Elementen besitzt und von denen je zwei keine gemeinsamen Elemente enthalten. Die Elemente desselben Systems sind dadurch verbunden, daß ihre Konstituenten zur selben Klasse gehören. Hieraus folgt, daß $\bar{n}_m$ auch durch s teilbar ist, womit der Satz bewiesen ist.

3. Kapitel.
Abelsche Gruppen.
§ 15. Basis einer Abelschen Gruppe.

In § 4 haben wir einen Spezialfall der *Abel*schen Gruppen, die zyklischen Gruppen, behandelt, nun wollen wir die allgemeine Theorie der Gruppen mit kommutativer Multiplikation aufstellen und ein Verfahren angeben, alle zugehörigen Gruppen herzustellen.

Definition. Die Elemente $A_1, A_2, \ldots, A_r$ mit den Ordnungen n_1, $n_2, \ldots, n_r$ heißen eine **Basis** einer *Abel*schen Gruppe, wenn sich jedes Element der Gruppe auf eine und nur eine Weise in der Gestalt

$$A = A_1^{x_1} A_2^{x_2} \ldots A_r^{x_r}, \qquad \begin{aligned} x_1 &= 1, 2, \ldots, n_1 \\ &\cdots\cdots\cdots\cdots \\ x_r &= 1, 2, \ldots, n_r \end{aligned}$$

darstellen läßt.

Erinnern wir uns an die Definition des direkten Produktes in § 6, so können wir die Definition auch so fassen: Die Elemente $A_1, A_2, \ldots, A_r$ bilden eine Basis der Gruppe, wenn diese das direkte Produkt der zyklischen Gruppen $\{A_1\}, \{A_2\}, \ldots, \{A_r\}$ ist. Offenbar ist die Ordnung der ganzen Gruppe gleich dem Produkt der Ordnungen der Basiselemente.

In einer zyklischen Gruppe bildet ein erzeugendes Element eine Basis, aber es ist im allgemeinen möglich, mehrgliedrige Basen zu finden, immer dann nämlich, wenn die Ordnung in ein Produkt zueinander primer Faktoren zerlegt werden kann. So bilden in der Bezeichnungsweise von Satz 7 die beiden Elemente A^l und A^m eine Basis der durch A erzeugten zyklischen Gruppe. Allgemein gilt die Tatsache (Satz 4 und 8), daß eine zyklische Gruppe direktes Produkt von zyklischen Gruppen ist, deren Ordnungen Primzahlpotenzen sind. Man kann also die Basis stets so wählen, daß die Ordnungen der Basiselemente Primzahlpotenzen sind. Umgekehrt, sind die Ordnungen der Basiselemente zueinander prim, so ist die Gruppe zyklisch. Ein erzeugendes Element der ganzen Gruppe wird z. B. durch das Produkt der Basiselemente geliefert. Denn ist

$$(A_1 A_2 \ldots A_r)^a = E,$$

so muß gelten $A_i^a = E$ für jedes Basiselement und a muß durch die Ordnungen aller Elemente teilbar sein, daher auch durch deren Produkt, weil sie zueinander prim sind, d. h. a ist die Ordnung der Gruppe.

Wir behandeln nun einen anderen extremen Fall der *Abelschen* Gruppen.

Satz 41. *Wenn in einer Abelschen Gruppe die Ordnung aller Elemente außer E die Primzahl p ist, so ist die Gruppe das direkte Produkt von zyklischen Gruppen der Ordnung p, und sie läßt sich durch eine Basis darstellen.*

Beweis. Es sei A_1 ein von E verschiedenes Element. Falls jedes Element eine Potenz von A_1 ist, so ist die Gruppe zyklisch und von der Ordnung p und der Satz ist bewiesen. Im anderen Fall sei A_2 ein Element, das nicht in $\{A_1\}$ vorkommt. Wir bilden die Gesamtheit der Elemente

$$A_1^x A_2^y \qquad\qquad (x, y = 1, 2, \ldots, p).$$

Diese p^2 Elemente sind untereinander verschieden und bilden eine Gruppe, denn wäre etwa

$$A_1^x A_2^y = A_1^z A_2^w,$$

so folgte

$$A_1^{x-z} = A_2^{w-y},$$

d. h. es gäbe eine Potenz von A_2, welche schon in $\{A_1\}$ vorkommt. Dies kann aber nur E sein, und man erhält $w = y$ und $x = z$.

Falls durch diese p^2 Elemente die Gruppe noch nicht erschöpft ist, so kann man fortfahren und erhält ein weiteres Basiselement. Nach einer endlichen Anzahl von Schritten hat das Verfahren ein Ende, weil wir es mit endlichen Gruppen zu tun haben.

Satz 42. *Wenn in einer Abelschen Gruppe $\mathfrak{P}$ die Ordnung aller Elemente (außer E) eine Potenz der Primzahl p ist, so ist die Ordnung der Gruppe selber eine Potenz von p und die Gruppe ist direktes Produkt zyklischer Gruppen.*

Beweis. Wir wenden vollständige Induktion an, indem wir den vorigen Satz benutzen. Es sei p^a die höchste vorkommende Ordnung eines Elementes in unserer Gruppe; wir nehmen nun den Satz als bewiesen an für alle Gruppen, in denen die höchste vorkommende Ordnung p^{a-1} ist, und beweisen ihn dann für unsere Gruppe. Zu diesem Zweck betrachten wir die p-ten Potenzen aller Elemente unserer Gruppe $\mathfrak{P}$. Diese bilden selber eine Gruppe, die wir mit $\mathfrak{N}$ bezeichnen. Denn aus

$$A = B^p \text{ und } C = D^p \text{ folgt } A C = (B D)^p,$$

und zwar ist diese Untergruppe eine eigentliche, weil das höchste Element nur noch die Ordnung p^{a-1} hat. Für $\mathfrak{N}$ nehmen wir den Satz als bewiesen an und bezeichnen mit $A_1', A_2', \ldots, A_r'$ erzeugende Elemente für die zyklischen Gruppen, deren Produkt $\mathfrak{N}$ ist, d. h. also Basiselemente von $\mathfrak{N}$. Ihre Ordnungen seien $n_1', n_2', \ldots, n_r'$, welche Zahlen sämtlich Potenzen von p sind.

Nun sind alle Elemente von $\mathfrak{N}$ auch p-te Potenzen von Elementen aus $\mathfrak{P}$, man kann daher setzen

$$A_i' = A_i^p \qquad\qquad (i = 1, 2, \ldots, r),$$

wo A_i geeignete Elemente aus $\mathfrak{P}$ sind und die Ordnung $p\,n_i' = n_i$ haben. Ich behaupte jetzt, daß auch die Elemente A_i unabhängig sind, d. h. daß alle $n_1 n_2 \ldots n_r$ Elemente

$$A_1^{x_1} A_2^{x_2} \ldots A_r^{x_r} \qquad\qquad (x_i = 1, 2, \ldots, n_i)$$

untereinander verschieden sind. Wäre nämlich

$$A_1^{x_1} A_2^{x_2} \ldots A_r^{x_r} = A_1^{y_1} A_2^{y_2} \ldots A_r^{y_r},$$

so ergäbe sich

$$A_1^{x_1-y_1} A_2^{x_2-y_2} \ldots A_r^{x_r-y_r} = E$$

und man erhielte eine Gleichung

$$A_1^{a_1} A_2^{a_2} \ldots A_r^{a_r} = E,$$

in der die Exponenten a_i nicht sämtlich durch die entsprechenden Zahlen n_i teilbar wären. Von vorneherein können wir den Fall ausschließen, daß alle Exponenten durch p teilbar sind, denn dies ergäbe bereits eine Beziehung zwischen den A_i', was nicht möglich ist. Es sei also etwa a_1 zu p prim. Dann erheben wir die Gleichung in die p-te Potenz und erhalten

$$A_1'^{a_1} A_2'^{a_2} \ldots A_r'^{a_r} = E.$$

Weil a_1 nicht durch p teilbar ist, so kann diese Gleichung nicht bestehen.

Die Elemente A_i erzeugen eine *Abel*sche Gruppe $\mathfrak{M}$ von der Ordnung $n_1 n_2 \ldots n_r$, welche Untergruppe von $\mathfrak{P}$ ist. Falls $\mathfrak{M}$ eine eigentliche Untergruppe ist, so sei S ein Element von $\mathfrak{P}$ außerhalb $\mathfrak{M}$. Nach Voraussetzung liegt $S^p = T$ in $\mathfrak{N}$ und daher gilt dasselbe auch von T^{-1}. Aber jedes Element von $\mathfrak{N}$ ist p-te Potenz eines Elementes von $\mathfrak{M}$; es sei

$$T^{-1} = A_1'^{b_1} A_2'^{b_2} \ldots A_r'^{b_r} = (A_1^{b_1} A_2^{b_2} \ldots A_r^{b_r})^p,$$

dann wird $T^{-1} = A^p$, wo

$$A = A_1^{b_1} A_2^{b_2} \ldots A_r^{b_r}.$$

Bilden wir jetzt $A\,S$, so wird $(A\,S)^p = A^p\,T = E$ und wir erhalten so das Element $A\,S = A_{r+1}$ von der Ordnung p, das nicht in $\mathfrak{M}$ liegt. Nehmen wir A_{r+1} zu den Basiselementen $A_1, A_2, \ldots, A_r$ von $\mathfrak{M}$ hinzu, so erhalten wir eine umfassendere Untergruppe von $\mathfrak{P}$, die insbesondere das Element S enthält. Falls diese noch nicht mit $\mathfrak{P}$ übereinstimmt, so finden wir in derselben Weise ein neues Element von der Ordnung p, das wir zur Basis hinzunehmen können, und indem wir eine endliche Anzahl von Malen fortfahren, gelangen wir zu einem Schluß. Die r ersten Basiselemente haben eine höhere als die erste Potenz von p zur Ordnung, während die übrigen Basiselemente sämtlich die Ordnung p haben. Hiermit ist der Satz 42 bewiesen.

Satz 43. *Eine Abelsche Gruppe $\mathfrak{G}$ von der Ordnung $g = p_1^{a_1} p_2^{a_2} \cdots p_r^{a_r}$, wo $p_1, p_2, \ldots, p_r$ voneinander verschiedene Primzahlen sind, ist das direkte Produkt von r Abelschen Gruppen $\mathfrak{P}_i$ der Ordnungen $p_1^{a_1}, p_2^{a_2}, \ldots, p_r^{a_r}$.*

Beweis. Wenn g durch zwei verschiedene Primzahlen teilbar ist, so können die Ordnungen der Elemente von $\mathfrak{G}$ nicht sämtlich Potenzen derselben Primzahl sein, nach Satz 42. Es gibt daher Elemente (Satz 4), deren Ordnungen zueinander prim sind. Es sei p_1 eine Primzahl, welche eine dieser vorkommenden Ordnungen teilt, ferner sei $\mathfrak{P}_1$ die Gruppe, bestehend aus allen Elementen, deren Ordnung eine Potenz von p_1 ist inklusive E, ferner sei $\mathfrak{Q}$ die Gruppe bestehend aus allen Elementen, deren Ordnung zu p_1 prim ist, inklusive E. Dann ist $\mathfrak{G}$ das direkte Produkt von $\mathfrak{P}$ und $\mathfrak{Q}$. Diese beiden Untergruppen haben nämlich außer E kein gemeinsames Element (Satz 2 und 3), ferner läßt sich nach Satz 7 jedes Element von $\mathfrak{G}$ auf eine und nur eine Weise als Produkt eines Elementes aus $\mathfrak{P}$ und eines Elementes aus $\mathfrak{Q}$ darstellen, wobei auch E als Faktor auftreten darf.

Die Ordnung von $\mathfrak{P}$ sei $p_1^{b_1}$, diejenige von $\mathfrak{Q}$ sei q. Falls q durch zwei verschiedene Primzahlen teilbar ist, so ist auch $\mathfrak{Q}$ direktes Produkt einer Gruppe, deren Ordnung eine Primzahlpotenz, etwa $p_2^{b_2}$ ist, und einer weiteren Gruppe $\mathfrak{R}$ von der Ordnung r. Hierbei ist jedoch zu bemerken, daß p_2 sicher von p_1 verschieden ist, denn außerhalb von $\mathfrak{P}_1$ gibt es keine Elemente, deren Ordnung eine Potenz von p_1 ist. Indem man gegebenenfalls $\mathfrak{R}$ weiter zerlegt, erhält man eine Darstellung von $\mathfrak{G}$ als direktes Produkt von Gruppen, deren Ordnungen Potenzen verschiedener Primzahlen sind. Die Ordnung von $\mathfrak{G}$ ist das Produkt dieser verschiedenen Primzahlpotenzen, aber eine Zahl läßt sich nur auf eine Weise in ein solches Produkt zerlegen und daraus folgt, daß $b_1 = a_1$ usw., womit der Satz bewiesen ist.

Es ist noch zu bemerken, daß die Gruppen $\mathfrak{P}_i$ durch $\mathfrak{G}$ eindeutig bestimmt sind, denn $\mathfrak{P}_i$ besteht aus der Gesamtheit der Elemente, deren Ordnung eine Potenz von p_i ist. Dagegen ist die Zerlegung von Satz 42 innerhalb einer Gruppe mit Primzahlpotenz-Ordnung in zyklische Untergruppen nicht mehr eindeutig, wie aus der Beweiskonstruktion unmittelbar hervorgeht und in § 43 näher ausgeführt werden wird.

Fundamentalsatz 44. *Jede Abelsche Gruppe besitzt eine Basis, deren Elemente Primzahlpotenzen als Ordnungen haben.*

Beweis. Nach Satz 43 ist jede *Abel*sche Gruppe direktes Produkt von *Abel*schen Gruppen, deren Ordnungen Primzahlpotenzen sind. Diese letzteren sind nach Satz 42 direkte Produkte von zyklischen Gruppen und besitzen eine Basis. Nimmt man die Basiselemente dieser Gruppen zusammen, so erhält man eine Basis der ganzen Gruppe von der im Satz angegebenen Art.

Historische Notiz. Zyklische und *Abel*sche Gruppen treten bei den zahlentheoretischen Untersuchungen von *Euler* häufig auf (vgl. § 4). Den Satz 44 hat

Gauß 1801 gekannt (Werke Bd. 2, S. 266) und auf die Kompositionstheorie der quadratischen Formen angewendet. Vgl. auch den Anfang von § 72. Den ersten vollständigen Beweis gab *E. Schering* (Die Fundamentalklassen zusammensetzbarer arithmetischer Formen. Gött. Abh. Bd. 14 (1869), S. 3), ferner *Frobenius* und *Stickelberger* (Über Gruppen vertauschbarer Elemente, Crelles Journ. Bd. 86 (1879), S. 217).

§ 16. Die Invarianten einer Abelschen Gruppe.

Die Basiselemente sind durch die Gruppe nicht eindeutig definiert. Nur die beiden Gruppen von der Ordnung 1 und 2 machen eine Ausnahme. Dagegen läßt sich eine *Abel*sche Gruppe durch gewisse Zahlen vollständig charakterisieren.

Definition. Ist eine *Abel*sche Gruppe nach Satz 44 durch eine Basis dargestellt, deren Elemente Primzahlpotenzen als Ordnungen haben, so heißen diese Ordnungen die **Invarianten** der *Abel*schen Gruppe.

Satz 45. *Die Invarianten einer Abelschen Gruppe sind unabhängig von der speziellen Wahl der Basiselemente.*

Beweis. Der Satz braucht nur für Gruppen bewiesen zu werden, deren Ordnung eine Primzahlpotenz ist, denn aus ihren Invarianten setzen sich die Invarianten einer beliebigen Gruppe zusammen. Es seien $A_1, A_2, \ldots, A_r$ und $B_1, B_2, \ldots, B_s$ zwei Basen derselben Gruppe, ferner seien $m_1, m_2, \ldots, m_r$ und $n_1, n_2, \ldots, n_s$ die zugehörigen Ordnungen. Die Basiselemente seien so numeriert, daß $m_1 \geqq m_2 \geqq \ldots \geqq m_r$ und $n_1 \geqq n_2 \geqq \ldots \geqq n_s$. Alle diese Zahlen sind Potenzen derselben Primzahl p. Nun sei n_k die erste unter diesen Zahlen, welche von der entsprechenden m_k verschieden ist, und es gelte

$$n_1 = m_1, \ldots, n_{k-1} = m_{k-1}, n_k > m_k.$$

Die m_k-ten Potenzen aller Elemente der Gruppe bilden eine Untergruppe, als deren Basiselemente die m_k-ten Potenzen der Elemente irgendeiner Basis der ganzen Gruppe gewählt werden können. Diese Untergruppe ist unabhängig von der speziellen Wahl der Basis. Für die Untergruppe erhalten wir also die beiden Basen

$$A_1^{m_k}, A_2^{m_k}, \ldots, A_{k-1}^{m_k} \quad \text{und} \quad B_1^{m_k}, B_2^{m_k}, \ldots, B_s^{m_k}.$$

Aus der ersten Basis ergibt sich die Ordnung der Untergruppe gleich

$$\frac{m_1}{m_k} \cdot \frac{m_2}{m_k} \ldots \frac{m_{k-1}}{m_k},$$

aus der zweiten dagegen größer oder gleich

$$\frac{n_1}{m_k} \frac{n_2}{m_k} \ldots \frac{n_{k-1}}{m_k} \frac{n_k}{m_k};$$

diese letztere Zahl ist aber größer als die vorhergehende, womit wir einen Widerspruch erhalten.

Satz 46. *Zwei Gruppen, deren Invarianten in ihrer Gesamtheit übereinstimmen, sind holoedrisch isomorph.*

Beweis. Wir bilden eine solche Zuordnung der Basiselemente der beiden Gruppen, daß entsprechende Elemente dieselbe Ordnung haben. Ordnet man nun noch den Produkten von Elementen der einen Gruppe die Produkte der entsprechenden Elemente der anderen Gruppe zu, so erhält man in beiden Fällen dieselben Multiplikationsgesetze, d. h. die beiden Gruppen sind holoedrisch isomorph.

Satz 47. *Zu jedem System von Primzahlpotenzen* $n_1, n_2, \ldots, n_r$ *gibt es genau eine Abelsche Gruppe, welche sie zu Invarianten hat.*

Beweis. Nach dem vorigen Satz gibt es höchstens eine solche Gruppe. Daß es aber stets eine gibt, wird dadurch bewiesen, daß man die Gruppe herstellt mit Hilfe des arithmetischen Kongruenzbegriffes. Man bilde die Gesamtheit der Zahlensysteme $(x_1, x_2, \ldots, x_r)$ bestehend aus r ganzen Zahlen, von denen die i-te nach dem Modul n_i $(i = 1, 2, \ldots, r)$ zu reduzieren ist. Es gibt $n_1 n_2 \ldots n_r$ solche Systeme. Als Gruppengesetz nehme man die Vektoraddition

$$(x_1, x_2, \ldots, x_r) + (y_1, y_2, \ldots, y_r) = (x_1 + y_1, x_2 + y_2, \ldots, x_r + y_r).$$

Als Basiselemente benutze man die folgenden

$$(1, 0, \ldots, 0), \quad (0, 1, 0, \ldots, 0), \ldots, \quad (0, 0, \ldots, 0, 1).$$

Der Satz folgt dann unmittelbar.

Durch die drei vorangehenden Sätze ist das Problem, alle *Abel*schen Gruppen von gegebener Ordnung zu konstruieren, vollständig gelöst. Man hat bloß die Ordnung der Gruppe in irgendeiner Weise als Produkt von Potenzen gleicher oder verschiedener Primzahlen darzustellen. Zu jeder Zerlegung gibt es genau eine Gruppe. So gibt es z. B. genau zwei Gruppen von der Ordnung 4, nämlich die zyklische und die Vierergruppe. Ferner gibt es genau zwei *Abel*sche Gruppen, deren Ordnung das Quadrat einer Primzahl ist, nämlich die zyklische und das direkte Produkt zweier zyklischer Gruppen von Primzahlgrade. Allgemein gibt es so viele *Abel*sche Gruppen von der Ordnung p^m, als sich die Zahl m als Summe von ganzen positiven Zahlen darstellen läßt, wobei man natürlich von der Reihenfolge der Summanden abzusehen hat.

Sind $n_1, n_2, \ldots, n_r$ die Invarianten von $\mathfrak{G}$, so sagt man: $\mathfrak{G}$ ist vom *Typus* $(n_1, n_2, \ldots, n_r)$. So sind z. B. die Gruppen des Satzes 41 vom Typus $(p, p, \ldots, p)$.

Die höchste vorkommende Ordnung eines Elementes der Gruppe $\mathfrak{G}$ ist das Produkt der höchsten Potenzen der einzelnen Primzahlen, welche unter den Invarianten vorkommen. So erhält z. B. die Gruppe vom Typus (9, 3, 8, 2) Elemente von der Ordnung 8.9. Die Ordnung jedes Elementes teilt die höchste vorkommende Ordnung eines Elementes. Nur für zyklische Gruppen ist die höchste vorkommende Ordnung eines Elementes gleich der Ordnung der Gruppe.

Die Basen, die wir bisher behandelt haben, bestehen nur aus Elementen, deren Ordnungen Primzahlpotenzen sind. In unserer Definition ist diese Einschränkung aber nicht enthalten; es ist leicht, die Verallgemeinerung herzustellen, man hat nur Satz 8 heranzuziehen. Sind die Ordnungen der beiden Basiselemente A_1 und A_2 zueinander prim, so kann man die beiden Elemente durch das eine Element $A_1 A_2$ ersetzen, und dieses Verfahren kann man so lange fortsetzen, bis man keine zwei Elemente mehr zur Verfügung hat, deren Ordnungen zueinander prim sind. Ist umgekehrt irgendeine Basis gegeben, bei der die Ordnungen zusammengesetzte Zahlen sind, so ersetze man jedes Element durch solche Potenzen, deren Ordnungen Primzahlpotenzen sind nach Satz 8, und man erhält eine Basis von der speziellen Art. Allgemein gilt der

Satz 48. *Ist die Gruppe $\mathfrak{G}$ in irgendeiner Weise durch eine Basis dargestellt und sind $m_1, \ldots, m_r$ die Ordnungen der Basiselemente, so findet man den Typus der Gruppe, indem man diese Zahlen m_i einzeln in teilerfremde Faktoren, die Primzahlpotenzen sind, zerlegt und alle so erhaltenen Zahlen nebeneinander schreibt.*

Umgekehrt erhält man die Ordnungen der Elemente einer beliebigen Basis, indem man zueinander teilerfremde Zahlen im Typus durch ihr Produkt ersetzt und diese Operation beliebig weit treibt.

§ 17. Untergruppen und Faktorgruppen einer Abelschen Gruppe.

Satz 49. *Die Invarianten einer Untergruppe sind bei geeigneter Zuordnung Teiler der Invarianten der ganzen Gruppe.*

Beweis. Wegen Satz 43 können wir uns auf Gruppen $\mathfrak{G}$ beschränken, deren Ordnung eine Potenz der Primzahl p ist. In absteigender Anordnung seien die Invarianten von $\mathfrak{G}$ gegeben durch $(p^{a_1}, p^{a_2}, \ldots, p^{a_s})$, diejenigen ihrer Untergruppe $\mathfrak{H}$ durch $(p^{b_1}, p^{b_2}, \ldots, p^{b_r})$. Die Elemente von der Ordnung p in $\mathfrak{G}$ bilden eine Untergruppe, deren Basiselemente von den p^{a_i-1}-ten Potenzen derjenigen von $\mathfrak{G}$ dargestellt werden. Ihre Ordnung ist daher p^s. Für die entsprechende Untergruppe von $\mathfrak{H}$ ist die Ordnung p^r. Daraus folgt $r \leqq s$. Nun sei b_i die erste Zahl in der Reihe der b, welche größer ist als die entsprechende Zahl a_i. Bildet man die p^{a_i}-ten Potenzen aller Elemente von $\mathfrak{G}$ und von $\mathfrak{H}$, so findet man im letzteren Falle mindestens i Basiselemente, im ersteren weniger als i. Das widerspricht der Tatsache, daß $\mathfrak{H}$ Untergruppe von $\mathfrak{G}$ ist.

Satz 50. *Ist $\mathfrak{G}$ eine Abelsche Gruppe vom Typus $(n_1, n_2, \ldots, n_s)$ und ist irgendein anderer Typus gegeben $(m_1, m_2, \ldots, m_r)$ dergestalt, daß $r \leqq s$ und daß die Quotienten n_i/m_i ganze Zahlen sind, so besitzt $\mathfrak{G}$ mindestens eine Untergruppe vom Typus $(m_1, m_2, \ldots, m_r)$.*

Beweis. Ist $A_1, A_2, \ldots, A_s$ ein System von Basiselementen von $\mathfrak{G}$, so ist

$$A_1^{\frac{n_1}{m_1}}, A_2^{\frac{n_2}{m_2}}, \ldots, A_s^{\frac{n_s}{m_s}}$$

ein solches einer Untergruppe vom gewünschten Typus. Hierbei ist $m_{r+1} = \cdots = m_s = 1$ zu setzen.

Im allgemeinen gibt es mehrere Untergruppen von gegebenem Typus. Eine Gruppe von der Ordnung p^r und vom Typus $(p, p, \ldots, p)$ besitzt $\dfrac{p^r - 1}{p - 1}$ Untergruppen von der Ordnung p, denn jedes Element außer E gehört genau zu einer solchen und erzeugt sie. Ferner gehören außer E noch je $p - 1$ Elemente von der Ordnung p zur Bildung einer Untergruppe. Da es im ganzen $p^r - 1$ Elemente von der Ordnung p gibt, so verteilen sie sich in $\dfrac{p^r - 1}{p - 1}$ Systeme von je $p - 1$ Elementen, die zusammen mit E jeweils eine Untergruppe bilden.

Die nähere Betrachtung der Gruppen vom Typus $(p, p, \ldots, p)$ ist deshalb von Wichtigkeit, weil die Primfaktorgruppen der Hauptreihen bei auflösbaren Gruppen zu ihnen gehören. Ist p^r die Ordnung einer solchen Gruppe, so besitzt eine Untergruppe von der Ordnung p^t den Typus $(p, p, \ldots, t\text{-mal})$ und es soll nun die Anzahl N_{rt} der Untergruppen von dieser Ordnung p^t berechnet werden.

Wir führen den Beweis nach *G. A. Miller* in Miller, Blichfeldt, Dickson, finite groups, p. 100.

Die allgemeinste Basis einer Untergruppe von der Ordnung p^t findet man, indem man aus der Gruppe $\mathfrak{G}$ irgendein von E verschiedenes Element A herausgreift, sodann ein nicht in $\{A\}$ vorkommendes Element B nimmt, dann ein nicht in $\{A\} \times \{B\}$ vorkommendes Element C, und auf diese Weise fortfährt, bis man t Elemente hat. Dies ergibt offenbar

$$(p^r - 1)\,(p^r - p) \cdots (p^r - p^{r-t-1})$$

verschiedene Möglichkeiten für die Basis. Nach demselben Verfahren zeigt man, daß jede Gruppe von der Ordnung p^t

$$(p^t - 1)\,(p^t - p) \cdots (p^t - p^{t-1})$$

verschiedene Basen besitzt. Die Anzahl der verschiedenen Untergruppen von der Ordnung p^t ist gleich dem Quotienten dieser beiden Zahlen, also wird

$$N_{rt} = \frac{(p^r - 1)\,(p^{r-1} - 1) \cdots (p^{r-t+1} - 1)}{(p - 1)\,(p^2 - 1) \cdots (p^t - 1)}.$$

Insbesondere ergibt sich

$$N_{r,t} = N_{r,r-t}.$$

Satz 51. *Eine Abelsche Gruppe von der Ordnung p^r und vom Typus $(p, p, \ldots, p)$ besitzt* $\dfrac{(p^r - 1)\,(p^{r-1} - 1) \cdots (p^{r-t+1} - 1)}{(p - 1)\,(p^2 - 1) \cdots (p^t - 1)}$ *Untergruppen von der Ordnung p^t.*

§ 18. Galoisfelder und Reste nach Primzahlpotenzen.

Ein besonders instruktives und wichtiges Beispiel für *Abel*sche Gruppen wird durch die in der Zahlentheorie auftretenden Restklassen nach Primzahlen bzw. Primidealen geliefert. Sie lassen sich überaus einfach und unabhängig von zahlentheoretischen Sätzen folgendermaßen definieren:

Definition. Ein System von Elementen bildet einen *Körper*, wenn es folgenden Bedingungen genügt:

1. Die Elemente bilden eine kommutative Gruppe nach einem ersten Gesetz $A + B$, genannt *Addition*. Das Einheitselement wird mit 0 bezeichnet.

2. Die Elemente mit Ausnahme von 0 bilden unter sich eine kommutative Gruppe nach einem zweiten Gesetz $A B$ genannt *Multiplikation*. Das Einheitselement wird mit 1 bezeichnet.

3. Für beliebige drei Elemente gilt das distributive Gesetz

$$(A + B)\, C = A\, C + B\, C.$$

Falls das System nur endlich viele Elemente enthält, heißt es ein *endlicher Körper* oder ein *Galoisfeld*.

Es soll die Konstitution aller endlichen Körper hergeleitet werden. Das Produkt von 0 mit irgendeinem Element muß $= 0$ gesetzt werden, wie sich aus dem Distributivgesetz ergibt: aus $A + 0 = A$ folgt

$$(A + 0)\, B = A B + 0 B = A B,$$

also $0 B = 0$.

Satz 52. *Die Anzahl der Elemente ist eine Primzahlpotenz und der Typus der ersten, additiven Gruppe ist $(p, p, \ldots, p)$.*

Beweis. Sei m die Ordnung der Multiplikationseinheit 1 nach dem Additionsgesetz. Man bezeichne ferner $1 + 1$ mit 2 usw. und $1 + 1 + \cdots + 1$ (i mal) mit i. Die so entstehenden Elemente verhalten sich wie die Restklassen (mod m) nach dem Gesetz der Addition. Wegen des Distributivgesetzes entspricht das zweite Gruppengesetz der gewöhnlichen Multiplikation (mod m), es wird $i k$ gleich derjenigen der Zahlen $0, 1, \ldots, m-1$, welche Rest (mod m) des gewöhnlichen Produktes der beiden Zahlen i und k ist. Angenommen, m sei keine Primzahl, sondern etwa $= r s$ und $r > 1$, $s > 1$. Dann wird $r \cdot s = 0$, ohne daß einer der Faktoren verschwindet, was gegen 2. verstößt. Daher wird m eine Primzahl p. Nun sei a ein Element, das von $0, 1, \ldots, p-1$ verschieden ist. Es wird $a + a = 2a, \ldots, a + a + \cdots + a$ (p-mal) $= pa = 0$. Jedes Element außer 0 besitzt die Ordnung p nach dem ersten Gesetz, und der Typus dieser Gruppe ist $(p, p, \ldots, p)$.

Satz 53. *Die zweite, multiplikative Gruppe ist eine zyklische Gruppe von der Ordnung $p^r - 1$, wo r die Anzahl der Basiselemente der ersten Gruppe bedeutet.*

Beweis. Ein Produkt von Elementen nach der zweiten Operation ist dann und nur dann $= 0$, wenn einer der Faktoren verschwindet, denn die von 0 verschiedenen Elemente bilden eine Gruppe. Man kann Gleichungen von der Gestalt $ax^n + bx^{n-1} + \cdots + e = 0$ bilden, wobei $a, b, \ldots, e$ gegebene Elemente des Körpers und x ein zu bestimmendes Element, eine Wurzel der Gleichung, bedeutet. Die bekannten Überlegungen der Algebra können hier wörtlich wiederholt werden. Es gilt identisch $(x-a)(x^{s-1} + x^{s-2}a + \cdots + a^{s-1}) = x^s - a^s$. Ist a eine Wurzel von $f(x) = 0$, so wird $f(x) - f(a) = f(x)$, und es läßt sich der Faktor $x-a$ aus $f(x)$ herausheben: $f(x) = (x-a)f_1(x)$. Man beweist sofort, daß eine von a verschiedene Wurzel von $f(x) = 0$ auch der Gleichung $f_1(x) = 0$ genügen muß, und schließlich folgt insbesondere, daß eine Gleichung vom Grade n höchstens n Wurzeln haben kann. Nun sei g die höchste vorkommende Ordnung eines Elementes in der zweiten Gruppe. Dann genügt jedes der $p^r - 1 = s$ von 0 verschiedenen Elemente nach S. 52 der Gleichung $x^s = 1$. Also kann g nicht kleiner als s sein, und es muß (§ 16) Elemente von der Ordnung s geben, d. h. die Gruppe ist zyklisch.

Beispiele. Die Restklassen nach einer Primzahl als Modul. Als erste Operation nimmt man die gewöhnliche Addition und ersetzt die Summe zweier Zahlen durch ihren Rest (mod p). Die inverse Zahl wird die durch $-a$ repräsentierte Klasse und 0 ist das Einheitselement. Als zweites Gruppengesetz wird die gewöhnliche Multiplikation (mod p) genommen. Daß die Zahlen $1, 2, \ldots, p-1$ eine Gruppe bilden, folgt aus der Geltung von III*, denn aus $ab \equiv ac$ folgt, da a zu p prim ist, $b \equiv c$. Es gibt daher eine Zahl, die mit ihren $p-1$ ersten Potenzen alle Restklassen außer 0 liefert.

Ebenso bilden in einem algebraischen Zahlkörper die Restklassen nach einem Primideal als Modul einen Körper. Die Anzahl der Restklassen ist gleich der *Norm* des Primideals, also ist letztere eine Primzahlpotenz p^r. Der Exponent r heißt in der algebraischen Zahlentheorie der *Grad* des Primideals.

Von besonderem Interesse sind die *Automorphismen eines Körpers*, d. h. Permutationen der Elemente, welche für beide Gruppen 1. und 2. Automorphismen liefern.

Satz 54. *Ein Körper mit p^r Elementen besitzt genau r Automorphismen. Man erhält sie, indem man jedes Element durch seine p^i-te Potenz ersetzt, $i = 0, 1, 2, \ldots, r-1$.*

Beweis. Der durch die Zahlen $0, 1, \ldots, p-1$ gebildete Körper besitzt keinen Automorphismus außer dem identischen. Denn sowohl das Einheitselement 0 der additiven Gruppe als das Einheitselement 1 der multiplikativen bleiben bei jedem Automorphismus ungeändert. Daher gilt dasselbe auch von $1 + 1 = 2$, $1 + 1 + 1 = 3$ usw. bis $p-1$.

Nun sei ein allgemeiner Körper mit p^r Elementen vorgelegt. Ersetzt man jedes Element durch seine p-te Potenz, so erhält man für die zyklische Gruppe einen Automorphismus, da p zu ihrer Ordnung $p^r - 1$ prim ist. Aber es wird auch $(a + b)^p = a^p + b^p$, wie aus der Tatsache folgt, daß die Binomialkoeffizienten $\binom{p}{i}$ außer $\binom{p}{0}$ und $\binom{p}{p}$ durch p teilbar sind. Bei diesem Automorphismus gehen die Zahlen $0, 1, \ldots, p - 1$ in sich selbst über. Nachdem man diesen ersten Automorphismus ausgeführt hat, kann man weiterfahren und wiederum jedes Element durch seine p-te Potenz ersetzen usw. In dieser Weise erhält man gerade r verschiedene, denn es gilt für jedes Element $a^{p^r} = a$, und wählt man für a ein erzeugendes Element der multiplikativen Gruppe (Satz 53), so erreicht man, daß die r Automorphismen wirklich verschieden sind.

Man bilde nun die Gleichung $(x - a)(x - a^p)(x - a^{p^2}) \ldots (x - a^{p^{r-1}}) = 0$. Die linke Seite besitzt als Koeffizienten die elementarsymmetrischen Funktionen von $a, a^p, a^{p^2}, \ldots, a^{p^{r-1}}$. Sei $f(a, \ldots, a^{p^{r-1}})$ eine solche. Dann wird nach Anwendung des Automorphismus $f(a, \ldots, a^{p^{r-1}})^p = f(a^p, \ldots, a^{p^r}) = f(a, \ldots, a^{p^{r-1}})$. Die p-te Potenz dieses Koeffizienten ist gleich der ersten, und sie sind daher Zahlen $0, 1, \ldots, p - 1$. Die obige Gleichung besitzt r Wurzeln und ist vom Grade r. Geht bei einem weiteren Automorphismus a über in a^q, so muß auch a^q dieser Gleichung genügen, denn diese geht beim Automorphismus in sich selber über. q ist daher eine der Zahlen $p, p^2, \ldots, p^r$, denn die Gleichung kann nicht mehr als r Wurzeln haben. Dies ergibt den

Satz 55. *Die Gruppe der Automorphismen ist eine zyklische von der Ordnung* r.

Zum Schlusse sollen noch die zu p primen Reste (mod p^n) betrachtet werden. Ihre Anzahl ist $p^{n-1}(p - 1)$ und sie bilden offenbar nach der Multiplikation eine Gruppe.

Es sei zunächst $p > 2$. Die Reste $\equiv 1$ (mod p) bilden eine Untergruppe vom Index $p - 1$. Ist ferner $a \equiv 1$ (mod p^i) aber $\not\equiv 1$ (mod p^{i+1}), so wird $a^p \equiv (1 + up^i)^p = 1 + up \cdot p^i + u^2 \frac{p(p-1)}{2} p^{2i} + \cdots \equiv 1$ (mod p^{i+1}) aber $\not\equiv 1$ (mod p^{i+2}). Hieraus folgt: Diejenigen Reste, die $\equiv 1$ (mod p), bilden eine zyklische Untergruppe von der Ordnung p^{n-1}, die erzeugt wird durch einen beliebigen Rest $\equiv 1$ (mod p) aber $\not\equiv 1$ (mod p^2), also etwa durch $1 + p$. Die Faktorgruppe dieser Gruppe ist zyklisch und von der Ordnung $p - 1$, denn sie ist isomorph mit der Gruppe der Reste (mod p). Weil $p - 1$ zu p prim ist, so ist die ganze Gruppe zyklisch und von der Ordnung $p^{n-1}(p - 1)$.

Nun sei 2^n $(n \geqq 3)$ als Modul betrachtet. Hier bilden die 2^{n-2} Reste $\equiv 1$ (mod 4) eine zyklische Untergruppe, was genau so wie oben bewiesen wird. Dazu kommt noch die durch -1 und $+1$ gebildete Untergruppe von der Ordnung 2, daher ist hier der Typus der Gruppe $(2^{n-2}, 2)$.

Satz 56. *Die zu p primen Reste (mod p^n) bilden nach der Multiplikation für $p > 2$ eine zyklische Gruppe von der Ordnung $p^{n-1}(p-1)$, für $p = 2$ $(n \geqq 3)$ eine Abelsche vom Typus $(2^{n-2}, 2)$. Ist*

$$a \equiv 1 \quad \begin{cases} mod\ p\ \text{für}\ p > 2 \\ \ ,,\ \ 4\ \ ,,\ \ p = 2, \end{cases}$$

aber $a \not\equiv 1$, so ist $\dfrac{a^{p^{r+s}} - 1}{a^{p^r} - 1} = 1 + a^{p^r} + \cdots a^{p^{r+s-1}}$ eine genau durch die s-te und durch keine höhere Potenz von p teilbare ganze Zahl.

Es ist nur eine andere Fassung dieses Satzes, wenn wir folgende Aussage machen:

Satz 56a. *Die Automorphismen einer zyklischen Gruppe von der Ordnung p^n bilden eine zyklische Gruppe von der Ordnung $p^{n-1}(p-1)$ für ungerade p und im Falle $p = 2$ $(n \geqq 3)$ eine Abelsche Gruppe vom Typus $(2^{n-2}, 2)$.*

Beweis. Ist P das erzeugende Element der Gruppe, so erhält man jeden Automorphismus, indem man P durch P^r ersetzt, wobei r alle zu p primen Reste (mod p^n) durchläuft. Sind $P \to P^r$ und $P \to P^s$ zwei Automorphismen, so ist der zusammengesetzte $P \to P^{rs}$, ihre Gruppe ist also die Gruppe des Satzes 56.

Historische Notiz. *Galois* hat die von ihm entdeckten Imaginären in der Arbeit: Sur la théorie des nombres (Oeuvres S. 15) behandelt, welche 1830 im J. de Férussac Bd. 13, S. 428 erschienen ist. Über ihre Bedeutung für die Zahlentheorie vgl. § 77. Eine ausführliche Theorie findet sich in der schönen Monographie von *L. E. Dickson:* Linear groups with an exposition of the Galois field theory. Leipzig 1901.

§ 19. Existenz der Galoisfelder.

Der Inhalt dieses Paragraphen ist der Beweis von

Satz 57. *Zu jeder vorgegebenen Primzahlpotenz gibt es genau ein Galoisfeld, das diese Ordnung hat.*

Wir beweisen diesen Satz, indem wir ein Mittel zur Herstellung von Galoisfeldern angeben. Es sei

$$f(x) = x^r + a_1 x^{r-1} + \cdots + a_r$$

eine ganze rationale Funktion r-ten Grades mit ganzen rationalen Koeffizienten, welche nach dem Modul p genommen seien, ferner sei sie (mod p) irreduzibel, d. h. sie sei nicht das Produkt zweier ganzer rationaler Funktionen niedrigeren Grades mit Koeffizienten aus dem Restsystem (mod p). Nun betrachten wir die Gesamtheit der ganzen rationalen Funktionen von niedrigerem als r-tem Grad

$$S(x) = b_0 + b_1 x + \cdots + b_{r-1} x^{r-1}.$$

Da jeder Koeffizient (mod p) genau p Werte annehmen kann, so enthält das System $S(x)$ genau p^r verschiedene Funktionen. Wir definieren nun die Addition zweier Funktionen aus S in gewöhnlicher

Weise, dagegen ersetzen wir das Produkt zweier Funktionen immer durch den Rest, der bei der Division mit $f(x)$ übrigbleibt. Ich behaupte nun, daß die p^r Funktionen des Systems nach diesen beiden Operationen ein Galoisfeld bilden. Zum Nachweis genügt es, zu zeigen, daß die p^r-1 von 0 verschiedenen Funktionen nach der Multiplikation eine Gruppe bilden. Dies folgt aber aus der Geltung des Axiomensystems I, II, III*, von denen nur das letzte zu verifizieren ist. Sind nämlich drei Funktionen aus S gegeben, für welche gilt

$$a\,(x)\,b\,(x) \equiv a\,(x)\,c\,(x),$$

so folgt daraus

$$b\,(x) \equiv c\,(x),$$

denn die erste Kongruenz besagt, daß $a\,(x)\,(b\,(x) - c\,(x))$ durch $f(x)$ teilbar ist. Nun ist $a(x)$ prim zu $f(x)$, weil es von niedrigerem als r-tem Grade ist, also muß der zweite Faktor durch $f(x)$ teilbar sein, w. z. b. w.

Um nun die Existenz eines Galoisfeldes von der Ordnung p^r zu beweisen, muß nur noch die Existenz einer (mod p) irreduziblen ganzen rationalen Funktion r-ten Grades nachgewiesen werden. Zu dem Zweck ziehen wir Folgerungen aus der Existenz einer solchen Funktion.

Satz 58. *Jede (mod p) irreduzible Funktion $f(x)$ vom r-ten Grade ist (mod p) Teiler von $x^{p^r-1}-1$.*

Beweis. Die Reste (mod $f(x)$) erzeugen ein Galoisfeld. Hierin ist x selber ein von 0 verschiedenes Element. Daher wird

$$x^{p^r-1} \equiv 1 \ (\mathrm{mod}\,f(x)),$$

dies ist aber gerade die Aussage des Satzes.

Wir müssen jetzt zeigen, daß $x^{p^r-1}-1$ einen irreduziblen Teiler r-ten Grades hat. Zu dem Zweck bezeichnen wir mit $g(x)$ einen beliebigen irreduziblen Teiler dieser Funktion. Sein Grad sei m. Dann ist $g(x)$ auch Teiler von $x^{p^m-1}-1$. Wir bestimmen jetzt den größten gemeinsamen Teiler von

$$x^{p^r-1}-1 \qquad \text{und} \qquad x^{p^m-1}-1.$$

Er enthält jedenfalls $g(x)$ als Faktor. Es gilt nun der

Satz 59. *Der größte gemeinsame Teiler von $x^{p^r-1}-1$ und $x^{p^m-1}-1$ ist $x^{p^d-1}-1$, wobei d der größte gemeinsame Teiler von m und r ist.*

Beweis. Es sei etwa $m > r$. Zur Abkürzung setzen wir

$$p^m = t \quad \text{und} \quad p^r = s, \quad \text{ferner} \quad p^{m-r} = u.$$

Es gilt nun allgemein

$$x^t = (x^s)^u.$$

Daraus folgt, daß die Differenz

$$x^t - x^u,$$

welche auch so geschrieben werden kann

$$(x^s)^u - x^u,$$

durch $x^s - x$ teilbar ist. Daher wird auch $x^{t-1} - x^{u-1}$ durch $x^{s-1} - 1$ teilbar.

Dividiert man daher, um den Euklidischen Algorithmus anzuwenden, $x^{p^m-1} - 1$ durch $x^{p^r-1} - 1$, so gelangt man zu $x^{p^f-1} - 1$ als Rest, wobei f der Rest ist, der bei der Division von m durch r übrigbleibt. Indem man mit dem Euklidischen Verfahren in bekannter Weise fortfährt, gelangt man zum Beweis des Satzes.

Satz 60. $x^{p^r-1} - 1$ *ist durch keine irreduzible Funktion von höherem als r-tem Grade teilbar.*

Beweis. Es sei $h(x)$ (mod p) irreduzibel und von m-tem Grade $(m > r)$, ferner sei $h(x)$ Teiler von $x^{p^r-1} - 1$. Die Reste (mod $h(x)$) bestimmen ein Galoisfeld von der Ordnung p^m. Die Variable x genügt nach Voraussetzung darin der Gleichung $x^{p^r} \equiv x$. Nun sei $a(x)$ irgendein Rest des Galoisfeldes. Dann wird nach § 18 $a(x)^p = a(x^p)$, also $a(x)^{p^r} \equiv a(x^{p^r}) \equiv a(x)$. Es wäre also $p^r - 1$ die höchste vorkommende Ordnung eines Elementes im Galoisfeld von der Ordnung p^m, was einen Widerspruch ergibt.

Nun können wir folgendermaßen zeigen, daß es (mod p) irreduzible Funktionen r-ten Grades gibt: Wir zeigen, daß die Summe der Grade aller derjenigen irreduziblen Teiler von $x^{p^r} - x$, welche von niedrigerem als r-tem Grad sind, kleiner als p^r ist. Dann muß diese Funktion offenbar noch Teiler vom Grade r haben, denn solche mit höherem Grad sind nicht vorhanden. Ist nun d irgendein Grad eines irreduziblen Faktors, so muß dieser Faktor auch in $x^{p^d} - x$ aufgehen; die irreduziblen Faktoren vom Grade d haben daher zusammen höchstens den Grad p^d. Hier ist d ein Teiler von r, nach Satz 59. Die Summe aller Grade der Faktoren von niedrigerem als r-tem Grade ist daher höchstens gleich

$$\sum p^d \quad (d \text{ durchläuft alle echten Teiler von } r).$$

Aber diese Summe ist kleiner als p^r, denn läßt man d sogar alle Zahlen von 0 bis $r - 1$ durchlaufen, so erreicht die Summe nicht einmal p^r.

Hiermit ist bewiesen, daß es für jede Primzahlpotenz ein Galoisfeld gibt. Nun muß noch gezeigt werden, daß es nur ein einziges gibt, d. h. daß es zwischen zwei Galoisfeldern von derselben Ordnung immer eine eindeutige Zuordnung der Elemente gibt, welche einen holoedrischen Isomorphismus liefert, für beide Gruppengesetze.

Die Gleichung

$$x^{p^r-1} \equiv 1 \pmod{p}$$

besitzt im Galoisfeld von der Ordnung p^r genau $p^r - 1$ verschiedene Wurzeln, nämlich sämtliche von 0 verschiedenen Elemente. Daher gilt

$$x^{p^r-1} - 1 = (x - \alpha_1)(x - \alpha_2) \cdots (x - \alpha_{p^r-1}),$$

wo die α die Elemente des Galoisfeldes darstellen. Ist nun $f(x)$ ein (mod p) irreduzibler Faktor r-ten Grades dieser Funktion, so wird er das Produkt von r Linearfaktoren, etwa

$$f(x) = (x - \alpha_1) \cdots (x - \alpha_r).$$

Bildet man nun die Gesamtheit der Ausdrücke

$$a_0 + a_1 \alpha_1 + a_2 \alpha_1^2 + \cdots + a_{r-1} \alpha_1^{r-1},$$

wo die Koeffizienten unabhängig voneinander die Zahlen $0, \ldots, p-1$ durchlaufen, so erhält man p^r Elemente des Galoisfeldes; und zwar sind sie sämtlich verschieden, denn wären zwei einander gleich, so ergäbe das eine Gleichung für α_1 von niedrigerem als dem r-ten Grade, deren Koeffizienten Reste ganzer rationaler Zahlen (mod p) wären. Dies ist nicht möglich, denn $f(x) = 0$ ist als irreduzible Gleichung die Gleichung niedrigsten Grades, der α_1 genügt.

Man findet nun das Produkt zweier Elemente des Galoisfeldes, indem man sie durch α_1 darstellt, das Produkt der so entstehenden Ausdrücke bildet und unter Benutzung der Gleichung $f(\alpha_1) = 0$ auf niedrigeren als r-ten Grad reduziert. Diese letztere Reduktion ist aber identisch mit der Operation, welche darin besteht, daß man das Produkt durch seinen Rest (mod $f(\alpha_1)$) ersetzt. Also ist das Galoisfeld identisch mit dem Galoisfeld, das durch den Modul $f(x)$ definiert ist. Dies gilt aber für jede (mod p) irreduzible Funktion r-ten Grades, daher ergeben alle diese dasselbe Galoisfeld bei geeigneter Zuordnung der Elemente. Da schließlich jedes Galoisfeld nach dem eben Bewiesenen mit einem Galoisfeld identisch ist, das durch die Reste einer irreduziblen Funktion erzeugt wird, so gibt es, abstrakt genommen, für jede Primzahlpotenz ein und nur ein Galoisfeld, womit Satz 57 vollständig bewiesen ist.

Maclagan Wedderburn hat folgenden für die Zahlentheorie der nichtkommutativen Algebren fundamentalen Satz bewiesen.

Satz 61. *In der Definition eines Galoisfeldes braucht man für das Multiplikationsgesetz nur die Gruppeneigenschaft vorauszusetzen, die Kommutativität der Gruppe folgt aus den übrigen Axiomen.*

Einen besonders einfachen Beweis gab *Witt*[1]: Das Zentrum des Systems ist ein Galoisfeld, seine Ordnung sei $q = p^r$. Das allgemeine Element des Systems läßt sich durch eine Basis additiv darstellen in der Gestalt $\omega_1 x_1 + \omega_2 x_2 + \cdots + \omega_n x_n$, wo $x_1, x_2, \ldots$ unabhängig voneinander das Zentrum durchlaufen. Die Anzahl aller Elemente ist daher q^n. Nun sei α ein Element außerhalb des Zentrums. Die mit ihm vertauschbaren Elemente bilden ein Teilsystem, in dem Addition und Multiplikation ausführbar ist. Die Ordnung ist q^d, wo d ein Teiler von n ist. Daher enthält die Klasse von α (es handelt sich um die multi-

---

[1] Abh. Hamburger Math. Seminar. Bd. 8 (1931), S. 413.

plikative Gruppe!) $\frac{q^n-1}{q^d-1}$ Elemente. Zerlegen wir die von 0 verschiedenen Elemente in Klassen, so erhalten wir folgende Gleichung

$$q^n - 1 = q - 1 + \sum \frac{q^n-1}{q^d-1}. \tag{1}$$

Die Funktion $x^n - 1$ läßt sich mit Hilfe der n-ten Einheitswurzeln zerlegen. Bezeichnen wir den Faktor, dessen Wurzeln alle primitiven n-ten Einheitswurzeln sind, mit $f(x)$, so sind die Brüche auf der rechten Seite von (1) durch die ganze Zahl $f(q)$ teilbar, denn die Nenner setzen sich aus Faktoren zusammen, welche keine primitiven n-ten Einheitswurzeln ergeben. Hieraus folgt weiter, daß $q-1$ durch $f(q)$ teilbar sein muß. Zerlegen wir $f(q)$ in die Linearfaktoren, so haben sie die Gestalt $q-\zeta$, wo ζ eine n-te Einheitswurzel ist. Der absolute Betrag eines solchen Faktors ist aber, wie die geometrische Deutung unmittelbar ergibt, mindestens $q-1$, also ist $n = 1$ und das System ein Galoisfeld.

4. Kapitel.

Konjugierte Untergruppen.

§ 20. Normalisatoren.

Definition. Die Gesamtheit der Elemente einer Gruppe, die mit einem Komplex $\mathfrak{C}$ vertauschbar sind, bildet eine Untergruppe, denn ist $S^{-1}\mathfrak{C}\,S = \mathfrak{C}$ und $T^{-1}\mathfrak{C}\,T = \mathfrak{C}$, so ist auch $(S\,T)^{-1}\mathfrak{C}\,(S\,T) = \mathfrak{C}$. Sie heißt der *Normalisator* des Komplexes. Falls der Komplex eine Untergruppe ist, oder falls er aus einem einzigen Element besteht, so ist er in seinem Normalisator enthalten.

Satz 62. *Die Gesamtheit der Elemente einer Gruppe, die mit einem Element vertauschbar sind, bildet eine Untergruppe, deren Index gleich ist der Anzahl der Elemente in der Klasse dieses Elementes.*

Beweis. Sei $\mathfrak{N}$ der Normalisator von A, und B ein mit A konjugiertes Element, so bilden diejenigen Elemente S, für welche $S^{-1}A\,S = B$ ist, eine Nebengruppe von $\mathfrak{N}$, denn sind S und T zwei solche, so wird $S\,T^{-1}$ mit A vertauschbar. Daher gibt es so viele Nebengruppen von $\mathfrak{N}$, als es mit A konjugierte Elemente gibt.

Korollar 1. *Die Anzahl der Elemente in einer Klasse ist ein Teiler der Ordnung der Gruppe.* Denn sie ist Index einer Untergruppe.

Sind A und $S^{-1}A\,S$ zwei konjugierte Elemente, und ist $\mathfrak{N}$ der Normalisator von A, so ist $S^{-1}\mathfrak{N}\,S$ derjenige von $S^{-1}A\,S$. Daher bilden die Normalisatoren der Elemente einer Klasse ein System konjugierter Untergruppen. Die Normalisatoren zweier konjugierter Elemente können miteinander übereinstimmen, aber nur dann, wenn die beiden Elemente vertauschbar sind. Diese Bedingung ist jedoch nicht hinreichend.

Korollar 2. *Der Index des Normalisators einer Untergruppe $\mathfrak{H}$ ist gleich der Anzahl der mit $\mathfrak{H}$ konjugierten Untergruppen.*

Der Beweis verläuft wie der vorhergehende.

Satz 63. *Ein System konjugierter Untergruppen enthält niemals alle Elemente der Gruppe.*

Beweis. Ist h die Ordnung, r der Index von $\mathfrak{H}$, so enthält das System der mit $\mathfrak{H}$ konjugierten Untergruppen nach Korollar 2 und der Bemerkung vor Satz 62 höchstens $h \cdot r = g$ Elemente, darunter tritt E aber r mal auf.

§ 21. Zerlegung einer Gruppe nach zwei Untergruppen.

Sind $\mathfrak{H}$ und $\mathfrak{K}$ zwei Untergruppen, so enthält der Komplex $\mathfrak{H}\mathfrak{K}$ eine Anzahl rechtsseitiger Nebengruppen von $\mathfrak{H}$ und eine Anzahl linksseitiger Nebengruppen von $\mathfrak{K}$. Sei $\mathfrak{D}$ der Durchschnitt von $\mathfrak{H}$ und $\mathfrak{K}$, h der Index von $\mathfrak{D}$ unter $\mathfrak{H}$ und k derjenige von $\mathfrak{D}$ unter $\mathfrak{K}$. Sind K_1 und K_2 zwei Elemente von $\mathfrak{K}$, so sind die beiden Nebengruppen $\mathfrak{H}K_1$ und $\mathfrak{H}K_2$ von $\mathfrak{H}$ dann und nur dann identisch, wenn $K_1 K_2^{-1}$ in $\mathfrak{H}$ und also in $\mathfrak{D}$ liegt. Hieraus folgt sofort, daß $\mathfrak{H}\mathfrak{K}$ genau k rechtsseitige Nebengruppen von $\mathfrak{H}$ enthält, denn jede der k rechtsseitigen Nebengruppen von $\mathfrak{D}$ in $\mathfrak{K}$ ergibt eine Nebengruppe von $\mathfrak{H}$ in $\mathfrak{H}\mathfrak{K}$. Genau so beweist man, daß h linksseitige Nebengruppen von $\mathfrak{K}$ in $\mathfrak{H}\mathfrak{K}$ vorkommen.

Nun sei A irgendein Element von $\mathfrak{G}$, und man bilde den Komplex $\mathfrak{H}A\mathfrak{K}$. Ist A nicht in $\mathfrak{H}\mathfrak{K}$ enthalten, so enthält $\mathfrak{H}A\mathfrak{K}$ kein Element gemeinsam mit $\mathfrak{H}\mathfrak{K}$. Denn sei etwa $H_1 A K_1 = H_2 K_2$, so wäre $A = H_1^{-1} H_2 K_2 K_1^{-1}$, also wäre A ein Element in $\mathfrak{H}\mathfrak{K}$, gegen die Voraussetzung. Genau so beweist man, daß zwei Komplexe $\mathfrak{H}A\mathfrak{K}$ und $\mathfrak{H}B\mathfrak{K}$ entweder identisch sind oder kein Element gemeinsam haben. Daraus folgt, daß die ganze Gruppe $\mathfrak{G}$ in eine Anzahl von Komplexen $\mathfrak{H}\mathfrak{K}$, $\mathfrak{H}A\mathfrak{K}, \mathfrak{H}B\mathfrak{K}, \ldots$ zerfällt, von denen keine zwei ein Element gemeinsam haben. Diese Überlegungen sind im wesentlichen Wiederholungen der entsprechenden für eine Untergruppe und ihre Nebengruppen: für $\mathfrak{K} = E$ erhält man die rechtsseitigen Nebengruppen von $\mathfrak{H}$ und für $\mathfrak{H} = E$ die linksseitigen von $\mathfrak{K}$. Es soll nun untersucht werden, aus wie vielen rechtsseitigen Nebengruppen von $\mathfrak{H}$ der Komplex $\mathfrak{H}A\mathfrak{K}$ besteht. Ist $S = HAK$ irgendeines seiner Elemente, so liegt die ganze Nebengruppe $\mathfrak{H}S$ in $\mathfrak{H}A\mathfrak{K}$, denn es gilt die Gleichung $\mathfrak{H}HAK = \mathfrak{H}AK$. Damit $\mathfrak{H}AK_1 = \mathfrak{H}AK_2$ ist, muß $AK_1K_2^{-1}A^{-1}$ in $\mathfrak{H}$ liegen, oder, was damit gleichbedeutend ist, es muß $K_1 K_2^{-1}$ in $A^{-1}\mathfrak{H}A$ enthalten sein und also auch im Durchschnitt $\overline{\mathfrak{D}}$ von $\mathfrak{K}$ und $A^{-1}\mathfrak{H}A$. Umgekehrt wenn K in diesem Durchschnitt liegt, so kann man setzen $K = A^{-1}HA$, und es wird $\mathfrak{H}AK = \mathfrak{H}AA^{-1}HA = \mathfrak{H}A$. Ist $\mathfrak{K} = \overline{\mathfrak{D}} + \overline{\mathfrak{D}}K_2 + \overline{\mathfrak{D}}K_3 + \cdots + \overline{\mathfrak{D}}K_{\bar{k}}$, so ergeben zwei Elemente aus derselben Nebengruppe dieselbe Nebengruppe von $\mathfrak{H}$ und zwei aus verschiedenen Nebengruppen

auch zwei verschiedene Nebengruppen von $\mathfrak{H}$. Es sind also ebenso-
viele Nebengruppen von $\mathfrak{H}$ in $\mathfrak{H}A\mathfrak{K}$ enthalten, als der Index des Durchschnittes von $\mathfrak{K}$ mit $A^{-1}\mathfrak{H}A$ unter $\mathfrak{K}$ beträgt. In analoger Weise folgt,
daß die Anzahl der linksseitigen Nebengruppen von $\mathfrak{K}$ in $\mathfrak{H}A\mathfrak{K}$ gleich
ist dem Index des Durchschnittes von $\mathfrak{H}$ mit $A\mathfrak{K}A^{-1}$ unter $\mathfrak{H}$. Diese
Zahl ist aber auch gleich dem Index des vorhin betrachteten Durch-
schnittes von $A^{-1}\mathfrak{H}A$ und $\mathfrak{K}$ unter $A^{-1}\mathfrak{H}A$.

Satz 64. *Sind $\mathfrak{H}$ und $\mathfrak{K}$ zwei Untergruppen von $\mathfrak{G}$, so zerfällt $\mathfrak{G}$ in
eindeutiger Weise in Komplexe von folgender Art*

$$\mathfrak{G} = \mathfrak{H}\mathfrak{K} + \mathfrak{H}A\mathfrak{K} + \mathfrak{H}B\mathfrak{K} + \cdots.$$

Man nennt dies die Zerlegung von $\mathfrak{G}$ nach dem **Doppelmodul** $(\mathfrak{H}, \mathfrak{K})$.
*Jedes Element von $\mathfrak{G}$ ist in einem und nur in einem Komplex enthalten
und jeder Komplex von der Gestalt $\mathfrak{H}S\mathfrak{K}$ ist mit einem unter ihnen identisch.*

*Die Anzahl der rechtsseitigen Nebengruppen von $\mathfrak{H}$ in $\mathfrak{H}A\mathfrak{K}$ ist gleich
dem Index des Durchschnittes von $A^{-1}\mathfrak{H}A$ mit $\mathfrak{K}$ unter $\mathfrak{K}$, die Anzahl
der linksseitigen Nebengruppen von $\mathfrak{K}$ in $\mathfrak{H}A\mathfrak{K}$ ist gleich dem Index
desselben Durchschnittes unter $A^{-1}\mathfrak{H}A$.*

Hiermit ist auch die Aufgabe gelöst, diejenigen Komplexe zu bestimmen, die gleichzeitig aus rechtsseitigen Nebengruppen von $\mathfrak{H}$ und
linksseitigen Nebengruppen von $\mathfrak{K}$ bestehen. Ist nämlich A ein Element eines solchen Komplexes, so muß auch der Komplex $\mathfrak{H}A\mathfrak{K}$
darunter vorkommen. Wenn der Komplex damit noch nicht erschöpft
ist, so muß er einen weiteren der in Satz 64 genannten Komplexe enthalten, und eine Weiterführung dieses Verfahrens zeigt, daß der Komplex eine Summe von Komplexen von der Gestalt $\mathfrak{H}A\mathfrak{K}$ ist.

Der Satz 64 ist besonders wichtig wegen der Möglichkeit, gewisse
einfache zahlentheoretische Sätze anzuwenden.

Zunächst sei $\mathfrak{H} = \mathfrak{K}$. Der erste Komplex wird dann $\mathfrak{H}\mathfrak{H} = \mathfrak{H}$. Ein
zweiter möge m_2 rechtsseitige Nebengruppen enthalten, ein i-ter m_i.
Bezeichnet man den Index von $\mathfrak{H}$ unter $\mathfrak{G}$ mit m, so wird

$$m = m_1 + m_2 + \cdots + m_r,$$

wobei $m_1 = 1$ ist. Hieraus folgt insbesondere $m_i < m$. Nach dem Satz 64
ist m_i der Index des Durchschnittes von $\mathfrak{H}$ mit einer konjugierten
Gruppe unter $\mathfrak{H}$ und es ergibt sich der

Satz 65[1]. *Sind $\mathfrak{H}$ und $S^{-1}\mathfrak{H}S$ zwei konjugierte Untergruppen von
$\mathfrak{G}$, so ist der Index ihres Durchschnittes unter $\mathfrak{H}$ kleiner als der Index
von $\mathfrak{H}$ unter $\mathfrak{G}$.*

Allgemein gilt der Satz, daß *der Index des Durchschnittes zweier
beliebiger Untergruppen $\mathfrak{H}$ und $\mathfrak{K}$ unter $\mathfrak{K}$ höchstens gleich dem Index
von $\mathfrak{H}$ unter $\mathfrak{G}$ ist.* Der Beweis wird genau wie für den Satz 65 geführt.

Satz 66. *Gilt für eine Untergruppe $\mathfrak{H}$ von $\mathfrak{G}$ die Zerlegung*

$$\mathfrak{G} = \mathfrak{H}\mathfrak{H} + \mathfrak{H}A_2\mathfrak{H} + \cdots + \mathfrak{H}A_r\mathfrak{H},$$

---

[1] *Miller*, G. A.: Ann. Math. Bd. 14 (1912, 1913), S. 95.

so besteht der Normalisator von $\mathfrak{H}$ aus der Gesamtheit derjenigen Komplexe $\mathfrak{H} A_i \mathfrak{H}$ $(A_1 = E)$, welche nur eine rechtsseitige Nebengruppe von $\mathfrak{H}$ enthalten. Der Index von $\mathfrak{H}$ unter dem Normalisator von $\mathfrak{H}$ ist daher gleich der Anzahl dieser Komplexe.

Beweis. Ist A ein Element aus $\mathfrak{G}$, für das $\mathfrak{H} A \mathfrak{H}$ nur aus einer rechtsseitigen Nebengruppe besteht, so ist $\mathfrak{H} A \mathfrak{H} = \mathfrak{H} A$; andererseits enthält $\mathfrak{H} A \mathfrak{H}$ die linksseitige Nebengruppe $A \mathfrak{H}$, und da diese aus ebensovielen Elementen wie $\mathfrak{H} A$ besteht, ist $\mathfrak{H} A = A \mathfrak{H}$ oder $A^{-1} \mathfrak{H} A = \mathfrak{H}$; A gehört also dem Normalisator von $\mathfrak{H}$ an. Wenn umgekehrt A ein Element des Normalisators ist, so wird $\mathfrak{H} A \mathfrak{H} = \mathfrak{H} \mathfrak{H} A = \mathfrak{H} A$; d. h. der Komplex $\mathfrak{H} A \mathfrak{H}$ enthält nur eine rechtsseitige Nebengruppe von $\mathfrak{H}$.

Historische Notiz. Doppelmoduln wurden zuerst von *Cauchy* betrachtet. Die Abhandlungen 300—327 seiner Werke (1. Serie Bd. 9 und 10) enthalten an manchen Stellen derartige Untersuchungen, z. B. Bd. 10, S. 66. Die heutige Gestalt der Theorie stammt von *G. Frobenius* (Über endliche Gruppen. Berl. Berichte 1895, S. 163).

5. Kapitel.

Sylowgruppen und p-Gruppen.

§ 22. Sylowgruppen.

Ist p ein Primteiler der Ordnung g einer Gruppe $\mathfrak{G}$, so enthält $\mathfrak{G}$ ein Element von der Ordnung p. Dieser Spezialfall des Satzes 40 ist zum erstenmal (1845) von *Cauchy*[1] bewiesen worden. Ein überaus einfacher Beweis ist der folgende:

Der Satz gilt für Gruppen von der Ordnung p. Man setze voraus, daß er für alle Gruppen gilt, deren Ordnung das Produkt von höchstens $n - 1$ Primzahlen ist, und beweist dann folgendermaßen seine Gültigkeit für Gruppen, deren Ordnung das Produkt von n Primzahlen ist.

Wenn $\mathfrak{G}$ eine Untergruppe besitzt, deren Index zu p prim ist, so ist die Ordnung derselben durch p teilbar und sie enthält daher nach Voraussetzung Elemente von der Ordnung p. Es braucht also bloß der Fall betrachtet zu werden, wo der Index jeder eigentlichen Untergruppe durch p teilbar ist. Nun ist speziell die Anzahl der Elemente in einer Klasse nach Satz 62 ein solcher Index. Angenommen, diese Anzahlen $h_1, h_2, \ldots, h_k$ seien stets entweder gleich 1 oder durch p teilbare Zahlen, etwa

$$h_1 = h_2 = \cdots = h_l = 1, \qquad h_{l+1} = p h'_{l+1}, \qquad h_{l+2} = p h'_{l+2}, \ldots, h_k = p h'_k,$$

so folgt aus der Gleichung

$$\begin{aligned} g &= h_1 + h_2 + \cdots + h_k \\ &= l + p\,(h'_{l+1} + h'_{l+2} + \cdots + h'_k) \end{aligned}$$

---

[1] Oeuvres. 1. Serie Bd. 9, S. 358.

und der Teilbarkeit von g durch p, daß die Anzahl l der Klassen, die nur *ein* Element enthalten, durch p teilbar ist. Diese letzteren bilden aber das Zentrum der Gruppe $\mathfrak{G}$; seine Ordnung ist also durch p teilbar und daher enthält es als *Abel*sche Gruppe ein Element von der Ordnung p.

Satz 67[1]. *Ist p^r die höchste in der Ordnung einer Gruppe $\mathfrak{G}$ aufgehende Potenz der Primzahl p, so besitzt $\mathfrak{G}$ Untergruppen von jeder Ordnung p^s mit $0 \leqq s \leqq r$. Die Untergruppen der Ordnung p^r heißen die zur Primzahl p gehörigen* **Sylowgruppen** *von $\mathfrak{G}$.*

B e w e i s. Die Tatsache, daß es eine Untergruppe von der Ordnung p^s gibt, läßt sich mit den Hilfsmitteln des vorigen Beweises erhärten. Man wende dieselbe vollständige Induktion an und nehme den Satz als bewiesen an für Gruppen von niedrigerer Ordnung. Im Falle, daß eine eigentliche Untergruppe existiert, deren Index zu p prim ist, besitzt diese und also auch $\mathfrak{G}$ eine Untergruppe von der Ordnung p^s nach Voraussetzung. Im anderen Falle sei $\mathfrak{P}$ eine Untergruppe von der Ordnung p, die im Zentrum enthalten ist. Ihre Existenz ist soeben nachgewiesen worden. $\mathfrak{P}$ ist ein Normalteiler von $\mathfrak{G}$ und $\mathfrak{G}/\mathfrak{P}$ ist eine Gruppe, deren Ordnung kleiner ist als diejenige von $\mathfrak{G}$. Sie besitzt daher eine Sylowgruppe von der Ordnung p^{s-1}, und zu ihr gehört nach Satz 18 eine Untergruppe von $\mathfrak{G}$ mit der Ordnung p^s.

Satz 68. *Jede Untergruppe von $\mathfrak{G}$, deren Ordnung eine Potenz von p ist, ist in einer der Sylowgruppen von $\mathfrak{G}$ enthalten.*

B e w e i s. Sei $\mathfrak{P}$ irgendeine Untergruppe, deren Ordnung eine Potenz von p ist. Offenbar genügt es, den folgenden Hilfssatz zu beweisen: Wenn die Ordnung von $\mathfrak{P}$ kleiner ist als p^r, so gibt es eine Untergruppe von $\mathfrak{G}$, deren Ordnung eine Potenz von p ist und die $\mathfrak{P}$ als *eigentliche* Untergruppe enthält. Denn wenn diese Behauptung erwiesen ist, so kann man, weil die Ordnung von $\mathfrak{P}$ kleiner als p^r ist, schrittweise zu Gruppen von größerer Ordnung aufsteigen, und das Verfahren nimmt erst ein Ende, wenn man zu einer Untergruppe gelangt ist, deren Ordnung die höchste in der Ordnung von $\mathfrak{G}$ aufgehende Potenz p^r von p ist.

Um die Richtigkeit des Hilfssatzes darzutun, zieht man die Resultate des vorigen Paragraphen heran. Es sei

$$\mathfrak{G} = \mathfrak{P} + \mathfrak{P} A_2 \mathfrak{P} + \mathfrak{P} A_3 \mathfrak{P} + \cdots + \mathfrak{P} A_s \mathfrak{P}$$

die Zerlegung von $\mathfrak{G}$ nach $(\mathfrak{P}, \mathfrak{P})$. Die Anzahl der rechtsseitigen Nebengruppen von $\mathfrak{P}$ in $\mathfrak{P} A_i \mathfrak{P}$ sei m_i und der Index von $\mathfrak{P}$ unter $\mathfrak{G}$ sei m. Dann wird

$$m = m_1 + m_2 + \cdots + m_s.$$

---

[1] *Sylow, L.*: Théorèmes sur les groupes de substitutions. Math Ann. Bd. 5 (1873), S. 584.

Die Zahlen m_i sind als Teiler der Ordnung von $\mathfrak{P}$ Potenzen von p, also entweder gleich 1 oder durch p teilbar. Da nun nach Voraussetzung m durch p teilbar ist, muß wegen $m_1 = 1$ eine durch p teilbare Anzahl der Größen m_i gleich 1 sein. Aus Satz 66 folgt jetzt, daß der Index von $\mathfrak{P}$ unter dem Normalisator $\mathfrak{N}$ von $\mathfrak{P}$ durch p teilbar ist. Daher besitzt $\mathfrak{N}/\mathfrak{P}$ eine Untergruppe von der Ordnung p, und nach Satz 18 ist $\mathfrak{P}$ als *eigentlicher* Normalteiler in einer Untergruppe von $\mathfrak{G}$ enthalten, deren Ordnung eine Potenz von p ist, w. z. b. w.

Satz 69. *Je zwei zu derselben Primzahl gehörige Sylowgruppen von $\mathfrak{G}$ sind konjugiert.*

Beweis. Es seien $\mathfrak{P}$ und $\mathfrak{Q}$ zwei Sylowgruppen von derselben Ordnung, und man zerlege $\mathfrak{G}$ nach $(\mathfrak{P}, \mathfrak{Q})$

$$\mathfrak{G} = \mathfrak{P}\mathfrak{Q} + \mathfrak{P}A_2\mathfrak{Q} + \mathfrak{P}A_3\mathfrak{Q} + \cdots + \mathfrak{P}A_s\mathfrak{Q}.$$

Wiederum ist die Anzahl der rechtsseitigen Nebengruppen von $\mathfrak{P}$ in jedem der Komplexe 1 oder eine Potenz von p. Die Gesamtzahl der Nebengruppen ist aber gleich dem Index von $\mathfrak{P}$ unter $\mathfrak{G}$ und daher zu p prim. Daher muß mindestens einer der Komplexe, etwa $\mathfrak{P}A\mathfrak{Q}$, aus bloß einer Nebengruppe von $\mathfrak{P}$ bestehen. Daraus folgt aber, daß der Index des Durchschnittes von $A^{-1}\mathfrak{P}A$ und $\mathfrak{Q}$ unter $\mathfrak{Q}$ gleich 1 ist und so wird $\mathfrak{Q} = A^{-1}\mathfrak{P}A$, womit der Satz bewiesen ist.

Satz 70. *Ist $\mathfrak{H}$ eine Untergruppe von $\mathfrak{G}$ und sind $\mathfrak{P}_1$ und $\mathfrak{P}_2$ zwei Sylowgruppen von $\mathfrak{H}$, so sind sie nicht beide in derselben Sylowgruppe von $\mathfrak{G}$ enthalten.*

Beweis. Wären $\mathfrak{P}_1$ und $\mathfrak{P}_2$ in derselben Sylowgruppe von $\mathfrak{G}$ enthalten, so wäre die durch $\mathfrak{P}_1$ und $\mathfrak{P}_2$ erzeugte Gruppe eine Untergruppe dieser Sylowgruppe und sie besäße daher ebenfalls eine Potenz von p als Ordnung. Da sie außerdem in $\mathfrak{H}$ enthalten wäre, so müßte sie dieselbe Ordnung wie $\mathfrak{P}_1$ besitzen, was nur möglich ist, wenn $\mathfrak{P}_1 = \mathfrak{P}_2$ wäre.

§ 23. Normalisatoren der Sylowgruppen [1].

Satz 71. *Der Normalisator einer Sylowgruppe enthält keine zu dieser konjugierte und von ihr verschiedene Sylowgruppe von $\mathfrak{G}$, außerdem ist er sein eigener Normalisator.*

Beweis. Sei $\mathfrak{P}$ eine Sylowgruppe von $\mathfrak{G}$ und $\mathfrak{N}$ ihr Normalisator. Enthält $\mathfrak{N}$ die mit $\mathfrak{P}$ konjugierte Untergruppe $A^{-1}\mathfrak{P}A = \mathfrak{P}'$, so sind $\mathfrak{P}$ und $\mathfrak{P}'$ zur selben Primzahl gehörige Sylowgruppen von $\mathfrak{N}$ und daher innerhalb $\mathfrak{N}$ konjugiert. Da nun $\mathfrak{P}$ Normalteiler von $\mathfrak{N}$ ist, muß $\mathfrak{P} = \mathfrak{P}'$ sein, d. h. A muß $\mathfrak{N}$ angehören, damit ist die erste Behauptung bewiesen. Nun sei A irgendein Element des Normalisators von $\mathfrak{N}$; dann gehören, weil $\mathfrak{P}$ Untergruppe von $\mathfrak{N}$ ist, sämtliche Elemente von $A^{-1}\mathfrak{P}A = \mathfrak{P}'$ der Gruppe $\mathfrak{N}$ an, und der vorige Schluß zeigt, daß A in $\mathfrak{N}$ liegt. Das ist die zweite Behauptung des Satzes.

---

[1] Die Sätze dieses Paragraphen stammen von *Sylow*, *Frobenius* und *Burnside*.

Der Satz läßt sich in folgender Weise verallgemeinern:

Satz 72. *Ist die Ordnung einer Untergruppe $\mathfrak{H}$ von $\mathfrak{G}$ prim zu ihrem Index, so ist der Normalisator von $\mathfrak{H}$ in $\mathfrak{G}$ sein eigener Normalisator.*

Beweis. Ist $\mathfrak{N}$ der Normalisator von $\mathfrak{H}$, so brauchen wir nur zu zeigen, daß jedes Element von $\mathfrak{G}$, das mit $\mathfrak{N}$ vertauschbar ist, auch mit $\mathfrak{H}$ vertauschbar ist. Es sei also $A^{-1}\mathfrak{N}A = \mathfrak{N}$, und $A^{-1}\mathfrak{H}A = \mathfrak{H}'$ sei von $\mathfrak{H}$ verschieden. Nun sind $\mathfrak{H}$ und $\mathfrak{H}'$ Normalteiler von $\mathfrak{N}$ von derselben Ordnung und demselben zur Ordnung primen Index. Die durch $\mathfrak{H}$ und $\mathfrak{H}'$ erzeugte Gruppe $\mathfrak{H}\mathfrak{H}'$ enthält $\mathfrak{H}$ als eigentliche Untergruppe und ihre Ordnung enthält nach Satz 26 nur solche Primzahlen, welche in der Ordnung von $\mathfrak{H}$ bzw. $\mathfrak{H}'$ aufgehen. Die Ordnung von $\mathfrak{H}\mathfrak{H}'$ ist daher kein Teiler der Ordnung von $\mathfrak{G}$ und der Widerspruch ist nachgewiesen.

Satz 73. *Der Normalisator $\mathfrak{N}$ einer zur Primzahl p gehörigen Sylowgruppe $\mathfrak{P}$ enthält außer den Elementen von $\mathfrak{P}$ kein Element, dessen Ordnung eine Potenz von p ist.*

Beweis. Wenn die Ordnung eines Elements A aus $\mathfrak{N}$ eine Potenz von p ist, so gehört nach Satz 68 jedes Element der zyklischen Gruppe $\{A\}$ einer zu p gehörigen Sylowgruppe von $\mathfrak{N}$ an. Nach Satz 71 ist aber $\mathfrak{P}$ die einzige solche.

Satz 74. *Die Anzahl der verschiedenen Sylowgruppen von der Ordnung p^r ist $\equiv 1 \pmod{p}$; sie ist gleich dem Index des Normalisators einer beliebigen unter ihnen.*

Beweis. Die zweite Behauptung ergibt sich aus Satz 69 und 62, Korollar 2. Um weiter den Index n des Normalisators $\mathfrak{N}$ einer Sylowgruppe $\mathfrak{P}$ zu bestimmen, zerlege man $\mathfrak{G}$ nach $(\mathfrak{N}, \mathfrak{P})$

$$\mathfrak{G} = \mathfrak{N}\mathfrak{P} + \mathfrak{N}A_2\mathfrak{P} + \cdots + \mathfrak{N}A_s\mathfrak{P},$$

dann wird

$$n = 1 + n_2 + \cdots + n_s,$$

unter n_i die Anzahl der rechtsseitigen Nebengruppen von $\mathfrak{N}$ im Komplexe $\mathfrak{N}A_i\mathfrak{P}$ verstanden. Diese ist nach Satz 64 gleich dem Index des Durchschnittes $\mathfrak{D}_i$ von $A_i^{-1}\mathfrak{N}A_i$ mit $\mathfrak{P}$ unter $\mathfrak{P}$. $\mathfrak{D}_i$ enthält als Untergruppe von $\mathfrak{P}$ nur Elemente, deren Ordnung eine Potenz von p ist, und nach Satz 73 (angewandt auf $A_i^{-1}\mathfrak{N}A_i$ an Stelle von $\mathfrak{N}$) folgt, daß diese sämtlich dem Durchschnitt von $A_i^{-1}\mathfrak{P}A_i$ mit $\mathfrak{P}$ angehören müssen. Da A_i nicht in $\mathfrak{N}$ liegt, ist $A_i^{-1}\mathfrak{P}A_i$ von $\mathfrak{P}$ verschieden, und der Index von $\mathfrak{D}_i$ unter $\mathfrak{P}$ muß daher größer als 1, also eine Potenz von p mit positivem Exponenten sein. Folglich sind sämtliche Zahlen $n_2, \ldots, n_s$ durch p teilbar und $n \equiv 1 \pmod{p}$, w. z. b. w.

Satz 75. *Wenn P und Q zwei Elemente des Zentrums einer Sylowgruppe sind, die in $\mathfrak{G}$ der gleichen Klasse angehören, so sind sie bereits im Normalisator der Sylowgruppe konjugiert. Zwei Normalteiler einer Sylowgruppe sind entweder im Normalisator konjugiert oder sie sind in der ganzen Gruppe nicht konjugiert.*

Beweis. Sei $\mathfrak{P}$ die Sylowgruppe und sei

$$S^{-1}PS = Q \qquad S^{-1}\mathfrak{P}S = \mathfrak{P}' \neq \mathfrak{P}.$$

Man betrachte die Untergruppe $\mathfrak{K}$ bestehend aus den mit Q vertauschbaren Elementen. Sie enthält $\mathfrak{P}$ und $\mathfrak{P}'$, denn Q ist im Zentrum von $\mathfrak{P}$, ebenso auch P, daher ist $S^{-1}PS = Q$ im Zentrum von $S^{-1}\mathfrak{P}S = \mathfrak{P}'$. $\mathfrak{P}$ und $\mathfrak{P}'$ sind Sylowgruppen von $\mathfrak{K}$ und daher in $\mathfrak{K}$ konjugiert. Sei T in $\mathfrak{K}$ und $T^{-1}\mathfrak{P}'T = \mathfrak{P}$, dann ist nach Definition von $\mathfrak{K}$ $T^{-1}QT = Q$. Also

$$T^{-1}S^{-1}PST = Q \qquad T^{-1}S^{-1}\mathfrak{P}ST = \mathfrak{P}.$$

ST gehört also zum Normalisator von $\mathfrak{P}$ und transformiert P in Q. Die zweite Aussage des Satzes beweist man wörtlich wie die erste, indem man nur statt P und Q die beiden Normalteiler einsetzt.

Satz 76. *Ist eine Sylowgruppe von $\mathfrak{G}$ im Zentrum ihres Normalisators enthalten, so gehören alle ihre Elemente zu verschiedenen Klassen von $\mathfrak{G}$.*

Beweis. Zwei verschiedene Elemente der Sylowgruppe sind im Normalisator nicht konjugiert, daher nach dem vorigen Satz auch nicht in $\mathfrak{G}$.

Ist $\mathfrak{P}_1$ eine Untergruppe der Sylowgruppe $\mathfrak{P}$, die in keiner anderen Sylowgruppe enthalten ist, so ist jedes Element, das mit $\mathfrak{P}_1$ vertauschbar ist, auch mit $\mathfrak{P}$ vertauschbar. Der Normalisator von $\mathfrak{P}_1$ ist im Normalisator von $\mathfrak{P}$ enthalten. Denn wenn $S^{-1}\mathfrak{P}_1 S = \mathfrak{P}_1$, so ist $\mathfrak{P}_1$ auch in $S^{-1}\mathfrak{P}S$ enthalten und nach Voraussetzung folgt, daß alsdann $S^{-1}\mathfrak{P}S = \mathfrak{P}$ ist. Eine Änderung tritt sofort ein, wenn die Untergruppe $\mathfrak{P}_1$ noch in anderen Sylowgruppen vorkommt.

Satz 77. *Besitzt der Durchschnitt $\mathfrak{P}_1$ zweier verschiedener Sylowgruppen die Eigenschaft, daß keine Untergruppe von $\mathfrak{G}$, die $\mathfrak{P}_1$ enthält (außer $\mathfrak{P}_1$ selbst), in mehr als einer Sylowgruppe enthalten ist, so sind die Normalisatoren von $\mathfrak{P}_1$ in denjenigen Sylowgruppen, die $\mathfrak{P}_1$ enthalten, holoedrisch isomorph. Der Normalisator von $\mathfrak{P}_1$ in $\mathfrak{G}$ enthält Elemente, die nicht in den Normalisatoren dieser Sylowgruppen vorkommen.*

Beweis. Die Normalisatoren $\mathfrak{N}_1, \mathfrak{N}_2, \ldots, \mathfrak{N}_s$ von $\mathfrak{P}_1$ in den Sylowgruppen, die $\mathfrak{P}_1$ enthalten, besitzen $\mathfrak{P}_1$ als echte Untergruppe (Satz 71). Sie sind die Sylowgruppen des Normalisators $\mathfrak{N}$ von $\mathfrak{P}_1$ in $\mathfrak{G}$, denn sie sind in $\mathfrak{N}$ enthalten; und umgekehrt kann eine Sylowgruppe von $\mathfrak{N}$ nur in *einer* der Sylowgruppen von $\mathfrak{G}$ enthalten sein, weil sie $\mathfrak{P}_1$ als *eigentliche* Untergruppe enthält. Hiernach ist also jeder Sylowgruppe von $\mathfrak{G}$, die $\mathfrak{P}_1$ enthält, eine und nur eine Sylowgruppe des Normalisators von $\mathfrak{P}_1$ zugeordnet. Irgendein Element von $\mathfrak{N}$, das nicht mit einer Sylowgruppe von $\mathfrak{N}$ vertauschbar ist, ist auch nicht mit einer der Sylowgruppen von $\mathfrak{G}$ vertauschbar, womit die letzte Behauptung des Satzes erwiesen ist.

§ 24. Gruppen, deren Ordnung eine Primzahlpotenz ist.

Eine Gruppe, deren Ordnung die Potenz p^t einer Primzahl ist, sei kurz als **p-Gruppe** bezeichnet.

Satz 78. *Jede p-Gruppe besitzt ein von E verschiedenes Zentrum.*

Beweis. Bezeichnet man mit $h_1, h_2, \ldots, h_r$ die Anzahlen der Elemente in den r Klassen, so wird $h_1 + h_2 + \cdots + h_r = p^t$. Die Zahlen h sind entweder $= 1$ oder Potenzen von p und, da $h_1 = 1$ ist, muß es außer E noch weitere Elemente geben, die für sich allein eine Klasse bilden. Diese bilden das Zentrum.

Satz 79. *Jede p-Gruppe ist auflösbar.*

Beweis. Wir brauchen den Satz nur für nicht-*Abel*sche p-Gruppen $\mathfrak{G}$ zu beweisen. Sei $\mathfrak{Z}_1$ das Zentrum der Gruppe $\mathfrak{G}$, dann ist auch $\mathfrak{G}/\mathfrak{Z}_1$ eine p-Gruppe und besitzt ein von ihrem Einheitselement verschiedenes Zentrum. Diesem entspricht ein Normalteiler $\mathfrak{Z}_2$ von $\mathfrak{G}$, der $\mathfrak{Z}_1$ als eigentlichen Normalteiler enthält. Dabei wird $\mathfrak{Z}_2/\mathfrak{Z}_1$ nach Satz 16 *Abel*sch. Indem man so fortfährt, erhält man eine Reihe von Normalteilern $E, \mathfrak{Z}_1, \mathfrak{Z}_2, \ldots$, die notwendig mit $\mathfrak{G}$ endet, und bei der stets $\mathfrak{Z}_i/\mathfrak{Z}_{i-1}$ eine *Abel*sche Gruppe ist.

Satz 80. *Jede eigentliche Untergruppe einer p-Gruppe ist von ihrem Normalisator verschieden und kommt in einer Kompositionsreihe vor.*

Beweis. Man zerlege $\mathfrak{G}$ nach $(\mathfrak{H}, \mathfrak{H})$, wobei $\mathfrak{H}$ die gegebene Untergruppe bezeichnet. Ein Komplex $\mathfrak{H} A \mathfrak{H}$ enthält entweder nur eine oder p^i Nebengruppen $(i = 1, 2, \ldots)$. Nun ist

$$\mathfrak{G} = \mathfrak{H}\,\mathfrak{H} + \mathfrak{H} A \mathfrak{H} + \mathfrak{H} B \mathfrak{H} + \cdots$$

und $\mathfrak{H}\,\mathfrak{H} = \mathfrak{H}$. Daher muß es außer $\mathfrak{H}$ noch weitere Komplexe geben, die bloß eine Nebengruppe enthalten, und diese bilden zusammen mit $\mathfrak{H}$ den Normalisator (Satz 66). Um eine Kompositionsreihe zu erhalten, die $\mathfrak{H}$ enthält, suche man eine Untergruppe von $\mathfrak{G}$, die $\mathfrak{H}$ als Normalteiler vom Index p enthält. Eine solche muß nach dem eben Bewiesenen existieren. Von dieser steige man in derselben Weise zu einer Gruppe mit höherer Ordnung auf, bis man zu $\mathfrak{G}$ gelangt. Die so erhaltenen Untergruppen bilden zusammen mit einer Kompositionsreihe von $\mathfrak{H}$ eine Kompositionsreihe von $\mathfrak{G}$, die $\mathfrak{H}$ enthält.

Satz 81. *Die Primfaktorgruppen der Hauptreihen sind Gruppen von der Ordnung p.*

Beweis. Man kann die Reihe $E, \mathfrak{Z}_1, \mathfrak{Z}_2, \ldots, \mathfrak{G}$ zu einer Hauptreihe ergänzen, indem man zwischen $\mathfrak{Z}_{i-1}$ und $\mathfrak{Z}_i$ Normalteiler von $\mathfrak{G}$ einschaltet. Nun ist $\mathfrak{Z}_i/\mathfrak{Z}_{i-1}$ das Zentrum von $\mathfrak{G}/\mathfrak{Z}_{i-1}$. Jede Untergruppe von $\mathfrak{Z}_i/\mathfrak{Z}_{i-1}$ ist Normalteiler von $\mathfrak{G}/\mathfrak{Z}_{i-1}$ und daher ist jede Untergruppe von $\mathfrak{G}$, die $\mathfrak{Z}_{i-1}$ enthält und die in $\mathfrak{Z}_i$ enthalten ist, Normalteiler von $\mathfrak{G}$. Infolgedessen ist eine Kompositionsreihe, die man durch Ergänzung der Reihe $E, \mathfrak{Z}_1, \mathfrak{Z}_2, \ldots, \mathfrak{G}$ erhält, eine Hauptreihe, womit der Satz bewiesen ist.

Hieraus folgt, daß es für jede Ordnung p^s $(s < t)$ mindestens einen Normalteiler gibt.

Satz 82. *Die Anzahl der Normalteiler von gegebener Ordnung in einer p-Gruppe ist $\equiv 1 \pmod p$.*

Beweis. Ein Normalteiler von der Ordnung p gehört dem Zentrum an. Denn ist A ein erzeugendes Element dieses Normalteilers und S ein beliebiges anderes, so wird $S^{-1} A S = A^x$. Daraus folgt weiter $S^{-2} A S^2 = A^{x^2}$ und $S^{-i} A S^i = A^{x^i}$. Nun ist, wenn x zu p prim ist, $x^{p-1} \equiv 1 \pmod p$ und daher wird S^{p-1} mit A vertauschbar. Da $p - 1$ prim ist zur Ordnung von S, so wird auch S mit A vertauschbar. Die sämtlichen Normalteiler von der Ordnung p erzeugen eine *Abel*sche Gruppe vom Typus $(p, p, \ldots, p)$, die zum Zentrum gehört, und jede ihrer Untergruppen von der Ordnung p ist ein solcher Normalteiler. Die Anzahl dieser Untergruppen ist $\equiv 1 \pmod p$ nach Satz 51. Wenn das Zentrum $a + 1$ Basiselemente besitzt, so besitzt es $p^a + p^{a-1} + \cdots + 1$ Untergruppen von der Ordnung p, die mit den Normalteilern von derselben Ordnung identisch sind. Man nehme nun den Satz als bewiesen an für die Gruppen von der Ordnung p^{t-1}. Dann folgt der Satz für Gruppen von der Ordnung p^t leicht aus dem soeben bewiesenen. Jeder Normalteiler von der Ordnung p^s ist in einer Hauptreihe enthalten und enthält daher insbesondere einen Normalteiler $\mathfrak{P}$ von $\mathfrak{G}$ von der Ordnung p. Die Ordnung von $\mathfrak{G}/\mathfrak{P}$ ist p^{t-1} und die Anzahl ihrer Normalteiler von der Ordnung p^{s-1} ist daher $\equiv 1 \pmod p$. Also ist die Anzahl der Normalteiler von $\mathfrak{G}$ mit der Ordnung p^s, die $\mathfrak{P}$ enthalten, $\equiv 1 \pmod p$. Jeder Normalteiler von der Ordnung p liefert ein solches System, und da die Anzahl dieser Normalteiler $\equiv 1$ ist, so ist auch die Gesamtzahl der Untergruppen in diesen Systemen $\equiv 1 \pmod p$. Eine Untergruppe kann hierbei mehrfach auftreten, und zwar tritt sie offenbar genau so oft auf, als die Zahl der in ihr enthaltenen Normalteiler von $\mathfrak{G}$ mit der Ordnung p beträgt. Diese letzteren erzeugen wieder eine im Zentrum enthaltene *Abel*sche Gruppe vom Typus $(p, \ldots, p)$ und ihre Anzahl ist ebenfalls $\equiv 1 \pmod p$. Wenn man jede Untergruppe nur einmal zählt, so läßt man eine durch p teilbare Zahl von Gruppen weg und die Anzahl der verschiedenen Normalteiler von der Ordnung p^s bleibt $\equiv 1 \pmod p$.

Satz 83. *Die Anzahl der Untergruppen von gegebener Ordnung in einer p-Gruppe ist $\equiv 1 \pmod p$.*

Beweis. Für die Normalteiler ist der Satz soeben bewiesen. Die übrigen ordnen sich in Systeme konjugierter, deren jedes eine durch p teilbare Zahl von Gruppen enthält.

Jede Untergruppe vom Index p ist Normalteiler, denn sie muß von ihrem Normalisator verschieden sein.

Satz 84. *Wenn eine p-Gruppe bloß einen Normalteiler vom Index p besitzt, so ist sie zyklisch.*

Beweis. Der Satz gilt für *Abel*sche Gruppen. Es genügt daher, zu seinem Beweis zu zeigen, daß eine solche Gruppe *Abel*sch ist. Der Satz gelte für Gruppen von der Ordnung p^{t-1}. Ist $\mathfrak{G}$ eine Gruppe von der Ordnung p^t und $\mathfrak{P}$ einer ihrer Normalteiler von der Ordnung p, so ist $\mathfrak{G}/\mathfrak{P}$ nach Voraussetzung zyklisch, da diese Faktorgruppe nur einen Normalteiler vom Index p enthält. Sei Q irgendein Element aus einer diese zyklische Gruppe $\mathfrak{G}/\mathfrak{P}$ erzeugenden Nebengruppe, dann ist $Q^{p^{t-1}}$ in $\mathfrak{P}$, aber keine frühere Potenz. Wenn $\mathfrak{G}$ nicht zyklisch ist, so ist $Q^{p^{t-1}} = E$, und Q erzeugt zusammen mit $\mathfrak{P}$ eine *Abel*sche Gruppe, da $\mathfrak{P}$ zum Zentrum von $\mathfrak{G}$ gehört. Daher ist $\mathfrak{G}$ *Abel*sch.

§ 25. Spezielle p-Gruppen.

Zunächst sollen Gruppen von der ungeraden Ordnung p^t untersucht werden mit zyklischem Normalteiler, dessen Faktorgruppe zyklisch ist. Sei P ein erzeugendes Element des Normalteilers, seine Ordnung p^r und Q ein Element aus einer die Faktorgruppe erzeugenden Nebengruppe. Es wird $Q^{-1}PQ = P^a$ und daraus $Q^{-i}PQ^i = P^{a^i}$. Q^i ist dann und nur dann mit P vertauschbar, wenn $a^i \equiv 1 \pmod{p^r}$. Sei die p^s-te Potenz von Q die erste mit P vertauschbare, dann erzeugt a mit seinen Potenzen eine Untergruppe von der Ordnung p^s in der multiplikativen Gruppe der zu p primen Reste $\pmod{p^r}$. Diese wird nach Satz 56 gebildet durch diejenigen Reste $\pmod{p^r}$, die $\equiv 1 \pmod{p^{r-s}}$ sind. Insbesondere ist $1 + p^{r-s}$ ein erzeugender Rest, und man kann ihn für a wählen, indem man nötigenfalls Q durch eine Potenz Q^m ersetzt, wo m eine zu p prime Zahl bedeutet. Man setze, um übersichtliche Formeln zu erhalten, $P = P_r$, $P_r^p = P_{r-1}, \ldots, P_1^p = P_0 = E$. Dann ist P_i ein Element von der Ordnung p^i und es wird $Q^{-1}PQ = PP_s$.

Satz 85. *Ist Q mit der durch P erzeugten Gruppe $\{P\}$ vertauschbar und ist Q^{p^s} die niedrigste Potenz von Q, die mit P vertauschbar ist, so ist P^{p^s} die niedrigste Potenz von P, die mit Q vertauschbar ist.*

Beweis. Aus der Voraussetzung und dem soeben Bewiesenen folgt, daß $Q^{-1}PQ = PP'$ ist, wo P' eine Potenz von P ist und die Ordnung p^s besitzt. Es wird daher $Q^{-1}P^{p^s}Q = P^{p^s}P'^{p^s} = P^{p^s}$, und hieraus folgt, daß p^s die niedrigste Zahl ist, für die gilt $Q^{-1}P^{p^s}Q = P^{p^s}$.

Satz 86. *Ist die durch P erzeugte Gruppe ein Normalteiler mit zyklischer Faktorgruppe von $\mathfrak{G}$, und gibt es in $\mathfrak{G}$ kein Element von höherer Ordnung als der von P, so enthält $\mathfrak{G}$ eine zyklische Untergruppe, deren Ordnung gleich der Ordnung der Faktorgruppe von $\{P\}$ ist und welche mit $\{P\}$ nur E gemeinsam hat.*

Beweis. Q sei ein Element aus einer die Faktorgruppe erzeugenden Nebengruppe von $\{P\}$. Der Index von $\{P\}$ sei $p^u = v$. Alsdann ist Q^v in $\{P\}$ enthalten und jedenfalls auch in $\{P^v\}$, weil sonst die Ordnung von Q größer wäre als die von P. Irgendein anderes Element in derselben Nebengruppe wie Q ist von der Gestalt $P^x Q$. Um $(P^x Q)^v$ allgemein zu berechnen, benutzt man die folgende Formel

$$(P^x Q)^v = P^x (Q P^x Q^{-1}) (Q^2 P^x Q^{-2}) \cdots (Q^{v-1} P^x Q^{-(v-1)}) Q^v.$$

Setzt man nun $Q P Q^{-1} = P^a$, wo $a \equiv 1 \pmod{p}$ ist, so wird

$$Q^i P Q^{-i} = P^{a^i} \quad \text{und} \quad Q^i P^x Q^{-i} = P^{x a^i}.$$

Die Formel wird nun zu $(P^x Q)^v = P^{xc} Q^v$, wobei

$$c = (1 + a + a^2 + \cdots + a^{v-1}) = \frac{a^v - 1}{a - 1}$$

ist. Nun beachte man, daß $v = p^u$ ist und daher nach Satz 56 die Zahl c genau durch v und keine höhere Potenz von p teilbar ist. Hieraus ergibt sich, daß P^c ein die Untergruppe $\{P^v\}$ erzeugendes Element ist und daß P^{xc} diese ganze Gruppe durchläuft, wenn man x die Zahlen $0, 1 \ldots$ durchlaufen läßt. Insbesondere kommt darunter auch das Element Q^{-v} vor, womit der Satz bewiesen ist.

Eine große Menge von Sätzen folgt aus dem eben bewiesenen.

Satz 87. *Eine p-Gruppe mit ungeradem p, die nur eine eigentliche Untergruppe von einer gegebenen Ordnung besitzt, ist zyklisch.*

Beweis. Zunächst sei der Satz bewiesen für den Fall, daß die Gruppe nur *eine* Untergruppe von der Ordnung p besitzt. Sei P ein Element von möglichst hoher Ordnung und $\mathfrak{H}$ eine Untergruppe, die $\{P\}$ als Normalteiler vom Index p enthält — eine solche muß es nach Satz 79 und 80 geben, falls $\{P\}$ eigentliche Untergruppe der gegebenen Gruppe ist —, dann fällt $\mathfrak{H}$ unter die Voraussetzungen des vorherigen Satzes und es gibt außerhalb von $\{P\}$ eine Untergruppe von der Ordnung p, was einen Widerspruch ergibt. Daher muß die Ordnung von $\{P\}$ gleich der Ordnung der Gruppe sein und sie ist zyklisch. Wenn ferner $\mathfrak{G}$ bloß eine Untergruppe von $\mathfrak{P}$ von der Ordnung p^i besitzt, so nehme man einen Normalteiler $\mathfrak{N}$ von der Ordnung p^{i-1}. $\mathfrak{G}/\mathfrak{N}$ besitzt nur *eine* Untergruppe von der Ordnung p, nämlich $\mathfrak{P}/\mathfrak{N}$, und ist daher zyklisch. Also ist auch $\mathfrak{G}/\mathfrak{P}$ zyklisch. Da jeder Normalteiler von $\mathfrak{G}$ mit dem Index p die Untergruppe $\mathfrak{P}$ enthalten muß und da $\mathfrak{G}/\mathfrak{P}$ zyklisch ist, so enthält $\mathfrak{G}$ bloß einen Normalteiler vom Index p und ist daher selber zyklisch nach Satz 84.

Satz 88. *Eine p-Gruppe $\mathfrak{G}$ (p ungerade) von der Ordnung $p^r > p^2$, deren eigentliche Untergruppen zyklisch sind, ist zyklisch.*

Beweis. Zwei Untergruppen $\mathfrak{H}$ und $\mathfrak{H}'$ vom Index p besitzen als Durchschnitt eine Untergruppe von der Ordnung p^{r-2}. Da sie zyklisch sind, so besitzen sie nur *eine* solche Untergruppe. Sie heiße $\mathfrak{K}$. Nun sei $\mathfrak{K}'$ eine beliebige Untergruppe von der Ordnung p^{r-2}; sie ist nach Satz 80 in einer Untergruppe $\mathfrak{H}''$ von der Ordnung p^{r-1} enthalten und, weil $\mathfrak{H}''$ zyklisch ist, die einzige Untergruppe dieser Ordnung. Nun ist der Durchschnitt von $\mathfrak{H}$ und $\mathfrak{H}''$ von der Ordnung p^{r-2}. Die einzige Gruppe von dieser Ordnung, die in $\mathfrak{H}$ enthalten ist, ist $\mathfrak{K}$, daher wird

$\mathfrak{K} = \mathfrak{K}'$ die einzige Untergruppe von $\mathfrak{G}$ mit der Ordnung p^{r-2} und $\mathfrak{G}$ ist nach dem vorigen Satz zyklisch.

Ist $\{P\}$ ein zyklischer Normalteiler von $\mathfrak{G}$, dessen Faktorgruppe *Abel*sch ist, so bilden die mit P vertauschbaren Elemente einen Normalteiler von $\mathfrak{G}$, dessen Faktorgruppe zyklisch ist, da sie holoedrisch isomorph mit einer Automorphismengruppe von $\{P\}$ ist. Ist der Typus von $\mathfrak{G}/\{P\}$ $(p_1^{n_1}, p_2^{n_2}, \ldots, p_r^{n_r})$ und sind $Q_1, Q_2, \ldots, Q_r$ Elemente aus r Nebengruppen von $\{P\}$, die $\mathfrak{G}/\{P\}$ erzeugen, so folgt leicht aus den Sätzen über *Abel*sche Gruppen, daß man alle diese Elemente außer *einem* mit P vertauschbar annehmen kann, während das ausgezeichnete die Automorphismen erzeugt. Ist außerdem P ein Element von höchster Ordnung in $\mathfrak{G}$, so kann man die Ordnung von Q_i gleich p^{n_i} annehmen nach dem vorhergehenden Satz, denn die durch P und Q_i erzeugte Gruppe ist von dem dortigen Typus. Damit ist noch nicht gesagt, daß die Elemente $Q_1, Q_2, \ldots, Q_r$ unter sich vertauschbar sind und eine *Abel*sche Gruppe vom Typus $(p^{n_1}, p^{n_2}, \ldots, p^{n_r})$ bilden, sondern ihre Kommutatoren können durch gewisse Potenzen von P geliefert werden. Die Kommutatorgruppe ist gewiß in $\{P\}$ enthalten, da $\mathfrak{G}/\{P\}$ *Abel*sch ist.

Es sei speziell $\mathfrak{G}$ eine Gruppe, deren Zentrum zyklisch ist. Die Faktorgruppe des Zentrums sei *Abel*sch und vom Typus $(p, p, \ldots, p)$, ferner sei das Element P, welches das Zentrum erzeugt, ein Element von höchster Ordnung. Die Aufgabe ist, alle Gruppen von dieser Beschaffenheit anzugeben.

Nach Satz 86 kann man in jeder Nebengruppe des Zentrums ein Element von der Ordnung p finden und außerdem ist jede Untergruppe von $\mathfrak{G}$, die das Zentrum enthält, Normalteiler von $\mathfrak{G}$. Nun seien $Q_1, Q_2, \ldots, Q_r$ Elemente von der Ordnung p in den die Faktorgruppe erzeugenden Nebengruppen. Ist eines dieser Elemente mit allen übrigen vertauschbar, so ist das Zentrum nicht zyklisch. Man wird daher voraussetzen, daß jedes Element Q mit irgendeinem anderen nicht vertauschbar ist. Sei etwa $Q_1 Q_2 Q_1^{-1} Q_2^{-1} = R$, so ist R als Kommutator eine Potenz von P. Ferner ist p die Ordnung von R, denn Q_2 ist mit R vertauschbar, und $Q_1 Q_2 Q_1^{-1} = R Q_2$. Erhebt man in die p-te Potenz, so folgt: $R^p Q_2^p = E$ oder $R^p = E$. Ist P_1 irgendein Element von der Ordnung p in $\{P\}$, so kann man setzen $Q_1^{-1} Q_2 Q_1 = Q_2 P_1$, indem man eventuell Q_2 durch eine seiner Potenzen ersetzt, was bloß auf eine andere Wahl des Basiselementes herauskommt. Wäre auch Q_3 nicht mit Q_1 vertauschbar und etwa wiederum $Q_3^{-1} Q_1 Q_3 = Q_1 P_1$, so kann man Q_3 durch $Q_2^{-1} Q_3$ ersetzen und erhält so ein mit Q_1 vertauschbares Basiselement, dessen Ordnung man durch Multiplikation mit einer Potenz von P als p annehmen kann, und das wieder mit Q_3 bezeichnet werden mag. In dieser Weise fortfahrend, kann man $Q_3, Q_4, \ldots$ als mit Q_1 vertauschbar annehmen. Indem man für Q_2 gleich verfährt, kann man $Q_3, Q_4, \ldots$ als mit Q_2 vertauschbar annehmen, denn es wird

$$Q_2^{-1} Q_1 Q_2 = Q_1 P_1^{-1}.$$

Da Q_3 mit Q_1 und Q_2 vertauschbar ist, so muß es ein weiteres Basiselement, etwa Q_4, geben, das mit Q_3 nicht vertauschbar ist und für das man die Gleichung annehmen kann $Q_3^{-1} Q_4 Q_3 = Q_3 P_1$. So gelangt man schließlich zu Paaren von Basiselementen

$$Q_1, Q_2; \quad Q_3, Q_4; \quad Q_5, Q_6; \ldots$$

Die Elemente $Q_1, Q_3, Q_5, \ldots$ mögen mit $R_1, R_2, R_3, \ldots$ bezeichnet werden, die Elemente $Q_2, Q_4, Q_6, \ldots$ mit $S_1, S_2, S_3, \ldots$ Dann gelten die Beziehungen

$$R_i^{-1} S_i R_i = S_i P_1 \quad \text{und} \quad S_i^{-1} R_i S_i = R_i P_1^{-1},$$

während R_i und S_i mit allen anderen R_k, S_k $(k \neq i)$ vertauschbar sind. Die Elemente $R_1, R_2, \ldots$ bilden eine *Abel*sche Gruppe vom Typus $(p, p, \ldots, p)$ und ebenso die Elemente $S_1, S_2, \ldots$

Daher sind alle Elemente von $\mathfrak{G}$ in der Gestalt

$$P^a R_1^{b_1} R_2^{b_2} \ldots S_1^{c_1} S_2^{c_2} \ldots$$

darstellbar, und für das Produkt zweier beliebiger Elemente gilt das Gesetz

$$P^a R_1^{b_1} R_2^{b_2} \ldots S_1^{c_1} S_2^{c_2} \ldots P^d R_1^{e_1} R_2^{e_2} \ldots S_1^{f_1} S_2^{f_2} \ldots$$
$$= P^{a+d} P_1^{c_1 e_1 + \cdots} R_1^{b_1 + e_1} R_2^{b_2 + e_2} \ldots S_1^{c_1 + f_1} S_2^{c_2 + f_2} \ldots$$

Man erhält alle Gruppen, für die $\mathfrak{G}/\{P\}$ *Abel*sch und vom Typus $(p, p, \ldots, p)$ ist, für die $\{P\}$ zum Zentrum gehört und in welchen P ein Element höchster Ordnung ist, indem man eine beliebige der soeben definierten Gruppen mit einer beliebigen *Abel*schen Gruppe vom Typus $(p, p, \ldots, p)$ multipliziert.

Nun sei $\mathfrak{P}$ ein zyklischer Normalteiler von $\mathfrak{G}$ mit einer Faktorgruppe vom Typus $(p, p, \ldots, p)$, aber $\mathfrak{P}$ liege nicht mehr im Zentrum von $\mathfrak{G}$. Dann gibt es ein Element Q, das der Gleichung genügt $Q^{-1} P Q = P P_1$, und die übrigen Basiselemente der Faktorgruppe kann man als mit P vertauschbar annehmen. Diese letzteren erzeugen mit P zusammen eine Gruppe von dem vorhin angegebenen Typus. Wenn sie ein direktes Produkt ist, so ist auch die ganze Gruppe ein solches, denn sei etwa R mit P und mit den sämtlichen Basiselementen außer Q vertauschbar, so kann man setzen $Q^{-1} R Q = R P_1$, daher wird $P R^{-1}$ ein Element von derselben Ordnung wie P, das zum Zentrum der Gruppe gehört. Man käme zu einer Gruppe vom vorhergehenden Typus, folglich wird R auch mit Q vertauschbar.

Es ist nun leicht, sämtliche p-Gruppen mit zyklischen Normalteilern $\mathfrak{P}$ vom Index p und p^2 zu bestimmen. Ist der Index gleich p, so gibt es außer der zyklischen Gruppe noch eine *Abel*sche vom Typus (p^{r-1}, p). Ferner gibt es eine nicht *Abel*sche von der Gestalt

$$P^{p^{r-1}} = E, \quad Q^p = E, \quad Q^{-1} P Q = P P_1.$$

Ist der Index von $\mathfrak{P}$ gleich p^2, so unterscheide man die Fälle, wo $\mathfrak{G}/\mathfrak{P}$ vom Typus (p^2) bzw. vom Typus (p, p) ist. Im ersteren Fall gibt es drei Möglichkeiten: $P^{p^{r-2}} = E$, $Q^{p^2} = E$, $Q^{-1}PQ = PP^a$, wobei $a = 0$ oder p^{r-3} oder p^{r-4} ist. Der erste Exponent ergibt eine *Abel*sche Gruppe vom Typus (p^{r-2}, p^2). Ist die Faktorgruppe nicht zyklisch, so gibt es eine *Abel*sche Gruppe vom Typus (p^{r-2}, p, p), ferner, wenn P zum Zentrum gehört, die Gruppe

$$P^{p^{r-2}} = E,\ Q^p = E,\ R^p = E,\ Q^{-1}PQ = P,\ R^{-1}PR = P,\ Q^{-1}RQ = RP_1.$$

Ist P nicht im Zentrum, so ist die Gruppe das direkte Produkt einer zyklischen Gruppe von der Ordnung p und der Gruppe $P^{p^{r-2}} = E$, $Q^p = E$, $Q^{-1}PQ = PP^{p^{r-3}}$. Weitere Fälle sind nicht möglich.

Für Gruppen, deren Ordnung eine Potenz von 2 ist, treten modifizierte Betrachtungen ein, und dieser Fall ist komplizierter als der mit ungeradem p. Es soll der Fall behandelt werden, wo ein zyklischer Normalteiler von der Ordnung 2^s vorhanden ist mit zyklischer Faktorgruppe. Sei P ein den Normalteiler erzeugendes Element und Q ein Element aus einer die Faktorgruppe erzeugenden Nebengruppe. Man setze $Q^{-1}PQ = P^a$; unter der Voraussetzung $a \equiv 1 \pmod 4$ wird dann $\dfrac{a^{2^u} - 1}{a - 1}$ genau durch 2^u und durch keine höhere Potenz von 2 teilbar. Daher kann man, wenn P ein Element von höchster Ordnung in $\mathfrak{G}$ ist, genau wie für ungerade Primzahlen beweisen, daß es in derselben Nebengruppe wie Q ein Element von der Ordnung 2^t gibt. Es gibt daher nur die folgenden Typen

$$P^{2^s} = E,\ Q^{2^t} = E;\ Q^{-1}PQ = PP_t \quad (s = 2, 3, 4, \ldots;\ t \leqq s - 2),$$

wobei P_t eine Potenz von P von der Ordnung 2^t bedeutet.

Um auch den Fall $a \equiv -1 \pmod 4$ zu untersuchen, seien die Gruppen von der Ordnung 8 betrachtet mit einem Normalteiler von der Ordnung 4, der durch ein Element P erzeugt werden kann. Wenn die Gruppe nicht *Abel*sch ist, so muß für ein Element Q außerhalb von $\{P\}$ die Relation bestehen: $Q^{-1}PQ = P^3$. Ist Q von der Ordnung 2, so erhält man die Diedergruppe

$$P^4 = E,\ Q^2 = E,\ Q^{-1}PQ = P^{-1}.$$

Die 4 Elemente $P^i Q\,(i = 0, 1, 2, 3)$ sind sämtlich von der Ordnung 2. Es gibt aber noch eine weitere Gruppe, die **Quaternionengruppe.** Hier ist Q von der Ordnung 4 und es gilt $P^2 = Q^2$. Dieses letztere Element ist das einzige von der Ordnung 2, denn PQ ist von der Ordnung 4 und ebenso P, P^3, Q, Q^3 und PQ^3. Setzt man $P^2 = -1$, und bezeichnet man PQ mit R, so gelten die Gesetze der *Quaternionen*

$$PQ = R,\ QR = P,\ RP = Q,$$
$$PQ = -QP,\ QR = -RQ,\ RP = -PR,$$
$$P^2 = Q^2 = R^2 = -1.$$

6. Kapitel.
Symmetrien der Ornamente.
§ 26. Vorbemerkungen.

Die wichtigste Anwendung, welche die gruppentheoretischen Prinzipien bisher gefunden haben, besteht in der Auffindung der geometrischen Symmetrien, der sog. Raumgruppen. Zum Verständnis der wunderbaren Konfigurationen, welche in der modernen Theorie der Krystallstruktur aufgefunden wurden, bildet das Studium der entsprechenden Ebenensymmetrien den besten Zugang. Hier ist die Anzahl der verschiedenen Möglichkeiten noch nicht sehr groß und wir werden sie vollständig ableiten, während wir den räumlichen Fall nur zum kleinen Teil behandeln können.

Wie ich im ersten Aufsatz der Einleitung zu zeigen versuchte, liegt das ebene Problem der Ornamentik zugrunde und bildet den Inhalt der ältesten uns erhaltenen höheren Mathematik. Beispiele für Ornamente findet man am besten in dem prachtvollen Werk: Grammatik der Ornamente, von *Owen Jones*, das in den fünfziger Jahren in England erschienen ist und viele Auflagen erfahren hat. Man findet es in jeder kunstgewerblichen Bibliothek, sein Studium möchten wir jedermann, der sich für die Gruppentheorie interessiert, empfehlen.

Die Ornamentik erweist sich sonach als eine geometrische Kunst. Sie wird in der neueren Zeit weit unterschätzt und das hat zur Folge, daß keine neuen Ornamente mehr erfunden worden sind, die Mehrzahl aller schönen Tapeten- und Linoleummuster ist aus *Owen Jones* kopiert, wie sich jedermann überzeugen wird, der das Buch studiert.

Durch die Möglichkeit, die wirksamen mathematischen Methoden zu benutzen, ist die schöpferische Kraft der Ornamentik außerordentlich groß und sie nimmt in dieser Hinsicht unter den bildenden Künsten einen hohen Rang ein. Die Beispiele, die ich im folgenden aus der Flächendekoration gebe, stammen größtenteils aus Ägypten, denn hier ist die Quelle aller späteren Ornamentik. *Flinders Petrie* sagt in seinem interessanten kleinen Buch Egyptian decorative art, 2. ed. London 1920, S. 5: Practically it is very difficult, or almost impossible, to point out decoration which is proved to have originated independently, and not to have been copied from the Egyptian stock.

Über die Bedeutung des Symmetrieprinzips in den Naturwissenschaften orientiert man sich in: *F. M. Jaeger*, Lectures on the principle of symmetry. Amsterdam 1917.

§ 27. Die ebenen Gitter.

Eine geradlinige Reihe äquidistanter Punkte nennen wir eine **Punktreihe.** Der Abstand zweier benachbarter Punkte heißt die **Elementardistanz** der Reihe. Man bildet eine Punktreihe, indem man von einem beliebigen Punkt einen Vektor $\mathfrak{p}$ beliebig oft abträgt und die Endpunkte markiert, und dasselbe mit dem Vektor $-\mathfrak{p}$ macht. Man erhält in dieser Weise die Gesamtheit der Vektoren

$$x\,\mathfrak{p} \qquad (x = 0,\ \pm 1,\ \pm 2, \ldots)$$

von dem gewählten Anfangspunkt aus abgetragen.

Entsprechend der letzten Erzeugungsweise definieren wir das *ebene Punktgitter*. Gegeben seien zwei beliebige Vektoren $\mathfrak{p}_1$ und $\mathfrak{p}_2$, die nicht derselben Geraden angehören. Von dem beliebig gewählten Punkt O aus trage man die Gesamtheit der Vektoren

$$x_1\,\mathfrak{p}_1 + x_2\,\mathfrak{p}_2$$

ab und markiere deren Endpunkte. Diese bilden ein ebenes Gitter. Man kann die Gitterpunkte als die Punkte mit ganzzahligen Koordinaten in einem beliebigen geradlinigen Koordinatensystem definieren, und umgekehrt kann man zu einem gegebenen Punktgitter ein solches Koordinatensystem konstruieren, indem man als Anfangspunkt O wählt und als Einheitsvektoren der x- und y-Achse $\mathfrak{p}_1$ und $\mathfrak{p}_2$ nimmt.

Eine kongruente Abbildung des Gitters auf sich selber nennen wir eine *Symmetrie* des Gitters. Aus den elementaren Sätzen der Geometrie folgt, daß jede Symmetrie durch eine Bewegung der Ebene in sich selbst oder durch eine Bewegung verbunden mit der Spiegelung an einer Geraden hervorgebracht werden kann.

Jedes Gitter gestattet eine unendliche Gruppe von Translationen in sich selbst, nämlich die durch die Vektoren $x_1\,\mathfrak{p}_1 + x_2\,\mathfrak{p}_2$ festgelegten. Diese Gruppe ist *Abel*sch und besitzt zwei Erzeugende $\mathfrak{p}_1$ und $\mathfrak{p}_2$. Es besteht nun die Frage, ob ein Gitter noch weitere Bewegungen in sich selbst besitzen kann. Hierzu genügt es, die Bewegungen, welche O ungeändert lassen, zu untersuchen, denn geht bei der Bewegung B der Punkt O in P über und bezeichnet T die Translation, welche O in P überführt, so ist auch BT^{-1} eine Bewegung des Gitters in sich, und diese läßt O ungeändert, d. h. sie ist eine *Drehung* des Gitters um O. Hierdurch bekommen wir völlige Übersicht über die Gruppe aller Bewegungen des Gitters: sie wird erzeugt durch die Gruppe der Translationen $\mathfrak{T}$ und die dazu teilerfremde der Bewegungen, welche O ungeändert lassen. $\mathfrak{T}$ ist Normalteiler der ganzen Gruppe, $B^{-1}TB$ ist diejenige Translation, deren Vektor aus dem Vektor T durch die Drehung B hervorgeht.

Jedes ebene Gitter gestattet um jeden Gitterpunkt eine Drehung von 180°. Daher brauchen wir nur Drehungsgruppen von gerader Ordnung zu betrachten. Um zu untersuchen, welche Ordnungen für weitere Symmetrien noch in Frage kommen, nehmen wir einen Gitterpunkt P_1, dessen Distanz von O ein Minimum ist. Der Vektor von O nach P_1 ist dann ein kürzester Gittervektor; d. h. es gibt im ganzen Gitter keine zwei Gitterpunkte, deren Distanz kleiner als OP_1 ist.

Beginnen wir mit einer Drehung von der Ordnung 4, so entstehen aus P_1 die weiteren Punkte P_2, P_3 und P_4. OP_1 und OP_2 erzeugen ein quadratisches Gitter, dem auch P_3 und P_4 angehören. Weitere Gitterpunkte können nicht vorhanden sein, denn sonst läge ein solcher in einem Fundamentalquadrat und hätte daher mindestens von einer Ecke desselben eine kleinere Entfernung als OP_1. Es gibt daher, abgesehen von der Lage und der Größe, nur ein Gitter, das Drehungen von der Ordnung 4 gestattet, nämlich das *quadratische*. Genau so beweist man, daß es nur ein Gitter gibt, das Drehungen von 60°, also von der Ordnung 6, gestattet, nämlich das durch Aneinanderreihen von gleichseitigen Dreiecken erzeugte *hexagonale* Gitter.

Kein Gitter gestattet Drehungen von weniger als 60°. Wir beweisen diesen Satz für die Ordnung 8. Es sei wieder P_1 ein nächster Gitterpunkt bei O. Alsdann entstehen aus ihm durch die Drehungen 7 weitere Gitterpunkte $P_2, P_3, \ldots, P_8$. Den Gittervektor $\overline{P_2 P_3}$ setzen wir in P_1 an und erhalten einen von O verschiedenen Gitterpunkt im Inneren des Achteckes, der entgegen der Voraussetzung näher bei O liegt als P_1.

Außer den Drehungen müssen wir noch die Existenz von Spiegelungsgeraden behandeln, und auch hier können wir uns auf die Betrachtung derjenigen Spiegelungen beschränken, bei denen die Spiegelungsgerade durch O geht. Diese ist alsdann immer eine Gittergerade, denn ist P ein Gitterpunkt außerhalb der Geraden und $\overline{P}$ sein spiegelbildlicher Punkt, so tragen wir den Gittervektor OP von $\overline{P}$ aus ab und gelangen in einen Punkt auf der Spiegelungsgeraden. Da wir annehmen dürfen, daß OP nicht senkrecht steht zu dieser Geraden, so ist der neugefundene Punkt von O verschieden. Man findet so zwei verschiedene Gitter: das allgemeine *rechtwinklige* und das *zentrierte rechtwinklige*, welches durch Hinzufügung der Mittelpunkte der Rechtecke aus dem vorigen entsteht. Dieses letztere kann nach der Gestalt eines Fundamentalparallelogramms auch das *rhombische* Gitter genannt werden. Im Fall des quadratischen Gitters ist auch das zentrierte quadratisch. Das hexagonale Gitter ist ein spezielles rhombisches Gitter.

Die Symmetrien, welche O festlassen, bilden eine endliche Gruppe. Sie charakterisiert im räumlichen Fall die makroskopischen Eigenschaften der Krystalle. Unsere 5 Gitter liefern 4 solche Gruppen, denn das rechtwinklige und das rhombische Gitter besitzen dieselbe Gruppe. Jede weitere Deckoperation des Gitters setzt sich zusammen aus einer Operation, die O festläßt, und einer Translation. Wir wollen alle Operationen, die man so erhält, geometrisch illustrieren.

Die aus einer Drehung und einer Translation zusammengesetzte Operation ist stets wieder eine Drehung, denn sie ist eine Bewegung der Ebene, aber keine Translation, und besitzt daher einen Fixpunkt.

Eine Drehung von 180° mit O als Fixpunkt plus eine Translation, welche O in O' überführt, ist gleichwertig mit einer Drehung von 180° um den Mittelpunkt der Strecke OO'. Ein ebenes Gitter gestattet daher nicht nur um seine Gitterpunkte, sondern auch um die Mittelpunkte der Verbindungsstrecken beliebiger Gitterpunkte Drehungen von 180°. Die Fixpunkte aller dieser Drehungen bilden ein mit dem Punktgitter ähnliches Gitter von der halben Abmessung.

Das quadratische Gitter besitzt außerdem Drehungen von 90°, und zwar, wie man sich sofort überzeugt, um die Gitterpunkte sowie

Abb. 4. (Niccolini, Tempio d'Iside.)

um die Mittelpunkte der Quadrate. Die Fixpunkte der Drehungen von 90° bilden daher selber ein quadratisches Gitter, das gegenüber dem Punktgitter um 45° gedreht erscheint und dessen Quadrate den halben Flächeninhalt haben, gegenüber den ursprünglichen Quadraten.

Bei dem Gitter mit den Drehungen von der Ordnung 6 liegen die Verhältnisse noch merkwürdiger. Hier sind nur die Gitterpunkte Fixpunkte für die Drehungen von der Ordnung 6. Dagegen bilden die Mittelpunkte der gleichseitigen Dreiecke Fixpunkte für Drehungen von der Ordnung 3. Die Abb. 4 illustriert trefflich die vorliegenden Symmetrieverhältnisse. Sie stellt ein Mosaik des Isistempels in Pompeji dar. Ein ungeschickter Dekorateur (denn ein „Neutöner", der Dissonanzen liebt, wird es wohl nicht gewesen sein) hat mathematische Verzierungen angebracht, die von anderen Ornamenten stammen und falsche Symmetrien aufweisen: im Sechseck einen Kreis mit einer fünfstrahligen Figur, an den Stellen mit einer Drehung von der Ordnung 2 die beiden verschlungenen Ovale, welche eine Drehung um

90° gestatten. Schließlich hat er noch oben und unten, um dem Ganzen ein architektonisches Aussehen zu geben, die sechs Halbmonde hinzugefügt. Alles das hat man natürlich wegzulassen, und es bleibt das Normalschema für das Sechsecksgitter, wie es in den Künstlerschulen als Vorlage gedient haben mag.

Schauen wir nun zu, was aus den Spiegelungsgeraden wird, wenn man sie mit Translationen verbindet. Steht die Translationsrichtung senkrecht zur Geraden, so ist das Resultat wiederum eine Spiegelung an einer parallelen Geraden, deren Distanz die Hälfte der Translation beträgt. Ist die Translation parallel zur Geraden, so erhält man eine Gleitspiegelung. Die Wirkung einer beliebigen Translation auf eine Spiegelung wird erhalten, indem man sie in ihre Komponenten parallel und vertikal zur Spiegelungsachse zerlegt. Hier ergibt sich nun der Unterschied zwischen dem rechtwinkligen und dem rhombischen Gitter. Das rechtwinklige Gitter besitzt nur gewöhnliche Spiegelachsen, oder Gleitspiegelachsen, deren Translationskomponenten Vielfache der Elementardistanzen für die Richtung der Achse bilden. Diese Achsen werden durch die Seiten der Rechtecke gebildet, sowie durch Geraden, welche ihnen parallel durch die Mittelpunkte der Recktecke laufen. Beim rhombischen Gitter bilden zwar die parallelen Geraden durch Gitterpunkte Spiegelachsen, in der Mitte zwischen zweien geht aber eine Gleitspiegelachse, deren Gleitdistanz die Hälfte der Elementardistanz auf der Achse ist. Abb. 4, in welcher die Sechsecke mit den Kreisen das Gitter repräsentieren, gestattet leicht, diese Verhältnisse zu überblicken.

Das quadratische Gitter muß vier verschiedene Richtungen für die Spiegelgeraden liefern. Dreht man es um 45°, so wird es zu einem rhombischen Gitter, wiederholt man diese Drehung, so gelangt man zur ursprünglichen Konfiguration zurück. Das Gitter der Abb. 4 mit der Drehung von der Ordnung 6 ist rhombisch. Dreht man es um 30°, so erhält man wieder ein rhombisches Gitter in etwas anderer Anordnung, die Sechsecke stehen jetzt auf einer Seite, während sie in der vorigen Lage auf den Ecken stehen. Die Spiegelungsgeraden bilden hier sämtlich gemischte Scharen aus reinen Spiegelungen und Gleitspiegelungen. In der Figur verbinden die reinen Spiegelachsen immer die Mittelpunkte der Sechsecke, die Gleitspiegelachsen gehen durch die Mittelpunkte der verschlungenen Ovale, soweit diese nicht schon auf den vorigen Achsen liegen.

Eine Drehung vom Winkel α verbunden mit einer Spiegelung an einer Geraden durch den Fixpunkt der Drehung liefert wieder eine Spiegelung an einer Achse durch den Fixpunkt, welche aus der vorigen Achse durch Drehung um den Winkel $-\frac{\alpha}{2}$ entsteht.

§ 28. Die Streifenornamente.

Unter einem **Streifen** verstehen wir das Stück der Ebene, das zwischen zwei parallelen Geraden liegt. Die zu den Grenzgeraden parallele Gerade, welche in der Mitte des Streifens läuft, nennen wir die **Längsachse** des Streifens. Die im Streifen liegenden Strecken senkrecht zur Längsachse zwischen den beiden Grenzgeraden nennen wir die **Querachsen.** Wir betrachten nun die Deckoperationen des Streifens, und zwar zunächst bloß die folgenden:

1. Die Translationen in der Richtung der Längsachse.

2. Die Spiegelung an der Längsachse sowie die Gleitspiegelungen an derselben, welche durch Hinzufügung der Translationen entstehen.

3. Die Spiegelungen an Querachsen. Setzt man diese mit Translationen zusammen, so erhält man wieder Spiegelungen an Querachsen, ihre Distanz von den vorigen ist die halbe Translationsdistanz.

4. Die Drehung von 180° um irgendeinen Punkt der Längsachse. Setzt man sie zusammen mit einer Translation, so erhält man wieder eine Drehung, deren Fixpunkt vom vorigen sich ebenfalls um die halbe Translation unterscheidet.

Diese Operationen bilden eine Gruppe, denn führt man nacheinander 2. und 3. aus, so erhält man 4. Die Gruppe der Translationen bildet einen Normalteiler der ganzen Gruppe, dessen Faktorgruppe die Vierergruppe ist.

Wir suchen jetzt die verschiedenen Symmetrien auf, welche bei Streifenornamenten auftreten können. Von vorneherein nehmen wir an, daß die Ornamente eine Translationsperiode besitzen. Ihre Länge bezeichnen wir als die **Elementardistanz** des Ornamentes. Dasjenige Stück des Ornamentes, das durch seine Translation das ganze Ornament erzeugt, nennen wir das **Elementarornament.** Sofort unterscheiden wir jetzt 5 Möglichkeiten:

1. Die einzigen Deckoperationen des Ornamentes werden von den Translationen gebildet (Abb. 5).

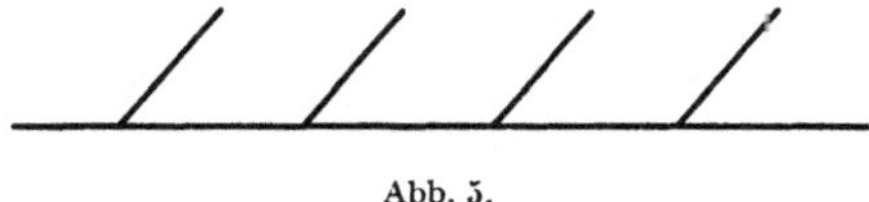

Abb. 5.

2. Das Ornament ist spiegelbildlich zur Längsachse (Abb. 6).

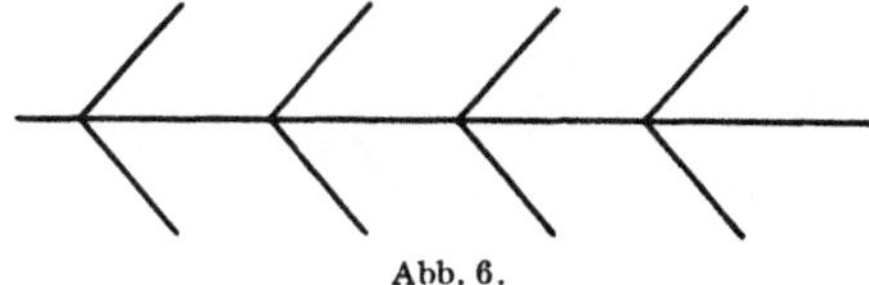

Abb. 6.

3. Das Ornament ist spiegelbildlich zu einer Querachse und also zu unendlich vielen, deren Distanz die halbe Elementardistanz ist (Abb. 7).

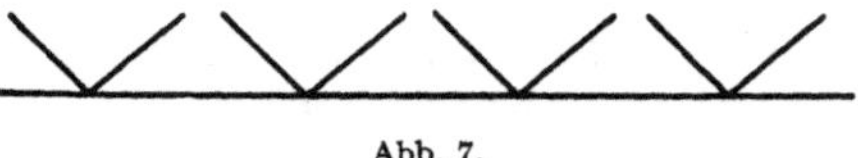

Abb. 7.

4. Das Ornament besitzt Mittelpunkte (ebene Zentren), deren Distanz die halbe Elementardistanz ist (Abb. 8).

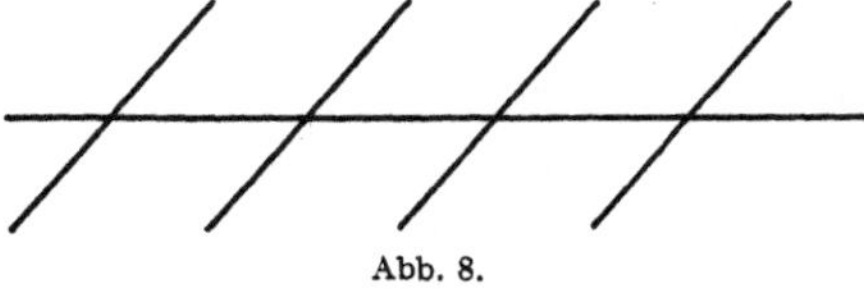

Abb. 8.

5. Das Ornament besitzt die obigen Symmetrien zusammen (Abb. 9).

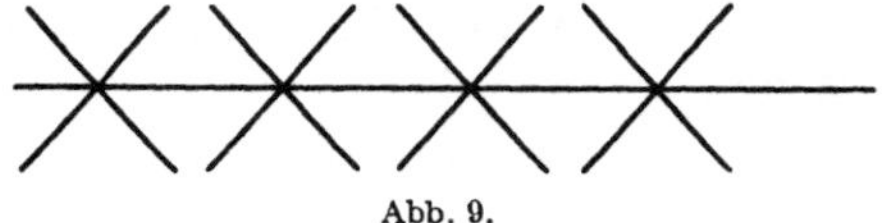

Abb. 9.

Jetzt überlegen wir, daß die Spiegelung an der Längsachse auch eine Gleitspiegelung sein kann. Üben wir sie zweimal aus, so entsteht eine Translation, die selbstverständlich ein Vielfaches der Elementardistanz sein muß. Daher kann für die Gleitkomponente die Hälfte der Elementardistanz in Betracht kommen. Wir erhalten so zwei weitere Symmetrien:

6. Das Ornament besitzt eine Gleitspiegelung an der Längsachse mit der halben Elementardistanz als Gleitkomponente (Abb. 10).

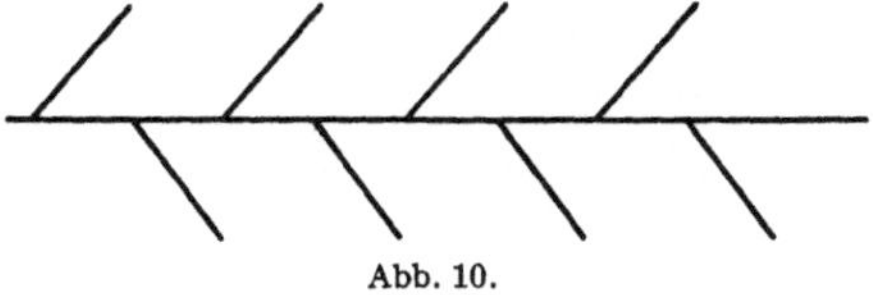

Abb. 10.

7. Das Ornament besitzt die Symmetrien 3, 4 und 6 zusammen (Abb. 11).

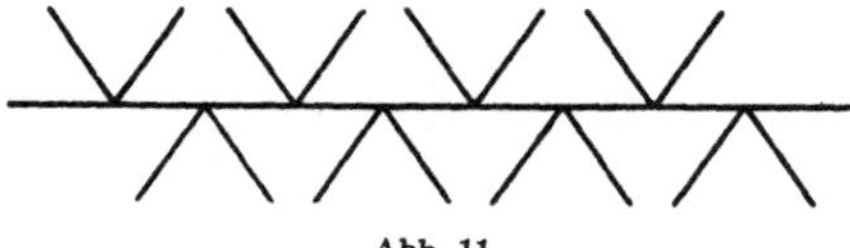

Abb. 11.

Man bemerke, daß bei Abb. 9 die Drehpunkte auf den Querachsen liegen, die für das Ornament Spiegelachsen bilden, während sie bei Abb. 11 in der Mitte zwischen zwei dieser Querachsen sich befinden.

Bortenornamente finden sich auf den meisten Kunstgegenständen aller Zeiten. Wir geben zwei Beispiele aus einer Moschee in Kairo vom 9. Jahrhundert. Abb. 12 stellt eine Ranke mit der Symmetriegruppe 6 dar. Abb. 13 besitzt die Symmetrie 2. Aber schon *A. Riegl* hat erkannt, daß diese Borte aus der vorigen entstanden ist, indem letztere an einem Rand gespiegelt wurde. In der Tat, schneidet man die Borte Abb. 13 an der Längsachse auf, so erhält man fast genau zwei Exemplare von Abb. 12. Interessant ist es, die Änderungen zu beobachten, welche der Künstler vorgenommen hat. Sie betreffen hauptsächlich die beiden Schleifen am äußeren Rand. Geht man um die halbe Elementardistanz weiter, so kämen die beiden in der Mitte nebeneinander zu stehen, was häßlich aussehen würde. Sie sind leicht überarbeitet worden und

Abb. 12.

ergeben die 4 kreuzförmig angeordneten Tropfen. Nun hat sich aber bei der Zeichnung des Randes eine Zacke ergeben, welche an der entsprechenden Stelle nicht vorhanden ist. Sie ist an dem gegenüberliegenden Blattrand weggenommen worden, denn dieser hat nur 6 Zacken, während der entsprechende, eine halbe Elementardistanz früher, deren 7 aufweist.

Hiermit sind noch nicht alle Symmetrien erschöpft, welche in einem Ornament angebracht werden können. Die Schnüre und Ranken, aus denen die Ornamente zusammengesetzt sind, gestatten auch noch Überschneidungen, und um diese gruppentheoretisch zu erfassen, denke man sich das Ornament als Relief. Spiegelt man nun an der Streifenebene selber, so werden die Überschneidungsverhältnisse gerade umgekehrt, die Ranke, welche oberhalb kreuzt, geht jetzt unterhalb durch. Wir haben also eine neue Symmetrieoperation hinzugenommen und damit kommen automatisch noch drei weitere hinzu. Die Translationsgruppe ist jetzt

Abb. 13.

Normalteiler vom Index 8, die Faktorgruppe ist *Abel*sch und vom Typus (2, 2, 2). Wir wollen zuerst die verschiedenen Symmetrieoperationen aufzählen.

1. Die Translationen. Ihre Elementardistanz sei gleich 1.
2. Die Längsachse ist Spiegelachse.
2a. Die Längsachse ist Gleitspiegelachse mit der Gleitkomponente 1/2.
3. Es gibt Querachsen die Spiegelachsen sind.

4. Mittelpunkte, d. h. Drehachsen senkrecht zur Ebene, mit Drehwinkel von 180°, sog. Digyren.

5. Die Streifenebene ist Spiegelebene.

5a. Die Streifenebene ist Gleitspiegelebene mit der Gleitkomponente 1/2.

6. Die Längsachse ist Drehachse des Streifens mit einem Drehwinkel von 180°.

6a. Die Längsachse ist eine Schraubenachse mit dem Drehwinkel von 180° und der Ganghöhe 1/2.

7. Es gibt Querachsen, die Drehachsen mit dem Winkel 180° sind. Mit einer solchen gibt es stets eine unendliche Schar, die Distanz zweier aufeinander folgender ist 1/2.

8. Drehspiegelungen mit dem Drehwinkel von 180°. Das heißt der Streifen gestattet eine Drehung um eine Achse senkrecht zu seiner Ebene, wie 4, aber verbunden mit einer Spiegelung an der Streifenebene. Als räumliche Operation gedeutet besagt dies die Existenz eines Symmetriezentrums oder Mittelpunktes der räumlichen Figur.

Jede der Operationen von 2 bis 8 liefert zusammen mit den Translationen eine Symmetriegruppe, und wir haben somit bereits 11 Gruppen gefunden, nämlich diejenige, welche bloß aus Translationen besteht, ferner die 10 weiteren, welche wir durch Hinzunahme einer der 10 unter 2 bis 8 aufgezählten Symmetrien erhalten.

Nun müssen wir weiter zusehen, was man durch Kombination der aufgezählten Symmetrien erhält. Nehmen wir erst die Längsachse.

9. Die Operationen $2 + 5 + 6$ bilden zusammen mit den Translationen eine Gruppe.

9a. $2 \ + 5a + 6a$.

9b. $2a + 5 \ + 6a$.

9c. $2a + 5a + 6$.   Nämlich die Ausführung von 2a und 6 hintereinander ergibt 5a.

10. $\ 2 \ + 3 \ + 4$.

10a. $2a + 3 \ + 4$.   Diese beiden Symmetrien sind schon oben behandelt worden.

11. $\ 2 \ + 7 \ + 8$.   Die Querachsen und die Zentren inzident.

11a. $2a + 7 \ + 8$.   „   „   „   „   „   alternierend.

12. $\ 3 \ + 5 \ + 7$.

12a. $3 \ + 5a + 7$.

13. $\ 3 \ + 6 \ + 8$.

13a. $3 \ + 6a + 8$.

14. $\ 4 \ + 5 \ + 8$.   Drehzentren und Drehspiegelzentren inzident.

14a. $4 \ + 5a + 8$.   „   „   „   alternierend.

15. $\ 4 \ + 6 \ + 7$.   Drehzentren und Querachsen inzident.

15a. $4 \ + 6a + 7$.   „   „   „;   alternierend,

Dies sind die Hemiedrien (vgl. § 33 Anfang). Nun sollen die Holoedrien folgen.

16. 2 $+3+4+5$ $+6$ $+7+8$.
16a. 2 $+3+4+5a+6a+7+8$.
16b. 2a$+3+4+5$ $+6a+7+8$.
16c. 2a$+3+4+5a+6$ $+7+8$.

Es gibt also 31 Symmetrien für Streifen, nämlich 4 Holoedrien, 16 Hemiedrien und 10 Tetratoedrien, wozu noch die reine Translationsgruppe kommt.

Daß in 9 die a-Symmetrien nur paarweise auftreten können, hat seinen Grund darin, daß die Gleitkomponente 1/2 ist und bei zweimaligem Auftreten für die dritte Symmetrie eine Gleitkomponente 1 ergibt, welche durch die Translation — 1 wegfällt.

Leider ist es uns nicht möglich, für alle 31 Ornamente Muster zu geben. Wir begnügen uns mit drei besonders bekannten.

Abb. 14 besitzt die Symmetriegruppe 11. Es ist die Geldrolle. In der Sprache der italienischen Banquiers des 16. Jahrhunderts hieß sie *un gruppo* und die direkte historische Entwicklung des Wortes Gruppe läßt sich bis auf diese Bedeutung zurückverfolgen.

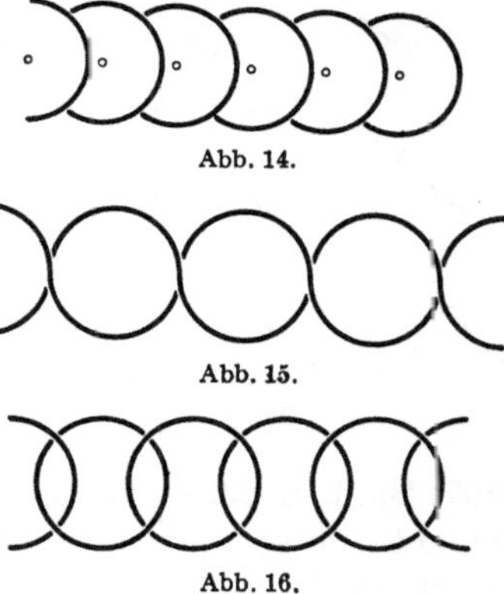
Abb. 14.

Abb. 15.

Abb. 16.

Abb. 15 besitzt die Gruppe 15 als Symmetriegruppe.

Abb. 16 besitzt die Gruppe 16c. Man beachte, wie die Querachsen, die Spiegelachsen sind (3), und die Querachsen, die Drehachsen sind (7), alternieren.

§ 29. Die Flächenornamente.

Unter einem Flächenornament verstehen wir eine Figur in der Euklidischen Ebene, welche durch die Translationen eines ebenen Gitters aus einer Elementarfigur entsteht. Die Gruppe der Bewegungen und Spiegelungen in der Ebene, welche das Ornament in sich überführt, heißt die *Symmetriegruppe* des Ornamentes. Die Translationen des Gitters bilden einen Normalteiler der Symmetriegruppe von endlichem Index, denn die übrigen Symmetrien müssen die Gesamtheit der Translationsvektoren in sich selbst überführen, ihr rotativer Bestandteil kann daher nur aus einer Drehung eines Gitters um einen festen Punkt bestehen, und dafür kommen nach dem § 27 nur endlich viele Möglichkeiten in Betracht.

Wir haben sonach folgende Möglichkeiten:

1. Die Translationen der Translationsgruppe.
2. Die Spiegelung an einer Achse.
2a. Die Gleitspiegelungen an einer Achse.
3. Die Drehungen um 180°, genannt Digyren.
4. Die Drehungen um 120°, genannt Trigyren.
5. Die Drehungen um 90°, genannt Tetragyren.
6. Die Drehungen um 60°, genannt Hexagyren.

Wir gehen nun an die Aufzählung der 17 verschiedenen Symmetriegruppen. Sie sind zuerst (vgl. jedoch S. 228) von *R. Fricke* in *Fricke-Klein*, Vorlesungen über die Theorie der automorphen Funktionen

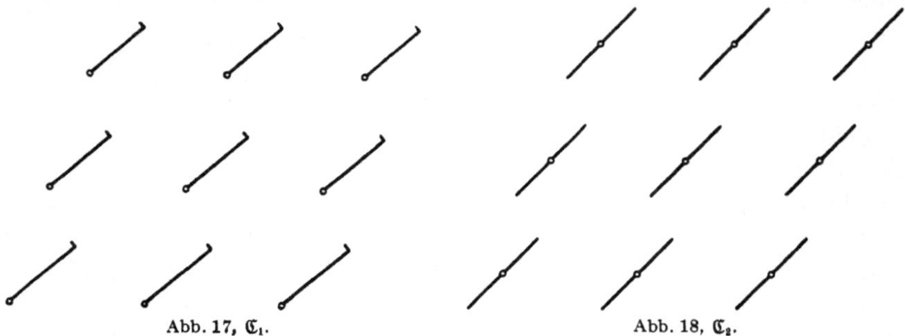

Abb. 17, $\mathfrak{C}_1$.   Abb. 18, $\mathfrak{C}_2$.

(1897) Bd. 1, S. 222—234 aufgestellt worden. Wieder aufgefunden wurden sie von *G. Polyà* und in einer schönen Tafel illustriert in der Z. Kristallogr. Bd. 60 (1924), S. 278—282. (Über die Analogie der Krystallsymmetrie in der Ebene.) Daran anschließend hat *P. Niggli* das Problem bearbeitet im selben Band, S. 283—298 (Die Flächensymmetrien homogener Diskontinuen). Eine arithmetische Ableitung dieser Gruppen gab *J. J. Burckhardt*, Commentarii mathematici Helv. Bd. 2, S. 91, eine topologische *F. Steiger*, l. c. Bd. 8, S. 235. Vgl. ferner *Heesch*, Z. Kristallogr. Bd. 81, S. 230.

1. Eine Elementarfigur ohne Symmetrien wird in ein beliebiges Gitter eingebaut. Die Symmetriegruppe besteht bloß aus den Translationen (Abb. 17, $\mathfrak{C}_1$).

2. Eine Elementarfigur mit Mittelpunkt wird in ein beliebiges Gitter eingebaut. Zur Translationsgruppe kommen noch Drehpunkte mit dem Drehwinkel von 180°, sog. Digyren. Sie bilden ein mit dem Translationsgitter ähnliches Gitter von der halben Abmessung (Abb. 18, $\mathfrak{C}_2$).

3. Das Ornament besitzt eine Parallelschar von Spiegel- oder Gleitspiegelachsen. Das Gitter ist daher entweder rechteckig oder rhombisch. Wir haben drei Möglichkeiten.

3a. Das Gitter ist rechtwinklig, die Elementarfigur ist spiegelbildlich zur Spiegelachse. Die Schar der Symmetrieachsen besteht aus lauter Spiegelachsen, deren Distanz die halbe Elementardistanz des Gitters in der zur Achse senkrechten Richtung ist (Abb. 19, $\mathfrak{C}_s^I$).

3b. Das Gitter ist rechtwinklig, die Elementarfigur geht durch eine Gleitspiegelung in sich über, deren Gleitkomponente die halbe

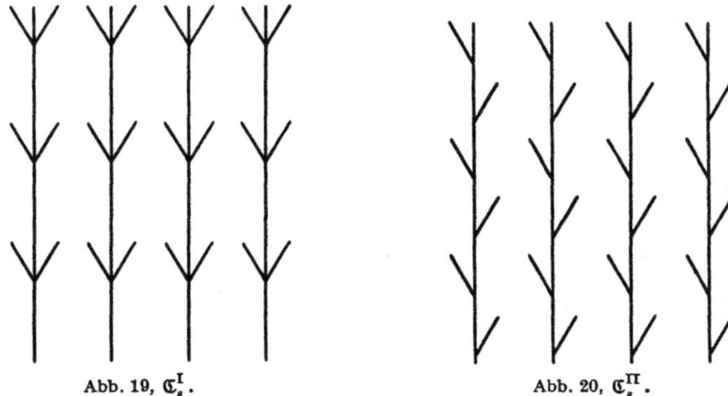

Abb. 19, $\mathfrak{C}_s^I$.   Abb. 20, $\mathfrak{C}_s^{II}$.

Elementardistanz in der Achsenrichtung ist. Die Schar der Symmetrieachsen besteht aus lauter Gleitspiegelachsen mit derselben Distanz wie in 3a (Abb. 20, $\mathfrak{C}_s^{II}$).

3c. Das Gitter ist rhombisch, die Elementarfigur ist symmetrisch zur Achse. Die Symmetrieachsen sind abwechselnd Spiegelachsen

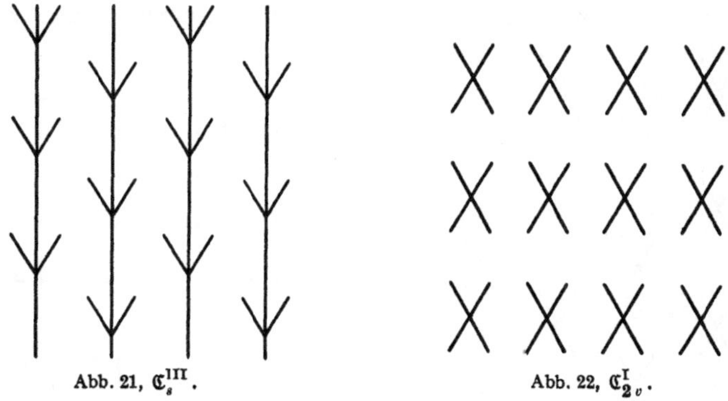

Abb. 21, $\mathfrak{C}_s^{III}$.   Abb. 22, $\mathfrak{C}_{2v}^I$.

und Gleitspiegelachsen, denn die Translationen des rhombischen Gitters erfordern dies nach § 27 (Abb. 21, $\mathfrak{C}_s^{III}$).

4. Die Gruppe enthält Digyren und Spiegelachsen, also zwei Scharen der letzteren, die senkrecht aufeinander stehen. Das Gitter ist wieder rechtwinklig oder rhombisch.

4a. Das Gitter ist rechtwinklig. Die Elementarfigur besitzt einen Mittelpunkt und zwei aufeinander senkrechte Spiegelachsen durch den Mittelpunkt. Alle Symmetrieachsen sind Spiegelachsen (Abb. 22, $\mathfrak{C}_{2v}^I$).

4b. Das Gitter ist rechtwinklig. Die Elementarfigur entsteht aus einer Figur mit Mittelpunkt durch eine Gleitspiegelung. Alle Symmetrieachsen sind Gleitspiegelachsen (Abb. 23, $\mathfrak{C}_{2v}^{II}$).

4c. Das Gitter ist rechtwinklig. Die Elementarfigur entsteht aus einer Figur mit Mittelpunkt durch Spiegelung an einer Achse, welche

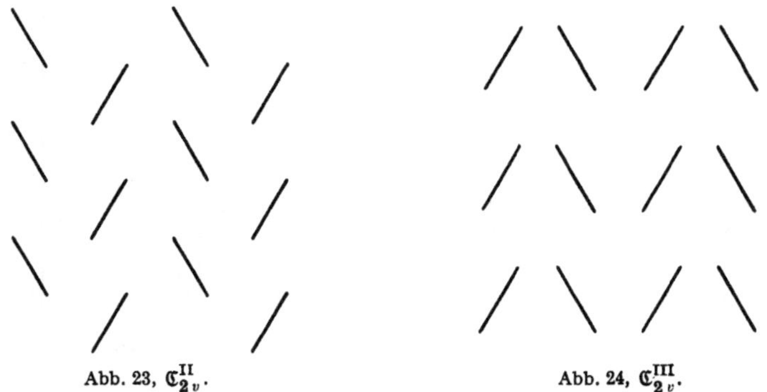

Abb. 23, $\mathfrak{C}_{2v}^{II}$. Abb. 24, $\mathfrak{C}_{2v}^{III}$.

nicht durch den Mittelpunkt geht. Die Symmetrieachsen parallel zu derselben sind lauter Spiegelachsen, diejenigen senkrecht dazu sind lauter Gleitspiegelachsen (Abb. 24, $\mathfrak{C}_{2v}^{III}$).

4d. Das Gitter ist rhombisch. Die Elementarfigur besitzt einen Mittelpunkt und zwei Spiegelachsen durch denselben (Abb. 25, $\mathfrak{C}_{2v}^{IV}$).

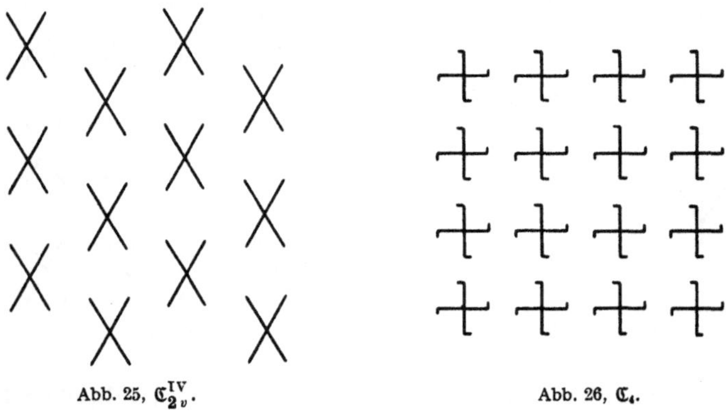

Abb. 25, $\mathfrak{C}_{2v}^{IV}$. Abb. 26, $\mathfrak{C}_4$.

5. Das Ornament besitzt eine Tetragyre, aber keine Spiegelungen. Das Gitter ist quadratisch und die Elementarfigur gestattet die Drehung um 90°, aber keine Spiegelungen (Abb. 26, $\mathfrak{C}_4$).

6. Das Ornament besitzt eine Tetragyre sowie vier Scharen von Symmetrieachsen, welche einen Winkel von 45° bilden. Es sind zwei Fälle zu unterscheiden:

6a. Die Elementarfigur besitzt die Tetragyre und die vier Spiegelgeraden durch den Mittelpunkt, wie z. B. das gleicharmige Kreuz. Die beiden Scharen von Symmetrieachsen, welche den Quadratseiten parallel sind, bestehen nur aus Spiegelgeraden, die dazu im Winkel von 45° stehenden Scharen bestehen abwechselnd aus Spiegel- und

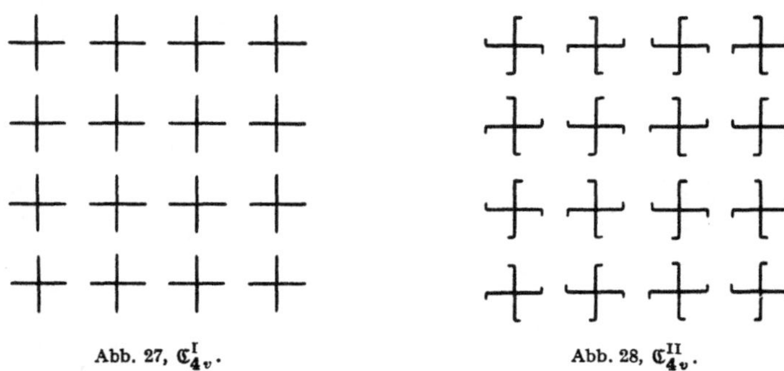

Abb. 27, $\mathfrak{C}_{4v}^{I}$.   Abb. 28, $\mathfrak{C}_{4v}^{II}$.

Gleitspiegelachsen, weil das quadratische Gitter in dieser Orientierung ein rhombisches ist (Abb. 27, $\mathfrak{C}_{4v}^{I}$).

6b. Die Elementarfigur entsteht aus einer Figur mit bloßer Tetragyre durch Spiegelung an einer Achse, welche nicht durch den Mittelpunkt geht. Die zwei Scharen von Symmetrieachsen parallel den Quadratseiten gehen durch die Fixpunkte der Tetragyren und in der Mitte zwischen ihnen hindurch und bestehen abwechselnd aus Spiegel- und Gleitspiegelachsen. Die beiden anderen Scharen bestehen nur aus Gleitspiegelachsen. Auch hier ist das Translationsgitter quadratisch, aber nicht ohne weiteres ersichtlich. Man muß die Abbildung um 45° drehen und alsdann ein aufrechtstehendes Quadrat zeichnen, dessen Seiten durch vier Mittelpunkte gehen (Abb. 28, 39 und 41, $\mathfrak{C}_{4v}^{II}$).

Abb. 29, $\mathfrak{C}_{3}$.

7. Das Ornament besitzt eine Trigyre und ist einem hexagonalen Gitter eingebaut. Spiegelachsen kommen nicht vor. Als Elementarfigur benützt man am besten das Triquetrum, ähnlich wie wir in den Fällen 5 und 6b die Swastika oder das Hakenkreuz benutzt haben. Bekanntlich galten beide Figuren als Träger einer magischen Ladung, und es ist keineswegs unmöglich, daß der Ursprung dieses Glaubens in dieser mathematischen Eigenschaft der Verhinderung gewisser Symmetrien liegt, denn der Respekt vor geometrischen Figuren ist eine der wichtigsten Komponenten der alten Magie (Abb. 29, $\mathfrak{C}_{3}$).

8. Das Ornament besitzt eine Trigyre und drei Scharen von Symmetrieachsen, welche Winkel von 60° untereinander bilden. Diese drei Scharen müssen von derselben Art sein, denn sie gehen durch die Drehungen von 120° ineinander über (vgl. S. 96), während die vier Scharen im quadratischen Fall in zwei getrennte Abteilungen zerfielen.

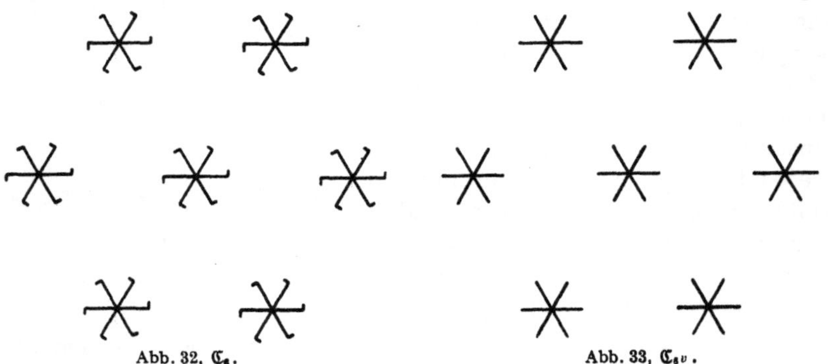

Abb. 30, $\mathfrak{C}_{3v}^{I}$.   Abb. 31, $\mathfrak{C}_{3v}^{II}$.

Wir haben auch hier, aber aus anderen Gründen als im Fall 6, zwei Möglichkeiten. Weil nämlich das hexagonale Gitter rhombisch ist, so müssen die Scharen von Symmetriegeraden immer gemischte sein, d. h. Spiegel- und Gleitspiegelachsen abwechselnd enthalten. Aber die drei Scharen können auf zwei verschiedene Arten zum Gitter liegen.

Abb. 32, $\mathfrak{C}_{6}$.   Abb. 33, $\mathfrak{C}_{6v}$.

8a. Die Spiegelachsen sind parallel den Seiten der das Gitter erzeugenden gleichseitigen Dreiecke. Durch die Mittelpunkte derselben, welche für das Ornament auch Fixpunkte von Trigyren sind, gehen keine Spiegelungsachsen (Abb. 30, $\mathfrak{C}_{3v}^{I}$).

8b. Die Spiegelachsen sind parallel den Höhen in den angegebenen Dreiecken und gehen daher durch alle Fixpunkte der Trigyrenschar (Abb. 31, $\mathfrak{C}_{3v}^{II}$).

9. Das Ornament besitzt eine Hexagyre, aber keine Spiegelungen. Das Gitter ist hier hexagonal, als Elementarfigur benützt man am besten eine zum Triquetrum analoge Figur (Abb. 32, $\mathfrak{C}_6$).

10. Das Ornament besitzt eine Hexagyre sowie sechs Scharen von Spiegel- und Gleitspiegelachsen, welche sämtlich vom gemischten Typus sind. Da hier offenbar die beiden Fälle 8a und 8b gleichzeitig vorkommen, so gibt es nur eine Möglichkeit (Abb. 33, $\mathfrak{C}_{6v}$).

Hiermit sind alle 17 Flächensymmetrien aufgezählt. Man könnte nun noch die Rankenornamente berücksichtigen und die Ebene selber als Spiegelebene hinzunehmen. Die Anzahl der so entstehenden Gruppen ist 80 [1].

§ 30. Beispiele von Flächenornamenten.

Für die volle hexagonale Gruppe $\mathfrak{C}_{6v}$ verweisen wir auf Abb. 4 und das dort Bemerkte. In diesem Paragraphen möchte ich vor allen

Abb. 34.

Dingen die merkwürdigen Seilfiguren aus der Nekropole von Theben besprechen. Die Bilder stammen aus der prächtigen Publikation von *Prisse d'Avennes*, Atlas de l'histoire de l'art Egyptien, Paris 1878.

Abb. 34 besitzt die Gruppe 3a $\left(\mathfrak{C}_s^{\mathrm{I}}\right)$. Die Spiralen sind fünfzählig und stellen offenbar das Resultat von Versuchen dar, die Zahl 5 in Flächenornamenten anzubringen.

---

[1] *Weber, L.*: Z. Kristallogr. Bd. 70 (1929), S. 309 — *Alexander* u. *Herrmann*: Z. Kristallogr. Bd. 70 (1929), S. 328.

Abb. 35 gehört zu 4d $\left(\mathbb{C}_{2v}^{IV}\right)$. Das Translationsgitter erkennt man am besten an den Rosetten. Die gemischte horizontale Schar von Spiegel- und Gleitspiegelachsen wird an den Lilien besonders deutlich.

Abb. 35.

Abb. 36.

Aber auch die vertikale Schar ist gemischt. Die Gleitspiegelachsen gehen zwischen den Lilien durch.

Abb. 36 besitzt die Gruppe 4c $\left(\mathbb{C}_{2v}^{III}\right)$. Die Flächenornamente mit dieser Gruppe lassen sich (vgl. Abb. 24) durch Aneinanderreihung von

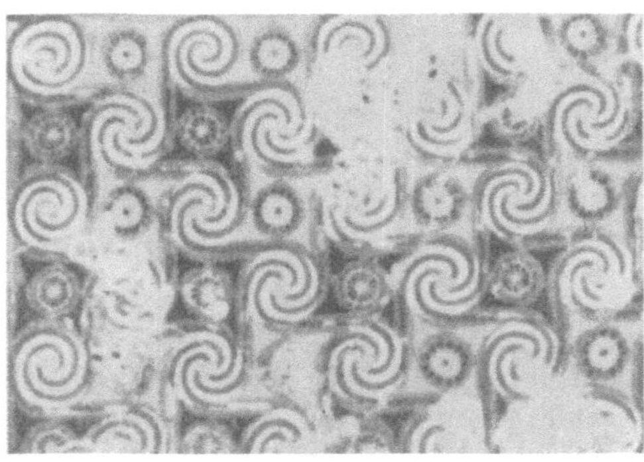

Abb. 37.

Borten erzeugen. Dies ist der Reiz unserer Figur. Läßt man in Gedanken die Seile weg, so bleibt eine Figur übrig, welche genau dieselbe Symmetriegruppe aufweist wie die ganze Figur. Sie entsteht aus einer horizontalen Borte vom Typus 7 des § 28 durch vertikale Translation. Umgekehrt, betrachtet man nur die Seilornamente, so besitzen auch sie genau die Gruppe 4c und das ganze Ornament entsteht aus einer Borte vom Typus 4 (§ 28) durch fortgesetzte Spiegelung.

Abb. 37 besitzt die Gruppe 5 ($\mathfrak{C}_4$). Das Bild stammt aus dem Grab des Senmut in der Nekropole von Theben (Abd-el-Qurna 70) und wurde 1928 bei unserer systematischen Aufnahme der geometrischen Ornamente von *Wolfgang Graeser* gemacht.

Abb. 38 gehört zu 6a $\left(\mathfrak{C}_{4v}^{I}\right)$.

Abb. 38.

Abb. 39 ist wohl das merkwürdigste Muster dieser Art. Es gehört zu der Gruppe 6b $\left(\mathfrak{C}_{4v}^{II}\right)$, deren Auffindung gewiß eine mathematische Leistung ersten Ranges bedeutet.

Bei allen diesen Figuren fehlen die Farben, welche in den Originalen, aber auch noch in den Figuren bei *Prisse d'Avennes* einen großen Reiz ausüben.

Auch für die sämtlichen übrigen Gruppen lassen sich Beispiele etwa in *Owen Jones* auffinden.

Die Kunst der Ornamente ist von den Arabern weiter ausgebildet worden. Ich gebe als Beispiel aus *Prisse d'Avennes*, l'art Arabe, die Abb. 40. Es ist ein Rankenornament mit einer Hexagyre und sechs Scharen von Klappachsen in der Ebene des Ornamentes. Die Elementarfigur, durch deren Be-

Abb. 39.

wegung alles entsteht, ist eine Kleeblattschleife, aber man bemerkt dies erst nach genauerem Zusehen. Die auffallenden Figuren sind Sterne und Rechtecke, und man kann diese Verwandlung der Figuren geradezu als das Charakteristikum dieser Kunst ansehen. In *Owen Jones* findet man viele solche Beispiele aus der Alhambra. Unser Ornament stammt von einer Moschee in Kairo aus dem 14. Jahrhundert und findet sich auch in der Moschee Ibn Tulûn in Kairo, sowie im Baptisterium von Pisa.

Ein zweites Beispiel aus *M. de Vogüé*, Syrie centrale, ist die wundervolle Abb. 41. Wir haben hier Tetragyren, ferner vier Scharen von

Abb. 40.

Spiegelachsen, ferner noch acht weitere Symmetrien, welche mit Spiegelungen an der Ebene verbunden sind:

Gleitspiegelung an der Ebene, welche die beiden Scharen von liegenden Kreuzen vertauscht.

Drehspiegelungen um die Mittelpunkte der Rosetten mit Winkeln von $\pm 90°$.

Horizontale und vertikale Schraubenachsen, welche zwischen den Rosetten verlaufen.

Zwei Scharen von reinen Klappachsen, welche um 45° gegen die vorigen gedreht sind und durch die Mittelpunkte der Rosetten gehen.

Drehspiegelungen von 180° (räumliches Symmetriezentrum) um die Mittelpunkte der Arme der Kreuze.

Auch hier wird man die Elementarfigur nicht sogleich gewahr. Der Künstler hat dafür die einfache Form des Kreuzes gewählt, denn nur so kann die 16fache Symmetrie zur vollen Wirkung kommen. Ähnlich hat *Bach* seiner *Kunst der Fuge* eine einfache und symmetrische Tonfolge zugrunde gelegt.

Auch in der heutigen Zeit scheint im Orient noch eine künstlerische Tradition zu existieren, welche auf die Ornamentik zurückgeht.

Abb. 41.

So wird in Bagdad das Fünfeck häufig angewendet. Da es nicht organisch in einem Gitter angebracht werden kann, so entstehen eigentümliche unsymmetrische Figuren, welche in der technischen Sprache der dortigen Dekorateure besondere Namen haben. Man findet Figuren und Erläuterungen in *O. Reuther*, Das Wohnhaus in Bagdad, S. 79, Berlin 1910.

§ 31. Die Bewegungsgruppen der Ebene mit endlichem Fundamentalbereich.

Wir betrachten unendlich viele Bewegungen der Ebene in sich selber, also Drehungen und Translationen, welche eine Gruppe bilden. Denken wir auf einen Punkt der Ebene die Gesamtheit der Bewegungen ausgeführt und jeweils die Stelle, wohin der Punkt kommt, markiert, so erhalten wir ein Punktsystem, die Gesamtheit der mit dem Ausgangspunkt *äquivalenten* Punkte. Nun setzen wir voraus:

1. Es gibt einen Kreis K in der Ebene, der zu jedem Punkt der Ebene einen äquivalenten in seinem Innern enthält.

2. Es gibt einen Kreis K' innerhalb von K, der keine zwei äquivalenten Punkte in seinem Innern enthält.

Von solchen Gruppen sagen wir, sie besitzen einen **endlichen Fundamentalbereich,** und wir werden zeigen, daß sie mit den in § 29 betrachteten Gruppen der Ornamente identisch sind. Hierzu brauchen wir nur zu zeigen, daß sie stets ein zweifaches System von Translationen enthalten.

Wir betrachten eine beliebige Drehung D der Gruppe, ihr Fixpunkt sei A, ihre Amplitude sei α. Nach Voraussetzung 1 gibt es eine Bewegung der Gruppe, etwa H, welche A in einen Punkt B innerhalb von K überführt. Bilden wir nun die Bewegung $H^{-1}DH = D'$. Sie läßt B ungeändert und stellt eine Drehung mit B als Fixpunkt und mit derselben Amplitude α dar wie D. Setzen wir $\alpha = 2\pi r$. Die Potenzen dieser Drehung besitzen Vielfache von α als Amplitude, mit r kommen daher auch alle Vielfachen vor und dabei dürfen wir beliebige ganze Zahlen subtrahieren, so daß die Amplitude immer zwischen 0 und 2π liegt. Ist r eine irrationale Zahl, so können wir auf diese Weise beliebig kleine Amplituden erhalten, wie in der elementaren Zahlentheorie gezeigt wird. Bedenken wir nun, daß der Fixpunkt im Innern von K liegt und K einen endlichen Radius besitzt, so folgt, daß in beliebiger Nähe eines jeden Punktes von K ein äquivalenter liegt. Dies ist aber wegen der 2. Voraussetzung nicht möglich. Daher ist r eine rationale Zahl, etwa $= m/n$, in gekürzter Gestalt geschrieben. Nun folgt aus Satz 6, daß auch die Drehung mit $r = 1/n$ unter den Potenzen von D' vorkommt. Diese Drehung muß K' in einen Kreis überführen, der K' nicht überschneidet, und daraus folgt, daß der Nenner n eine endliche Schranke nicht überschreiten darf. Damit ist bewiesen, daß nur endlich viele Amplituden für die Drehungen in Betracht kommen. Da wir aber unendlich viele Bewegungen in der Gruppe haben, muß es mindestens zwei Drehungen mit derselben Amplitude geben, etwa D und F. Bilden wir nun $D^{-1}F = T$, so erhalten wir eine Translation. T erzeugt eine Untergruppe von unendlicher Ordnung. Wir beweisen, daß ihr Index auch unendlich ist.

Üben wir auf K die Gesamtheit aller Bewegungen der Gruppe aus, so müssen wir eine Schar von Kreisen erhalten, welche die ganze Ebene mindestens einfach überdeckt. Dies folgt aus der Voraussetzung 1. Beginnen wir mit der durch T erzeugten Translationsgruppe $\{T\} = \mathfrak{T}$. Durch sie geht K in einen Streifen von Kreisen über, deren Mittelpunkte auf einer Geraden liegen und in konstanten Abständen aufeinander folgen. Hierdurch ist also die ganze Bewegungsgruppe sicher nicht erschöpft. Nehmen wir eine Operation D außerhalb von $\mathfrak{T}$ und bilden die Nebengruppe $D\mathfrak{T}$. Durch D geht K in eine neue Lage über und $D\mathfrak{T}$ gibt einen neuen Streifen, der zum vorigen parallel ist. Man sieht, eine endliche Anzahl von Nebengruppen reicht zur Überdeckung der ganzen Ebene nicht aus. Infolgedessen gibt es Drehungen mit derselben Amplitude, welche nicht in derselben Nebengruppe von $\mathfrak{T}$ liegen, etwa D und D'. Bilden wir $D'D^{-1}$, so erhalten wir eine Translation, welche nicht in $\mathfrak{T}$ liegt. Damit ist der Satz bewiesen.

Wir wollen nun zu den Bewegungen noch die Spiegelungen und Gleitspiegelungen als Operationen zweiter Art hinzunehmen und beliebige Symmetriegruppen der Ebene mit endlichem Fundamentalbereich betrachten. Ich behaupte, daß auch diese stets zwei unabhängige Translationen enthalten und daher zu den Gruppen des vorigen Paragraphen gehören. Führt man zwei Operationen zweiter Art hintereinander aus, so erhält man eine Bewegung. Daraus folgt, daß in einer Gruppe mit Operationen zweiter Art die Bewegungen eine Untergruppe vom Index 2 bilden. Wir setzen

$$\mathfrak{G} = \mathfrak{H} + A\,\mathfrak{H},$$

wo $\mathfrak{G}$ die ganze Gruppe, $\mathfrak{H}$ die darin enthaltene Untergruppe der Bewegungen und A irgendeine in $\mathfrak{G}$ enthaltene Operation zweiter Art darstellen.

Üben wir auf den Kreis K alle Operationen von $\mathfrak{G}$ aus, so muß jeder Punkt der Ebene erreicht werden, nach der Voraussetzung 2. Zunächst üben wir auf K die Operation A aus und erhalten einen neuen Kreis L. Wir finden nun alle Kreise, in die K unter $\mathfrak{G}$ übergeht, indem wir auf K der Reihe nach die Operationen von $\mathfrak{H}$ und von $A\,\mathfrak{H}$ ausüben. Die letzteren können wir dadurch ersetzen, daß wir auf L die Operationen von $\mathfrak{H}$ ausüben. Indem wir also auf die beiden Kreise K und L alle Bewegungen $\mathfrak{H}$ ausüben, wird die ganze Ebene überdeckt. Nun konstruieren wir einen Kreis, der K und L in seinem Innern enthält. Er enthält auch K', und wenn man auf ihn alle Operationen von $\mathfrak{H}$ ausübt, so wird die ganze Ebene überdeckt, d. h. bereits die Untergruppe der Bewegungen besitzt einen endlichen Fundamentalbereich und daher zwei unabhängige Translationen. Hiermit ist der Satz bewiesen:

Satz 89. *Wenn eine Symmetriegruppe der Ebene einen endlichen Fundamentalbereich besitzt, so enthält sie eine zweiparametrige Schar von Translationen und ist daher eine der 17 Symmetriegruppen des § 29.*

Unter einem **Fundamentalbereich** einer Symmetriegruppe versteht man einen Bereich der Ebene, welcher keine zwei äquivalenten Punkte enthält, aber zu jedem Punkt der Ebene einen äquivalenten enthält. Für die Translationsgruppe bildet offenbar das Fundamentalparallelogramm einen solchen. Für die beliebige Gruppe erhält man den Fundamentalbereich durch Unterteilung des Fundamentalparallelogrammes der darin enthaltenen Translationsgruppe. Das ist in jedem der 17 Fälle nicht schwer auszuführen und es ist nicht nötig, hierauf näher einzugehen.

7. Kapitel.
Die Krystallklassen.
§ 32. Die Raumgitter.

Raumgitter werden erzeugt durch drei Vektoren $\mathfrak{p}_1$, $\mathfrak{p}_2$ und $\mathfrak{p}_3$, deren Richtungen nicht derselben Ebene angehören, indem man sie von einem beliebigen Punkt aus positiv und negativ beliebig abträgt. Eine Ebene, die drei nicht in einer Geraden liegende Gitterpunkte enthält, heißt eine *Gitterebene.* Die in ihr liegenden Gitterpunkte des Gitters bilden ein ebenes Gitter.

Wählt man die drei Vektoren $\mathfrak{p}_1$, $\mathfrak{p}_2$, $\mathfrak{p}_3$ als Einheitsstrecken von drei Koordinatenachsen mit dem Ursprung in O, so bilden die Gitterpunkte die Gesamtheit der Punkte mit ganzzahligen Koordinaten. Die Gleichung einer Ebene durch O lautet in diesen Koordinaten x, y, z geschrieben folgendermaßen:

$$l\,x + m\,y + n\,z = 0.$$

Damit sie eine Gitterebene darstellt, muß sie zwei unabhängige ganzzahlige Lösungssysteme besitzen, und daraus folgt in bekannter Weise, daß die Koeffizienten l, m, n in rationalem Verhältnis stehen. Man kann sie als ganze Zahlen, deren größter gemeinsamer Teiler 1 ist, annehmen, denn man darf die Gleichung mit einer beliebigen Zahl multiplizieren. Durch diese Festsetzung sind die drei Zahlen l, m, n bestimmt bis auf einen gemeinsamen Faktor -1. Man nennt sie die *Indices* der Gitterebene. Umgekehrt, sind irgendwelche ganze Zahlen mit dem größten gemeinsamen Teiler 1 gegeben, so stellt die mit ihnen gebildete Ebenengleichung eine Gitterebene dar, denn sie besitzt die beiden linear unabhängigen Lösungen

$$(m, -l, 0) \quad \text{und} \quad (n, 0, -l).$$

Jede andere Gitterebene ist parallel mit einer solchen durch O, denn jeder Gitterpunkt ist vom Gesamtgitter in gleicher Weise umgeben. Man kann daher von vornherein annehmen, daß ihre Gleichung die Gestalt hat

$$l\,x + m\,y + n\,z = d,$$

wo die l, m, n ganze Zahlen mit dem größten gemeinsamen Teiler 1 sind. Da diese Gleichung ganzzahlige Lösungssysteme besitzt, so muß d eine ganze rationale Zahl sein. Umgekehrt, gibt man d irgendeinen ganzen Zahlwert, so enthält die Ebene nach elementaren Sätzen der Zahlentheorie (vgl. die Bemerkung nach Satz 6) einen Gitterpunkt und ist daher eine Gitterebene. Man erhält auf diese Weise alle mit der Ausgangsebene parallelen Gitterebenen.

Kennt man eine Gitterebene, so läßt sich das ganze Raumgitter durch Translation derselben erzeugen. Jede parallele Ebene durch einen Gitterpunkt ist wiederum Gitterebene und das darin enthaltene Gitter ist kongruent mit dem ursprünglichen. Wir betrachten die parallele Ebene durch O; ihre Gitterpunkte seien gegeben durch $x_1 \mathfrak{q}_1 + x_2 \mathfrak{q}_2$. Ferner sei P ein Gitterpunkt auf einer der beiden nächsten parallelen Gitterebenen, und $\mathfrak{q}_3$ bedeute den Vektor OP. Alsdann bekommt man das ganze nächste Parallelgitter in der Gestalt $x_1 \mathfrak{q}_1 + x_2 \mathfrak{q}_2 + \mathfrak{q}_3$. Das darauffolgende parallele Gitter wird durch $x_1 \mathfrak{q}_1 + x_2 \mathfrak{q}_2 + 2 \mathfrak{q}_3$ gegeben sein; denn gäbe es zwischen diesen beiden Ebenen noch einen weiteren Gitterpunkt, so hätten wir schon zu Beginn nicht die nächste parallele Gitterebene gewählt.

Jedes Raumgitter besitzt O als Symmetriezentrum, d. h. trägt man einen Gittervektor von O aus in umgekehrter Richtung ab, so gelangt man wieder in einen Gitterpunkt. Diese Operation der **Spiegelung am Anfangspunkt** ist im dreidimensionalen Raum keine Bewegung, sie kann erzeugt werden durch eine Drehung von 180° um eine beliebige durch O gehende Gerade und eine nachfolgende Spiegelung an der dazu senkrechten Ebene durch O. Nun sind alle Symmetrien von Gittern, die wir aufsuchen wollen, Bewegungen, oder Bewegungen verbunden mit Spiegelungen, und wir können uns daher beschränken auf die verschiedenen Bewegungsgruppen, da die Operationen zweiter Art durch Spiegelung am Symmetriezentrum von selbst mitfolgen.

Bekanntlich sind alle Bewegungen des Raumes, bei denen O festbleibt, Drehungen um eine Achse durch O. Wir beweisen nun den

Satz 90. *Die Ebene durch O senkrecht zu einer Drehachse ist eine Gitterebene.*

Beweis. Wenn die Drehung von der Ordnung $\geqq 3$ ist, so nehme man irgendeinen Gitterpunkt außerhalb der Drehachse und übe die Drehungen aus. Alsdann erhält man mindestens 3 Gitterpunkte, die nicht in einer Geraden, dagegen in einer Ebene senkrecht zur Achse liegen. Weil O ein Gitterpunkt ist und alle Gitterpunkte vom Gitter gleich umgeben sind, so ist auch die Ebene durch O, die zur vorigen parallel und daher zur Achse senkrecht ist, eine Gitterebene. Aber auch für eine Achse von der Ordnung 2 gilt der Satz. Es sei P ein beliebiger Gitterpunkt außerhalb der Achse und P_1 der Punkt, in den er durch die Drehung um 180° übergeht. Heftet man den Vektor $P_1 O$ an im Punkte P, so gelangt man in einen Gitterpunkt, der in der zur Achse senkrechten Ebene durch O liegt.

Durch diesen Satz ist es leicht, die Gitter mit besonderen Symmetrien zu konstruieren. Eine Drehachse durch O muß das ganze zu ihr senkrechte ebene Gitter in sich transformieren. Ihre Ordnung kann daher nur 2, 3, 4, 6 sein. Wir nennen solche Achsen **Zweierachsen, Dreierachsen** usw.; in der Bezeichnung der Krystallographie heißen sie **Digyren, Trigyren, Tetragyren** und **Hexagyren**. Eine solche Achse darf alle zu ihr senkrechten Ebenen nur in solchen Punkten durchstechen, welche die betreffende Drehung des ebenen Gitters zulassen.

Ein Gitter ohne besondere Symmetrien heißt *triklin*. Seine Gruppe besteht aus einem Symmetriezentrum und der Identität.

Ein Gitter mit einer Zweierachse heißt *monoklin*. Das zur Achse senkrechte ebene Gitter ist beliebig und die Achse kann in einen Gitterpunkt oder in den Mittelpunkt der Verbindungsstrecke zweier Gitterpunkte einstechen. Danach erhalten wir *zwei Typen monokliner Gitter*. Man kann das ebene Gitter in der Richtung der Zweierachse parallel zu sich verschieben und in äquidistanten Punkten fixieren. Alsdann erhält man ein Gitter mit aufrechten Fundamentalparallelepipeden. Oder die Zweierachse trifft die Gitterebene abwechselnd in Gitterpunkten und in den oben erwähnten Mittelpunkten. Man erhält ein Gitter, das man sich aufgebaut denken kann aus aufrechten Parallelepipeden, die in ihrem Mittelpunkt einen weiteren Gitterpunkt enthalten.

Ein Gitter mit einer Viererachse heißt *tetragonal*. Die zur Achse senkrechte Ebene trägt ein quadratisches Gitter und kann daher von der Achse nur in Gitterpunkten oder in den Mittelpunkten der Quadrate durchstochen werden. Man erhält auch hier *zwei Gitter*, bestehend aus aufrechten Parallelepipeden mit quadratischem Querschnitt, die zentriert sind oder nicht.

Ein Gitter mit einer Sechserachse heißt *hexagonal*. Das zur Achse senkrechte Gitter ist hexagonal und kann von der Achse nur in einem Gitterpunkt durchstoßen werden. Es gibt daher nur einen Typus hexagonaler Gitter.

Eine Sechserachse ist gleichzeitig Dreierachse und das eben erwähnte Gitter gehört daher auch zu einer solchen. Daneben gibt es aber ein weiteres Gitter, das eine Dreierachse besitzt, das *rhomboedrische*. Die zur Achse senkrechte Gitterebene muß ein hexagonales Gitter tragen, aber die Achse darf außer durch Gitterpunkte noch durch die Mittelpunkte der gleichseitigen Dreiecke gehen, aus denen das Gitter aufgebaut werden kann. Die Achse trifft nur jede dritte Gitterebene in einem Gitterpunkt, die beiden jeweils dazwischenliegenden Ebenen werden in Mittelpunkten von Dreiecken getroffen, die um 60° gegeneinander gedreht erscheinen.

Das *rhombische* Raumgitter besitzt drei aufeinander senkrechte Zweierachsen, die wir als Koordinatenachsen wählen. Jede Gitterebene durch eine dieser Achsen besitzt sie als Symmetriegerade und kann daher nur ein rechtwinkliges oder rhombisches Gitter tragen. Wenn die Koordinatenebenen rechteckige Gitter enthalten, so erhalten wir *zwei Gitter:* ein aus rechtwinkligen Quadern aufgebautes, die im Innern zentriert sind oder nicht. Im andern Fall nehmen wir an, daß die horizontale Basisebene rhombisch ist, und wir erhalten wiederum *zwei Gitter*, die man am besten von Quadern ausgehend beschreibt: Es wird das eine Gitter aus basiszentrierten, das andere aus allseitig flächenzentrierten Quadern aufgebaut.

Das *kubische* Gitter ist ein Spezialfall des vorigen und hat die Symmetrie des Würfels. Da hier die Koordinatenebenen gleichwertig sind, so gibt es nur drei Gitter, die sich aus einfachen oder innenzentrierten oder allseitig flächenzentrierten Würfeln aufbauen.

Eine nähere Betrachtung der Gitter zeigt, daß eine Dreier-, Vierer- und Sechserachse 3, 4 bzw. 6 zu ihr senkrechte Zweierachsen bedingt. Dieser Satz läßt sich umkehren: Zwei Zweierachsen durch O, welche den Winkel α unter sich bilden, bedingen eine dazu senkrechte Achse, deren Drehwinkel 2α beträgt. Führt man nämlich die Drehung von 180° um die beiden Achsen hintereinander aus, so ist das Resultat gleichbedeutend mit der angegebenen Drehung um die senkrechte Achse.

Wir zeigen nun, daß nur die 14 Gitter vorkommen. Wenn nur Zweierachsen auftreten, so müssen sie einen Winkel von 90° mit einander bilden, und es ist nur der monokline und der rhombische Fall möglich. Wenn eine Dreierachse vorhanden ist und nicht der rhomboedrische Fall vorliegt, so muß es eine Zweierachse geben, die nicht senkrecht zu ihr steht. Durch die Drehungen von der Ordnung 3 geht diese in 2 neue Lagen über, an denen sich gleiche Achsen befinden müssen. Diese bilden unter sich Winkel, die kleiner als 120° sind. Sind sie 90°, so haben wir eine Konfiguration, die im kubischen Fall vorliegt, nämlich die rechtwinkligen Koordinatenachsen und die Dreierachse, welche sie gleichwertig macht und zyklisch vertauscht. Ist der Winkel 60°, so haben wir wieder eine Konfiguration der Oktaedergruppe, nämlich die Achsen durch die Mitten einer Seitenfläche des Oktaeders und der sie begrenzenden Kanten. In den Fällen von 45° und 30° werden wir auf Vierer- und Sechserachsen geführt.

Bei einer Viererachse kommen wir auf Zweierachsen, die einen Winkel von weniger als 90° bilden. Ist er 60°, so haben wir eine Konfiguration des Oktaeders, ist er 45°, so ist der Winkel, den eine dieser Zweierachsen mit der Viererachse bildet, die ja auch eine Zweierachse ist, kleiner als 45° und wir kommen zu Sechserachsen.

Bei einer Sechserachse kommen nur die Winkel 45° und 30° in Betracht. 45° ist ausgeschlossen, denn wenn wir nur die geraden Drehungen der Sechserachse nehmen, so kommen wir auf eine Dreierachse mit einem Winkel, der größer ist als 45°, d. h. auf den kubischen Fall. Aber auch 30° ist ausgeschlossen, denn bezeichnen wir die Zweierachsen in der Reihenfolge, wie sie durch die Drehung entstehen, mit 1 bis 6, so müßten folgendes die Winkel zwischen ihnen sein:

$$\sphericalangle\,(1,2) = 30°, \quad \sphericalangle\,(1,3) = 45°, \quad \sphericalangle\,(1,4) = 60°, \quad \sphericalangle\,(1,5) = 45°,$$
$$\sphericalangle\,(1,6) = 30°,$$

und dies ist offenbar nicht möglich.

Die 7 Achsenkonfigurationen, die wir gefunden haben, bilden die
7 *Krystallsysteme.* Unter ihren Gruppen kommen zwei *umfassendste*
vor, die hexagonale und kubische. Nun müssen wir die Untergruppen
aufsuchen (vgl. auch § 35).

§ 33. Die Krystallklassen.

In der klassischen Krystallographie sieht man den Krystall als ein
Medium an, dessen physikalische Eigenschaften sich bei gewissen
Drehungen und Spiegelungen, die im vorigen Paragraphen an den
Gittern aufgewiesen worden sind, nicht ändern. Der modernen For-
schung ist es gelungen, durch den Nachweis der gitterartigen Krystallstruktur die Beschränkung auf die angegebenen Symmetrien aufzu-
klären, während man früher ein besonderes Gesetz, das Gesetz der
rationalen Indices, aufstellen mußte. Jede Symmetriegruppe, welche
sich aus den angegebenen Symmetrien zusammensetzen läßt, definiert
eine bestimmte *Krystallklasse,* bestehend aus den Krystallen, deren
empirisch nachgewiesene Symmetrien sich gerade mit dieser Gruppe
decken. Und umgekehrt gehört jeder Krystall zu einer solchen Gruppe;
denn seine Symmetrien bilden eine Gruppe, weil nach Voraussetzung
der Krystall nach der Ausführung einer Symmetrieoperation seine
Eigenschaften beibehält und daher eine beliebige weitere der Symmetrieoperationen zuläßt.

Jede Krystallklasse gehört daher zu einer bestimmten Untergruppe
der vollen Gruppen, welche zu den 7 Krystallsystemen des vorigen
Paragraphen gehören, und unsere Aufgabe ist es jetzt, die sämtlichen
so erhältlichen Gruppen aufzuzählen. Hierbei werden wir wesentlich
unterstützt durch die auftretenden Normalteiler und ihre Faktorgruppen.
Die volle Gruppe ist jeweils das direkte Produkt der zugehörigen Bewegungsgruppe und einer Gruppe von der Ordnung 2, deren Elemente
die Identität und das Symmetriezentrum sind. Diese Gruppen heißen die
Holoedrie des betreffenden Systems. Normalteiler vom Index 2, z. B.
die Bewegungsgruppen, heißen im allgemeinen *Hemiedrien,* solche
vom Index 4 *Tetartoedrien.*

1. *Triklines System.* Die *Hemiedrie* besteht aus der Identität allein,
die *Holoedrie* enthält außerdem noch das Symmetriezentrum.

2. *Monoklines System.* Die *Holoedrie* besteht aus E, einer Zweierachse, dem Symmetriezentrum und einer zur Achse senkrechten Symmetrieebene und bildet eine *Abel*sche Gruppe vom Typus (2, 2). Jedes
der drei zuletztgenannten Elemente bestimmt mit E zusammen eine
Untergruppe vom Index 2, aber die mittlere gehört ins trikline System,
daher bleiben zwei noch übrig: $E +$ Symmetrieebene bildet die *Hemiedrie,* $E +$ Zweierachse die *Hemimorphie.*

3. *Rhombisches System.* Die *Holoedrie* ist *Abel*sch von der Ordnung 8 und vom Typus (2, 2, 2). Sie besitzt 7 Gruppen von der Ordnung 2, die jeweils aus E und einer der 3 Zweierachsen oder der 3 Symmetrieebenen oder schließlich dem Symmetriezentrum bestehen. Alle diese gehören bereits zu einem der früheren Systeme. Ferner gibt es 7 Untergruppen von der Ordnung 4. Von diesen bilden 3 die monokline Holoedrie, bezogen auf je eine der drei Achsen; diese fallen weg. Außer diesen gibt es drei Untergruppen, die aus E, einer Zweierachse und zwei durch sie hindurchgehenden Symmetrieebenen bestehen. Diese bilden die *rhombische Hemimorphie.* Schließlich bleibt die Drehungsgruppe, welche E und 3 Zweierachsen enthält und *rhombische Hemiedrie* heißt.

4. *Rhomboedrisches System.* Die Bewegungsgruppe ist die Diedergruppe von der Ordnung 6. Die *Holoedrie* besitzt die Ordnung 12. Sie enthält einen Normalteiler vom Index 4, die *Tetartoedrie,* deren Faktorgruppe *Abel*sch und vom Typus (2, 2) ist. Es gibt also noch *drei Hemiedrien:* die *Paramorphie,* welche außer der Dreierachse noch das Symmetriezentrum und damit noch zwei Drehspiegelachsen enthält, die *Hemimorphie,* welche außer der Achse noch Symmetrieebenen durch dieselbe besitzt, und schließlich die *Enantiomorphie,* welche die sämtlichen 6 Drehungen enthält.

5. *Hexagonales System.* Hier bildet die Sechserachse die *Tetartoedrie* und ist Normalteiler der Holoedrie vom Index 4. Genau wie im vorherigen Fall treten *drei Hemiedrien* auf, sie werden gleich bezeichnet wie vorher. Freilich treten hier noch weitere Untergruppen auf, die nachher untersucht werden sollen.

6. *Tetragonales System.* Wie das vorige.

7. *Kubisches System.* Hier bildet die *Tetraedergruppe* die *Tetartoedrie.* Sie ist genau wie die drei vorigen in der Holoedrie enthalten. Die *Enantiomorphie* (reine Drehungsgruppe) ist hier offenbar die *Oktaedergruppe.*

Während wir in 1 bis 4 sämtliche Untergruppen kennen, müssen wir noch die übrigen Gruppen untersuchen. Wir beginnen mit dem hexagonalen System. Die Gruppe hat die Ordnung 24, ihre Sylowgruppe von der Ordnung 8 bildet das rhombische System, da die Sechserachse zugleich Zweierachse ist, sie liefert also keine neue Krystallklasse. Jede andere Untergruppe enthält die Untergruppe von der Ordnung 3, und diese ist stets Normalteiler, denn es gibt nur eine Dreierachse. Der Index dieses Normalteilers unter der Holoedrie ist 8, die Faktorgruppe ist *Abel*sch und vom Typus (2, 2, 2). Es gibt also 7 Untergruppen von der Ordnung 6 und ebensoviel von der Ordnung 12. Von der Ordnung 6 ist die Sechserachse, ferner die drei Hemiedrien des rhomboedrischen Systems. Von den letzteren zählen aber die Hemimorphie und die Enantiomorphie doppelt, da wir aus den 6 Zweierachsen des hexagonalen Systems auf zwei Arten drei auswählen können, um die Enantiomorphie zu erhalten. Ebenso können wir aus den 6 Symmetrieebenen durch die Sechserachse auf zwei Arten drei auswählen, welche die Hemimorphie ergeben. Die beiden Konfigurationen ergeben sich jeweils auseinander durch Drehung von 30° um die Dreierachse. Es bleibt also noch eine Untergruppe übrig und diese besteht aus der Dreierachse und einer horizontalen Symmetrieebene, die also zur Achse senkrecht steht. Diese Klasse heißt die *trigonale Paramorphie*. Sie gehört nicht zum rhomboedrischen Gitter, denn dieses besitzt keine horizontale Symmetrieebene, sondern nur zum hexagonalen, trotzdem wird sie meist dem rhomboedrischen System zugezählt. Unter den Untergruppen von der Ordnung 12 kommen 5 bereits unter den früher aufgezählten vor, und es bleiben zwei übrig, die aber nur als eine zählen. Es ist dies die Dreierachse mit drei dazu senkrechten Zweierachsen, also die rhomboedrische Enantiomorphie, der ferner noch eine horizontale Symmetrieebene hinzugefügt ist. Diese Klasse heißt die *trigonale Holoedrie*.

Ähnlich liegen die Verhältnisse im *tetragonalen System*. Nimmt man hier zu der Viererachse das Symmetriezentrum, so erhält man eine *Abel*sche Gruppe vom Typus (4, 2). Diese besitzt außer der Achse noch eine Operation von der Ordnung 4, nämlich die Drehspiegelachse. Die zugehörige Klasse heißt *tetragonale Tetartoedrie II. Art*. Auch diese Gruppe ist Normalteiler der Holoedrie und in drei Normalteilern von der Ordnung 8 enthalten, von denen wir erst einen haben, nämlich die tetragonale Paramorphie. Die beiden anderen sind gleich beschaffen und entstehen durch Hinzufügen zweier Zweierachsen und zweier Symmetrieebenen durch die Drehspiegelachse, welche die Winkel zwischen den Zweierachsen halbieren. Diese Klasse heißt die *tetragonale Hemiedrie II. Art*.

Das kubische System liefert keine weiteren Klassen mehr. Die Sylowgruppen von der Ordnung 16 sind tetragonale Holoedrien, die Untergruppen mit Dreierachsen gehören in das hexagonale oder das rhomboedrische System.

Es ist bemerkenswert, daß bereits so einfache Gruppen, wie die drei zuletzt behandelten, eine große Mannigfaltigkeit von Untergruppen und eine äußerst komplizierte Struktur aufweisen. Sie sind darum besonders lehrreich, und gerade ein Vergleich des hexagonalen Falles mit dem tetragonalen wird die tiefere Erkenntnis des Baues von Gruppen auf das nachhaltigste fördern.

Auf die allgemeinen Raumgruppen mit endlichem Fundamentalbereich werden wir in § 72 kurz eingehen. Der Beweis, daß es nur endlich viele gibt, ist viel schwieriger, als im Fall der Ebene. Man findet einen solchen in *de Séguier*, Groupes abstraits, S. 150. Paris Gauthier-Villars 1904.

8. Kapitel.

Permutationsgruppen.

§ 34. Zerlegung der Permutationen in Zyklen[1].

Die Aufgabe dieses Kapitels bildet ein eingehenderes Studium der durch Permutationen dargestellten Gruppen. Sie sind besonders wichtig, weil durch sie gewisse, für alle Anwendungen fundamentale Gruppen in einfachster Weise behandelt werden können. Aber ihre Bedeutung reicht noch viel weiter, denn wie bereits in § 5 gezeigt worden ist, besitzt jede Gruppe eine Darstellung durch Permutationen, und wir werden später sehen, daß sich jede Eigenschaft der Permutationsgruppen so aussprechen läßt, daß sie als Eigenschaft einer abstrakten Gruppe erscheint.

Wir behandeln zum Anfang eine neue Darstellung der Permutationen und beginnen mit einem Beispiel. In der Permutation

$$\begin{pmatrix} 1 & 2 & 3 & 4 & 5 \\ 2 & 5 & 1 & 3 & 4 \end{pmatrix}$$

wird 1 ersetzt durch 2, 2 durch 5, 5 durch 4, 4 durch 3 und 3 durch 1. Dies kann durch folgendes Symbol bezeichnet werden (1, 2, 5, 4, 3), in dem wir darunter eine *zyklische Vertauschung* oder einen *Zyklus* der fünf Variablen in der Klammer verstehen dergestalt, daß jede Zahl durch die folgende, die letzte aber durch die erste ersetzt wird. Offenbar bewirkt die angegebene Permutation dieselbe Vertauschung wie das obige Klammersymbol, aber das letztere ist viel übersichtlicher als die bisher angewandte Bezeichnung.

So sind auch die Potenzen der Permutation leicht aus dem Klammersymbol abzulesen. Um z. B. das Quadrat zu bilden, hat man jeweils um 2 Stellen nach rechts zu gehen und allgemein für die n-te Potenz in zyklischer Weise um n Stellen nach rechts. Man sieht sofort, daß die fünfte Potenz unserer Permutation die identische ergibt.

Als ein weiteres Beispiel betrachten wir die Permutation

$$\begin{pmatrix} 1 & 2 & 3 & 4 & 5 \\ 5 & 4 & 1 & 2 & 3 \end{pmatrix}.$$

Hier geht 1 über in 5, 5 in 3 und 3 in 1, so daß hiermit bereits ein Zyklus geschlossen ist. 2 geht über in 4 und 4 in 2. In unserem Fall ist also die Permutation das Produkt der zwei Zyklen (1, 5, 3) (2, 4), von 3 bzw. 2 Variablen. Die Ordnung dieser Permutation muß sowohl durch 3 als durch 2 teilbar sein und ist, wie man sich leicht überzeugt, gleich 6.

Man sieht nun sofort, daß sich jede Permutation in der angegebenen Weise in ein Produkt von Zyklen zerlegen läßt, wobei jede Variable

---

[1] Zur Geschichte der Permutationsgruppen vgl. § 75.

nur einmal vorkommt. Bleibt eine Variable ungeändert bei der Permutation, so gibt sie Anlaß zu einem Zyklus von einem einzigen Glied, und wir setzen fest, daß solche Zyklen weggelassen werden. So ist z. B.

$$\begin{pmatrix} 1 & 2 & 3 \\ 3 & 2 & 1 \end{pmatrix} = (1, 3)\,(2) = (1, 3)\,.$$

Satz 91. *Die Ordnung einer Permutation ist gleich dem kleinsten gemeinsamen Vielfachen der Ordnungen der einzelnen Zyklen, und die Ordnung eines Zyklus ist gleich der Anzahl der Variablen, die darin auftreten.*

Sieht man von der Bedingung ab, daß 2 Zyklen keine gemeinsamen Variablen enthalten dürfen, so läßt sich selbstverständlich jede Permutation auf beliebig viele Weisen als Produkt von Zyklen darstellen, insbesondere als Produkt von **Transpositionen.** Hierunter verstehen wir die Vertauschung zweier aufeinander folgender Variablen. Der Zyklus $(1, 2, 3, \ldots, n)$ kann offenbar ersetzt werden durch die aufeinander folgenden Transpositionen $(1, 2)$, $(1, 3)$, $(1, 4), \ldots, (1, n)$. Es ist also:

$$(1, 2, 3, \ldots, n) = (1, 2)\,(1, 3)\,(1, 4) \ldots (1, n),$$

und in ähnlicher Weise lassen sich die übrigen Zyklen der Permutation behandeln. Wir merken noch an, daß die Anzahl der Transpositionen bei Zyklen gerader Ordnung eine ungerade, im anderen Fall eine gerade ist.

Der zu einem Zyklus inverse Zyklus wird erhalten, indem man die Variablen in umgekehrter Reihenfolge aufschreibt; die zu einem Produkt von Zyklen inverse Operation erhält man, indem man die Folge der Zyklen umkehrt und außerdem jeden einzelnen Zyklus durch den inversen ersetzt. So ist z. B.

$$\big((1, 2, 3)\,(1, 2, 4)\big)^{-1} = (4, 2, 1)\,(3, 2, 1)\,.$$

Nun gilt der

Satz 92. *Wird eine Permutation auf verschiedene Weisen als Produkt von Transpositionen dargestellt, so ist die Anzahl der eingehenden Transpositionen entweder bei allen Darstellungen gerade oder bei allen Darstellungen ungerade.*

Beweis. Man bildet das Differenzenprodukt

$$\left.\begin{aligned} (x_1 - x_2)\,(x_1 - x_3) &\ldots (x_1 - x_n) \\ (x_2 - x_3) &\ldots (x_2 - x_n) \\ \ldots\ldots\ldots\ldots\ldots&\ldots\ldots\ldots \\ (x_{n-1} &- x_n) \end{aligned}\right\} = D\,.$$

Vertauscht man hier 1 und 2, so ändert D das Vorzeichen, und allgemein überzeugt man sich leicht davon, daß jede Vertauschung zweier Indices dasselbe bewirkt. Eine gerade Anzahl von Vertauschungen läßt daher D ungeändert, während eine ungerade Anzahl D in $-D$ überführt.

Eine Permutation wird stets entweder D unverändert lassen oder D in $-D$ überführen. Im ersten Fall kann sie sich nur aus einer geraden Anzahl, im zweiten Fall nur aus einer ungeraden Anzahl von Transpositionen zusammensetzen lassen.

Sind S und T zwei Permutationen, so ist es eine für das Folgende wichtige Aufgabe, die Permutation $T^{-1}ST$ zu bilden. Wir bezeichnen

$$S = \begin{pmatrix} 1, & 2, & \ldots, & n \\ i_1, & i_2, & \ldots, & i_n \end{pmatrix}, \quad T = \begin{pmatrix} 1, & 2, & \ldots, & n \\ k_1, & k_2, & \ldots, & k_n \end{pmatrix} = \begin{pmatrix} i_1, & i_2, & \ldots, & i_n \\ l_1, & l_2, & \ldots, & l_n \end{pmatrix} \qquad \text{vgl. § 5}$$

dann wird

$$ST = \begin{pmatrix} 1, & 2, & \ldots, & n \\ l_1, & l_2, & \ldots, & l_n \end{pmatrix},$$

und

$$T^{-1}ST = \begin{pmatrix} k_1, & k_2, & \ldots, & k_n \\ l_1, & l_2, & \ldots, & l_n \end{pmatrix}.$$

Hieraus folgt der

Satz 93. *Eine Permutation S wird transformiert durch die Permutation T, indem man in den beiden Zeilen der Permutation S die Permutation T ausführt.*

In der Bezeichnungsweise durch Zyklen wird das Resultat noch einfacher. Man überzeugt sich leicht, daß ein Zyklus durch die Permutation T transformiert wird, indem man die Variablen des Zyklus der Permutation unterwirft. So ergibt z. B. das Produkt der Zyklen $(1, 2, 3)\,(2, 3, 4)$ transformiert durch die Permutation $\begin{pmatrix} 1, & 2, & 3, & 4 \\ 2, & 1, & 4, & 3 \end{pmatrix}$ das folgende Produkt $(2, 1, 4)\,(1, 4, 3)$, denn ein Produkt wird transformiert, indem man die einzelnen Faktoren transformiert.

Umgekehrt sind zwei Permutationen, deren Zerlegung in Zyklen mit verschiedenen Variablen eine gleichartige ist, d. h. jeweils aus gleichviel Zyklen derselben Ordnung besteht, durch Transformation ineinander überführbar. Zum Beispiel $(1, 2, 3, 4, 5)$ und $(2, 4, 1, 5, 3)$ sind ineinander transformierbar durch die Permutation $\begin{pmatrix} 1, & 2, & 3, & 4, & 5 \\ 2, & 4, & 1, & 5, & 3 \end{pmatrix}$ bzw. die dazu inverse.

Zum Schluß dieses Paragraphen seien noch ein paar spezielle Formeln angemerkt. *Zwei Zyklen mit einer einzigen gemeinsamen Variablen ergeben multipliziert wiederum einen Zyklus:*

$$(x_1, \ldots, x_n)\,(x_1, y_2, \ldots, y_m) = (x_1, \ldots, x_n, y_2, y_3, \ldots, y_m).$$

Die Ordnung des zusammengesetzten Zyklus ist gleich der um 1 verminderten Summe der Ordnungen der beiden Faktoren.

Das Produkt zweier Transpositionen läßt sich durch dreigliedrige Zyklen erzeugen. So ist

$$(a\,b)\,(c\,d) = (a\,b\,d)\,(a\,c\,d) \quad \text{und} \quad (a\,b)\,(a\,c) = (a\,b\,c).$$

Infolgedessen lassen sich alle geraden Permutationen auch als Produkte dreigliedriger Zyklen darstellen, und umgekehrt ist ein solches Produkt stets eine gerade Permutation.

§ 35. Die symmetrische und alternierende Permutationsgruppe.

Die sämtlichen Permutationen von n Variablen bilden eine Gruppe von der Ordnung $n!$, welche die **symmetrische Gruppe** von n Variablen genannt wird. In dieser Gruppe sind 2 Permutationen mit gleichartiger Zerlegung in Zyklen von verschiedenen Variablen konjugiert.

Besteht die Permutation aus a Zyklen von der Ordnung 1, b Zyklen von der Ordnung 2, c von der Ordnung 3 usw., so daß $n = a + 2b + 3c + \cdots$, so gibt es im ganzen, wie eine leichte Rechnung zeigt,

$$\frac{n!}{1^a\,a!\,2^b\,b!\,3^c\,c!\ldots}$$

Permutationen von diesem Typus, wobei $0! = 1$ zu setzen ist. Diese Zahl stellt daher auch die Anzahl der Permutationen in der betreffenden Klasse dar. Die Anzahl der Klassen in der symmetrischen Gruppe ist gleich der Anzahl der Lösungen der Gleichung

$$n = a + 2b + 3c + \cdots$$

in ganzen Zahlen $\geqq 0$. Für $n = 2$ erhält man die Gruppe von der Ordnung 2; $n = 3$ liefert die Diedergruppe von der Ordnung 6; $n = 4$ ergibt die Oktaedergruppe von der Ordnung 24, denn diese ist ja bestimmt durch die Vertauschungen der 4 Diagonalen, welche die Mittelpunkte gegenüber liegender Flächen des Oktaeders verbinden. Eine weitere Besprechung folgt unten und wir gehen über zur

Definition. Die *alternierende Gruppe* von n **Variablen** besteht aus den sämtlichen geraden Permutationen der n Variablen. Diese bilden eine Untergruppe vom Index 2 der symmetrischen Gruppe, denn ist $\mathfrak{A}$ die alternierende Gruppe und S irgendeine ungerade Permutation, so stellt $\mathfrak{A}S$ alle ungeraden Permutationen dar. $\mathfrak{A}$ ist ferner Normalteiler der symmetrischen Gruppe, denn mit T ist auch $S^{-1}TS$ eine gerade Permutation.

Die alternierende Gruppe von 3 Variablen ist zyklisch und von der Ordnung 3. Im Falle von 4 Variablen a, b, c, d besitzt sie die Ordnung 12. Wir behaupten nun, daß diese Gruppe einen Normalteiler von der Ordnung 4 besitzt. In der Tat bilden die 3 Permutationen, welche die 4 Variablen zu je zweien vertauschen, zusammen mit der identischen eine Untergruppe:

$$E,\ A = (a, b)\,(c, d),\quad B = (a, c)\,(b, d),\quad C = (a, d)\,(b, c)$$

mit den Relationen $AB = BA = C$; sie ist *Abel*sch und vom Typus $(2, 2)$, also eine Vierergruppe. Daß sie Normalteiler ist, folgt daraus, daß sie die sämtlichen Permutationen von dem betreffenden Typus enthält. Die Kompositionsreihe der symmetrischen Gruppe von vier Variablen besteht daher aus den Gruppen $\mathfrak{A}, \mathfrak{B}, \mathfrak{C}, E$, wobei $\mathfrak{A}$ die alternierende Gruppe ist, $\mathfrak{B}$ die eben aufgestellte *Abel*sche Gruppe von der Ordnung 4 und $\mathfrak{C}$ eine ihrer drei Untergruppen von der Ordnung 2. $\mathfrak{A}$ und $\mathfrak{B}$ sind Normalteiler der symmetrischen Gruppe, $\mathfrak{C}$ dagegen nicht. Weiterhin gilt nun der wichtige

Satz 94[1]. *Die alternierende Gruppe von n Variablen ist einfach, sobald n größer als 4 ist.*

Beweis. Ein Normalteiler der alternierenden Gruppe, der einen dreigliedrigen Zyklus (a, b, c) enthält, enthält alle weiteren dreigliedrigen Zyklen und stimmt infolgedessen mit der alternierenden Gruppe überein. Denn da mindestens 5 Variable zur Verfügung stehen, so kann man stets eine *gerade* Permutation angeben, welche die 3 Variablen a, b, c in drei beliebig gegebene Variable a_1, b_1, c_1 überführt. Durch diese Permutation wird aber der Zyklus (a, b, c) in den Zyklus (a_1, b_1, c_1) transformiert. Nun sei eine beliebige Permutation des Normalteilers in folgender Weise durch elementenfremde Zyklen dargestellt: $S = (a_1, \ldots, a_r) \ldots (c_1, \ldots, c_s)$ und wir machen die Voraussetzung, daß $s \geqq 4$ sei, dann gehört auch

$$T = (a_1, \ldots, a_r) \ldots (c_1, \ldots, c_{s-3}, c_{s-1}, c_s, c_{s-2})$$

zum Normalteiler, denn S geht in T über, indem man die Variablen (c_{s-2}, c_{s-1}, c_s) zyklisch vertauscht, was eine gerade Permutation ist. Der Normalteiler enthält also auch $S T^{-1}$, und man findet leicht, daß dies der dreigliedrige Zyklus (c_{s-3}, c_s, c_{s-2}) ist, womit nach dem Vorhergehenden bewiesen ist, daß alle Untergruppen, die Zyklen von höherer als dritter Ordnung enthalten, mit der alternierenden Gruppe übereinstimmen.

Nun möge der Normalteiler eine Permutation von der Ordnung 3 enthalten, dann muß diese in Zyklen zerlegt mindestens 2 Zyklen enthalten, sonst wäre die ganze alternierende Gruppe im Normalteiler. Eine solche Permutation sei

$$S = (a_1, a_2, a_3)\,(b_1, b_2, b_3),$$

wobei wir nur 2 Zyklen aufschreiben. Vertauscht man nun a_3, b_1, b_2 zyklisch, was auf eine Transformation mit einer geraden Permutation herauskommt, so erhält man

$$T = (a_1, a_2, b_1)\,(b_2, a_3, b_3),$$

und es wird

$$S T = (a_1, b_1, a_3, a_2, b_3)$$

also ein fünfgliedriger Zyklus und wir befinden uns im früheren Fall.

Es bleibt noch der Fall übrig, daß im Normalteiler bloß zweigliedrige Zyklen vorkommen.

---

[1] *Galois, E.:* Oeuvres, S. 26.

Wenn der Normalteiler die Permutation $(a, b)\,(c, d)$ enthält, so muß er auch $(b, e)\,(c, d)$ enthalten, wobei e irgendeine fünfte Variable, die ja vorhanden ist, darstellt, und das Produkt dieser beiden ist wiederum ein dreigliedriger Zyklus, nämlich (a, e, b). Falls die Permutation nicht bloß aus 2 Vertauschungen besteht, so müssen es mindestens 4 sein, z. B. $(a_1, a_2)\,(b_1, b_2)\,(c_1, c_2)\,(d_1, d_2)$, alsdann ist auch die folgende Permutation im Normalteiler enthalten $(a_1, a_2)\,(b_1, c_1)\,(b_2, d_1)\,(c_2, d_2)$. Das Produkt dieser beiden ergibt eine Permutation von der Ordnung 3 nämlich $(b_1, d_1, c_2)\,(b_2, c_1, d_2)$, womit wir auf den früheren Fall zurückgeführt sind. Wir haben hierbei die übrigen Vertauschungen, welche allenfalls zur Permutation gehören, weggelassen, da sie in beiden Permutationen gleich bleiben sollen und sich daher bei der Multiplikation aufheben.

§ 36. Transitive und intransitive Permutationsgruppen.

Von jetzt an sollen die Variablen einer Permutationsgruppe auch als solche bezeichnet werden, indem wir statt $1, 2, \ldots, n$ schreiben: $x_1, x_2, \ldots, x_n$. n heißt der **Grad** der Gruppe.

Indem wir nun von einer Variablen, etwa x_1, ausgehen, untersuchen wir, in welche Variablen x_1 durch die verschiedenen Permutationen übergeführt wird. Da die identische Permutation in jeder Permutationsgruppe enthalten ist, so kommt darunter x_1 selber vor. Durch Einführung einer geeigneten Numerierung dürfen wir annehmen, daß die übrigen Variablen, in die x_1 übergeht, $x_2, \ldots, x_r$ sind. Wir behaupten nun, daß diese r Variablen bei allen Permutationen der Gruppe nur unter sich vertauscht werden. Es möge nämlich bei der Permutation S die Variable x_i in x_k übergeführt werden, wobei i eine Zahl zwischen 1 und r bedeutet. Ist dann T eine Permutation, die x_1 in x_i überführt, so wird TS einerseits zur Permutationsgruppe gehören, andererseits aber auch x_1 in x_k überführen. Nach der Voraussetzung folgt nun, daß k ebenfalls ein Index zwischen 1 und r ist. Sind ferner i und k zwei Indices zwischen 1 und r und führen S bzw. T die Variable x_1 in x_i bzw. x_k über, so führt $S^{-1}T$ die Variable x_i in x_k über. Man sieht sonach, daß durch irgendeine Variable x_i die zugehörigen Variablen x_1 bis x_r eindeutig bestimmt sind und man nennt x_1 bis x_r *durch die Permutationsgruppe* **transitiv verbundene Variable**. Eine Variable außerhalb von $x_1, \ldots, x_r$ wird wiederum einem transitiven System angehören, das durch eine beliebige unter seinen Variablen vollständig bestimmt ist, und das System der n Variablen zerfällt somit in eine Anzahl transitiver Teilsysteme. Eine Permutationsgruppe, bei der mehr als ein transitives System vorkommt, heißt eine **intransitive Permutationsgruppe.** Betrachtet man nur die Variablen eines transitiven Teilsystems, so bilden ihre durch die Gruppe hervorgerufenen Permutationen eine mit der Gesamtgruppe isomorphe Gruppe. Diejenigen Permutationen, welche diese Variablen ungeändert lassen, bilden also einen Normalteiler der ganzen Gruppe.

Als Beispiel geben wir die zyklische Gruppe von der Ordnung 6 in fünf Variablen dargestellt; sie wird erzeugt durch

$$(x_1, x_2, x_3)(x_4, x_5).$$

Diese Gruppe ist intransitiv, der Normalteiler, der die drei ersten Variablen ungeändert läßt, ist von der Ordnung 2, derjenige, der x_4 und x_5 nicht ändert, von der Ordnung 3.

Es genügt, die transitiven Permutationsgruppen zu untersuchen, da sich die übrigen aus jenen zusammensetzen lassen.

Satz 95. *In einer transitiven Permutationsgruppe von n Variablen bilden diejenigen Permutationen, die x_1 bzw. x_2 usw. ungeändert lassen, ein System von n konjugierten Untergruppen vom Index n unter der ganzen Gruppe.*

Beweis. Daß die Permutationen, die etwa x_1 ungeändert lassen, eine Untergruppe $\mathfrak{H}$ bilden, ist klar; sind ferner T und S zwei Permutationen, die beide x_1 in x_i überführen, so gehört ersichtlich ST^{-1} zu $\mathfrak{H}$, d. h. S und T gehören derselben Nebengruppe von $\mathfrak{H}$ an und jede Nebengruppe besteht aus der Gesamtheit derjenigen Permutationen, die x_1 in eine bestimmte der übrigen Variablen überführen. Hiernach zerfällt die ganze Gruppe genau in n Nebengruppen von $\mathfrak{H}$. Ist nun $\mathfrak{H}'$ diejenige Gruppe, die x_i ungeändert läßt, und T eine Permutation, die x_1 in x_i überführt, so wird $T^{-1}\mathfrak{H}T$ eine Untergruppe sein, die x_i ungeändert läßt und daher in $\mathfrak{H}'$ enthalten ist; da ihre Ordnung dieselbe ist wie diejenige von $\mathfrak{H}'$, so wird $\mathfrak{H}' = T^{-1}\mathfrak{H}T$.

Nach der Definition ist $\mathfrak{H}$ eine intransitive Permutationsgruppe, indem ja x_1 für sich ein transitives System bildet. Wir müssen nun untersuchen, was eintritt, wenn $\mathfrak{H}$ in den übrigen Variablen transitiv ist.

Definition. Eine Permutationsgruppe $\mathfrak{G}$ heißt *r-fach transitiv,* wenn sie Permutationen enthält, die $x_1, \ldots, x_r$ in jedes System von r Variablen aus $x_1, \ldots, x_n$ überführen.

Aus dieser Definition folgt ohne weiteres, wie oben, daß in der Gruppe $\mathfrak{G}$ Permutationen auftreten, welche ein beliebiges System von r aus den n Variablen in ein beliebiges derartiges System überführen. Diejenigen Permutationen, welche $x_1, \ldots, x_r$ in sich selbst überführen, bilden eine Untergruppe $\mathfrak{H}$, und diejenigen, welche diese Variablen in ein und dasselbe System überführen, bilden eine Nebengruppe von $\mathfrak{H}$. Der Index von $\mathfrak{H}$ ist also gleich der Anzahl der möglichen Systeme von r Variablen, in die $x_1, \ldots, x_r$ übergeführt werden kann, und diese Anzahl ist gleich $n(n-1)\ldots(n-r+1)$. Hieraus folgt der

Satz 96. *Die Ordnung einer r-fach transitiven Gruppe vom Grade n ist gleich $n(n-1)\cdots(n-r+1)d$, wobei d ein Teiler von $(n-r)!$ ist.*

Denn d ist die Ordnung der Untergruppe $\mathfrak{H}$, und $\mathfrak{H}$ vertauscht $n-r$ Variable.

Wir betrachten nun speziell die zweifach transitiven Gruppen. Eine solche kann auch als transitive Gruppe charakterisiert werden, bei welcher die Untergruppe, die x_1 ungeändert läßt, in den übrigen Variablen transitiv ist. Denn sie muß Permutationen enthalten, die x_1, x_2 in ein beliebiges Paar x_1, x_i $(i = 2, \ldots, n)$ überführen; daraus folgt nun leicht, daß auch ein beliebiges Paar von Variablen x_i, x_k in x_i, x_l übergeführt werden kann, wobei $l \neq i$. Da die Gruppe transitiv ist, so gibt es jedenfalls eine Permutation, die x_1 in x_i überführt und x_2 möge dabei in x_k übergehen; durch Zusammensetzung mit einer geeigneten aus den vorhin angegebenen Permutationen kann man nun erreichen, daß k sowie i einem beliebigen Index gleich wird, womit bewiesen ist, daß die Gruppe zweifach transitiv ist.

§ 37. Darstellung von Gruppen durch Permutationen.

Bereits in § 5 haben wir den Begriff der *Darstellung* einer abstrakten Gruppe eingeführt. Es ist vorteilhaft, ihn etwas zu erweitern.

Eine Permutationsgruppe stellt die abstrakte Gruppe $\mathfrak{G}$ dar, wenn jedem Element der letzteren eine und nur eine Permutation zugeordnet ist und umgekehrt jeder Permutation mindestens ein Element aus $\mathfrak{G}$ entspricht, dergestalt, daß dem Produkt zweier Elemente auch das Produkt der zugeordneten Permutationen zugeordnet ist. Die Permutationsgruppe ist also *isomorph (homomorph)* mit der abstrakten Gruppe. Im folgenden wird die Aufgabe gelöst werden, alle Darstellungen einer abstrakten Gruppe durch transitive Permutationsgruppen zu finden.

Ist $\mathfrak{H}$ irgendeine Untergruppe der abstrakten Gruppe $\mathfrak{G}$ vom Index n und ist, in rechtsseitige Nebengruppen zerlegt,

$$\mathfrak{G} = \mathfrak{H} + \mathfrak{H}\,T_2 + \cdots + \mathfrak{H}\,T_n,$$

so läßt sich in folgender Weise eine Permutationsgruppe von n Variablen definieren, welche mit $\mathfrak{G}$ isomorph ist: Man multipliziere die n Nebengruppen $\mathfrak{H}$, $\mathfrak{H}\,T_2, \ldots, \mathfrak{H}\,T_n$ rechts mit dem beliebigen Element S aus $\mathfrak{G}$. Hierdurch erfahren sie eine Permutation und diese bezeichnen wir als die Darstellung des abstrakten Elementes S. Man sieht sofort, daß man auf diese Weise eine Darstellung von $\mathfrak{G}$ erhält, wenn man die n Nebengruppen als zu permutierende Variable betrachtet. Es ist nun von Wichtigkeit zu untersuchen, welche der Nebengruppen durch S in sich selbst übergeführt werden. Wenn das z. B. für $\mathfrak{H}$ der Fall ist, so muß die Beziehung gelten $\mathfrak{H}\,S = \mathfrak{H}$, d. h. S muß in der Untergruppe $\mathfrak{H}$ liegen und umgekehrt, wenn dies der Fall ist, so wird $\mathfrak{H}$ ungeändert bleiben. $\mathfrak{H}\,T$ bleibt ungeändert, wenn $\mathfrak{H}\,T\,S = \mathfrak{H}\,T$ oder $T^{-1}\mathfrak{H}\,T \cdot S = T^{-1}\mathfrak{H}\,T$ ist, d. h. wenn S in der zu $\mathfrak{H}$ konjugierten Untergruppe $T^{-1}\mathfrak{H}\,T$ liegt.

Hiernach läßt die zu S gehörige Permutation genau so viele „Variable", nämlich Nebengruppen, ungeändert, als die Anzahl der mit $\mathfrak{H}$ konjugierten Untergruppen beträgt, die S enthalten. Die identische Permutation wird von allen denjenigen Elementen S erzeugt, die in allen mit $\mathfrak{H}$ konjugierten Untergruppen enthalten sind. Die Gesamtheit dieser Elemente bildet einen Normalteiler der ganzen Gruppe $\mathfrak{G}$ und umgekehrt ist jeder Normalteiler von $\mathfrak{G}$, der in $\mathfrak{H}$ enthalten ist, auch in den mit $\mathfrak{H}$ konjugierten Untergruppen enthalten. Bezeichnet $\mathfrak{N}$ den größten Normalteiler von $\mathfrak{G}$, der in $\mathfrak{H}$ enthalten ist, so entspricht seinen Elementen und nur diesen die identische Permutation, die durch $\mathfrak{H}$ erzeugte Permutationsgruppe ist holoedrisch isomorph mit der Faktorgruppe $\mathfrak{G}/\mathfrak{N}$. Nachdem das festgestellt ist, können wir leicht die wichtige Tatsache erweisen, daß wir auf diesem Weg alle transitiven Darstellungen der Gruppe $\mathfrak{G}$ erhalten, so daß also jede transitive Permutationsgruppe durch eine Untergruppe der durch sie dargestellten abstrakten Gruppe im eben beschriebenen Sinn *erzeugt* werden kann.

Es sei nämlich $\mathfrak{G}$ die Permutationsgruppe und $\mathfrak{H}$ diejenige Untergruppe, die x_1 ungeändert läßt, ferner sei

$$\mathfrak{G} = \mathfrak{H} + \mathfrak{H} T_2 + \cdots + \mathfrak{H} T_n,$$

wobei $\mathfrak{H} T_i$ diejenige Nebengruppe bedeutet, deren Permutationen x_1 in x_i überführen. Nun möge die beliebige Permutation S aus $\mathfrak{G}$ unter anderem die Variable x_k in die Variable x_l überführen. Wir behaupten, daß die Beziehung gilt

$$\mathfrak{H} T_k S = \mathfrak{H} T_l.$$

Zum Beweis bedenken wir, daß $T_k S$ die Variable x_1 in x_l überführt und somit eine Permutation aus $\mathfrak{H} T_l$ ist, etwa $H T_l$. Nun wird $\mathfrak{H} T_k S = \mathfrak{H} H T_l = \mathfrak{H} T_l$, womit die Behauptung erwiesen ist. Damit ist bewiesen, daß die mit S bezeichnete Permutation der Variablen $x_1, \ldots, x_n$ identisch ist mit der Permutation der Nebengruppen von $\mathfrak{H}$, die durch rechtsseitige Multiplikation mit S entsteht. Wir sprechen die gefundenen Resultate in folgendem Satz aus:

Satz 97. *Man erhält jede Darstellung einer abstrakten Gruppe $\mathfrak{G}$ durch transitive Permutationsgruppen, indem man irgendeine Untergruppe $\mathfrak{H}$ und ihre Nebengruppen rechtsseitig mit den Elementen der Gruppe multipliziert; ist irgendeine transitive Permutationsgruppe gegeben und $\mathfrak{H}$ diejenige Untergruppe, die eine der Variablen ungeändert läßt, so ist die durch $\mathfrak{H}$ erzeugte Permutationsgruppe identisch mit der gegebenen Permutationsgruppe, bei geeigneter Zuordnung der Nebengruppen zu den Variablen der Permutationsgruppe.*

Die schon früher angegebene Darstellung einer Gruppe von der Ordnung g durch g Variable, welche aus der Gruppentafel entspringt, ist offenbar in unserer allgemeinen Aufstellung enthalten, wenn man für $\mathfrak{H}$ die Einheitsgruppe E wählt. Einige scheinbar andere Methoden, aus abstrakten Gruppen Permutationsgruppen zu bilden, seien hier noch besprochen. Wählt man statt rechtsseitiger Nebengruppen linksseitige, $\mathfrak{G} = \mathfrak{H} + U_2 \mathfrak{H} + \cdots + U_n \mathfrak{H}$, so erhält man eine Darstellung, indem man dem Element S die durch linksseitige Multiplikation mit S^{-1} hervorgerufene Permutation dieser Nebengruppen zuordnet. In der Tat entspricht S die Permutation

$$\begin{pmatrix} \mathfrak{H}, & U_2 \mathfrak{H}, \ldots, & U_n \mathfrak{H} \\ S^{-1}\mathfrak{H}, & S^{-1}U_2 \mathfrak{H}, \ldots, S^{-1}U_n \mathfrak{H} \end{pmatrix}$$

$$T: \qquad \begin{pmatrix} \mathfrak{H}, & U_2 \mathfrak{H}, \ldots, & U_n \mathfrak{H} \\ T^{-1}\mathfrak{H}, & T^{-1}U_2 \mathfrak{H}, \ldots, T^{-1}U_n \mathfrak{H} \end{pmatrix}$$

und

$$S\,T: \qquad \begin{pmatrix} \mathfrak{H}, & U_2 \mathfrak{H}, \ldots, & U_n \mathfrak{H} \\ T^{-1}S^{-1}\mathfrak{H}, & T^{-1}S^{-1}U_2 \mathfrak{H}, \ldots, & T^{-1}S^{-1}U_n \mathfrak{H} \end{pmatrix}.$$

Da sich nun aber die durch T hervorgerufene Permutation auch so schreiben läßt

$$T: \qquad \begin{pmatrix} S^{-1}\mathfrak{H}, & S^{-1}U_2 \mathfrak{H}, \ldots, & S^{-1}U_n \mathfrak{H} \\ T^{-1}S^{-1}\mathfrak{H}, & T^{-1}S^{-1}U_2 \mathfrak{H}, \ldots, & T^{-1}S^{-1}U_n \mathfrak{H} \end{pmatrix}$$

so sieht man, daß die Zusammensetzung der beiden zu S und T gehörigen Permutationen die zu $S\,T$ gehörige Permutation ergibt.

Um nun zu beweisen, daß diese Permutationsgruppe bei geeigneter Anordnung der Nebengruppen mit einer früheren identisch ist, schreiben wir die rechts- und linksseitigen Nebengruppen in besonderer Weise auf. Ist

$$\mathfrak{G} = \mathfrak{H} + \mathfrak{H}T_2 + \cdots + \mathfrak{H}T_n$$

eine Zerlegung von $\mathfrak{G}$ nach rechtsseitigen Nebengruppen, so ist nach § 6

$$\mathfrak{G} = \mathfrak{H} + T_2^{-1}\mathfrak{H} + \cdots + T_n^{-1}\mathfrak{H}$$

eine solche nach linksseitigen Nebengruppen. Multipliziert man der Reihe nach $\mathfrak{H}, \mathfrak{H}T_2, \ldots, \mathfrak{H}T_n$ rechts mit S, so erhält man genau dieselbe Permutation der Nebengruppen, wie wenn man die linksseitigen Nebengruppen $\mathfrak{H}, T_2^{-1}\mathfrak{H}, \ldots, T_n^{-1}\mathfrak{H}$ links mit S^{-1} multipliziert, so daß in der Tat die durch linksseitige Multiplikation hervorgerufene Permutationsgruppe mit einer rechtsseitigen identisch ist.

Eine weitere Möglichkeit, die abstrakte Gruppe $\mathfrak{G}$ als Permutationsgruppe darzustellen, ist die folgende: $P_1, \ldots, P_r$ seien die Elemente einer *Klasse* von $\mathfrak{G}$. Dem beliebigen Element S von $\mathfrak{G}$ ordnen wir diejenige Permutation der Elemente P zu, welche durch Transformation mit S gebildet wird, also $S^{-1}P_1 S, \ldots, S^{-1}P_r S$. Man sieht ohne weiteres ein, daß dies eine Darstellung von $\mathfrak{G}$ ergibt; aber auch sie ist identisch mit einer durch unsere allgemeine Methode erzeugten. Sei nämlich $\mathfrak{H}$ diejenige Untergruppe, welche aus den mit P_1 vertauschbaren Elementen der Gruppe besteht, dann ist r der Index von $\mathfrak{H}$ unter $\mathfrak{G}$, und die Nebengruppen von $\mathfrak{H}$ sind $\mathfrak{H}, \mathfrak{H}S_2, \ldots, \mathfrak{H}S_r$, wobei die S_i der Gleichung genügen: $S_i^{-1}P_1S_i = P_i$.

Rechtsseitige Multiplikation mit S ergibt die Permutation

$$\begin{pmatrix} \mathfrak{H}, & \mathfrak{H}S_2, & \ldots, \mathfrak{H}S_r \\ \mathfrak{H}S, & \mathfrak{H}S_2S, & \ldots, \mathfrak{H}S_rS \end{pmatrix}$$

und wir behaupten, daß dies dieselbe Permutation ist, wie

$$\begin{pmatrix} P_1, & P_2, & \ldots, & P_r \\ S^{-1}P_1S, & S^{-1}P_2S, & \ldots, & S^{-1}P_rS \end{pmatrix}.$$

In der Tat, wenn $\mathfrak{H}S_iS = \mathfrak{H}S_k$ ist, so wird S_iS das Element P_1 in P_k transformieren, und daher $S^{-1}P_iS = P_k$ sein. Gleich wie also die Nebengruppe $\mathfrak{H}S_i$ durch S in $\mathfrak{H}S_k$ übergeführt wird, so wird P_i durch S in P_k transformiert, womit die Behauptung erwiesen ist.

Zum Schluß soll noch untersucht werden, wann zwei verschiedene Untergruppen $\mathfrak{H}$ und $\mathfrak{K}$ bei geeigneter Anordnung der Nebengruppen zu derselben Permutationsgruppe führen.

Die Nebengruppen von $\mathfrak{H}$ nehmen wir in der Reihenfolge

$$\mathfrak{H}, \mathfrak{H}T_2, \ldots, \mathfrak{H}T_r.$$

Bei $\mathfrak{K}$ wollen wir die Untergruppe selbst nicht an die erste Stelle setzen, sondern wir bezeichnen die Nebengruppen allgemein mit

$$\mathfrak{K}U_1, \mathfrak{K}U_2, \ldots, \mathfrak{K}U_r.$$

Wenn nun die Vertauschung, die zu S gehört, in beiden Fällen dieselbe sein soll, so müssen insbesondere diejenigen Elemente, welche die erste Variable, nämlich $\mathfrak{H}$ bzw. $\mathfrak{K}U_1$ ungeändert lassen, in beiden Fällen dieselben sein. Nun folgt aus $\mathfrak{H}S = \mathfrak{H}$, daß S in $\mathfrak{H}$ liegt und aus $\mathfrak{K}U_1S = \mathfrak{K}U_1$, daß S zu $U_1^{-1}\mathfrak{K}U_1$ gehört. Es muß also $\mathfrak{H} = U_1^{-1}\mathfrak{K}U_1$ sein, d. h. $\mathfrak{H}$ und $\mathfrak{K}$ müssen konjugierte Untergruppen sein. Umgekehrt, wenn $\mathfrak{H}$ und $\mathfrak{K}$ konjugierte Untergruppen sind, so erzeugen sie dieselbe Permutationsgruppe bei geeigneter Numerierung der Variablen.

§ 38. Primitive und imprimitive Permutationsgruppen.

Die transitiven Gruppen werden eingeteilt in primitive und imprimitive Gruppen.

Definition. Eine transitive Permutationsgruppe heißt *imprimitiv,* wenn sich ihre Variablen dergestalt in mindestens zwei Systeme mit mehr als einer Variablen einteilen lassen, daß die Variablen eines jeden Systems entweder nur unter sich vertauscht werden, oder in die Variablen eines anderen Systems übergeführt werden.

Es ist klar, daß die Anzahl der Variablen in jedem System dieselbe sein muß. Diejenigen Permutationen, welche die Variablen eines jeden Systems nur unter sich vertauschen, bilden einen Normalteiler der

8*

Gruppe, denn wir erhalten eine mit der Gruppe isomorphe Permutationsgruppe, wenn wir bloß die Vertauschungen der Systeme unter einander betrachten, und die erwähnte Untergruppe gehört offenbar zu der Einheitspermutation dieser isomorphen Gruppe. Diejenigen Permutationen hingegen, welche die Variablen eines bestimmten Systems unter sich vertauschen, bilden eine Untergruppe $\mathfrak{K}$, welche diejenige Untergruppe $\mathfrak{H}$ enthält, die eine bestimmte Variable des Systems in sich selbst transformiert.

Die imprimitiven Gruppen haben sonach die besondere Eigenschaft, daß diejenige Untergruppe $\mathfrak{H}$, welche eine Variable, z. B. x_1, nicht ändert, in einer weiteren eigentlichen Untergruppe $\mathfrak{K}$ enthalten ist. Umgekehrt gibt eine solche Untergruppe $\mathfrak{K}$ stets Anlaß zu einer imprimitiven Gruppe. Denn sei $\mathfrak{K} = \mathfrak{H} + \mathfrak{H}S_2 + \cdots + \mathfrak{H}S_l$, und $\mathfrak{G} = \mathfrak{K} + \mathfrak{K}T_2 + \cdots + \mathfrak{K}T_m$, so werden zunächst bei Multiplikation mit einem beliebigen Element S die Nebengruppen von $\mathfrak{K}$ unter sich vertauscht. Eine Nebengruppe von $\mathfrak{K}$ besteht genau aus den Elementen von l Nebengruppen von $\mathfrak{H}$, denn es ist z. B.

$$\mathfrak{K}T_2 = \mathfrak{H}T_2 + \mathfrak{H}S_2T_2 + \cdots \mathfrak{H}S_lT_2.$$

Die sämtlichen Nebengruppen von $\mathfrak{H}$ zerfallen sonach in m Systeme von je l Nebengruppen, und jedes System enthält gerade diejenigen Nebengruppen von $\mathfrak{H}$, die zusammen eine Nebengruppe von $\mathfrak{K}$ bilden. Es ist nun klar, daß bei Multiplikation mit S die Nebengruppen eines solchen Systems entweder nur unter sich permutiert werden, oder aber in die Nebengruppen eines neuen Systems übergeführt werden, d. h. die durch $\mathfrak{H}$ erzeugte Permutationsgruppe ist imprimitiv. Daß eine Permutationsgruppe eventuell in mehrfacher Weise imprimitiv sein kann, ist nun auch fast selbstverständlich; dies ist der Fall, wenn es mehrere Untergruppen von $\mathfrak{G}$ gibt, die $\mathfrak{H}$ enthalten. Die Existenz einer jeden dieser besonderen Untergruppen macht sich durch eine besondere Art der Imprimitivität geltend.

Die imprimitiven Gruppen sind stets nur einfach transitiv, denn im entgegengesetzten Fall müßte z. B. das Variablenpaar x_1, x_2 in jedes der Paare x_1, x_i übergeführt werden können, was der Tatsache widerspricht, daß dieses Paar nur in ein Paar desselben oder eines anderen Systems übergeführt werden kann.

Von besonderer Wichtigkeit sind die *primitiven* Gruppen. Sie werden erzeugt durch solche Untergruppen $\mathfrak{H}$ von $\mathfrak{G}$, die in keiner weiteren enthalten sind, d. h. von größten Untergruppen von $\mathfrak{G}$; und wir können über sie einige wichtige Sätze angeben.

Satz 98. *Der Grad einer primitiven Permutationsgruppe, die auflösbar ist, ist stets eine Primzahlpotenz p^n und die Gruppe enthält einen und nur einen Abelschen Normalteiler; seine Ordnung ist p^n.*

Beweis. Es sei $\mathfrak{H}$ die Untergruppe von $\mathfrak{G}$, welche die primitive Permutationsgruppe erzeugt. $\mathfrak{G}$ besitzt als auflösbare Gruppe einen

*Abel*schen Normalteiler $\mathfrak{N}$, z. B. einen kleinsten von E verschiedenen Normalteiler. Nach Voraussetzung ist $\mathfrak{H}$ eine größte Untergruppe von $\mathfrak{G}$ und $\mathfrak{N}$ ist nicht in $\mathfrak{H}$ enthalten, weil sonst $\mathfrak{H}$ nicht die Gruppe $\mathfrak{G}$, sondern $\mathfrak{G}/\mathfrak{N}$ erzeugte. Daher ist $\mathfrak{G} = \{\mathfrak{N}, \mathfrak{H}\}$. Ist $\mathfrak{D}$ der Durchschnitt von $\mathfrak{H}$ und $\mathfrak{N}$, so ist $\mathfrak{D}$ Normalteiler von $\mathfrak{H}$ und $\mathfrak{H}/\mathfrak{D} = \mathfrak{G}/\mathfrak{N}$ (Satz 24). Hieraus folgt, daß der Index von $\mathfrak{D}$ unter $\mathfrak{N}$ gleich dem Index von $\mathfrak{H}$ unter $\mathfrak{G}$, also gleich dem Grad der Permutationsgruppe ist. Wir behaupten ferner, daß $\mathfrak{D} = E$ ist, d. h. daß $\mathfrak{H}$ und $\mathfrak{N}$ zueinander teilerfremd sind. Es sei nämlich P ein Element von $\mathfrak{H}$ und $\mathfrak{N}$, so ist P mit allen Elementen von $\mathfrak{N}$ vertauschbar, weil $\mathfrak{N}$ *Abel*sch ist. Setzt man $\mathfrak{G} = \mathfrak{H} + \mathfrak{H}T_2 + \cdots + \mathfrak{H}T_l$, so darf man nach § 10 die Elemente $T_2, T_3, \ldots, T_l$ aus $\mathfrak{N}$ wählen. Die zu $\mathfrak{H}$ konjugierten Untergruppen sind $T_i^{-1}\mathfrak{H}T_i$. Da P mit allen T vertauschbar ist, so kommt P in allen zu H konjugierten Untergruppen vor und gehört also zu einem Normalteiler von $\mathfrak{G}$, der in $\mathfrak{H}$ enthalten ist. Dieser besteht aber nur aus E. Es gibt daher für den *Abel*schen Normalteiler nur eine mögliche Ordnung, nämlich den Grad der Permutationsgruppe. Unsere auflösbare Gruppe besitzt einen von E verschiedenen *Abel*schen Normalteiler, nämlich einen kleinsten Normalteiler. Gäbe es noch einen zweiten, so müßte er dieselbe Ordnung haben. Der Durchschnitt dieser beiden Normalteiler kann, weil er selber ein *Abel*scher Normalteiler von $\mathfrak{G}$ ist, nur aus E bestehen. Dann aber bildet ihr direktes Produkt selber einen *Abel*schen Normalteiler von höherer Ordnung, was nicht möglich ist. Der Grad der Permutationsgruppe ist also gleich der Ordnung dieses kleinsten Normalteilers und eine Primzahlpotenz.

Wir können sonach den folgenden allgemeinen Satz aussprechen:

Satz 99. *Ist $\mathfrak{H}$ eine größte Untergruppe der auflösbaren Gruppe $\mathfrak{G}$ und $\mathfrak{N}$ der größte in $\mathfrak{H}$ enthaltene Normalteiler von $\mathfrak{G}$, dann besitzt die Faktorgruppe $\mathfrak{G}/\mathfrak{N}$ nur einen Abelschen Normalteiler und dessen Ordnung ist gleich dem Index von $\mathfrak{H}$ unter $\mathfrak{G}$.*

Da dieser *Abel*sche Normalteiler kleinster Normalteiler ist, so ist sein Typus durch die allgemeinen Regeln bestimmt.

Wir wollen noch einige einfache Folgerungen aus unserer Methode angeben:

Satz 100. *Ist $\mathfrak{H}$ eine Untergruppe von $\mathfrak{G}$ vom Index n, und ist ferner $\mathfrak{N}$ der größte in $\mathfrak{H}$ enthaltene Normalteiler von $\mathfrak{G}$, so ist die Ordnung von $\mathfrak{G}/\mathfrak{N}$ ein Teiler von $n!$.*

Denn die Gruppe $\mathfrak{G}/\mathfrak{N}$ läßt sich holoedrisch isomorph darstellen als Permutationsgruppe von n Variablen. Ist p die größte in der Ordnung einer *einfachen Gruppe* enthaltene Primzahl, so besitzt diese Gruppe keine Untergruppe, deren Index kleiner als p ist. Allgemeiner läßt sich folgender Satz aussprechen:

Satz 101. *Ist die Ordnung der Untergruppe $\mathfrak{H}$ gleich $a\,b$, die von $\mathfrak{G}$ gleich $a\,b\,n$, und ist jede in b aufgehende Primzahl $\geqq n$, jede in a*

aufgehende $< n$, so ist die Ordnung des größten in $\mathfrak{H}$ enthaltenen Normalteilers von $\mathfrak{G}$ durch b teilbar.

Beweis. Es sei $\mathfrak{N}$ der größte in $\mathfrak{H}$ enthaltene Normalteiler von $\mathfrak{G}$, dann ist die Ordnung von $\mathfrak{G}/\mathfrak{N}$ ein Teiler von $n!$, diejenige von $\mathfrak{H}/\mathfrak{N}$ also ein Teiler von $(n-1)!$. Diese letztere Zahl ist aber sicherlich zu b prim, folglich muß b in der Ordnung von $\mathfrak{N}$ aufgehen.

Historische Notiz. Satz 98 ist von *Galois* entdeckt worden. Die Aufstellung sämtlicher auflösbarer primitiver Gruppen vom Grade p^n bildet den Inhalt der zweiten Hälfte von *Jordan*s Traité des substitutions. *Jordan* hat seine Beweise später wesentlich vereinfacht und in zwei Abhandlungen niedergelegt: Recherches sur les groupes résolubles (Memorie della Pontificia Accademia Romana dei Nuovi Lincei Bd. 26 (1908), S. 7—39) und Mémoire sur les groupes résolubles (J. Math. pures appl. 1917, S. 264—374). Die Fälle p^3 und p^4 behandelt *Gösta Bucht* (Die umfassendsten primitiven metazyklischen Kongruenzgruppen mit drei oder vier Variablen. (Arch. för Mat., Astr. och Fys. Bd. 11 (1916)).

§ 39. Die Charaktere einer Permutationsgruppe.

Wir betrachten eine transitive Permutationsgruppe $\mathfrak{G}$ und zählen bei jeder Permutation die Variablen, die ungeändert bleiben. Diese Zahl wird der **Charakter** der Permutation genannt, und wir wollen einige Eigenschaften dieser wichtigen Zahlen herleiten.

$\mathfrak{H}$ sei diejenige Untergruppe von $\mathfrak{G}$, deren Permutationen eine Variable ungeändert lassen, und es sei

$$\mathfrak{G} = \mathfrak{H} + \mathfrak{H}\,T_2 + \cdots + \mathfrak{H}\,T_n.$$

Die Anzahl der Permutationen, welche die erste Variable ungeändert lassen, ist gleich der Anzahl der Elemente in $\mathfrak{H}$; diejenige der Permutationen, welche die i-te Variable in sich selbst überführen, ist gleich der Anzahl der Elemente in $T_i^{-1}\mathfrak{H}\,T_i$. Auch ihre Anzahl ist gleich der Ordnung von $\mathfrak{H}$. Für jede Variable gibt es also genau gleich viele Permutationen, welche sie ungeändert lassen. Die Summe der Charaktere aller Permutationen ist daher gleich der Ordnung von $\mathfrak{H}$ multipliziert mit n, also gleich der Ordnung von $\mathfrak{G}$. Ist die Gruppe intransitiv, so wird jeder transitive Bestandteil an die Summe der Charaktere denselben Bestandteil liefern. Hieraus folgt der

Satz 102. *Ist $\mathfrak{G}$ eine Permutationsgruppe von der Ordnung g, so ist die Summe der Charaktere der Permutationen gleich $k\,g$, wobei k die Anzahl der transitiven Systeme von $\mathfrak{G}$ bedeutet.*

Wir betrachten nunmehr die Elemente der Untergruppe $\mathfrak{H}$ und die zu ihnen gehörigen Permutationen. Die Summe ihrer Charaktere ist gleich der Ordnung von $\mathfrak{H}$ multipliziert mit der Anzahl der Komplexe, in die $\mathfrak{G}$ mod. $(\mathfrak{H}, \mathfrak{H})$ zerfällt (Satz 102), denn nur solche Nebengruppen von $\mathfrak{H}$, die zum selben Komplex gehören, sind bei der Untergruppe $\mathfrak{H}$ transitiv verbunden. Diese Anzahl der Komplexe bezeichnen wir mit l. Nehmen wir statt $\mathfrak{H}$ die konjugierte Untergruppe $T_i^{-1}\mathfrak{H}\,T_i$, so liefert sie dieselbe Zahl für die Summe der Charaktere. Bei der Gesamtheit dieser n konjugierten Untergruppen erhalten wir als Summe der Charaktere die Zahl $l\,g$. Hierbei sind nun die Elemente im allgemeinen mehrfach gezählt, und indem wir sie ordnen, erhalten wir eine neue Abzählung der Charaktere. Wenn nämlich der Charakter eines Elementes r ist, so tritt dieses Element genau in r von den zu $\mathfrak{H}$ konjugierten Untergruppen auf. Jedes Element liefert also als Beitrag zu der Summe das Quadrat seines Charakters. Nun kann man auch noch die Elemente außerhalb des Systems der zu $\mathfrak{H}$ konjugierten Untergruppen heranziehen. Ihr Charakter ist Null, und wenn wir sie zu unserer Summe hinzunehmen, so wird nichts geändert. Dies Resultat kann man in folgendem Satz zusammenfassen:

Satz 103. *Die Summe der Quadrate der Charaktere einer transitiven durch $\mathfrak{H}$ erzeugten Permutationsgruppe von der Ordnung g ist gleich lg, wobei l die Anzahl der Komplexe von Nebengruppen bezeichnet, in die $\mathfrak{G}$ mod. $(\mathfrak{H}, \mathfrak{H})$ zerfällt.*

<h3 style="text-align:center">9. Kapitel.</h3>

<h1 style="text-align:center">Automorphismen.</h1>

<h2 style="text-align:center">§ 40. Automorphismen einer Gruppe.</h2>

Ist $\mathfrak{G}$ irgendeine Gruppe und S eines ihrer Elemente, so erhält man durch Transformation aller Elemente von $\mathfrak{G}$ mit S einen Automorphismus (§ 9) von $\mathfrak{G}$. Ist nämlich $AB = C$, so folgt daraus $S^{-1}A S \, S^{-1}B S = S^{-1}C S$.

Die so entstehenden Automorphismen einer Gruppe nennt man *innere Automorphismen.* Ersetzt man jedes Element durch das beim Automorphismus ihm entsprechende, so erhält man eine Permutation der Elemente, die man durch

$$\left\{ \begin{matrix} X \\ S^{-1}X S \end{matrix} \right\}$$

bezeichnen kann, wobei X die Elemente von $\mathfrak{G}$ durchläuft. In vielen Fällen gibt es aber auch weitere Automorphismen der Gruppe und diese nennt man zum Unterschied von den früheren *äußere* Automorphismen. Wenn dabei dem Element X das Element X' zugeordnet ist, so bezeichnen wir diesen Automorphismus mit

$$\left\{ \begin{matrix} X \\ X' \end{matrix} \right\}.$$

Als Beispiel für Gruppen mit äußeren Automorphismen erwähnen wir die zyklische Gruppe von der Ordnung 3, bestehend aus den Elementen $A, A^2, A^3 = E$. Sie besitzt keinen inneren Automorphismus, außer dem identischen, dagegen den äußeren $E' = E, A' = A^2, (A^2)' = A$.

Die sämtlichen Automorphismen einer Gruppe bilden selbst eine Gruppe; denn, wenn man hintereinander die Permutation des ersten Automorphismus, dann diejenige des zweiten ausführt, so erhält man wiederum einen Automorphismus.

Diese Gruppe ist intransitiv, denn E wird stets sich selbst entsprechen.

Satz 104. *Die inneren Automorphismen bilden einen Normalteiler der Gruppe sämtlicher Automorphismen.*

Beweis. Transformiert man den Automorphismus

$$\begin{Bmatrix} X \\ S^{-1} X S \end{Bmatrix}$$

durch den allgemeinen Automorphismus

$$\begin{Bmatrix} X \\ X' \end{Bmatrix},$$

so hat man nach Satz 93 in beiden Zeilen der ersten Permutation die zweite Permutation auszuführen. Dies ergibt den neuen Automorphismus

$$\begin{Bmatrix} X' \\ S'^{-1} X' S' \end{Bmatrix}.$$

Er ersetzt jedes Element X' durch das Element $S'^{-1} X' S'$. Wir dürfen hier das allgemeine Element X' selbstverständlich auch mit X bezeichnen und unser Automorphismus ist identisch mit dem inneren Automorphismus

$$\begin{Bmatrix} X \\ S'^{-1} X S' \end{Bmatrix}.$$

Satz 105. *Die Gruppe der inneren Automorphismen ist isomorph mit der gegebenen Gruppe, und zwar entspricht der Einheit das Zentrum der Gruppe.*

Denn nur für die Elemente des Zentrums wird der Automorphismus der identische.

Wir gehen wieder aus von einer Gruppe $\mathfrak{G}$ und wollen annehmen, sie sei als Normalteiler in einer umfassenderen Gruppe $\mathfrak{J}$ enthalten. Transformiert man $\mathfrak{G}$ durch irgendein Element von $\mathfrak{J}$, so erhält man einen Automorphismus für $\mathfrak{G}$, der nicht notwendigerweise ein innerer ist. So ergeben z. B. die Diedergruppen einen äußeren Automorphismus für ihren zyklischen Normalteiler vom Index 2. Es ist nun die Frage, ob sich zu einer beliebigen Gruppe $\mathfrak{G}$ eine umfassendere Gruppe $\mathfrak{J}$ definieren läßt, die in der angegebenen Weise alle Automorphismen von $\mathfrak{G}$ liefert. Die Permutationsgruppen geben uns in der Tat die Mittel zur Hand, diese Frage zu bejahen.

Wir gehen aus von der durch die Gruppentafel gelieferten Darstellung von $\mathfrak{G}$ durch eine Permutationsgruppe. Zu dem Element S gehört so die Permutation, welche wir in unserer Symbolik mit

$$\begin{Bmatrix} X \\ X S \end{Bmatrix}$$

bezeichnen. Ist nun ein Automorphismus von $\mathfrak{G}$ gegeben, wobei allgemein S' dem S entspricht, so ist die Permutation, welche S' entspricht, die folgende

$$\left\{ \begin{matrix} X \\ X S' \end{matrix} \right\}.$$

Diese letztere können wir aber auch so schreiben

$$\left\{ \begin{matrix} X' \\ X' S' \end{matrix} \right\},$$

denn beide Symbole stellen dieselbe Permutation, bloß in anderer Reihenfolge der Variablen, dar.

Nehmen wir zu unserer Darstellung von $\mathfrak{G}$ die Permutationsgruppe der Automorphismen von $\mathfrak{G}$ hinzu, so sind beides Untergruppen der Gruppe aller Permutationen der Elemente von $\mathfrak{G}$. Die beiden Gruppen erzeugen also eine Untergruppe der symmetrischen Gruppe aller Vertauschungen der Elemente von $\mathfrak{G}$. Sie haben überdies keine Permutation außer der identischen gemein, denn während die Gruppe der Automorphismen E ungeändert läßt, wird bei der Darstellung von $\mathfrak{G}$ jeweils E in $E S$ übergeführt und $E S$ ist nur für das Einheitselement $= E$. Die zusammengesetzte Gruppe bezeichnen wir nun mit $\mathfrak{K}$, die Darstellung von $\mathfrak{G}$ wiederum mit $\mathfrak{G}$ und behaupten den

Satz 106. $\mathfrak{G}$ *ist Normalteiler von* $\mathfrak{K}$ *und jeder Automorphismus von* $\mathfrak{G}$ *entsteht durch Transformation mit einer Permutation aus* $\mathfrak{K}$.

Beweis. $\mathfrak{K}$ ist nach Definition erzeugt durch die Gruppe $\mathfrak{G}$, aus der wir die Permutation $\left\{ \begin{matrix} X \\ X S \end{matrix} \right\}$ herausgreifen, und durch die Gruppe der Automorphismen von $\mathfrak{G}$, deren Permutationen wir durch $\left\{ \begin{matrix} X \\ X' \end{matrix} \right\}$ bezeichnen. Transformieren wir die erste der angegebenen Permutationen durch die zweite, so erhalten wir $\left\{ \begin{matrix} X' \\ X' S' \end{matrix} \right\}$. Diese ist identisch mit $\left\{ \begin{matrix} X \\ X S' \end{matrix} \right\}$, d. h. mit der zu S' gehörigen Permutation von $\mathfrak{G}$. Damit ist zunächst gezeigt, daß $\mathfrak{G}$ Normalteiler von $\mathfrak{K}$ ist, dessen Index gleich der Ordnung der Gruppe aller Automorphismen von $\mathfrak{G}$ ist. Weiter aber folgt auch, wenn wir beachten, daß S' dasjenige Element ist, das S zugeordnet ist durch den Automorphismus $\left\{ \begin{matrix} X \\ X' \end{matrix} \right\}$, die Tatsache, daß die Transformation der Elemente von $\mathfrak{G}$ durch $\left\{ \begin{matrix} X \\ X' \end{matrix} \right\}$ gerade den durch dieses Symbol repräsentierten Automorphismus für $\mathfrak{G}$ ergibt, womit unser Satz vollständig bewiesen ist.

Definition. Die Gruppe $\mathfrak{K}$ heißt die *Holomorphie* von $\mathfrak{G}$.

$\mathfrak{K}$ hat offenbar die Eigenschaft, daß man die Nebengruppen des Normalteilers $\mathfrak{G}$ erhält, indem man $\mathfrak{G}$ der Reihe nach mit den Elementen einer zweiten Untergruppe von $\mathfrak{K}$, nämlich der Gruppe der Automorphismen, multipliziert. Diese zweite Untergruppe besitzt selbst einen Normalteiler, der isomorph ist mit $\mathfrak{G}$, nämlich die Gruppe der inneren Automorphismen von $\mathfrak{G}$. Diese letztere ist aber gewiß nicht Normalteiler von $\mathfrak{K}$, denn sonst wäre jedes ihrer Elemente mit jedem Element von $\mathfrak{G}$ vertauschbar nach Satz 17.

Satz 107. *Die Holomorphie einer Gruppe $\mathfrak{G}$ von der Ordnung g ist der Normalisator von $\mathfrak{G}$ in der symmetrischen Gruppe von g Variablen.*

Beweis. Unter den Permutationen von $\mathfrak{G}$ verstehen wir wie immer $\left\{ \begin{matrix} X \\ X\,S \end{matrix} \right\}$, wobei S die Elemente von $\mathfrak{G}$ durchläuft. Nun sei irgendeine Permutation der g Elemente gegeben: $P = \left\{ \begin{matrix} X \\ X' \end{matrix} \right\}$. Soll sie zum Normalisator von $\mathfrak{G}$ gehören, so muß sie mit $\mathfrak{G}$ vertauschbar sein, und wenn man die Permutationen von $\mathfrak{G}$ durch sie transformiert, so erhält man einen Automorphismus von $\mathfrak{G}$. Derselbe Automorphismus wird aber auch durch eine Permutation Q der Holomorphie geliefert. Bildet man nun $P\,Q^{-1} = R$, so ist die Permutation R mit allen Permutationen von $\mathfrak{G}$ vertauschbar, und es bleibt nun noch zu beweisen übrig, daß die Holomorphie alle diese Permutationen enthält.

Es sei $R = \left\{ \begin{matrix} X \\ X' \end{matrix} \right\}$ eine Permutation, die mit allen Permutationen von $\mathfrak{G}$ vertauschbar ist. Transformiert man $\left\{ \begin{matrix} X \\ X\,S \end{matrix} \right\}$ mit dieser Permutation, so erhält man $\left\{ \begin{matrix} X' \\ (X\,S)' \end{matrix} \right\}$. Da diese Permutation identisch sein soll mit der vorigen, so muß die Beziehung gelten $(X\,S)' = X'\,S$. Dies genügt, um die Beschaffenheit der Permutation R zu bestimmen. Es sei nämlich A dasjenige Element, in das E durch R übergeführt wird, d. h. es sei $E' = A$. Indem wir die obige Beziehung benutzen, folgt

$$X' = (E\,X)' = E'\,X = A\,X,$$

so daß sich R in folgender Weise ausdrückt: $R = \left\{ \begin{matrix} X \\ A\,X \end{matrix} \right\}$. Läßt man hierin A alle Elemente von $\mathfrak{G}$ durchlaufen, so erhält man g Permutationen, und es ist leicht zu zeigen, daß sie alle mit den Elementen von $\mathfrak{G}$ vertauschbar sind, denn führt man hintereinander die beiden Permutationen aus: $\left\{ \begin{matrix} X \\ X\,S \end{matrix} \right\}$ und $\left\{ \begin{matrix} X \\ A\,X \end{matrix} \right\}$, so erhält man die Permutation $\left\{ \begin{matrix} X \\ A\,X\,S \end{matrix} \right\}$, gleichgültig welche Reihenfolge man gewählt hat. Es bleibt nun noch übrig zu zeigen, daß die Permutationen von der Gestalt $R = \begin{Bmatrix} X \\ A\,X \end{Bmatrix}$ sämtlich in der Holomorphie von $\mathfrak{G}$ enthalten sind.

Nun gehört gewiß $\begin{Bmatrix} X \\ A\,X\,A^{-1} \end{Bmatrix}$ als innerer Automorphismus zur Holomorphie und ebenso $\begin{Bmatrix} X \\ X\,A \end{Bmatrix}$, denn dies ist eine Permutation von $\mathfrak{G}$ also auch ihr Produkt. Dies ist aber die Permutation R.

Ein Automorphismus transformiert stets zwei Elemente, die zur selben Klasse gehören, in zwei neue Elemente von derselben Eigenschaft. Denn wenn $A = S^{-1}BS$ ist, so geht diese Gleichung beim Automorphismus über in die Gleichung $A' = S'^{-1}B'S'$, d. h. A' und B' sind wiederum konjugiert. Die inneren Automorphismen führen jedes Element in ein Element derselben Klasse über. Bei äußeren Automorphismen dagegen kann es vorkommen, daß die Elemente einer Klasse übergeführt werden in die Elemente einer anderen Klasse, wofür die zyklischen Gruppen Beispiele liefern. Natürlich müssen sowohl die Ordnung als die Anzahl der Elemente für zwei derartige Klassen dieselben sein. Man kann eine zu der Gruppe der Automorphismen isomorphe Gruppe bilden, indem man bloß die Permutationen der Klassen unter sich berücksichtigt. Der identischen Permutation entsprechen dann diejenigen Automorphismen, welche die Elemente in ihren Klassen lassen.

Wir sprechen nun den Satz aus:

Satz 108. *Diejenigen Automorphismen, welche die Elemente in ihren Klassen lassen, bilden einen Normalteiler der Gruppe aller Automorphismen, dessen Ordnung nur Primteiler der Ordnung von $\mathfrak{G}$ enthält.*

Dieser eben betrachtete Normalteiler ist nicht immer identisch mit der Gruppe der inneren Automorphismen.

Beweis. Sei J irgendein Automorphismus aus diesem Normalteiler, dessen Ordnung eine zur Ordnung von $\mathfrak{G}$ prime Primzahl p ist. Die Gruppe $\{\mathfrak{G}, J\} = \mathfrak{F}$ enthält $\mathfrak{G}$ als Normalteiler, dessen Index p gleich der Ordnung von J ist. J ist gewiß nicht mit allen Elementen von $\mathfrak{G}$ vertauschbar. Wir betrachten nun die Klasse der mit J konjugierten Elemente. Es muß notwendigerweise Elemente geben, die mit keinem Element dieser Klasse vertauschbar sind (Satz 63). Sei S ein solches Element, dann muß die Klasse, zu der S gehört, eine durch p teilbare Anzahl von Elementen besitzen. Denn J kann mit keinen Elementen der Klasse von S vertauschbar sein. Wäre nämlich J mit $T^{-1}ST$ vertauschbar, so wäre auch S mit TJT^{-1} vertauschbar, was gegen die Voraussetzung ist. Transformiert man nun S der Reihe nach mit den Potenzen von J, so erhält man p verschiedene Elemente der Klasse von S, und indem man so fortfährt, sieht man, daß die Anzahl der Elemente in der Klasse durch p teilbar ist. Ist p zur Ordnung von $\mathfrak{G}$ prim, so erhalten wir einen Widerspruch, denn diese Anzahl ist ein Teiler der Ordnung von $\mathfrak{G}$.

Ist J ein Automorphismus, dessen Ordnung die Potenz p^n einer Primzahl ist, die prim ist zur Ordnung von $\mathfrak{G}$, so bilde man die p^{n-1}-te Potenz von J. Es gibt nun ein Element S von $\mathfrak{G}$, das mit dieser Potenz und also auch mit jeder Potenz von J *nicht* vertauschbar ist, außer mit E. Die Anzahl der Elemente in der Klasse von S ist also ein Vielfaches von p^n, d. h. die Klasse von S in $\mathfrak{F}$ muß aus mindestens p^n verschiedenen Klassen von $\mathfrak{G}$ zusammengesetzt sein.

§ 41. Charakteristische Untergruppen einer Gruppe.

Definition. Ein Normalteiler der Gruppe $\mathfrak{G}$ heißt eine *charakteristische Untergruppe*, wenn er bei jedem Automorphismus von $\mathfrak{G}$ in sich selbst übergeführt wird.

Mit Hilfe der Holomorphie $\mathfrak{K}$ von $\mathfrak{G}$ lassen sich die sämtlichen charakteristischen Untergruppen von $\mathfrak{G}$ auffinden. Eine solche ist nämlich stets auch Normalteiler von $\mathfrak{K}$, und umgekehrt ist jeder Normalteiler von $\mathfrak{K}$, der in $\mathfrak{G}$ enthalten ist, charakteristische Untergruppe von $\mathfrak{G}$.

Wir greifen nun eine beliebige Hauptreihe von $\mathfrak{K}$ heraus, die $\mathfrak{G}$ enthält

$$\mathfrak{K}, \mathfrak{K}_1, \ldots, \mathfrak{G}, \mathfrak{G}_1, \ldots, \mathfrak{G}_r = E.$$

Die Reihe $\mathfrak{G}, \mathfrak{G}_1, \ldots, \mathfrak{G}_r$ besteht aus lauter charakteristischen Untergruppen von $\mathfrak{G}$, deren jede die folgende enthält, und zwar gibt es zwischen zwei aufeinander folgenden Gliedern keine charakteristische Untergruppe von $\mathfrak{G}$. Eine solche Reihe wird eine *charakteristische Reihe* von $\mathfrak{G}$ genannt. Jede charakteristische Reihe von $\mathfrak{G}$ kann zu einer Hauptreihe von $\mathfrak{K}$ ergänzt werden. Man braucht zu dem Zweck bloß die eben angeführte Reihe von $\mathfrak{K}$ bis $\mathfrak{G}$ anzuschließen. Indem wir nun einfach die bekannten Sätze über Hauptreihen anwenden, erhalten wir den folgenden

Satz 109. *Ist $\mathfrak{G}, \mathfrak{G}_1, \ldots, \mathfrak{G}_r = E$ eine charakteristische Reihe von $\mathfrak{G}$, so sind die Faktorgruppen $\mathfrak{G}_i/\mathfrak{G}_{i+1}$ einfache Gruppen oder das direkte Produkt von holoedrisch isomorphen einfachen Gruppen. Jede charakteristische Reihe einer Gruppe besteht aus gleichvielen Gliedern und die darin auftretenden Faktorgruppen $\mathfrak{G}_i/\mathfrak{G}_{i+1}$ sind bei zwei Reihen in ihrer Gesamtheit dieselben.*

Beweis. Wir müssen nur den zweiten Teil des Satzes beweisen. Die Faktorgruppen von $\mathfrak{K}$ bis $\mathfrak{G}$ können bei verschiedenen Hauptreihen nur unter sich vertauscht werden, denn sie bilden die Faktorgruppen der Hauptreihen für $\mathfrak{K}/\mathfrak{G}$. Daher werden auch die Faktorgruppen von $\mathfrak{G}$ bis E nur unter sich permutiert.

Bei auflösbaren Gruppen existiert also stets eine charakteristische Reihe und die Faktorgruppe zweier aufeinanderfolgender Untergruppen ist *Abel*sch, ihre Ordnung ist eine Primzahlpotenz p^l und ihr Typus $(p, p, \ldots)$.

Bei jedem Automorphismus geht der Kommutator zweier Elemente A und B, nämlich $B^{-1}A^{-1}BA$ wiederum in einen Kommutator, nämlich denjenigen von A' und B' über. *Daher ist die Kommutatorgruppe stets eine charakteristische Untergruppe.* Ferner ist die kleinste Untergruppe, welche alle Untergruppen von einer bestimmten Ordnung enthält, stets eine charakteristische Untergruppe. Denn bei jedem Automorphismus werden die Untergruppen von einer bestimmten Ordnung nur unter sich vertauscht, daher wird die von ihnen erzeugte Untergruppe in sich selbst übergeführt.

Eine weitere charakteristische Untergruppe ist das *Zentrum*. Ist eine *Sylowgruppe* Normalteiler, so ist sie charakteristische Untergruppe, denn sie ist dann die einzige Untergruppe von ihrer Ordnung.

§ 42. Vollständige Gruppen.

Der Begriff der charakteristischen Untergruppen einer Gruppe $\mathfrak{G}$ ist insbesondere dann von Wichtigkeit, wenn $\mathfrak{G}$ selbst Normalteiler einer umfassenderen Gruppe $\mathfrak{G}'$ ist. Jede charakteristische Untergruppe von $\mathfrak{G}$ ist dann auch Normalteiler von $\mathfrak{G}'$. Wir betrachten nun die Holomorphie $\mathfrak{K}$ von $\mathfrak{G}$ und machen die Voraussetzung, daß $\mathfrak{G}$ eine charakteristische Untergruppe von $\mathfrak{K}$ ist. Ist $\mathfrak{K}$ selbst als Normalteiler in $\mathfrak{K}'$ enthalten, so ist $\mathfrak{G}$ Normalteiler von $\mathfrak{K}'$ und wir zeigen nun, daß es in jeder Nebengruppe von $\mathfrak{K}$ ein Element gibt, das mit jedem Element von $\mathfrak{G}$ vertauschbar ist. Es sei S irgendein Element aus $\mathfrak{K}'$, so liefert $S^{-1}\mathfrak{G}S$ einen Automorphismus von $\mathfrak{G}$, der auch durch ein Element K der Holomorphie $\mathfrak{K}$ hervorgerufen wird. SK^{-1} ist mit jedem Element von $\mathfrak{G}$ vertauschbar und gehört zu derselben Nebengruppe von $\mathfrak{K}$ wie K.

Definition. Eine Gruppe, deren sämtliche Automorphismen innere Automorphismen sind, und deren Zentrum nur aus E besteht, heißt eine *vollständige* Gruppe.

Satz 110. *Wenn eine vollständige Gruppe $\mathfrak{G}$ Normalteiler einer Gruppe $\mathfrak{G}'$ ist, so ist $\mathfrak{G}'$ das direkte Produkt von $\mathfrak{G}$ und einer anderen Untergruppe.*

Beweis. Nach dem eben Ausgeführten gibt es in jeder Nebengruppe von $\mathfrak{G}$ ein mit allen Elementen von $\mathfrak{G}$ vertauschbares Element. Die Gesamtheit der mit allen Elementen von $\mathfrak{G}$ vertauschbaren Elemente bildet einen Normalteiler von $\mathfrak{G}'$, dessen Ordnung mindestens gleich dem Index von $\mathfrak{G}$ unter $\mathfrak{G}'$ ist. Dieser Normalteiler hat aber mit $\mathfrak{G}$ außer E kein Element gemein. Daher ist seine Ordnung gleich dem Index von $\mathfrak{G}$, und $\mathfrak{G}'$ ist das direkte Produkt von $\mathfrak{G}$ mit diesem Normalteiler.

Wir erweisen nun an einem einfachen Beispiel die Existenz von vollständigen Gruppen. Es sei P ein Element, dessen Ordnung eine ungerade Primzahl p ist. Man erhält die sämtlichen Automorphismen dieser zyklischen Gruppe, indem man P irgendeine Potenz von P mit zu p primem Exponenten zuordnet.

Ist r eine Primitivzahl für p, so bilde man die durch folgende Elemente erzeugte Gruppe

$$A^p = E, \qquad B^{p-1} = E, \qquad B^{-1}AB = A^r.$$

In dieser Gruppe ist $\{A\}$ als Sylowgruppe, die gleichzeitig Normalteiler ist, charakteristische Untergruppe. *Wir behaupten, daß sie eine vollständige Gruppe ist.* Ist nämlich irgendein Automorphismus gegeben, so wird er einen Automorphismus von $\{A\}$ ergeben, der auch durch Transformation mit einer Potenz von B geliefert wird. Wenn daher die Gruppe einen äußeren Automorphismus zuläßt, so muß sie auch einen solchen besitzen, der A in sich selbst überführt. B muß alsdann in ein Element BA^s $(s = 1, 2, \ldots, p)$ übergehen, denn auch das zugeordnete Element B' muß A in A^r transformieren.

Der Automorphismus ist nun aber vollständig bestimmt, wenn feststeht, in welche Elemente die erzeugenden A und B übergehen. Wir behaupten jetzt, daß der Automorphismus $A' = A$, $B' = BA^s$ ein innerer ist, und zwar daß er durch Transformation mit einer Potenz von A geliefert wird. In der Tat folgt aus $B^{-1}AB = A^r$ leicht: $ABA^{-1} = BA^{r-1}$. Da r von 1 verschieden ist, so ist A^{r-1} ein Element von der Ordnung p, das wir der Einfachheit halber mit $\overline{A}$ bezeichnen.

Indem man weiter transformiert, erhält man die Gleichung

$$A^i B A^{-i} = B \overline{A}^i$$

und unter diesen p inneren Automorphismen kommt sicher der zu untersuchende vor.

Damit ist z. B. nachgewiesen, daß die Diedergruppe von der Ordnung 6, d. h. die symmetrische Gruppe von 3 Variablen, eine vollständige Gruppe ist.

Wir geben nun ein hinreichendes Kriterium einer vollständigen Gruppe, indem wir den Satz beweisen:

Satz 111. *Die Gruppe $\mathfrak{A}$ der Automorphismen einer Gruppe $\mathfrak{G}$, deren Zentrum nur aus dem Einheitselement besteht, ist eine vollständige Gruppe, wenn ihre Untergruppe der inneren Automorphismen eine charakteristische ist.*

Beweis. Die Gruppe $\overline{\mathfrak{G}}$ der inneren Automorphismen von $\mathfrak{G}$ ist einstufig isomorph mit $\mathfrak{G}$, weil $\mathfrak{G}$ kein von E verschiedenes Zentrum besitzt; und der Isomorphismus zwischen $\mathfrak{G}$ und $\overline{\mathfrak{G}}$ wird erhalten, indem man dem Element S aus $\mathfrak{G}$ das Element $\overline{S} = \left\{ \dfrac{X}{S^{-1}XS} \right\}$ aus $\overline{\mathfrak{G}}$ entsprechen läßt. Wir behaupten nun, $\mathfrak{A}$ ist die Holomorphie von $\overline{\mathfrak{G}}$. Ist nämlich $A = \left\{ \dfrac{X}{X'} \right\}$ ein Automorphismus von $\mathfrak{G}$, so entspricht ihm vermöge der Isomorphie zwischen $\mathfrak{G}$ und $\overline{\mathfrak{G}}$ der Automorphismus $\left\{\dfrac{\overline{S}}{\overline{S'}}\right\}$ von $\overline{\mathfrak{G}}$; dieser wird aber auch erhalten, indem man $\overline{S} = \left\{\dfrac{X}{S^{-1}XS}\right\}$ mittels $A = \left\{\dfrac{X}{X'}\right\}$ transformiert; denn $A^{-1}\overline{S}A = \left\{\dfrac{X'}{S'^{-1}X'S'}\right\} = \overline{S'}$. Zugleich folgt, daß es in $\mathfrak{A}$ außer E kein mit allen Elementen von $\overline{\mathfrak{G}}$ vertauschbares Element gibt. Daher kann das Zentrum von $\mathfrak{A}$ nur aus E bestehen. Es sei jetzt $\mathfrak{K}'$ die Holomorphie von $\mathfrak{A}$. Nach den Ausführungen am Eingang des Paragraphen ist $\overline{\mathfrak{G}}$ Normalteiler von $\mathfrak{K}'$ und es gibt in jeder Nebengruppe von $\mathfrak{A}$ ein mit allen Elementen von $\overline{\mathfrak{G}}$ vertauschbares Element. Die gleichen Schlüsse wie beim Beweise von Satz 110 zeigen nun, daß $\mathfrak{K}'$ direktes Produkt von $\mathfrak{A}$ und dem Normalteiler $\mathfrak{N}$ aller mit jedem Element von $\overline{\mathfrak{G}}$ vertauschbaren Elemente aus $\mathfrak{K}'$ ist. Folglich liefert $\mathfrak{K}'$ keinen äußeren Automorphismus für $\mathfrak{A}$, und daher ist $\mathfrak{A}$ eine vollständige Gruppe.

§ 43. Automorphismen von Abelschen und von p-Gruppen.

Ist $\mathfrak{G}$ eine *Abel*sche Gruppe von der Ordnung $n = p_1^{a_1}\ldots p_r^{a_r}$, so ist sie das direkte Produkt von r *Abel*schen Gruppen mit den Ordnungen $p_1^{a_1},\ldots,p_r^{a_r}$. Jede dieser Untergruppen ist charakteristische Untergruppe und wird daher bei jedem Automorphismus in sich selbst transformiert. Die Automorphismengruppe von $\mathfrak{G}$ ist das direkte Produkt der Automorphismengruppen dieser Untergruppen. Daher kommt es nur darauf an, die Automorphismengruppe solcher *Abel*schen Gruppen zu betrachten, deren Ordnung eine Primzahlpotenz p^r ist. Wir beginnen mit dem Typus $(p, p, \ldots)$. Ein Automorphismus ist festgelegt durch Angabe derjenigen Elemente, in welche die Basiselemente übergehen. Für das erste Element hat man freie Wahl unter den $p^r - 1$ von E verschiedenen Elementen, für das zweite noch unter den $p^r - p$ Elementen, die nicht Potenzen des ausgewählten sind, usw. Die Ordnung der Automorphismengruppe ist also

$$(p^r - 1)\,(p^r - p)\ldots(p^r - p^{r-1}).$$

Sie läßt sich in bemerkenswerter Weise durch Matrizen[1] darstellen. Bei einem Automorphismus mögen die Basiselemente $A_1, A_2, \ldots, A_r$ übergehen in $A_1', A_2', \ldots, A_r'$ und es sei

$$A_k' = A_1^{a_{1k}} A_2^{a_{2k}} \cdots A_r^{a_{rk}} \qquad (k = 1, 2, \ldots, r).$$

Die Matrix (a_{ik}) besteht aus $(\bmod\ p)$ reduzierten ganzen Zahlen. Ist (b_{ik}) die Matrix für einen anderen Automorphismus derselben Gruppe, so erhält man diejenige für den zusammengesetzten Automorphismus durch Zusammensetzung der Matrizen (a_{ik}) und (b_{ik}), Zeilen mit Kolonnen,

---

[1] Wir benutzen im folgenden einige Begriffe, die erst in § 48 auseinandergesetzt werden.

wie man sich sofort durch Einsetzen überzeugt. Eine Matrix liefert dann und nur dann einen Automorphismus, wenn sie umkehrbar ist, d. h. wenn ihre Determinante $\not\equiv 0 \pmod{p}$ ist.

Satz 112. *Die Gruppe der Automorphismen einer Abelschen Gruppe von der Ordnung p^r und vom Typus $(p, p, \ldots)$ ist holoedrisch isomorph mit der Gruppe homogener ganzzahliger linearer Substitutionen von r Variablen $(\bmod\, p)$, deren Determinante $\not\equiv 0 \pmod{p}$ ist.*

Oft läßt sich ein Automorphismus durch Einführung neuer Basiselemente auf eine einfachere Gestalt bringen, wie folgendes Beispiel verdeutlicht: Es sei $r = p - 1$ und der Automorphismus bestehe in der zyklischen Vertauschung der $p - 1$ Basiselemente $A_1, \ldots, A_{p-1}$. Wir führen jetzt die neuen Basiselemente $B_1, \ldots, B_{p-1}$ ein durch die Gleichungen

$$B_s = A_1 A_2^s A_3^{s^2} \cdots A_{p-1}^{s^{p-2}} \qquad (s = 1, 2, \ldots, p-1).$$

Da die Determinante der zugehörigen Matrix gleich dem Differenzenprodukt der Zahlen $1, 2, \ldots, p - 1$ ist, so ist sie zu p prim, die B bilden daher wiederum eine Basis der Gruppe. Bei dem Automorphismus geht B_s in B_s^t über, wobei t durch die Kongruenz $st \equiv 1 \pmod{p}$ bestimmt ist. Dieser Satz ist gleichbedeutend mit der Tatsache, daß die zyklische Permutation von $p - 1$ Variabeln $(\bmod\, p)$ vollständig reduzierbar ist auf die Diagonalform, und daß ihre charakteristischen Wurzeln aus den Resten $1, 2, \ldots, p - 1 \pmod{p}$ bestehen (§ 71).

Genau nach denselben Prinzipien wie oben lassen sich auch die Gruppen von Typus $(p^a, p^a, \ldots)$ behandeln. An die Stelle der Matrizen $(\bmod\, p)$ treten diejenigen $(\bmod\, p^a)$. Wir wollen die eigentümliche Struktur dieser wichtigen Gruppen aufdecken. Die Gruppe der ganzzahligen Matrizen von r Zeilen und Kolonnen bestehend aus Resten $(\bmod\, p^a)$ sei mit $\mathfrak{G}$ bezeichnet. Die Determinanten der Matrizen müssen $\not\equiv 0 \pmod{p}$ sein. Diejenigen Matrizen, die $(\bmod\, p)$ der Einheitsmatrix kongruent sind, bilden einen Normalteiler $\mathfrak{N}$ von $\mathfrak{G}$, und allgemein bilden die Matrizen, die der Einheitsmatrix $(\bmod\, p^i)$ kongruent sind, einen Normalteiler $\mathfrak{N}_i$. Die Faktorgruppe $\mathfrak{G}/\mathfrak{N}$ ist offenbar holoedrisch isomorph mit der Gruppe der Matrizen $(\bmod\, p)$, ihre Ordnung ist daher $(p^r - 1)(p^r - p)(p^r - p^2) \cdots (p^r - p^{r-1})$. Um nun die Faktorgruppe $\mathfrak{N}_i/\mathfrak{N}_{i+1}$ zu bestimmen, müssen wir die Substitutionen von $\mathfrak{N}_i \pmod{p^{i+1}}$ betrachten. Sie haben unter Benützung der Addition von Matrizen (vgl. S. 147) folgende Gestalt: $E + p^i A$, wobei E die Einheitsmatrix und A eine ganz beliebige ganzzahlige Matrix $(\bmod\, p)$ bedeutet. Die Gruppe $\mathfrak{N}_i/\mathfrak{N}_{i+1}$ hat also die Ordnung p^{r^2}. Sind $E + p^i A$ und $E + p^i B$ zwei Matrizen aus $\mathfrak{N}_i$, so ist die zusammengesetzte

$$(E + p^i A)(E + p^i B) \equiv E + p^i (A + B) \pmod{p^{i+1}},$$

d. h. die Gruppe $\mathfrak{N}_i/\mathfrak{N}_{i+1}$ ist holoedrisch isomorph mit der additiven Gruppe der Matrizen $A \pmod{p}$. Diese ist ersichtlich vom Typus

$(p, p, \ldots)$ und kann erzeugt werden durch die r^2 Matrizen, die je an einer Stelle 1 stehen haben und sonst überall 0. Wir sprechen das in folgendem Satz aus:

Satz 113. *Die Automorphismengruppe einer Abelschen Gruppe von der Ordnung p^{ar} und vom Typus $(p^a, p^a, \ldots)$ besitzt eine Reihe von a Normalteilern $\mathfrak{N}_1, \mathfrak{N}_2, \ldots, \mathfrak{N}_{a-1}, E$, von denen jeder im vorhergehenden enthalten ist. Die Faktorgruppe $\mathfrak{G}/\mathfrak{N}_1$ ist holoedrisch isomorph mit der Gruppe der Automorphismen der Abelschen Gruppe von der Ordnung p^r und vom Typus $(p, p, \ldots)$, die übrigen Faktorgruppen sind Abelsch von der Ordnung p^{r^2} und vom Typus $(p, p, \ldots)$.*

Ist $E + p^i A$, $\left(i \gtreqqless 1,\ A \not\equiv 0\ (\mathrm{mod}\ p)\right)$, eine Matrix aus $\mathfrak{N}_i$, so ist ihre p-te Potenz gleich $E + p^{i+1} A + \dfrac{p\,(p-1)}{2}\, p^{2i} A^2 + \cdots$ und für $p > 2$ wird diese Matrix $\equiv E\ (\mathrm{mod}\ p^{i+1})$, aber nicht $(\mathrm{mod}\ p^{i+2})$, d. h. sie liegt in $\mathfrak{N}_{i+1}$, aber nicht mehr in $\mathfrak{N}_{i+2}$. Derselbe Schluß gilt noch für $p = 2$ und $i > 1$.

Wir gehen nun über zum allgemeinsten Fall einer *Abel*schen Gruppe von der Ordnung p^n. Sie möge in ihrer Basis n_1 Elemente von der Ordnung p, n_2 von der Ordnung $p^2, \ldots, n_r$ von der Ordnung p^r enthalten, so daß $n = n_1 + 2\,n_2 + \cdots + r\,n_r$. Die p-ten Potenzen der Basiselemente erzeugen eine charakteristische Untergruppe $\mathfrak{N}$, bestehend aus allen Elementen, welche p-te Potenzen von Elementen sind. Diese Untergruppe wird daher bei allen Automorphismen von $\mathfrak{G}$ in sich selbst transformiert. Wir betrachten die Untergruppe der ganzen Automorphismengruppe $\mathfrak{A}$, bestehend aus denjenigen Automorphismen, die die Elemente von $\mathfrak{N}$ nicht verändern. Sie bildet einen Normalteiler $\mathfrak{A}_1$ von $\mathfrak{A}$ und wir wollen sie näher untersuchen. Bei den Automorphismen von $\mathfrak{A}_1$ werden die Elemente einfach mit Elementen der Ordnung p multipliziert, denn geht S über in S' und setzt man $S' = ST$, so muß nach Erhebung in die p-te Potenz für S und S' dasselbe Element hervorgehen, d. h. es wird $T^p = E$. Allgemein sei $\mathfrak{P}_i$ der Komplex der Basiselemente von der Ordnung p^i. Die Basiselemente aus $\mathfrak{P}_2, \ldots, \mathfrak{P}_r$ darf man mit ganz beliebigen Elementen der Ordnung p multiplizieren, immer erhält man Automorphismen aus $\mathfrak{A}_1$, und diese bilden eine Untergruppe von der Ordnung $p^{(n_1 + n_2 + \cdots + n_r)\,(n_2 + \cdots + n_r)}$, und zwar ist sie ein Normalteiler von $\mathfrak{A}_1$, denn sie besteht aus allen Automorphismen aus $\mathfrak{A}_1$, welche die sämtlichen Elemente von der Ordnung p, insbesondere diejenigen aus $\mathfrak{P}_1$ ungeändert lassen. Sie ist eine *Abel*sche Gruppe und ihr Typus ist $(p, p, \ldots)$.

Nun betrachten wir die Elemente aus $\mathfrak{P}_1$. Die durch sie erzeugte Gruppe besitzt eine Automorphismengruppe von der Ordnung

$$\psi\,(n_1) = (p^{n_1} - 1)\,(p^{n_1} - p) \cdots (p^{n_1} - p^{n_1-1}).$$

Außerdem darf noch jedes dieser Basiselemente mit einem beliebigen der durch $\mathfrak{P}_2, \mathfrak{P}_3, \ldots, \mathfrak{P}_r$ erzeugten Elemente von der Ordnung p multipliziert werden, deren Anzahl zusammen mit E gleich $p^{n_2 + \cdots + n_r}$ ist.

Man findet so für die Ordnung von $\mathfrak{A}_1$

$$\psi\,(n_1)\cdot p^{(2\,n_1\,+\,n_2\,+\,\cdots\,+\,n_r)\,(n_2\,+\,\cdots\,+\,n_r)}\,.$$

Diese Formel gilt auch für $n_1 = 0$, wenn man $\psi\,(0) = 1$ setzt.

Hierdurch gelangt man zu einer Rekursionsformel. Die Faktorgruppe $\mathfrak{A}/\mathfrak{A}_1$ ist nämlich holoedrisch isomorph mit der Automorphismengruppe der Gruppe aller p-ten Potenzen von $\mathfrak{G}$, wie leicht ersichtlich ist. Diese kann ebenso behandelt werden. Man findet folgendes Resultat:

Satz 114. $\mathfrak{G}$ *sei eine Abelsche Gruppe mit* n_i *Basiselementen von der Ordnung* p^i $(i = 1, 2, \ldots, r)$ *und* $\mathfrak{A}_i$ *sei die Untergruppe der Automorphismengruppe von* $\mathfrak{G}$, *welche die Elemente, die* p^i-*te Potenzen von Elementen aus* $\mathfrak{G}$ *sind, ungeändert läßt, so besitzt die Automorphismengruppe* $\mathfrak{A}$ *von* $\mathfrak{G}$ *folgende Reihe von Normalteilern* $\mathfrak{A}_r = \mathfrak{A}, \mathfrak{A}_{r-1}, \ldots, \mathfrak{A}_1, E$. *Die Faktorgruppe* $\mathfrak{A}_i/\mathfrak{A}_{i-1}$ *besitzt einen Abelschen Normalteiler vom Typus* $(p, p, \ldots)$ *und von der Ordnung* $p^{(n_i\,+\,\cdots\,+\,n_r)\,(n_{i+1}\,+\,\cdots\,+\,n_r)}$, *dessen Index gegeben ist durch* $\psi\,(n_i)\,p^{n_i\,(n_{i+1}\,+\,\cdots\,+\,n_r)}$.

In der Ordnung der Automorphismengruppe gehen also nur solche Primzahlen auf, die eine der Zahlen

$$p, p-1, p^2-1, \ldots, p^m-1$$

teilen, wobei m die größte der Zahlen n_i ist.

Weitere wichtige Sätze aus diesem Ideenbereich gibt *A. Chatelet* in seinem Buch: Les groupes abéliens finis, Lille 1925 und *K. Shoda* in Math. Ann. Bd. 100, S. 674 und Math. Z. Bd. 31, S. 611.

Eine praktische Methode zur Herstellung aller Automorphismen *Abel*scher Gruppen besteht in folgendem Verfahren: Man greift eine Untergruppe $\mathfrak{H}$ heraus und sucht eine Untergruppe von $\mathfrak{G}$, etwa $\mathfrak{G}''$, die holoedrisch isomorph ist mit $\mathfrak{G}/\mathfrak{H}$. Alsdann multipliziert man jedes Element einer Nebengruppe von $\mathfrak{H}$ mit demjenigen Element von $\mathfrak{G}''$, das ihr beim Isomorphismus entspricht. Man beweist leicht, daß jeder Automorphismus auf diesem Weg erhalten wird, aber dieses Verfahren liefert nicht stets Automorphismen, wie sogleich an einem Beispiel gezeigt wird: Wählt man für $\mathfrak{H}$ die Untergruppe E, so wird $\mathfrak{G}'' = \mathfrak{G}$. Daher wird jedem Element sein Quadrat zugeordnet. Es ist klar, daß dies dann und nur dann einen Automorphismus ergibt, wenn die Ordnung der Gruppe ungerade ist. Dagegen erhält man stets einen Automorphismus einer *Abel*schen Gruppe, wenn man die Elemente in die s-te Potenz erhebt, sobald s zur Ordnung der Gruppe prim ist.

Über die Automorphismengruppe von p-Gruppen lassen sich zwei elegante Sätze von *Burnside* und *Hall* ableiten. Die Kommutatorgruppe $\mathfrak{C}$ einer p-Gruppe $\mathfrak{G}$ ist stets von $\mathfrak{G}$ verschieden, weil $\mathfrak{G}$ auflösbar ist. Die Faktorgruppe $\mathfrak{G}/\mathfrak{C}$ ist *Abel*sch und die Ordnungen der Basiselemente sind Invarianten dieser Gruppe. Wir denken uns eine bestimmte Basis ausgewählt und aus jeder dieser Nebengruppen von $\mathfrak{C}$, welche die Basis von $\mathfrak{G}/\mathfrak{C}$ bilden, beliebig je ein Element ausgewählt. Es seien dies die Elemente $P_1, P_2, \ldots, P_r$. Es gilt nun

Satz 115 *von Burnside*[1]*. Die Elemente $P_1, P_2, \ldots, P_r$ erzeugen stets die ganze Gruppe $\mathfrak{G}$ und r ist die niedrigste Zahl von Erzeugenden für $\mathfrak{G}$.*

Beweis. Nach Voraussetzung ist $\mathfrak{G} = \{\mathfrak{C}, P_1, P_2, \ldots, P_r\}$. Wir bilden die durch die Elemente P erzeugte Gruppe $\mathfrak{H} = \{P_1, P_2, \ldots, P_r\}$ und behaupten, daß $\mathfrak{H} = \mathfrak{G}$ ist. Nehmen wir an, daß $\mathfrak{H}$ eine echte Untergruppe von $\mathfrak{G}$ ist, so ist sie nach Satz 80 in einer Kompositionsreihe von $\mathfrak{G}$ enthalten. Steigen wir in dieser Kompositionsreihe hinauf bis zur letzten von $\mathfrak{G}$ verschiedenen Gruppe $\mathfrak{H}'$, so ist $\mathfrak{H}'$ eine echte Untergruppe von $\mathfrak{G}$ vom Primzahlindex p, ferner enthält $\mathfrak{H}'$ die Untergruppe $\mathfrak{H}$. Da $\mathfrak{H}'$ Normalteiler von $\mathfrak{G}$ mit zyklischer Faktorgruppe ist, so enthält $\mathfrak{H}'$ die Kommutatorgruppe $\mathfrak{C}$. Ferner enthält $\mathfrak{H}'$ auch die Elemente $P_1, P_2, \ldots, P_r$. Daraus folgt, gegen die Voraussetzung, daß $\mathfrak{H}' = \mathfrak{G}$ ist. Hiermit sind wir zum Widerspruch gelangt und es wird $\mathfrak{H} = \mathfrak{G}$.

Der zweite Teil des Satzes ergibt sich unmittelbar aus dem allgemeinen Satz, daß jede Gruppe mindestens so viel Erzeugende bedarf, als irgendeine Faktorgruppe eines ihrer Normalteiler. Denn bilden wir die Gruppe auf die Faktorgruppe ab, indem wir die Elemente des Normalteilers auf das Einheitselement E abbilden, so werden die Erzeugenden der Gruppe auf Erzeugende der Faktorgruppe abgebildet. Ihre Anzahl ist daher mindestens gleich der für die Faktorgruppe nötigen Anzahl von Erzeugenden.

Satz 116 *von Hall*[2]*. Die Ordnung der Automorphismengruppe einer p-Gruppe $\mathfrak{G}$ der Ordnung p^n ist ein Teiler von $p^{cr} \cdot u$, wobei p^c die Ordnung der Kommutatorgruppe und r die Zahl der Basiselemente von $\mathfrak{G}/\mathfrak{C}$ ist, ferner u die Ordnung der Automorphismengruppe der Abelschen Gruppe $\mathfrak{G}/\mathfrak{C}$ bedeutet.*

Beweis. Unter einem Automorphismus von $\mathfrak{G}$ erfährt auch $\mathfrak{G}/\mathfrak{C}$ einen solchen. Diejenigen Automorphismen von $\mathfrak{G}$, welche für $\mathfrak{G}/\mathfrak{C}$ den identischen Automorphismus liefern, bilden einen Normalteiler $\mathfrak{A}'$ aller Automorphismen von $\mathfrak{G}$, dessen Faktorgruppe einstufig isomorph mit einer Untergruppe der Automorphismengruppe von $\mathfrak{G}/\mathfrak{C}$ ist und daher einen Teiler von u als Ordnung hat. Wir betrachten nun diesen Normalteiler, der die Nebengruppen von $\mathfrak{C}$ ungeändert läßt, und behaupten, daß seine Ordnung ein Teiler von p^{cr} ist.

Unter den Automorphismen von $\mathfrak{A}'$ geht ein Erzeugendensystem $P_1, P_2, \ldots, P_r$ über in $P_1 C_1, P_2 C_2, \ldots, P_r C_r$, wobei die C Elemente von $\mathfrak{C}$ sind. Wählen wir diese Elemente C ganz beliebig aus $\mathfrak{C}$, so erhalten wir stets ein System von Erzeugenden, daher ist die Anzahl aller auf diese Weise möglichen Systeme gleich p^{cr}. Bei den Automorphismen wird kein einziges dieser Systeme ungeändert bleiben, denn wenn die

---

[1] *Burnside:* Proc. Lond. math. Soc. (2) Bd. 13, S. 6.
[2] *Hall:* Proc. Lond. math. Soc. (2) Bd. 36, S. 29.

Erzeugenden sich nicht ändern, wird die ganze Gruppe fest bleiben. Daher zerfallen diese Systeme in transitiv verbundene Systeme, welche je die reguläre Darstellung von $\mathfrak{A}'$ als Permutationsgruppe erfahren und daher alle gleich viele Systeme enthalten, nämlich so viele als die Ordnung von $\mathfrak{A}'$ beträgt. Diese Ordnung ist daher ein Teiler von p^{er}.

Durch diesen Satz erhalten wir für die von p verschiedenen Primteiler in der Ordnung der Automorphismengruppe von $\mathfrak{G}$ eine genaue Aussage. Ist nämlich m die größte Zahl von Basiselementen derselben Ordnung in $\mathfrak{G}/\mathfrak{C}$, so muß jene Primzahl ein Teiler von

$$(p^m - 1)\,(p^{m-1} - 1) \cdots (p - 1)$$

sein nach Satz 114.

§ 44. Zerlegbare Gruppen.

Bei unseren Untersuchungen über *Abel*sche Gruppen ergab sich als fundamentaler Satz, daß jede dieser Gruppen das direkte Produkt zyklischer Gruppen ist. Zyklische Gruppen, deren Ordnung eine Primzahlpotenz ist, lassen sich nicht mehr als direktes Produkt von zwei Gruppen, die beide von E verschieden sind, darstellen. Wir wollen eine Gruppe, die nicht das direkte Produkt zweier Gruppen ist, als eine *unzerlegbare Gruppe* bezeichnen. Zwei verschiedene Zerlegungen einer *Abel*schen Gruppe als Produkt unzerlegbarer Gruppen haben die Eigenschaft, daß jeder unzerlegbare Faktor der einen Zerlegung holoedrisch isomorph ist mit einem solchen der zweiten. Auf diese Eigenschaft gründeten sich ja die Invarianten der *Abel*schen Gruppen. Im allgemeinen gibt es mehrere Zerlegungen, so besitzt z. B. die *Abel*sche Gruppe vom Typus (p, p) im ganzen $\dfrac{p\,(p + 1)}{2}$ verschiedene Zerlegungen als Produkt zweier zyklischer Gruppen, wenn man von der Reihenfolge der Faktoren absieht.

Es fragt sich nun, wie die Verhältnisse liegen, wenn es sich um nicht-*Abel*sche Gruppen handelt, die direktes Produkt von Gruppen sind. Derartige Gruppen nennen wir *zerlegbare* Gruppen, sie lassen sich stets als direktes Produkt unzerlegbarer Gruppen darstellen.

Zunächst behandeln wir als Gegenstück zu den *Abel*schen Gruppen die Gruppen ohne Zentrum und beweisen von ihnen den folgenden

Satz 117. *Eine zerlegbare Gruppe, deren Zentrum nur aus E besteht, läßt sich auf eine und nur eine Weise als Produkt unzerlegbarer Gruppen darstellen, von der Reihenfolge der Faktoren abgesehen.*

Um den Beweis dieses Satzes vorzubereiten, müssen wir zunächst einige einfache Bemerkungen über die direkten Produkte machen. Es sei $\mathfrak{G} = \mathfrak{H}_1 \times \mathfrak{H}_2 \times \cdots \times \mathfrak{H}_n$ eine Zerlegung von $\mathfrak{G}$ in unzerlegbare Faktoren. Dann ist jedes Element von $\mathfrak{H}_i$ mit jedem Element von $\mathfrak{H}_k$ vertauschbar, sobald $i \neq k$, denn die Normalteiler $\mathfrak{H}$ haben außer E kein Element gemeinsam. Jedes Element von $\mathfrak{G}$ läßt sich auf eine und nur eine Weise als Produkt von Elementen aus $\mathfrak{H}_1, \mathfrak{H}_2, \ldots, \mathfrak{H}_n$ darstellen. Ist also $H = H_1 \cdot H_2 \cdots H_n$, wobei H_i in $\mathfrak{H}_i$ liegt, so sind diese Faktoren $H_1, H_2, \ldots$ eindeutig bestimmt durch H. Man nennt H_i den *Konstituenten* von H in $\mathfrak{H}_i$. Selbstverständlich sind die Konstituenten eines Elementes H unter sich und mit dem Element H vertauschbar. Nun seien H und K zwei *vertauschbare* Elemente. Wir können leicht zeigen, daß alsdann auch die Konstituenten dieser Elemente untereinander vertauschbar sind. Es ist nämlich K_1 vertauschbar mit $H_2 \cdots H_n$. Transformieren wir nun K mit H, so erhalten wir wiederum K, infolgedessen müssen auch die Konstituenten von K bei der Transformation mit H in sich selbst übergeführt werden. Daher muß K_1 mit H und also auch mit H_1 vertauschbar sein. Nunmehr sind wir in der Lage, unseren Satz zu beweisen.

Es seien zwei Zerlegungen von $\mathfrak{G}$ in unzerlegbare Faktoren gegeben

$$\mathfrak{G} = \mathfrak{H}_1 \times \cdots \times \mathfrak{H}_r = \mathfrak{K}_1 \times \cdots \times \mathfrak{K}_s.$$

Die Konstituenten der Elemente von $\mathfrak{K}_i$ in $\mathfrak{H}_1$ bilden eine Untergruppe von $\mathfrak{H}_1$, denn ist H_1 der Konstituent von K in $\mathfrak{H}_1$ und H_1' derjenige von K', wobei K und K' in $\mathfrak{K}_i$ liegen, so ist $H_1 H_1'$ derjenige von KK'. Allgemein bilden die Konstituenten der Elemente irgendeiner Untergruppe von $\mathfrak{G}$ in einem unzerlegbaren Faktor eine Untergruppe.

Man betrachte nun die s Gruppen der Konstituenten von $\mathfrak{K}_1$, $\mathfrak{K}_2, \ldots, \mathfrak{K}_s$ in $\mathfrak{H}_1$. Jede ist eine Untergruppe von $\mathfrak{H}_1$ und wir behaupten, daß diese Untergruppen zueinander teilerfremd sind. Sei nämlich H Konstituent in $\mathfrak{H}_1$ eines Elementes K_1 aus $\mathfrak{K}_1$ und eines Elementes K_2 aus $\mathfrak{K}_2$. Da K_1 mit allen Elementen von $\mathfrak{K}_2, \mathfrak{K}_3, \ldots, \mathfrak{K}_s$ vertauschbar ist, so gilt dasselbe von seinem Konstituenten H. Weil H aber auch Konstituent von K_2 ist, so ist es auch vertauschbar mit allen Elementen von $\mathfrak{K}_1, \mathfrak{K}_3, \ldots$, d. h. H ist mit allen Elementen von $\mathfrak{K}_1, \ldots, \mathfrak{K}_s$ und also auch mit allen Elementen von $\mathfrak{G}$ vertauschbar. Hieraus folgt, daß unter unserer Voraussetzung über $\mathfrak{G}$ für H nur E in Betracht kommen kann. Sind nun $\overline{\mathfrak{H}}_1, \ldots, \overline{\mathfrak{H}}_s$ die Konstituenten von $\mathfrak{K}_1, \ldots, \mathfrak{K}_s$ in $\mathfrak{H}_1$, so sind die Untergruppen $\overline{\mathfrak{H}}_i$ zu je zweien teilerfremd. Ferner ist jedes Element der einen mit jedem Element jeder anderen vertauschbar. $\mathfrak{H}_1$ muß nun identisch sein mit dem direkten Produkt $\overline{\mathfrak{H}}_1 \times \cdots \times \overline{\mathfrak{H}}_s$, denn jedes Element H von $\mathfrak{H}_1$ ist Produkt seiner Konstituenten in $\mathfrak{K}_1, \ldots, \mathfrak{K}_s$, also Produkt von Elementen aus $\overline{\mathfrak{H}}_1, \ldots, \overline{\mathfrak{H}}_s$. Weil $\mathfrak{H}_1$ unzerlegbar ist, so muß $\mathfrak{H}_1$ mit einer der Untergruppen $\overline{\mathfrak{H}}_i$ übereinstimmen, während die übrigen nur aus dem Element E bestehen. Hieraus folgt, daß $\mathfrak{H}_1$ in einem der unzerlegbaren Faktoren $\mathfrak{K}_1, \ldots, \mathfrak{K}_s$ enthalten ist, etwa in $\mathfrak{K}_1$, während es zu den übrigen teilerfremd ist. Genau dasselbe kann man nun für $\mathfrak{K}_1$ zeigen: $\mathfrak{K}_1$ ist in einer der Gruppen $\mathfrak{H}_i$ enthalten, während die übrigen zu $\mathfrak{K}_1$ teilerfremd sind. Diese Gruppe muß also $\mathfrak{H}_1$ sein. Nimmt man die beiden Resultate zusammen, so folgt

$\mathfrak{K}_1 = \mathfrak{H}_1$. Indem man den Satz weiter anwendet, erkennt man, daß jeder Faktor $\mathfrak{H}$ mit einem der Faktoren $\mathfrak{K}$ übereinstimmt, womit der Satz bewiesen ist.

Um den allgemeinen Fall zu behandeln, stellen wir folgende Definition auf.

Definition. Zwei holoedrisch isomorphe Untergruppen $\mathfrak{H}$ und $\mathfrak{H}'$ einer Gruppe heißen *zentral isomorph,* wenn es eine holoedrisch isomorphe Zuordnung $X \rightarrow X'$ der Elemente von $\mathfrak{H}$ und $\mathfrak{H}'$ gibt, derart, daß $X X'^{-1}$ zum Zentrum der Gruppe gehört.

Falls die Gruppen $\mathfrak{H}$ und $\mathfrak{H}'$ nicht *Abel*sch sind, so besitzen sie doch wenigstens einen Normalteiler gemeinsam, dessen Faktorgruppe *Abel*sch ist, denn setzt man $X' = X A$, so gehört A zum Zentrum und die sämtlichen Multiplikatoren A, die auftreten, wenn X' alle Elemente von $\mathfrak{H}'$ durchläuft, bilden eine *Abel*sche Gruppe, die mit $\mathfrak{H}$ und $\mathfrak{H}'$ isomorph ist. Diejenigen Elemente, für die $X = X'$ ist, entsprechen dem Einheitselement derselben, ist ferner $X' = X A$ und $Y' = Y B$, so gilt $(X Y)' = X' Y' = X Y A B$.

Der von *Maclagan-Wedderburn*[1] aufgestellte und von *Remak*[2] zuerst vollständig bewiesene Satz lautet nun:

Satz 118. *Sind zwei verschiedene Zerlegungen einer Gruppe in unzerlegbare Gruppen gegeben, so ist die Anzahl der Faktoren gleich und zu jedem Faktor der einen Zerlegung gibt es einen Faktor der anderen, der mit ihm zentral isomorph ist.*

Beweis[3]. Es sei

$$\mathfrak{G} = \mathfrak{H}_1 \times \mathfrak{H}_2 \times \cdots \times \mathfrak{H}_r = \mathfrak{K}_1 \times \mathfrak{K}_2 \times \cdots \times \mathfrak{K}_s.$$

Wenn wir zeigen können, daß zwei nicht-*Abel*sche Faktoren, etwa $\mathfrak{H}_1$ und $\mathfrak{K}_1$, zentral isomorph sind, so ist der Satz sofort bewiesen, unter Anwendung vollständiger Induktion. Denn seien $\mathfrak{H}_1^c$ und $\mathfrak{K}_1^c$ die Zentren von $\mathfrak{H}_1$ und $\mathfrak{K}_1$, so wird

$$\mathfrak{H}_1^c \times \mathfrak{H}_2 \times \cdots \times \mathfrak{H}_r = \mathfrak{K}_1^c \times \mathfrak{K}_2 \times \cdots \times \mathfrak{K}_s,$$

und da diese Gruppe von niedrigerer Ordnung als $\mathfrak{G}$ ist, so kann man für sie das Theorem voraussetzen. Die Zentren sind in beiden Fällen dieselben.

Alles kommt also darauf an, zwei zentral isomorphe Faktoren aufzufinden, die nicht *Abel*sch sind. Es sei $\mathfrak{H}_1$ ein nicht-*Abel*scher Faktor unserer Zerlegungen von *größter Ordnung*.

1. Fall. *Die erste Zerlegung enthält außer $\mathfrak{H}_1$ noch einen nicht-Abelschen Faktor.* Die Konstituenten von $\mathfrak{H}_1$ in $\mathfrak{K}_i$ bilden eine Untergruppe

---

[1] *Maclagan-Wedderburn:* On the direct product in the theory of finite groups. Ann. Math. II. ser. Bd. 10, S. 173.

[2] *Remak, R.:* Crelles Journ. Bd. 139 (1911), S. 293 und: Über die Zerlegung der endlichen Gruppen in direkte unzerlegbare Faktoren, Sitzgsber. physiko-math. Ges. Kiew 1913.

[3] Dieser Beweis stammt von *O. Schmidt*: Sur les produits directes. Bull. Soc. math. France Bd. 41 (1913), S. 161.

$\Re_i'$ von $\Re_i$. Das direkte Produkt dieser Untergruppen enthält $\mathfrak{H}_1$ und enthält daher $\mathfrak{H}_1$ als unzerlegbaren Faktor

$$\Re_1' \times \Re_2' \times \cdots \times \Re_s' = \mathfrak{H}_1 \times \mathfrak{H} = \mathfrak{G}'.$$

Alle Elemente von $\mathfrak{H}$ sind mit denjenigen von $\mathfrak{H}_1$ vertauschbar und daher auch mit deren Konstituenten, den Elementen von $\Re_1', \Re_2', \ldots, \Re_s'$. Also gehört $\mathfrak{H}$ zum Zentrum von

$$\mathfrak{H}_1 \times \mathfrak{H} = \mathfrak{G}',$$

und diese Gruppe ist eigentliche Untergruppe von $\mathfrak{G}$, da sie nur *einen* nicht-*Abel*schen Faktor $\mathfrak{H}_1$ enthält. $\mathfrak{H}_1$ ist daher zentral isomorph mit einem Faktor $\Re_i'$ von $\mathfrak{G}'$. Da aber $\mathfrak{H}_1$ von höchster Ordnung ist, so muß dieser Faktor mit einer der Gruppen $\Re_i$ selber übereinstimmen, womit der Satz im ersten Fall bewiesen ist.

2. Fall. $\mathfrak{H}_1$ *ist der einzige nicht-Abelsche Faktor der ersten Zerlegung.* Es sei $\Re_1$ ein nicht-*Abel*scher Faktor der zweiten Zerlegung und $\mathfrak{H}_1', \mathfrak{H}_2', \ldots, \mathfrak{H}_r'$ seien die Untergruppen seiner Konstituenten in $\mathfrak{H}_1, \ldots, \mathfrak{H}_r$. Wiederum wird

$$\mathfrak{H}_1' \times \mathfrak{H}_2' \times \cdots \times \mathfrak{H}_r' = \Re_1 \times \Re = \mathfrak{G}'.$$

Wenn $\mathfrak{H}_1' = \mathfrak{H}_1$, so ist $\mathfrak{H}_1$ zentral isomorph mit $\Re_1$, denn die übrigen $\mathfrak{H}_i$ $(i > 1)$ gehören zum Zentrum und $\mathfrak{H}_1$ ist von größter Ordnung.

Wenn $\mathfrak{H}_1'$ eigentliche Untergruppe von $\mathfrak{H}_1$ ist, so ist auch $\mathfrak{G}'$ nicht identisch mit $\mathfrak{G}$ und $\Re_1$ wird zentral isomorph mit einer Untergruppe $\mathfrak{H}_1''$ von $\mathfrak{H}_1$ (Fall 1). Da aber die Ordnung von $\mathfrak{H}_1'$ höchstens gleich der Ordnung von $\Re_1$ ist, so wird $\mathfrak{H}_1'' = \mathfrak{H}_1'$. In gleicher Weise betrachten wir die Komponente von $\mathfrak{H}_1'$ in $\Re_1$ und finden, daß sie zentral isomorph mit $\mathfrak{H}_1'$ ist, also mit $\Re_1$ selber übereinstimmt. Daraus folgt nun weiter, daß in der zweiten Zerlegung $\Re_1 \times \Re_2 \times \cdots \times \Re_s$ der erste Faktor $\Re_1$ durch $\mathfrak{H}_1'$ ersetzt werden kann, und wir erhalten

$$\Re_1 \times \Re_2 \times \cdots \times \Re_s = \mathfrak{H}_1' \times \Re_2 \times \cdots \times \Re_s = \mathfrak{H}_1 \times \mathfrak{H}_2 \times \cdots \times \mathfrak{H}_r = \mathfrak{G}.$$

Da $\mathfrak{H}_1'$ Untergruppe von $\mathfrak{H}_1$ ist, so folgt aus der mittleren Zerlegung, daß

$$\mathfrak{H}_1 = \mathfrak{H}_1' \times \Re$$

wird, wo $\Re$ der größte gemeinsame Teiler von $\mathfrak{H}_1$ mit $\Re_2 \times \Re_3 \times \cdots \times \Re_s$ ist. Da $\mathfrak{H}_1$ unzerlegbar ist, so wird $\Re = E$ und $\mathfrak{H}_1 = \mathfrak{H}_1'$ zentral isomorph mit $\Re_1$.

Aus der Bemerkung auf S. 134 folgt, *daß die Kommutatorgruppe bei sämtlichen Zerlegungen die nämliche Zerlegung erfährt.* Wir machen hier auf einen eigentümlichen **Dualismus** zwischen dem Zentrum und der Faktorgruppe des Kommutators aufmerksam, den man am deutlichsten durch Herbeiziehung des Körperbegriffs klar machen kann:

Zwei Zerlegungen einer Gruppe in unzerlegbare teilerfremde Faktoren unterscheiden sich nur in der Verteilung des Zentrums.

Zwei verschiedene Arten, einen *Galois*schen Körper aus unzerlegbaren teilerfremden *Galois*schen Körpern zusammenzusetzen, unterscheiden sich nur in der Verteilung der Unterkörper mit *Abel*scher Gruppe.

Die beiden Sätze drücken im nicht-*Abel*schen Fall zwei völlig verschiedene Eigenschaften aus.

Beispielsweise lautet der zu Satz 117 duale so:

Eine Gruppe, die mit ihrer Kommutatorgruppe identisch ist, läßt sich auf eine und nur eine Weise in unzerlegbare Faktoren zerlegen.

10. Kapitel.

Monomiale Gruppen.

§ 45. Monomiale Gruppen.

Eine wichtige Verallgemeinerung der Permutationsgruppen bilden die *monomialen Gruppen*. Sie mögen gleichzeitig hier als Übergang zu den allgemeinen linearen Substitutionsgruppen dienen.

Definition. Eine *monomiale Substitution* von n Variablen geht aus einer Permutation hervor, wenn die Variablen noch mit einem Faktor versehen werden.

Ist dieser Faktor bei allen Variablen gleich 1, so ist die Substitution eine Permutation. Wir definieren nun die Zusammensetzung zweier solcher Substitutionen: Wenn bei der ersten, P, die Variable x_h übergeführt wird in $a x_i$, bei der zweiten, Q, x_i in $b x_k$, so soll die zusammengesetzte Substitution PQ die Variable x_h in $ab x_k$ überführen. Als Beispiel geben wir die folgende Substitution an

$$\begin{pmatrix} x_1 & x_2 \\ a x_2 & \dfrac{1}{a} x_1 \end{pmatrix}.$$

a kann hierbei als eine beliebige reelle oder komplexe von 0 verschiedene Zahl angenommen werden. Übt man diese Substitution zweimal aus, so erhält man die identische Substitution, welche x_1 und x_2 in sich selbst überführt.

Definition. Unter einer *monomialen Gruppe* versteht man ein System von monomialen Substitutionen, die nach der angegebenen Zusammensetzung eine Gruppe bilden.

Zu jeder monomialen Substitution gehört eine bestimmte Permutation der n Variablen, die man dadurch erhält, daß man die Faktoren gleich 1 setzt. Ordnet man jeder Substitution die entsprechende Permutation zu, so bilden diese letzteren eine mit der monomialen Gruppe isomorphe Permutationsgruppe. Der identischen Permutation entsprechen hierbei diejenigen Substitutionen, welche die Variablen bloß mit einem Faktor versehen, sie aber nicht permutieren. Hieraus folgt der

Satz 119. *Diejenigen Substitutionen einer monomialen Gruppe, welche die Variablen nicht permutieren, bilden einen Abelschen Normalteiler.*

Daß nämlich zwei derartige Substitutionen miteinander vertauschbar sind, ist ohne weiteres ersichtlich, weil die Multiplikation von Zahlen dem kommutativen Gesetz gehorcht.

Wir haben oben gesagt, daß die Faktoren beliebige Zahlen sein können, aber wir müssen nun bedeutende Einschränkungen machen. Die Substitution P möge x_1 in $a\,x_1$ überführen. Ihre Ordnung sei n, dann bleibt x_1 bei P^n ungeändert. Andererseits sieht man, daß diese selbe Potenz x_1 in $a^n x_1$ überführt, und hieraus folgt, daß $1 = a^n$, also a eine n-te Einheitswurzel ist. Dieser Satz läßt sich noch weiter verallgemeinern. Man kann monomiale Substitutionen in Zyklen zerlegen, ähnlich wie die Permutationen. Man beginnt zu dem Zweck mit einer Variablen, z. B. x_1, und sucht, in welche neue Variable sie übergeht. Mit dieser neuen Variablen verfährt man gleich und kommt schließlich zu der alten mit einem Faktor versehenen Variablen zurück. Als Beispiel nehmen wir die folgende Substitution

$$\begin{pmatrix} x_1 & x_2 & x_3 \\ a\,x_2 & b\,x_3 & c\,x_1 \end{pmatrix}.$$

Diese bildet einen dreigliedrigen Zyklus. Wir bilden nun ihre dritte Potenz. Man sieht, daß sie keine Permutation der Variablen bewirkt, sondern bloß eine Multiplikation der sämtlichen Variablen mit $a \cdot b \cdot c$. Ist nun die Ordnung der Substitution $3\,n$, so muß $a\,b\,c$ eine primitive n-te Einheitswurzel sein. Hieraus folgt der

Satz 120. *Bilden r unter den Variablen einer Substitution einer endlichen monomialen Gruppe einen Zyklus in der zugehörigen Permutation, so ist das Produkt der bei ihnen auftretenden Faktoren eine Einheitswurzel. Die Ordnung der Substitution ist durch $r\,n$ teilbar, wobei n den Grad dieser Einheitswurzel bedeutet. (Sie ist insbesondere genau gleich $r\,n$, wenn bei der Substitution jede der übrigen Variablen nicht permutiert wird und als Faktor eine Einheitswurzel erhält, deren Grad ein Teiler von n ist.)*

Wir betrachten von jetzt an nur transitive Substitutionsgruppen, d. h. solche, bei denen die Variable x_1 in eine beliebige andere mit einem Faktor versehene Variable übergeführt werden kann.

Diejenigen Substitutionen, welche eine bestimmte Variable x_1 nicht permutieren, sondern nur mit einem Faktor versehen, bilden eine Untergruppe $\mathfrak{K}$, deren Index gleich der Anzahl der Variablen ist.

Unter den Substitutionen von $\mathfrak{K}$ hinwiederum bilden diejenigen, welche x_1 in x_1 überführen (für welche der Faktor 1 ist), eine Untergruppe $\mathfrak{H}$. $\mathfrak{H}$ ist Normalteiler von $\mathfrak{K}$, und die Faktorgruppe $\mathfrak{K}/\mathfrak{H}$ ist zyklisch. Denn jede Substitution aus $\mathfrak{K}$ wird x_1 mit einem Faktor a versehen, und dieser Faktor ist nach Satz 120 eine Einheitswurzel. Man kann daher jeder Substitution aus $\mathfrak{K}$ diese Substitution von x_1

zuordnen und erhält so eine mit $\mathfrak{K}$ isomorphe Gruppe von Substitutionen einer Variablen. Der identischen Substitution entsprechen hierbei die Substitutionen von $\mathfrak{H}$. Nun ist aber eine Substitutionsgruppe in *einer* Variablen stets zyklisch, denn es gibt überhaupt nur n Substitutionen, deren n-te Potenz die identische Substitution ist, nämlich

$$x' = \varepsilon^i x \qquad (i = 0, 1, \ldots, n-1),$$

wobei ε eine primitive n-te Einheitswurzel ist. Es kann daher in $\mathfrak{K}/\mathfrak{H}$ nicht zwei zyklische Untergruppen von derselben Ordnung geben, und hieraus folgt nach den Sätzen über *Abel*sche Gruppen unsere Behauptung.

Wir wollen nun zeigen, wie man zu einer gegebenen Gruppe $\mathfrak{G}$ monomiale Darstellungen findet. Sei P ein Element von der Ordnung n und $\mathfrak{P}$ die durch P erzeugte zyklische Gruppe. Ferner sei die Gruppe $\mathfrak{G}$ in Nebengruppen zerlegt

$$\mathfrak{G} = \mathfrak{P} + \mathfrak{P}\,T_2 + \cdots + \mathfrak{P}\,T_m.$$

Wir bilden jetzt rein formal die folgenden Ausdrücke

$$E + \varepsilon P + \varepsilon^2 P^2 + \cdots + \varepsilon^{n-1} P^{n-1},$$
$$(E + \varepsilon P + \varepsilon^2 P^2 + \cdots + \varepsilon^{n-1} P^{n-1})\,T_2 = T_2 + \varepsilon P T_2 + \cdots + \varepsilon^{n-1} P^{n-1} T_2,$$
$$\cdots \cdots \cdots \cdots \cdots \cdots \cdots \cdots \cdots \cdots \cdots \cdots$$
$$(E + \varepsilon P + \varepsilon^2 P^2 + \cdots + \varepsilon^{n-1} P^{n-1})\,T_m = T_m + \varepsilon P T_m + \cdots + \varepsilon^{n-1} P^{n-1} T_m,$$

wobei ε eine beliebige n-te Einheitswurzel bedeutet.

Multipliziert man den ersten Ausdruck rechts mit P^r, so reproduziert er sich mit dem Faktor ε^{-r} versehen. Um nun zu untersuchen, was bei der Multiplikation mit dem beliebigen Element T aus den Ausdrücken wird, betrachten wir das bestimmte Beispiel

$$(E + \varepsilon P + \cdots + \varepsilon^{n-1} P^{n-1})\,T_i T.$$

Wir suchen diejenige Nebengruppe von $\mathfrak{P}$ aus, die $T_i T$ enthält. Sei $T_i T = P^r T_k$, dann wird das Produkt zu

$$\varepsilon^{-r} (E + \varepsilon P + \cdots + \varepsilon^{n-1} P^{n-1})\,T_k.$$

Die rechtsseitige Multiplikation mit T hat also zur Folge, daß jeder der oben gebildeten Ausdrücke in einen ebensolchen Ausdruck mit einem Faktor versehen übergeht. Da ferner aus $T_i T = P^r T_k$ und $T_{i'} T = P^{r'} T_{k'}$ folgt $T_i T_{i'}^{-1} = P^r T_k T_{k'}^{-1} P^{-r'}$, so gehen zwei verschiedene der Ausdrücke bei Multiplikation mit T in verschiedene mit Faktoren versehene Ausdrücke über, d. h. die m Ausdrücke *erfahren eine monomiale Substitution*.

Man kann noch allgemeinere Darstellungen definieren. Sei $\mathfrak{K}$ irgendeine Untergruppe von $\mathfrak{G}$, die einen Normalteiler $\mathfrak{H}$ mit zyklischer Faktorgruppe besitzt. Ferner sei

$$\mathfrak{G} = \mathfrak{K} + \mathfrak{K}\,T_2 + \cdots + \mathfrak{K}\,T_m$$

und

$$\mathfrak{K} = \mathfrak{H} + \mathfrak{H}\,P + \cdots + \mathfrak{H}\,P^{n-1}.$$

Wir bilden die ähnlich wie früher gebauten Ausdrücke

$$\mathfrak{H} + \varepsilon\,\mathfrak{H}\,P + \cdots + \varepsilon^{n-1}\,\mathfrak{H}\,P^{n-1}$$
$$(\mathfrak{H} + \varepsilon\,\mathfrak{H}\,P + \cdots + \varepsilon^{n-1}\,\mathfrak{H}\,P^{n-1})\,T_2$$
$$\cdots\cdots\cdots\cdots\cdots\cdots$$
$$(\mathfrak{H} + \varepsilon\,\mathfrak{H}\,P + \cdots + \varepsilon^{n-1}\,\mathfrak{H}\,P^{n-1})\,T_m.$$

Multipliziert man sie rechts mit T, so erfahren auch sie eine monomiale Substitution; denn sei wiederum $T_i T = K T_k$ und $K = H P^r$, wobei K ein Element aus $\mathfrak{K}$ und H ein Element aus $\mathfrak{H}$ bedeutet, so wird

$$(\mathfrak{H} + \varepsilon\,\mathfrak{H}\,P + \cdots + \varepsilon^{n-1}\,\mathfrak{H}\,P^{n-1})\,T_i\,T$$
$$= \varepsilon^{-r}\,(\mathfrak{H} + \varepsilon\,\mathfrak{H}\,P + \cdots + \varepsilon^{n-1}\,\mathfrak{H}\,P^{n-1})\,T_k.$$

Rechtsseitige Multiplikation mit T wird also auch diese Ausdrücke mit einem Faktor versehen und untereinander vertauschen, da sie ja aus den Elementen je einer Nebengruppe von $\mathfrak{K}$ gebildet sind. Man erhält so wiederum eine monomiale Darstellung von $\mathfrak{G}$ und zeigt leicht, daß, falls ε eine primitive n-te Einheitswurzel ist, die identische Substitution von denjenigen Elementen geliefert wird, die $\mathfrak{H}$ und seinen konjugierten Gruppen gemeinsam sind. Ist also $\mathfrak{N}$ der größte in $\mathfrak{H}$ enthaltene Normalteiler von $\mathfrak{G}$, so ist die monomiale Darstellung holoedrisch isomorph mit $\mathfrak{G}/\mathfrak{N}$.

§ 46. Herstellung sämtlicher monomialen Gruppen.

Aus jeder monomialen Gruppe kann man in folgender Weise durch Einführung neuer Variablen beliebig viele weitere bilden.

Man setze

$$y_1 = a_1\,x_1,\,\ldots,\,y_n = a_n\,x_n \qquad (a_1 \neq 0,\,\ldots,\,a_n \neq 0).$$

Wird bei einer beliebigen Substitution x_i übergeführt in εx_i, so geht $a_i x_i$ über in $a_i \varepsilon x_i$, d. h. y_i wird ebenfalls in εy_i übergeführt. Geht dagegen x_i über in $a x_k$, so geht $a_i x_i$ über in $a_i a x_k$, d. h. y_i wird übergeführt in $a \cdot \dfrac{a_i}{a_k}\,y_k$. Auch die Variablen y erfahren also eine monomiale Substitution, man nennt sie eine mit der ursprünglichen *äquivalente* Gruppe.

Wir betrachten nur transitive Gruppen und wollen nun untersuchen, ob man durch eine geeignete Transformation eine besonders einfache Gestalt derselben erhalten kann. Wiederum sei $\mathfrak{H}$ die Untergruppe derjenigen Substitutionen, die x_1 ungeändert lassen, $\mathfrak{K}$ möge diejenigen Substitutionen bezeichnen, die x_1 bloß mit einem Faktor versehen. Dann ist $\mathfrak{H}$ Normalteiler von $\mathfrak{K}$ und die Faktorgruppe $\mathfrak{K}/\mathfrak{H}$ ist zyklisch. Ihre Ordnung sei n. Der auftretende Faktor ist dann stets eine n-te Einheitswurzel. Nun sei die Zerlegung von $\mathfrak{G}$ in Nebengruppen von $\mathfrak{K}$

$$\mathfrak{G} = \mathfrak{K} + \mathfrak{K}\,T_2 + \cdots + \mathfrak{K}\,T_r,$$

diejenige von $\mathfrak{K}$ nach $\mathfrak{H}$

$$\mathfrak{K} = \mathfrak{H} + \mathfrak{H} P + \cdots + \mathfrak{H} P^{n-1}.$$

Durch die Substitution T_i möge x_1 übergeführt werden in $a_i x_i$, dann führen wir als neue Variable ein $y_i = a_i x_i$ für jeden Wert von $i = 2, 3, \ldots, r$. Alsdann wird jede Substitution der Gruppe $x_1 = y_1$ überführen in $\varepsilon^j y_l$, wobei j einen der Indices $1, \ldots, n$ und ε eine n-te Einheitswurzel bedeutet, während l von 1 bis r läuft.

Wir bilden nunmehr die Ausdrücke

$$(\mathfrak{H} + \varepsilon\, \mathfrak{H} P + \cdots + \varepsilon^{n-1}\, \mathfrak{H} P^{n-1})\, T_i \qquad (i = 1, 2, \ldots, r)$$

und behaupten, daß unsere auf die Substitutionen der y transformierte monomiale Gruppe identisch ist mit der durch rechtsseitige Multiplikation dieser Ausdrücke entstehenden monomialen Darstellung.

Zum Beweis betrachten wir eine beliebige Substitution U der Gruppe. Sie möge y_i überführen in $a y_k$. Dann wird $T_i U$ die Variable y_1 in $a y_k$ überführen. Hieraus folgt, daß a eine Potenz von ε, etwa ε^{-l} ist. $T_i U$ läßt sich infolgedessen in der Gestalt schreiben $H P^l T_k$, wobei H in $\mathfrak{H}$ ist. Es wird also

$$U = T_i^{-1} H P^l T_k.$$

Multiplizieren wir nun andererseits den i-ten unserer Ausdrücke, der der Variablen y_i zugeordnet ist, mit U, so erhalten wir

$$(\mathfrak{H} + \varepsilon\, \mathfrak{H} P + \cdots)\, T_i\, (T_i^{-1} H P^l T_k) = \varepsilon^{-l}\, (\mathfrak{H} + \varepsilon\, \mathfrak{H} P + \cdots)\, T_k.$$

Hiermit ist gezeigt, daß die rechtsseitige Multiplikation mit U gerade diejenige monomiale Substitution erzeugt, welche in der monomialen Gruppe mit U bezeichnet worden ist. Wir fassen das Resultat in den folgenden Satz zusammen:

Satz 121. *Jede transitive monomiale Gruppe läßt sich so transformieren, daß sie mit einer durch Untergruppen nach der Methode von § 45 erzeugten monomialen Gruppe identisch ist.*

Insbesondere ergibt sich hieraus, *daß es zu jeder monomialen Gruppe eine äquivalente gibt, deren Faktoren sämtlich Einheitswurzeln sind.*

§ 47. Ein Satz von Burnside.

Aufs engste verwandt mit den monomialen Gruppen sind die Verlagerungen einer Gruppe nach einer Untergruppe. Es sei $\mathfrak{H}$ eine Untergruppe von $\mathfrak{G}$ und $T_1, T_2, \ldots, T_n$ seien die Repräsentanten der Nebengruppen von $\mathfrak{H}$. Ist nun T ein beliebiges Element von $\mathfrak{G}$, so wird $T_i T = H T_k$. Die Elemente T_i erfahren daher nach rechtsseitiger Multiplikation mit T eine Permutation verbunden mit einer linksseitigen Multiplikation mit einem Element der Untergruppe $\mathfrak{H}$. Dies kann aufgefaßt werden als eine monomiale Substitution, bei der die Faktoren nicht Zahlen, sondern Elemente aus $\mathfrak{H}$ sind. Man sieht unmittelbar, daß diese Substitutionen eine Darstellung von $\mathfrak{G}$ bilden. Wenn die

Gruppe $\mathfrak{H}$ *Abel*sch ist, so kann man das Produkt der Faktoren in einer Substitution bilden und erhält so jeder Substitution ein Element von $\mathfrak{H}$ zugeordnet, wobei dem Produkt zweier Substitutionen das Produkt der zugeordneten Elemente entspricht. Die Abbildung ist daher eine mit $\mathfrak{G}$ homomorphe Gruppe.

Wir beweisen nun den überaus wichtigen

Satz 122 *von Burnside*[1]. *Ist eine Sylowgruppe $\mathfrak{P}$ von der Ordnung p^a im Zentrum ihres Normalisators enthalten, so enthält die Gruppe einen Normalteiler vom Index p^a. Die Ordnung der Kommutatorgruppe ist zu p prim.*

Beweis. Wir verlagern die Gruppe $\mathfrak{G}$ auf die Sylowgruppe $\mathfrak{P}$. Um das auszuführen, zerlegen wir $\mathfrak{G}$ nach dem Doppelmodul $(\mathfrak{P}, \mathfrak{P})$. Nach Satz 66 liefert der Normalisator diejenigen Komplexe $\mathfrak{P} T \mathfrak{P}$, welche nur aus einer Nebengruppe von $\mathfrak{P}$ bestehen, die übrigen Komplexe bestehen aus Nebengruppen von $\mathfrak{P}$, deren Anzahl eine Potenz von p ist nach Satz 64. Liegt T im Normalisator von $\mathfrak{P}$ und ist P ein beliebiges aber festes Element der Ordnung p aus $\mathfrak{P}$, so wird $TP = PT$. Der Faktor in der Substitution ist daher P selber und die Variable T bleibt fest. Nun nehmen wir an, daß $\mathfrak{P} T \mathfrak{P}$ mehr als eine Nebengruppe von $\mathfrak{P}$ enthält. Dann haben wir zwei Fälle zu unterscheiden. Entweder es gilt $TP = P'T$, wo P' in $\mathfrak{P}$ liegt. Dann ist P' ebenfalls von der Ordnung p, weil $P' = TPT^{-1}$ ist. Nun ist aber die Anzahl der Nebengruppen in $\mathfrak{P} T \mathfrak{P}$ eine Potenz von p und alle Nebengruppen liefern denselben Faktor, da ja ihre erzeugenden Elemente allgemein $T P'$ sind, wo P' in der *Abel*schen Gruppe $\mathfrak{P}$ liegt. Infolgedessen ist der Beitrag an das Faktorenprodukt aus unserem Komplex $= E$. Wenn aber keine Gleichung der Gestalt $TP = P'T$ besteht, so werden die Nebengruppen in $\mathfrak{P} T \mathfrak{P}$ zyklisch vertauscht und die Länge aller Zyklen ist genau p. Greifen wir einen solchen Zyklus heraus, so wird seine p-te Potenz eine Substitution, welche keine Vertauschung mehr bewirkt, vielmehr werden alle Nebengruppen mit demselben Faktor, nämlich dem Produkt aller Multiplikatoren des Zyklus multipliziert. Da diese p-te Potenz aber E sein muß, so ist das Produkt der Faktoren E.

Fassen wir alles zusammen, so ergibt sich für das Produkt aller Faktoren P^r, wo r den zu p primen Index von $\mathfrak{P}$ unter dem Normalisator bedeutet. Bei der Verlagerung wird daher kein Element der Sylowgruppe außer E auf E abgebildet und $\mathfrak{G}$ ist homomorph mit der vollen Sylowgruppe. $\mathfrak{G}$ enthält daher einen Normalteiler, dessen Index gleich der Ordnung der Sylowgruppe ist und dessen Faktorgruppe einstufig isomorph mit der *Abel*schen Sylowgruppe ist, womit der Satz bewiesen ist.

Die Umkehrung des Satzes 122 ist leicht zu beweisen: Wenn die Ordnung der Kommutatorgruppe von $\mathfrak{G}$ zu p prim ist, so ist die Sylowgruppe der Ordnung p^a im Zentrum ihres Normalisators erhalten. Wir

---

[1] *Burnside:* Theory of groups of finite order, 2. ed. S. 327. Cambridge 1911.

transformieren nämlich ein Element P von $\mathfrak{P}$ durch ein Element des Normalisators, dann entsteht ein Element aus $\mathfrak{P}$. Daraus folgt, daß die Kommutatoren eines Elementes aus $\mathfrak{P}$ mit einem Element des Normalisators von $\mathfrak{P}$ wieder in $\mathfrak{P}$ liegen. Da sie ferner in der Kommutatorgruppe von $\mathfrak{G}$ liegen und deren Ordnung zu p prim ist, so müssen sie E sein.

Eine Fülle von wichtigen Folgerungen lassen sich aus diesem Satz ableiten.

Satz 123. *Eine Gruppe, deren Sylowgruppen zyklisch sind, ist auflösbar und besitzt einen Normalteiler, dessen Index dem kleinsten Primfaktor gleich ist.*

Beweis. Es sei p die kleinste in der Ordnung der Gruppe aufgehende Primzahl und die zugehörige Sylowgruppe habe die Ordnung p^a. Ihre Automorphismengruppe hat die Ordnung $p^{a-1}(p-1)$. Daher liegt die Sylowgruppe im Zentrum ihres Normalisators, denn ihr Index unter dem Normalisator ist zu p prim und enthält nur Primfaktoren, die größer als p sind und daher nicht in $p-1$ aufgehen können. Daher besitzt die Gruppe einen Normalteiler, dessen Index gleich p^a und dessen Faktorgruppe zyklisch ist.

Satz 124. *Bezeichnet $\mathfrak{P}$ eine Sylowgruppe von $\mathfrak{G}$, deren Ordnung p^a ist, und ist jedes Element von $\mathfrak{G}$, dessen Ordnung zu p prim ist, mit jedem Element von $\mathfrak{P}$ vertauschbar, so ist $\mathfrak{G}$ das direkte Produkt von $\mathfrak{P}$ und einer Untergruppe, deren Ordnung zu p prim ist.*

Beweis. Die Ordnung der Gruppe sei $p^a h$ und h sei prim zu p. Ferner sei $\mathfrak{H}$ die Untergruppe aller Elemente, welche mit jedem Element von $\mathfrak{P}$ vertauschbar sind. Ihre Ordnung ist durch h teilbar, denn alle Sylowgruppen, welche nicht zu p gehören, sind nach Voraussetzung in $\mathfrak{H}$ enthalten. Nun liegt die p-Sylowgruppe von $\mathfrak{H}$ im Zentrum ihres Normalisators und $\mathfrak{H}$ enthält eine Untergruppe von der Ordnung h. Ihre Nebengruppen in $\mathfrak{G}$ können durch die Elemente der p-Sylowgruppe erzeugt werden und weil diese Elemente mit jedem Element jener Untergruppe nach Voraussetzung vertauschbar sind, so ist sie Normalteiler. Da auch die p-Sylowgruppe Normalteiler ist, so ist der Satz bewiesen.

Satz 125. *Die Ordnung einer nichtzyklischen einfachen Gruppe ist stets durch das Quadrat ihres kleinsten Primfaktors teilbar.*

Denn sonst wäre die Sylowgruppe, die zu diesem kleinsten Primfaktor gehört, im Zentrum ihres Normalisators enthalten und die Gruppe wäre verschieden von ihrer Kommutatorgruppe.

Hieraus läßt sich leicht beweisen, daß *die Ordnung einer einfachen Gruppe, falls sie gerade ist, stets durch 4 teilbar sein muß und, falls sie durch 4, aber nicht durch 8 teilbar ist, stets den Teiler 12 hat.* Denn in diesem letzteren Fall ist jede Sylowgruppe von der Ordnung 4 *Abel*sch. Sie muß vom Typus (2, 2) sein, da ihr Normalisator einen vom identischen verschiedenen Automorphismus von ungerader Ordnung liefern muß. Dies ist im zyklischen Falle nicht möglich, dagegen im andern Falle gibt es einen Automorphismus von der Ordnung 3. Die Ordnungen aller bisher bekannten nichtzyklischen einfachen Gruppen sind durch 12 teilbar.

Mit Hilfe des Satzes 125 kann man zeigen, daß es nur *eine* einfache Gruppe von der Ordnung 60 gibt, denn hier muß jede Sylowgruppe von der Ordnung 4 als Normalisator eine Gruppe von der Ordnung 12 haben, deren Typus leicht bestimmt werden kann. Sind nämlich P und Q die Basiselemente der Sylowgruppe, so daß

$$P^2 = E, \quad Q^2 = E, \quad PQ = QP,$$

und ist ferner R von der Ordnung 3, so gelten die Beziehungen

$$R^{-1}PR = Q, \quad R^{-1}QR = PQ.$$

Da die einfache Gruppe diese Untergruppe vom Index 5 besitzt, so kann sie holoedrisch isomorph als Permutationsgruppe von 5 Variabeln dargestellt werden und ist daher mit der alternierenden Gruppe von 5 Variablen identisch.

11. Kapitel.
Darstellung der Gruppen durch lineare homogene Substitutionen.

Die folgende Theorie der Darstellungen von Gruppen durch Substitutionen ist bei weitem das wichtigste und am weitesten entwickelte Gebiet der Gruppentheorie. Sie ist von *G. Frobenius* geschaffen worden und hängt aufs engste zusammen mit der Theorie der hyperkomplexen Größen, in der namentlich *Molien* (Math. Ann. Bd. 41 und 42) grundlegende Resultate erzielt hatte. Die Arbeiten von *Frobenius* aus diesem Gebiet sind sämtlich in den Berliner Sitzungsberichten erschienen und wir geben hier ihre Titel:

Über vertauschbare Matrizen, S. 601—614, 1896. — Über Gruppencharaktere, S. 985—1021, 1896. — Über die Primfaktoren der Gruppendeterminante, S. 1343 bis 1382, 1896; do. II, S. 401—409, 1903. — Über die Darstellung der endlichen Gruppen durch lineare Substitutionen, S. 994—1015, 1897; do. II, S. 482—500, 1899. — Über Relationen zwischen den Charakteren einer Gruppe und denen ihrer Untergruppen, S. 501—515, 1898. — Über die Komposition der Charaktere einer Gruppe, S. 330—339, 1899. — Über die Charaktere der symmetrischen Gruppe, S. 516—534, 1900. — Über die Charaktere der alternierenden Gruppe, S. 303—315, 1901. — Über auflösbare Gruppen, S. 337—345, 1893; do. II, S. 1027—1044, 1895; do. III, S. 849—857, 1901; do. IV, S. 1216—1230, 1901; do. V, S. 1324—1329, 1901. — Über Gruppen der Grade p oder $p+1$, S. 351—369, 1902. — Über primitive Gruppen des Grades n und der Klasse $n-1$, S. 455 bis 459, 1902. — Über die charakteristischen Einheiten der symmetrischen Gruppe, S. 328—358, 1903. — Über die Charaktere der mehrfach transitiven Gruppen, S. 558—571, 1904. — Über die reellen Darstellungen der endlichen Gruppen, gemeinsam mit *I. Schur*, S. 186—208, 1906. — Über die Äquivalenz der Gruppen linearer Substitutionen, gemeinsam mit *I. Schur*, S. 209—217, 1906. — Über die mit einer Matrix vertauschbaren Matrizen, S. 3—15, 1910.

Die wichtigsten früheren Resultate von *Frobenius* wurden unabhängig von *Burnside* wiedergefunden. Letzterem verdankt man eine Reihe der wichtigsten Anwendungen der Theorie sowie deren klassische Darstellung in seiner Theory of groups of finite order, second edition, Cambridge 1911, auf die wir für die Zitate seiner Arbeiten verweisen.

Als dritter erfolgreicher Bearbeiter ist *I. Schur* zu erwähnen, dessen wichtigste Arbeiten aus diesem Gebiet die folgenden sind:

Neue Begründung der Theorie der Gruppencharaktere, Berl. Ber. 1905, S. 406 —432. — Arithmetische Untersuchungen über endliche Gruppen linearer Substitutionen, Berl. Ber. 1906, S. 164—184. — Über Gruppen linearer Substitutionen mit Koeffizienten aus einem algebraischen Zahlkörper, Math. Ann. Bd. 71 (1912), S. 355—367. — Über die Darstellung der endlichen Gruppen durch gebrochene lineare Substitutionen, Crelles Journ. Bd. 127 (1904), S. 20—50 und Bd. 132 (1907), S. 85—137. — Über die Darstellung der symmetrischen und der alternierenden Gruppe durch gebrochene lineare Substitutionen, Crelles Journ. Bd. 139 (1911), S. 155—250.

§ 48. Substitutionen.

Definition. Eine *lineare homogene Substitution vom Grade n* besteht aus n Gleichungen von der Gestalt

$$\left.\begin{aligned}
x_1' &= a_{11}\,x_1 + a_{12}\,x_2 + \cdots + a_{1n}\,x_n\\
x_2' &= a_{21}\,x_1 + a_{22}\,x_2 + \cdots + a_{2n}\,x_n\\
&\;\;\cdots\cdots\cdots\cdots\cdots\cdots\cdots\cdots\\
x_n' &= a_{n1}\,x_1 + a_{n2}\,x_2 + \cdots + a_{nn}\,x_n
\end{aligned}\right\} \tag{1}$$

Sie ist eindeutig bestimmt durch das quadratische Schema, die *Matrix* der Koeffizienten

$$A = \begin{pmatrix}
a_{11}\,a_{12}\cdots a_{1n}\\
a_{21}\,a_{22}\cdots a_{2n}\\
\cdots\cdots\cdots\\
a_{n1}\,a_{n2}\cdots a_{nn}
\end{pmatrix},$$

die wir nach *Kronecker* mit (a_{ik}) bezeichnen. Die Determinante $D = |a_{ik}|$ heißt die *Determinante der Substitution*. Ist sie von 0 verschieden, so lassen sich die Gleichungen (1) folgendermaßen nach $x_1, \ldots, x_n$ auflösen

$$\begin{aligned}
D\,x_1 &= A_{11}\,x_1' + A_{21}\,x_2' + \cdots + A_{n1}\,x_n'\\
D\,x_2 &= A_{12}\,x_1' + A_{22}\,x_2' + \cdots + A_{n2}\,x_n'\\
&\;\;\cdots\cdots\cdots\cdots\cdots\cdots\cdots\cdots\\
D\,x_n &= A_{1n}\,x_1' + A_{2n}\,x_2' + \cdots + A_{nn}\,x_n'.
\end{aligned}$$

Hierbei bedeutet allgemein A_{ik} die Unterdeterminante von a_{ik} in A. Diese neue Substitution heißt die *inverse* zu A und wird mit A^{-1} bezeichnet. Sie entsteht aus $\left(\dfrac{A_{ik}}{D}\right)$ durch Vertauschung der Zeilen mit den Kolonnen, d. h. durch *Transposition*.

Um in einer Funktion der Variablen $x_1, \ldots, x_n$ die Substitution A auszuführen, hat man diese Variablen durch die rechten Seiten von (1) zu ersetzen, d. h. man hat aus $f(x_1, \ldots, x_n)$ zu bilden $f(x_1', \ldots, x_n')$ und $x_1', \ldots, x_n'$ mit Hilfe der Gleichungen (1) durch die linearen Funktionen der x auszudrücken. Dies ist die genaue Verallgemeinerung des Begriffs: Permutation der Variablen. Insbesondere erhält man die rechten Seiten von (1), indem man auf die Variablen $x_1, \ldots, x_n$ die Substitution A ausübt.

Ist eine zweite Substitution mit der Matrix $B = (b_{ik})$ gegeben, so kann man sie auf die n linearen Funktionen der rechten Seite von (1) ausüben. Diese gehen alsdann wiederum über in lineare Funktionen von $x_1, \ldots, x_n$ und wir erhalten eine neue Substitution, das *Produkt $A B$ von A und B*. Bezeichnet man sie mit $C = (c_{ik})$, so wird

$$c_{ik} = \sum_{l=1}^{n} a_{il} b_{lk} \qquad (i, k = 1, 2, \ldots, n),$$

d. h. C entsteht aus A und B, indem man die Zeilen von A mit den Kolonnen von B komponiert. AA wird durch A^2 abgekürzt und entsprechend werden die höheren „Potenzen" von A mit A^i bezeichnet. Die Determinante von (c_{ik}) wird gleich dem Produkt der Determinanten von (a_{ik}) und (b_{ik})

$$|c_{ik}| = |a_{ik}| \cdot |b_{ik}|.$$

Die Zusammensetzung von A mit A^{-1} ergibt die *Einheitsmatrix*

$$E = (e_{ik}) \quad e_{ik} = \begin{Bmatrix} 0 \ (i \neq k) \\ 1 \ (i = k) \end{Bmatrix}.$$

Nunmehr seien n lineare Formen von $x_1, x_2, \ldots, x_n$ gegeben

$$s_{11} x_1 + \cdots + s_{1n} x_n = y_1$$
$$\cdots \cdots \cdots \cdots \cdots \cdots \cdots \cdots$$
$$s_{n1} x_1 + \cdots + s_{nn} x_n = y_n. \tag{2}$$

Die Variablen $y_1, \ldots, y_n$ werden erhalten, indem man auf die $x_1, \ldots, x_n$ die Substitution $S = (s_{ik})$ ausübt. Die Matrix S habe eine von 0 verschiedene Determinante. Übt man auf die Variablen $x_1, \ldots, x_n$ die Substitution A aus, so erfahren auch die $y_1, \ldots, y_n$ eine solche, denn jede Linearform der n Variablen $x_1, \ldots, x_n$ läßt sich durch die n linear unabhängigen Formen $y_1, \ldots, y_n$ linear ausdrücken. Man findet sie in folgender Weise: Übt man in den linken Seiten von (2) auf die Variablen x_i die Substitution A aus, so erhält man n neue Linearformen, deren Matrix durch SA gegeben ist. Diese hat man durch die Variablen y_i auszudrücken, d. h. man hat die Variablen x_i durch die Linearformen $S^{-1}(y)$, die man durch Auflösung von (2) nach den Variablen x_i erhält, zu ersetzen. Die Matrix dieser Linearformen der y ist SAS^{-1}. So erhält man den für das Folgende fundamentalen

Satz 126. *Übt man auf die Variablen* $x_1, \ldots, x_n$ *in den* n *Gleichungen*

$$
\begin{aligned}
s_{11}\, x_1 + \cdots + s_{1n}\, x_n &= y_1 \\
\cdot\ \cdot\ \cdot\ \cdot\ \cdot\ \cdot\ \cdot\ \cdot\ \cdot\ \cdot\ \cdot\ \cdot & \qquad S = (s_{ik}), \ |s_{ik}| \neq 0 \\
s_{n1}\, x_1 + \cdots + s_{nn}\, x_n &= y_n
\end{aligned}
$$

die Substitution A *aus, so erfahren die* n *Variablen* $y_1, \ldots, y_n$ *die Substitution* $S A S^{-1}$.

$S A S^{-1}$ heißt die durch S^{-1} aus A **transformierte** Matrix.

Ineinander transformierbare Matrizen heißen *äquivalente* Matrizen.

Nunmehr sei A eine Matrix, von der eine bestimmte Potenz die Einheitsmatrix E ergibt. Der kleinste Exponent a, welcher der Gleichung genügt $A^a = E$, heißt die *Ordnung* von A. Offenbar bilden $A, A^2, \ldots, A^a = E$ eine zyklische Gruppe von der Ordnung a. Wir beweisen nunmehr den

Satz 127. *Jede Matrix von endlicher Ordnung läßt sich in eine* **Diagonalmatrix** *transformieren, d. h. in eine Matrix von der Gestalt* (c_{ik}), *wo* $c_{ik} = 0$ *für* $i \neq k$, *bei der also alle Koeffizienten außerhalb der Hauptdiagonale* 0 *sind. Ist* a *die Ordnung der Matrix, so genügen die Koeffizienten* c_{ii} *der Gleichung* $c_{ii}^a = 1$.

B e w e i s. Man übt auf x_1 der Reihe nach die Substitutionen $E, A, A^2, \ldots, A^{a-1}$ aus und erhält so a lineare Formen

$$
y_1 = x_1, \quad y_2, \ldots, y_a.
$$

Versteht man unter ε eine primitive a-te Einheitswurzel, so bildet man weiter die a Linearformen

$$
\begin{aligned}
y_1 + y_2 + y_3 + \cdots + y_a &= z_0 \\
y_1 + \varepsilon^{-1} y_2 + \varepsilon^{-2} y_3 + \cdots + \varepsilon^{-(a-1)} y_a &= z_1 \\
y_1 + \varepsilon^{-2} y_2 + \varepsilon^{-2 \cdot 2} y_3 + \cdots + \varepsilon^{-2(a-1)} y_a &= z_2 \\
\cdot\ \cdot\ \cdot\ \cdot\ \cdot\ \cdot\ \cdot\ \cdot\ \cdot\ \cdot\ \cdot\ \cdot\ \cdot\ \cdot\ \cdot\ \cdot\ & \\
y_1 + \varepsilon^{-(a-1)} y_2 + \varepsilon^{-2(a-1)} y_3 + \cdots + \varepsilon^{-(a-1)(a-1)} y_a &= z_{a-1}.
\end{aligned}
$$

Ihre Summe ist $= a\, y_1$.

$z_0, \ldots, z_{a-1}$ sind Linearformen von $x_1, \ldots, x_n$. Übt man nun auf die Variablen x die Substitution A aus, so erfahren $y_1, \ldots, y_a$ eine zyklische Vertauschung, indem allgemein y_i übergeht in y_{i+1} (y_a in y_1). Daher bleibt z_0 ungeändert und z_i geht über in $\varepsilon^i z_i$.

Die a Linearformen der x: $z_0, \ldots, z_{a-1}$ verschwinden sicher nicht sämtlich, denn ihre Summe ist $a\, y_1 = a\, x_1$. Aber es können zwischen ihnen Beziehungen bestehen. Wir wählen ein System von linear unabhängigen z aus, so daß alle übrigen sich linear durch sie ausdrücken lassen. Zu dem Zweck beginnen wir etwa mit z_0. Ist $z_1 = c \cdot z_0$ ($c = \text{const}$), so läßt man z_1 weg, sonst nimmt man z_1 zu z_0. Ist $z_2 = c_0 z_0 + c_1 z_1$, so läßt man z_2 weg, sonst nimmt man es zu den vorigen. In dieser Weise erhält man ein System von der Art, wie es gesucht ist. Wenn unter den a Formen z *nicht* n linear unabhängige vorkommen, so gibt es noch weitere Formen von $x_1, \ldots, x_n$, die sich nicht linear durch $z_0, \ldots, z_{a-1}$ ausdrücken lassen. Zum Beispiel kann man hierfür eine der Variablen x wählen, denn wenn sich alle x durch die z ausdrücken lassen, so gilt dasselbe von allen ihren linearen Formen. Wir gehen von einer solchen neuen Form y_1' aus und wiederholen unser Verfahren. Man erhält so $z_0', \ldots, z_{a-1}'$, und darunter gibt es gewiß eine Form, die von den Formen $z_0, \ldots, z_{a-1}$ linear unabhängig ist, denn die Summe ist wiederum $a\, y_1'$, was nach Voraussetzung von $z_0, \ldots, z_{a-1}$ linear nicht abhängt. Nimmt man die unabhängigen zu den früher ausgewählten und setzt das Verfahren fort, so gelangt man schließlich zu n linear unabhängigen Formen $t_1, t_2, \ldots, t_n$ der Variablen $x_1, \ldots, x_n$, welche sämtlich die Eigenschaft haben, daß nach Ausführung der Substitution A die Variable t übergeht in $\varepsilon^k t$. Die Determinante der n Formen $t_1, \ldots, t_n$ ist gewiß von Null verschieden, weil sie linear unabhängig sind, und daraus folgt wegen Satz 126 unsere Behauptung.

Definition. Die mit Hilfe der Matrix $A = (a_{ik})$ gebildete Gleichung

$$\begin{vmatrix} a_{11} - t & a_{12} & \ldots & a_{1n} \\ a_{21} & a_{22} - t & \ldots & a_{2n} \\ \cdots\cdots\cdots\cdots\cdots\cdots \\ a_{n1} & a_{n2} & \ldots & a_{nn} - t \end{vmatrix} = 0$$

heißt die *charakteristische Gleichung* von A. Ordnet man sie nach Potenzen von t, so lauten die beiden höchsten Terme

$$(-1)^n t + (-1)^{n-1} (a_{11} + a_{22} + \cdots + a_{nn})\, t^{n-1} + \cdots = 0.$$

Die Wurzeln der Gleichung heißen die *charakteristischen Wurzeln* der Matrix, ihre Summe heißt der *Charakter* der Matrix A und wird mit $\chi(A)$ bezeichnet. Offenbar ist

$$\chi(A) = a_{11} + a_{22} + \cdots + a_{nn},$$

also die Spur von A.

Falls die Matrix die Diagonalform hat, so lautet die Gleichung

$$\begin{vmatrix} \varepsilon_1 - t & 0 & \cdots & 0 \\ 0 & \varepsilon_2 - t & \cdots & 0 \\ \cdots\cdots\cdots\cdots\cdots\cdots \\ 0 & 0 & \cdots & \varepsilon_n - t \end{vmatrix} = 0,$$

daher sind die Koeffizienten der Hauptdiagonale die charakteristischen Wurzeln.

Wir zeigen nun, daß äquivalente Matrizen dieselbe charakteristische Gleichung haben.

Zum Beweis verwenden wir eine neue Symbolik, die *Addition von Matrizen*. Ist $A = (a_{ik})$ und $B = (b_{ik})$, so verstehen wir unter $A + B$ die Matrix $(a_{ik} + b_{ik})$, die man aus A und B erhält, indem man jeweils die Koeffizienten an derselben Stelle in A und B addiert. Kombiniert man Addition und Multiplikation, so gilt das *Distributivgesetz*

$$(A + B)\,C = A\,C + B\,C, \quad C\,(A + B) = C\,A + C\,B.$$

Bezeichnet man ferner mit tA die Matrix $(t\,a_{ik})$, so läßt sich die Matrix der charakteristischen Gleichung schreiben

$$A - t\,E.$$

Transformiert man sie durch S, so erhält man

$$S^{-1}\,(A - t\,E)\,S = S^{-1}A\,S - S^{-1}\,(t\,E)\,S.$$

Nun ist $t\,E$ mit S vertauschbar und man erhält

$$S^{-1}\,(A - t\,E)\,S = S^{-1}A\,S - t\,E.$$

Geht man zu den Determinanten über, so folgt

$$|A - t\,E| = |S^{-1}A\,S - t\,E|,$$

womit bewiesen ist der

Satz 128. *Zwei Matrizen, die durch Transformation auseinander hervorgehen, haben dieselbe charakteristische Gleichung, daher auch dieselben charakteristischen Wurzeln und denselben Charakter.*

Wenn die sämtlichen Wurzeln der charakteristischen Gleichung untereinander übereinstimmen, so hat die Matrix A, falls sie von endlicher Ordnung ist, die Diagonalform; denn es gibt eine Substitution S, welche der Gleichung genügt

$$S^{-1}A\,S = \varepsilon\,E,$$

wobei ε die Wurzel der charakteristischen Gleichung ist. Daraus folgt

$$A = S\,(\varepsilon\,E)\,S^{-1} = \varepsilon\,E.$$

Hieraus kann man leicht zeigen, daß Satz 127 nicht für beliebige Matrizen gilt, z. B. nicht für

$$\begin{pmatrix} 1 & 1 \\ 0 & 1 \end{pmatrix},$$

denn hier sind 1 und 1 die charakteristischen Wurzeln, aber aus $S^{-1}\begin{pmatrix} 1 & 1 \\ 0 & 1 \end{pmatrix} S = \begin{pmatrix} 1 & 0 \\ 0 & 1 \end{pmatrix}$ folgt $\begin{pmatrix} 1 & 1 \\ 0 & 1 \end{pmatrix} = \begin{pmatrix} 1 & 0 \\ 0 & 1 \end{pmatrix}$, was ein Widerspruch ist. Die Ordnung dieser Matrix ist nicht endlich.

§ 49. Substitutionsgruppen.

Es seien g Matrizen vom Grade n mit nicht verschwindender Determinante gegeben mit der Eigenschaft, daß das Produkt von je zweien wiederum eine der g Matrizen ist; dann bilden sie eine Gruppe von der Ordnung g. Denn die Eigenschaften *I*, *II* und *III** sind erfüllt; aus $A\,B = A\,C$ folgt: $A^{-1}A\,B = A^{-1}A\,C$, also $B = C$.

Die Permutationsgruppen und die monomialen Gruppen lassen sich als Spezialfälle der Substitutionsgruppen auffassen. Zum Beispiel ist die Permutation

$$\begin{pmatrix} x_1\, x_2 \\ x_2\, x_1 \end{pmatrix}$$

gleichbedeutend mit der Substitution

$$x_1' = x_2,$$
$$x_2' = x_1,$$

deren Matrix $\begin{pmatrix} 0\,1 \\ 1\,0 \end{pmatrix}$ ist.

Es entstehen nun zwei Fundamentalprobleme:

1. Gegeben ist eine abstrakte Gruppe. Man soll alle Darstellungen derselben durch Matrizen angeben.

2. Gegeben ist der Grad der Matrizen. Man soll alle endlichen Gruppen, welche durch Matrizen dieses Grades dargestellt werden können, angeben.

Das erste Problem wird den Gegenstand der folgenden Paragraphen bilden. Die Theorie ist von *Frobenius* entwickelt worden. Das zweite Problem ist noch weit von der Lösung entfernt, doch werden wir immerhin einige wichtige Sätze mitteilen können.

Aus jeder Substitutionsgruppe $E, A, B, \ldots$ kann man im allgemeinen unendlich viele neue ableiten, indem man die Matrizen durch eine feste Matrix transformiert. Die Matrizen

$$S^{-1}E\,S = E, \quad S^{-1}A\,S, \quad S^{-1}B\,S, \quad \ldots$$

bilden in der Tat eine mit $E, A, B, \ldots$ holoedrisch isomorphe Gruppe, denn aus

$$A\,B = C \text{ folgt: } S^{-1}A\,S \cdot S^{-1}B\,S = S^{-1}A\,B\,S = S^{-1}C\,S.$$

Die Zuordnung $A \to S^{-1}A\,S$ liefert den Isomorphismus. Zwei solche Substitutionsgruppen heißen ***äquivalent***. Es ist offenbar für die beiden Probleme nur nötig, aus jedem System äquivalenter Gruppen einen Repräsentanten zu betrachten. Diese einfachen Überlegungen gestatten bereits, für zyklische Gruppen das Problem 1 völlig zu lösen. Ist $A, A^2, \ldots, A^a = E$ die Gruppe von der Ordnung a, so erhält man eine Darstellung durch Substitutionen vom Grade 1, indem man unter A die Substitution $x' = \varepsilon\,x$ versteht, wobei ε eine beliebige a-te Einheitswurzel bedeutet. Setzt man $\varepsilon = 1$, so erhält man die identische Darstellung $x' = x$, welche jedem Element die Matrix (1) zuordnet. Außer dieser gibt es noch $a-1$ weitere, entsprechend den übrigen Wurzeln von $x^a = 1$. Ist ε eine primitive a-te Einheitswurzel, so kann man die a verschiedenen Darstellungen vom Grade 1 in folgendes Schema bringen

	E	A	A^2	$\ldots$	A^{a-1}
Γ_0	1	1	1	$\ldots$	1
Γ_1	1	ε	ε^2	$\ldots$	ε^{a-1}
Γ_2	1	ε^2	ε^4	$\ldots$	$\varepsilon^{2(a-1)}$
$\ldots$	$\ldots$	$\ldots$	$\ldots$	$\ldots$	$\ldots$
Γ_{a-1}	1	ε^{a-1}	$\varepsilon^{2(a-1)}$	$\ldots$	$\varepsilon^{(a-1)(a-1)}$

$$(1)$$

Die Einheitswurzeln einer Zeile bilden jeweils eine Darstellung der Gruppe, die wir mit $\Gamma_0, \ldots$ bezeichnen. *In dieser Weise angeordnet, bilden die a Darstellungen eine quadratische Matrix*, eine Tatsache, die auch bei allgemeinen Gruppen wiederum zum Vorschein kommen wird.

Ist nunmehr eine Darstellung Γ von höherem Grade gegeben, so läßt sich nach Satz **127** die dem Element A entsprechende Matrix transformieren auf die Form

$$A = \begin{pmatrix} \varepsilon^{i_1} & 0 & \ldots & 0 \\ 0 & \varepsilon^{i_2} & \ldots & 0 \\ \cdot & \cdot & \cdots & \cdot \\ 0 & 0 & \ldots & \varepsilon^{i_n} \end{pmatrix}.$$

A und seine sämtlichen Potenzen haben die Diagonalform und man bezeichnet diese Darstellung als **Summe der n Darstellungen** (ε^{i_1}), (ε^{i_2}), $\ldots$, oder in Formeln

$$\Gamma = \Gamma_{i_1} + \Gamma_{i_2} + \cdots + \Gamma_{i_n}.$$

Diese Definition der *Summe von Darstellungen* hat mit derjenigen der Summe von Matrizen nichts zu tun. Offenbar ist der Charakter einer Matrix der Summe gleich der Summe der Charaktere der Bestandteile.

Man erhält nun alle Darstellungen der zyklischen Gruppe, indem man die Summe bildet

$$g_0 \Gamma_0 + g_1 \Gamma_1 + \cdots + g_{a-1} \Gamma_{a-1} = \Gamma, \qquad (2)$$

wobei g_i ganze, nicht negative Zahlen sind, und Γ durch eine beliebige Substitution vom Grade $g_0 + g_1 + \cdots + g_{a-1}$ transformiert. $\Gamma_0, \ldots, \Gamma_{a-1}$ heißen die *irreduziblen Darstellungen* der Gruppe und die Formel (2) besagt, daß Γ den *irreduziblen Bestandteil* Γ_i genau g_i-mal enthält.

Es entsteht nun die Frage, *ob man für Γ die irreduziblen Bestandteile angeben kann, ohne Γ auf die Diagonalform zu transformieren.* Stellt A eine beliebige Matrix von der Ordnung a dar, so ist die Summe der charakteristischen Wurzeln gegeben durch den Ausdruck

$$a_{11} + a_{22} + \cdots + a_{nn}.$$

Wenn nun die irreduziblen Bestandteile der Darstellung $E, A, A^2, \ldots$ durch $g_0 \Gamma_0 + \cdots + g_{a-1} \Gamma_{a-1}$ gegeben sind, wenn wir ferner die Summe der Koeffizienten der Hauptdiagonale in $E, A, A^2, \ldots$ mit $n_1 = n$, $n_2, \ldots, n_a$ bezeichnen, so gelten die Gleichungen

$$
\begin{aligned}
g_0 + g_1 + \cdots + g_{a-1} &= n_1, \\
g_0 + \varepsilon g_1 + \cdots + \varepsilon^{a-1} g_{a-1} &= n_2, \\
&\cdots\cdots\cdots \\
g_0 + \varepsilon^{a-1} g_1 + \cdots + \varepsilon^{(a-1)(a-1)} g_{a-1} &= n_a.
\end{aligned}
$$

Hieraus berechnen sich die Zahlen $g_0, \ldots, g_{a-1}$ in folgender Weise:

$$
\begin{aligned}
a \cdot g_0 &= n_1 + n_2 + \cdots + n_a, \\
a \cdot g_1 &= n_1 + \varepsilon^{-1} n_2 + \cdots + \varepsilon^{-(a-1)} n_a, \\
&\cdots\cdots\cdots\cdots\cdots\cdots\cdots\cdots\cdots \\
a \cdot g_{a-1} &= n_1 + \varepsilon^{-(a-1)} n_2 + \cdots + \varepsilon^{-(a-1)(a-1)} n_a,
\end{aligned}
$$

womit die Aufgabe gelöst ist. Bereits durch die Summe der Diagonalkoeffizienten der Matrizen ist also die Darstellung bestimmt und zwei Darstellungen, für welche diese Zahlen übereinstimmen, sind äquivalent.

Definition. *Die Gesamtheit der Charaktere der Matrizen einer Substitutionsgruppe heißt das* **Charakterensystem** *der Substitutionsgruppe.*

Für zyklische Gruppen gilt der

Satz 129. *Zwei Darstellungen einer zyklischen Gruppe sind dann und nur dann äquivalent, wenn sie dasselbe Charakterensystem besitzen.*

Denn sie lassen sich auf dieselbe Diagonalform transformieren.

§ 50. Orthogonale und unitäre Substitutionsgruppen.

Eine Substitution vom Grade n, welche die quadratische Form

$$
f = x_1^2 + x_2^2 + \cdots + x_n^2
$$

ungeändert läßt, heißt eine *orthogonale Substitution.*

Falls alle Substitutionen einer Gruppe orthogonal sind, heißt die Gruppe eine *orthogonale Substitutionsgruppe.*

Führt man in f die Substitution mit der Matrix (a_{ik}) aus, so erhält man die Form

$$
\begin{aligned}
(a_{11} x_1 + a_{12} x_2 + \cdots + a_{1n} x_n)^2 + \cdots \\
+ (a_{n1} x_1 + a_{n2} x_2 + \cdots + a_{nn} x_n)^2
\end{aligned}
$$

und die notwendige und hinreichende Bedingung dafür, daß diese Form wieder gleich f ist, besteht in folgenden Gleichungen

$$
\sum_{i=1}^{n} a_{ik}^2 = 1 \quad \text{und} \quad \sum_{i=1}^{n} a_{ik} a_{il} = 0 \quad \text{für } k \neq l.
$$

Diese Gleichungen lassen sich durch das Multiplikationsgesetz der Matrizen wiedergeben und besagen: Setzt man die Matrix $A = (a_{ik})$ mit sich selbst zusammen, indem man Spalten mit Spalten kombiniert, so erhält man die Einheitsmatrix; anders ausgedrückt: Bezeichnet A^0 die zu A transponierte Matrix, so gilt die Gleichung $A^0 A = E$. Dies liefert den

Satz 130. *Eine Matrix A ist dann und nur dann orthogonal, wenn ihre inverse Matrix mit der transponierten übereinstimmt.*

Definition. Eine reelle quadratische Form in n Variablen heißt *positiv definit,* wenn sie nur positive Werte annimmt, falls den Variablen reelle Werte erteilt werden, und nur dann den Wert Null annimmt, wenn alle Variablen gleich Null gesetzt werden.

Satz 131. *Jede positiv definite Form*

$$g = \sum_{i,\,k=1}^{n} r_{ik}\, x_i\, x_k \qquad\qquad (r_{ik} = r_{ki})$$

läßt sich durch eine reelle Substitution auf die n Variablen in die Gestalt

$$f = x_1^2 + x_2^2 + \cdots + x_n^2$$

überführen.

Beweis. In der Form g ist der Koeffizient von x_i^2 gleich r_{ii}, derjenige von $x_i x_k$ $(i \neq k)$ gleich $2 r_{ik}$. Ferner ist r_{ii} eine positive Zahl $\neq 0$, denn setzt man alle Variablen außer der i-ten gleich 0, so erhält man $r_{ii} x_i^2$, und da dies nur positive Werte annehmen soll, so muß r_{ii} größer als Null sein.

Bildet man nun

$$\frac{1}{r_{11}} (r_{11} x_1 + r_{12} x_2 + \cdots + r_{1n} x_n)^2,$$

so stimmen diejenigen Terme, die x_1 enthalten, überein mit den entsprechenden in g, daher wird

$$g = \frac{1}{r_{11}} (r_{11} x_1 + \cdots + r_{1n} x_n)^2 + h(x_2, \ldots, x_n),$$

wobei h eine quadratische Form der Variablen $x_2, \ldots, x_n$ ist.

Setzt man

$$y_1 = \frac{1}{\sqrt{r_{11}}} (r_{11} x_1 + \cdots + r_{1n} x_n),$$

so ist

$$g = y_1^2 + h(x_2, \ldots, x_n).$$

h ist eine positiv definite Form in den Variablen $x_2, \ldots, x_n$. Denn wenn man diesen Variablen Zahlenwerte geben könnte, die nicht sämtlich verschwinden und h zu 0 machen, so könnte man diese in die Gleichung $y_1 = 0$ einsetzen und bekäme auch für x_1 einen Wert, der zusammen mit den übrigen g zum Verschwinden brächte.

Auf h kann man dasselbe Verfahren ausüben und fortfahren, bis schließlich g übergeführt ist in $y_1^2 + y_2^2 + \cdots + y_n^2$. Die Substitution, welche f in g überführt, hat offenbar die Gestalt

$$\begin{aligned}
y_1 &= s_{11} x_1 + s_{12} x_2 + \cdots + s_{1n} x_n, \\
y_2 &= \phantom{s_{11} x_1 +{}} s_{22} x_2 + \cdots + s_{2n} x_n, \\
&\;\cdots\cdots\cdots\cdots\cdots\cdots\cdots \\
y_n &= \phantom{s_{11} x_1 + s_{22} x_2 + \cdots +{}} s_{nn} x_n.
\end{aligned}$$

Wir bezeichnen sie mit T^{-1}.

Man löst die Substitution nach den Variablen x auf, indem man mit der letzten Gleichung beginnt und nach oben fortschreitet, und man findet so für die inverse Substitution T eine solche von gleicher Gestalt, d. h. mit verschwindenden Koeffizienten unterhalb der Hauptdiagonalen. Wir bezeichnen sie folgendermaßen

$$\begin{aligned}
x_1 &= t_{11}\, y_1 + t_{12}\, y_2 + \cdots + t_{1\,n}\, y_n, \\
x_2 &= \qquad\quad\ t_{22}\, y_2 + \cdots + t_{2\,n}\, y_n, \\
&\ \cdot\ \cdot\ \cdot\ \cdot\ \cdot\ \cdot\ \cdot\ \cdot\ \cdot\ \cdot\ \cdot\ \cdot \\
x_n &= \qquad\qquad\qquad\qquad\quad\ t_{nn}\, y_n.
\end{aligned}$$

Satz 132. *Jede endliche reelle Substitutionsgruppe ist äquivalent mit einer orthogonalen Substitutionsgruppe.*

Beweis. Die Substitutionsgruppe mit reellen Koeffizienten sei vom Grade n, ihre Substitutionen seien mit $E, A, B, \ldots$ bezeichnet. Übt man sie auf die quadratische Form

$$f = x_1^2 + x_2^2 + \cdots + x_n^2$$

aus und addiert die so erhaltenen quadratischen Formen, so erhält man eine positiv definite quadratische Form, denn sie ist die Summe von Quadraten, unter denen speziell die Quadrate der einzelnen Variablen vorkommen, weil f unter E sich nicht ändert und daher als Summand figuriert. Diese Form, die wir mit

$$g = \sum_{i,\,k=1}^{n} r_{ik}\, x_i\, x_k \qquad\qquad (r_{ik} = r_{ki})$$

bezeichnen, ändert sich nicht, wenn man auf sie eine beliebige Substitution der Gruppe ausübt, denn dabei ändern nur die Summanden ihre Reihenfolge nach § 2. Nun sei T die Substitution des vorigen Satzes, welche g in f überführt. Übt man auf f erst T^{-1} aus, so geht f in g über, übt man jetzt eine der Substitutionen der Gruppe aus, so bleibt g ungeändert, und wendet man schließlich T an, so geht g wieder in f über. Daraus folgt, daß die mit der gegebenen äquivalente Substitutionsgruppe

$$E, \quad T^{-1}AT, \quad T^{-1}BT, \quad \ldots$$

die Form f ungeändert läßt und daher orthogonal ist.

Um für Gruppen mit komplexen Koeffizienten das Analogon zum letzten Satz zu beweisen, benutzt man das Hilfsmittel der *Hermite*schen Formen. Der ganze Gang des Beweises ist fast genau derselbe wie im reellen Fall. Bezeichnen wir mit Γ die Substitutionsgruppe, so bilden die Matrizen mit konjugiert imaginären Koeffizienten eine mit Γ holoedrisch isomorphe Gruppe $\overline{\Gamma}$, denn aus $AB = C$ folgt $\overline{A}\,\overline{B} = \overline{C}$, wobei die überstrichenen Buchstaben die konjugiert imaginären Matrizen bezeichnen. Man benutzt nun zwei Reihen von Variablen $x_1, \ldots, x_n$ und $\overline{x}_1, \ldots, \overline{x}_n$ und bildet den Ausdruck

$$f = x_1\, \overline{x}_1 + x_2\, \overline{x}_2 + \cdots + x_n\, \overline{x}_n.$$

Erteilt man $\bar{x}_i$ stets den konjugiert imaginären Wert zu x_i, so stellt diese Form nur positive reelle Zahlen dar und sie verschwindet bloß für

$$x_1 = x_2 = \cdots = x_n = 0.$$

Allgemein stellen wir folgende Definition auf:

Definition. Eine Form von der Gestalt

$$g = \sum_{i,k=1}^{n} r_{ik}\, x_i\, \bar{x}_k,$$

deren Koeffizienten den Relationen genügen

$$r_{ik} = \bar{r}_{ki}, \qquad \text{also } r_{ii} \text{ reell,}$$

heißt eine **_Hermitesche Form._**

Eine *Hermite*sche Form nimmt nur reelle Werte an, wenn man den überstrichenen Variablen die konjugiert imaginären Werte zu den unüberstrichenen erteilt. Die Form heißt **_positiv definit,_** wenn sie nur positive Werte annimmt und bloß verschwindet, wenn alle Variablen verschwinden. Die oben mit f bezeichnete Normalform ist von dieser Art.

Satz 133. *Jede positiv definite Hermitesche Form läßt sich auf die Gestalt*

$$f = x_1\, \bar{x}_1 + \cdots + x_n\, \bar{x}_n$$

transformieren, indem man auf die unüberstrichenen Variablen eine Substitution T und auf die überstrichenen die konjugiert imaginäre Substitution $\bar{T}$ ausübt.

Beweis. Der Koeffizient r_{ii} ist positiv und größer als 0, denn setzt man alle Variablen außer x_i gleich Null, x_i dagegen gleich 1, so erhält man den Zahlenwert r_{ii}. Da er nach Voraussetzung positiv sein muß, so ist unsere Behauptung bewiesen. Entsprechend dem reellen Fall erkennt man, daß

$$(r_{11}\, x_1 + r_{21}\, x_2 + \cdots + r_{n1}\, x_n)\, (r_{11}\, \bar{x}_1 + \cdots + r_{1n}\, \bar{x}_n)$$

in denjenigen Termen mit $r_{11}\, g$ übereinstimmt, die x_1 oder $\bar{x}_1$ enthalten. Daher wird

$$g - \frac{1}{r_{11}}\, (r_{11}\, x_1 + \cdots + r_{n1}\, x_n)\, (r_{11}\, \bar{x}_1 + \cdots + r_{1n}\, \bar{x}_n)$$

bloß noch von den Variablenreihen $x_2, \ldots, x_n,\ \bar{x}_2, \ldots, \bar{x}_n$ abhängen. Führt man daher die beiden konjugiert imaginären Substitutionen aus

$$y_1 = \frac{1}{\sqrt{r_{11}}}\, (r_{11}\, x_1 + \cdots + r_{n1}\, x_n)$$

und

$$\bar{y}_1 = \frac{1}{\sqrt{r_{11}}}\, (r_{11}\, \bar{x}_1 + \cdots + r_{1n}\, \bar{x}_n),$$

so geht g über in $y_1\, \bar{y}_1 + h\, (x_2, \ldots, x_n,\ \bar{x}_2, \ldots, \bar{x}_n)$. Dabei ist h wiederum eine *Hermite*sche Form, und indem man fortfährt, wird g zu

$$f = y_1\, \bar{y}_1 + \cdots + y_n\, \bar{y}_n.$$

Definition. Eine Substitution, welche die Form

$$f = x_1 \bar{x}_1 + \cdots + x_n \bar{x}_n$$

ungeändert läßt, heißt eine *unitäre Substitution.*

Stets ist unter einer Substitution verstanden, daß auf die ungestrichenen Variablen eine Substitution und auf die gestrichenen die konjugiert imaginäre ausgeübt werden. Man kann unitäre Substitutionen offenbar auch durch die Eigenschaft definieren, daß die zu ihrer Matrix inverse die *transponierte der konjugiert imaginären* Matrix ist. Reelle unitäre Matrizen sind daher orthogonal.

Satz 134. *Eine endliche Substitutionsgruppe ist stets äquivalent mit einer unitären Substitutionsgruppe.*

Beweis. Man verfährt genau wie im reellen Fall und übt auf die Form f die sämtlichen Substitutionen der Gruppe aus und addiert sie. Man erhält so die Form g, welche gegenüber den Substitutionen der Gruppe invariant bleibt. Diese führt man nach Satz 133 durch die Substitution T in f über und man sieht, daß die Transformation der Substitutionen der Gruppe durch T auf eine unitäre Gruppe führt.

Das Verfahren, welches den Beweis der Sätze 131 und 133 leistete, kann verallgemeinert werden und liefert folgenden

Satz 135. *Jede Bilinearform*

$$g = \sum_{i=1}^{n} \sum_{k=1}^{n'} r_{ik} x_i y_k$$

läßt sich auf die Normalform

$$f = x_1 y_1 + x_2 y_2 + \cdots + x_r y_r$$

überführen durch eine Substitution auf die Variablen x und eine solche auf die Variablen y. Hierbei ist $r \leqq n$ und $r \leqq n'$.

Beweis. Man bilde

$$(r_{11} x_1 + r_{21} x_2 + \cdots + r_{n1} x_n)(r_{11} y_1 + r_{12} y_2 + \cdots + r_{1n'} y_{n'}).$$

Dieses Produkt stimmt in denjenigen Termen, die x_1 oder y_1 enthalten, mit $r_{11} g$ überein. Hierbei darf man voraussetzen, daß $r_{11} \neq 0$ ist. Denn sonst sei $r_{ik} \neq 0$; vertauscht man nun x_1 mit x_i und y_1 mit y_k, so wird r_{ik} zum Koeffizienten von $x_1 y_1$. Dabei haben die beiden Variablenreihen nur unter sich eine Substitution erfahren.

Setzt man

$$\frac{1}{\sqrt{r_{11}}}(r_{11} x_1 + \cdots + r_{n1} x_n) = u_1$$

$$\frac{1}{\sqrt{r_{11}}}(r_{11} y_1 + \cdots + r_{1n'} y_{n'}) = v_1,$$

so kann man g so schreiben

$$u_1 v_1 + h(x_2, \ldots, x_n, y_2, \ldots, y_{n'}).$$

Indem man dieses Verfahren fortsetzt, gelangt man zu einer Form

$$f = u_1 v_1 + u_2 v_2 + \cdots + u_r v_r.$$

§ 51. Reduzible und irreduzible Substitutionsgruppen.

Definition. Eine Substitutionsgruppe heißt *reduzibel,* wenn sie sich so tranformieren läßt, daß ihre Matrizen sämtlich die Gestalt haben

$$A = \left(\begin{array}{c|c} P & Q \\ \hline 0 & R \end{array} \right),$$

wobei P eine quadratische Matrix vom Grade n_1, R eine ebensolche vom Grade n_2 $(n_1 + n_2 = n)$, und Q eine rechteckige Matrix von n_1 Zeilen und n_2 Spalten darstellt, während 0 die Matrix mit n_2 Zeilen und n_1 Spalten bedeutet, deren Koeffizienten sämtlich 0 sind. Übt man sie auf die Variablen $x_1, \ldots, x_n$ aus, so werden die n_2 letzten nur unter sich substituiert. Daraus folgt, daß das Produkt zweier derartiger Matrizen (mit gleichem n_1 und n_2) wiederum eine solche Matrix ist.

Ist speziell A' die Matrix $\begin{pmatrix} P' Q' \\ 0 \ R' \end{pmatrix}$, wobei die zugehörigen Zahlen wieder n_1 und n_2 sein sollen, so wird $A A' = \begin{pmatrix} P P' & P Q' + Q R' \\ 0 & R R' \end{pmatrix}$.

Nimmt man also aus jeder Matrix den Bestandteil P bzw. R gesondert, so bilden auch sie eine Gruppe, die isomorph ist mit der ursprünglichen Gruppe. Ist Q nicht überall die Nullmatrix, so heißt die Gruppe **halb reduziert,** sonst *ganz reduziert.* Es gilt nun der

Fundamentalsatz 136[1]. *Jede halb reduzierte endliche Gruppe ist äquivalent mit einer ganz reduzierten.*

Beweis. Wir beginnen mit *reellen* Gruppen vom Grade n. Ihre Substitutionen seien mit $E, A, B, \ldots$ bezeichnet, und sie seien nach Voraussetzung halb reduziert, etwa von der Gestalt

$$\begin{pmatrix} P & Q \\ 0 & R \end{pmatrix}.$$

Nach Satz 132 können wir die Gruppe auf orthogonale Gestalt transformieren, und zwar durch eine Substitution T, deren Koeffizienten unterhalb der Hauptdiagonale verschwinden. Diese ist daher ebenfalls halb reduziert und dasselbe gilt auch von der inversen T^{-1}, infolgedessen auch von $T^{-1} A T$ und den übrigen durch T transformierten Substitutionen der Gruppe. Wir brauchen also den Satz 136 nur für orthogonale halb reduzierte Substitutionsgruppen zu beweisen, und *hier zeigt sich nun, daß solche stets ganz reduziert sind.*

Denn die zu A inverse Matrix hat dieselbe reduzierte Form wie A, weil sie mit zur Gruppe gehört, andererseits ist sie die transponierte Matrix von A, weil die Gruppe orthogonal ist. Daraus folgt, daß der Bestandteil Q die Nullmatrix sein muß, und dasselbe gilt für alle Substitutionen der Gruppe.

---

[1] *Maschke, H.:* Beweis des Satzes, daß diejenigen endlichen linearen Substitutionsgruppen, in welchen einige durchgehends verschwindende Koeffizienten auftreten, intransitiv sind. Math. Ann. Bd. 52 (1899), S. 363.

Für komplexe Gruppen verläuft der Beweis genau gleich, nur muß man die Gruppe auf unitäre Gestalt transformieren. Auch dies geschieht durch eine Matrix, deren Koeffizienten unterhalb der Hauptdiagonalen Null sind, und die Transformation läßt daher die halb reduzierte Gestalt der Gruppe unberührt. Da hier die inverse Matrix gleich der konjugiert imaginären zur transponierten Matrix ist, so folgt wiederum, daß eine halbreduzierte unitäre Matrix stets ganz reduziert ist, womit der Satz vollständig bewiesen ist.

Eine ganz reduzierte Gruppe, deren Matrizen die Gestalt haben

$$A = \begin{pmatrix} A_1 & 0 \\ 0 & A_2 \end{pmatrix}$$

ist bereits bestimmt durch die beiden Bestandteile

$$\Gamma_1 = E_1, A_1, B_1, \ldots \quad \text{und} \quad \Gamma_2 = E_2, A_2, B_2, \ldots$$

Die Tatsache, daß Γ sich in der angegebenen Weise durch Transformation reduzieren läßt, drückt man durch die Gleichung aus

$$\Gamma = \Gamma_1 + \Gamma_2.$$

Falls $\Gamma_1 = \Gamma_2$, schreibt man kürzer $\Gamma = 2\Gamma_1$, und allgemein, wenn Γ sich so reduzieren läßt, daß die Bestandteile Γ_i $(i = 1, \ldots, r)$ je n_i-mal auftreten, so schreibt man

$$\Gamma = n_1 \Gamma_1 + n_2 \Gamma_2 + \cdots + n_r \Gamma_r.$$

Möglicherweise lassen sich die Bestandteile Γ_i noch weiter reduzieren, aber schließlich muß man auf Bestandteile kommen, welche keine weitere Reduktion mehr zulassen. Solche Substitutionsgruppen heißen *irreduzibel,* und wir können das Resultat zusammenfassen in den

Satz 137. *Jede endliche Substitutionsgruppe ist entweder irreduzibel oder vollständig reduzibel auf eine Summe irreduzibler Gruppen.*

Die irreduziblen Gruppen sind die Bausteine, aus denen sich jede Substitutionsgruppe zusammensetzen läßt, und die Auffindung derselben ist eine der wichtigsten Aufgaben der Gruppentheorie. Wir haben schon in Satz 127 gesehen, daß sich jede zyklische Gruppe auf Bestandteile des ersten Grades reduzieren läßt; diese sind selbstverständlich irreduzibel. Dasselbe gilt allgemein für *Abel*sche Gruppen.

Satz 138. *Die irreduziblen Bestandteile einer Abelschen Substitutionsgruppe sind sämtlich vom Grade 1. Sie läßt sich transformieren in eine Gruppe, deren Matrizen sämtlich die Diagonalform haben.*

Beweis. Wir benutzen vollständige Induktion, indem wir den Satz als bewiesen annehmen für Gruppen, deren Grad kleiner als n ist.

Γ sei eine *Abel*sche Gruppe, die nicht in reduzierter Form gegeben ist. Dann gibt es eine Matrix A in Γ, die mindestens zwei verschiedene charakteristische Wurzeln besitzt, und wir nehmen an, daß A in Diagonalform erscheint. (Vgl. Satz 128 und die darauffolgende Bemerkung.) Die Koeffizienten in der Hauptdiagonale von A seien der Reihe nach

$\varepsilon_1, \varepsilon_2, \ldots, \varepsilon_n$. Durch eine weitere Transformation (welche auf eine bloße Vertauschung der Variablen herauskommt) kann man erreichen, daß in der Hauptdiagonalen zuerst alle Wurzeln kommen, die gleich ε_1 sind, während die übrigen von ε_1 verschieden sind. Es sei also

$$\varepsilon_1 = \varepsilon_2 = \cdots = \varepsilon_m \qquad \varepsilon_i \neq \varepsilon_1 \qquad i > m.$$

Nunmehr sei B eine beliebige Matrix von Γ. Dann wird $AB = BA$, also

$$(\varepsilon_k b_{ik}) = (\varepsilon_i b_{ik}),$$

d. h.

$$\varepsilon_k b_{ik} = \varepsilon_i b_{ik}.$$

Ist also $\varepsilon_i \neq \varepsilon_k$, so wird $b_{ik} = 0$, insbesondere ist $b_{ik} = 0$, sobald

$$i \leqq m \qquad k > m$$

oder

$$i > m \qquad k \leqq m,$$

d. h. aber, daß B ganz reduziert ist, nämlich Summe zweier quadratischer Matrizen vom Grade m und $n - m$. Da B eine beliebige Matrix von Γ ist, so ist auch Γ reduziert. Auf jeden der beiden Bestandteile kann man das Verfahren fortsetzen, bis völlige Reduktion auf die Diagonalform erreicht ist.

Für das Folgende ist die *identische Darstellung,* welche jedem Element der Gruppe die Zahl 1, aufgefaßt als Matrix vom Grade 1, zuordnet, von besonderer Wichtigkeit. Wir bezeichnen sie stets mit Γ_1 und beweisen folgenden

Satz 139. *Die Tatsache, daß die Substitutionsgruppe Γ die identische Darstellung Γ_1 genau a-mal enthält, besagt, daß es genau a linear unabhängige Linearformen in den n Substitutionsvariablen gibt, welche sich bei den Substitutionen der Gruppe nicht ändern.*

Beweis. Es seien die a unabhängigen Linearformen mit $L_1, L_2, \ldots, L_a$ bezeichnet. Wir können noch $n - a$ weitere hinzufügen, dergestalt, daß die Determinante der Koeffizienten dieser n Linearformen $L_1, \ldots, L_n$ von 0 verschieden ist. Übt man nun auf die Variablen dieser Formen die Substitutionen der Gruppe aus, so erfahren die Formen selber eine äquivalente Substitution, und diese ist reduziert, indem die a ersten Formen in sich übergehen. Der Bestandteil Γ_1 kommt mindestens a-mal vor.

Umgekehrt, kommt der Bestandteil Γ_1 a-mal vor, so besagt das für die vollständig reduzierte Gruppe, daß a unter den Variablen ungeändert bleiben; falls die Reduktion aber noch nicht durchgeführt ist, daß a Linearformen invariant sind.

Bestandteile ersten Grades, welche nicht die identische Darstellung sind, involvieren Linearformen, welche unter der Gruppe bloß Faktoren annehmen.

§ 52. Die Konstruktion sämtlicher invarianter Linearformen.

Die wichtigste Aufgabe bei der Reduktion einer Substitutionsgruppe Γ ist die Auffindung der Zahl, welche angibt, wie oft die identische Darstellung in Γ enthalten ist, und die Angabe einer Transformation, welche die zugehörige Reduktion leistet. Dazu ist nach Satz 139 notwendig und hinreichend die Konstruktion eines vollständigen Systems linear unabhängiger Linearformen, welche unter den Substitutionen von Γ sich nicht ändern, anders ausgedrückt, welche gegenüber den Substitutionen von Γ *invariant* sind.

Die Methode zur Bildung invarianter Linearformen ist dieselbe wie diejenige zur Bildung invarianter quadratischer Formen, welche beim Beweis des Satzes 132 angewandt wurde. Man beginnt mit irgendeiner Linearform, übt auf sie die sämtlichen Substitutionen aus und addiert die so erhaltenen Formen. Die Summe ist entweder identisch 0 oder wieder eine Linearform; letztere ist invariant, denn übt man eine Substitution aus, so kommt das nur auf eine Vertauschung der Summanden heraus, die Summe ändert sich nicht.

Als Ausgangsform wählen wir die Variable x_1 selber, und erhalten durch die Ausübung von E diese Variable als ersten Summanden. Nun üben wir A aus und erhalten die Linearform

$$a_{11} x_1 + a_{12} x_2 + \cdots + a_{1\,n} x_n.$$

Ihre Koeffizienten sind gebildet von den Koeffizienten der ersten Zeile in A. Dasselbe machen wir für alle Substitutionen von Γ. Nun haben wir alle diese Formen zu addieren. Es ist aber offenbar unnötig, jedesmal die Variablen hinzuzuschreiben, es genügt, die Koeffizienten zu notieren und zu addieren. Mit Hilfe des Begriffes der Addition von Matrizen (§ 48) können wir unser Verfahren folgendermaßen beschreiben: Man addiere die Matrizen der Gruppe Γ und bilde mit den Koeffizienten der ersten Zeile der Summe eine Linearform. Diese ist identisch mit der Linearform, welche man erhält, wenn man auf x_1 die sämtlichen Substitutionen von Γ ausübt und die so entstehenden Formen addiert. Entsprechend erhalten wir die invariante Form, welche durch Ausübung der Substitutionen auf die Variable x_i entsteht, indem wir in der Summe aller Matrizen die i-te Zeile nehmen und mit ihr die Linearform bilden. Wir setzen

$$E + A + B + \cdots = M = (m_{i\,k})$$

und erhalten folgende invariante Linearformen

$$L_i = m_{i1} x_1 + m_{i2} x_2 + \cdots + m_{in} x_n \quad (i = 1, 2, \ldots, n).$$

Mit zwei Linearformen ist auch ihre Summe und allgemein eine lineare Verbindung wieder eine invariante Linearform, so daß wir in folgender Gestalt lauter Invarianten erhalten

$$a_1 L_1 + a_2 L_2 + \cdots + a_n L_n,$$

wo die a irgendwelche Zahlen bedeuten. Diese n Formen $L_1, \ldots, L_n$ sind im allgemeinen nicht unabhängig voneinander. Insbesondere, wenn die Gruppe die identische Darstellung nicht enthält, so müssen sämtliche L verschwinden, also muß M die Nullmatrix sein und wir haben den

Satz 140. *Wenn eine Substitutionsgruppe vollständig reduziert die identische Darstellung nicht enthält, so ist die Summe der Koeffizienten, welche in den verschiedenen Matrizen an derselben Stelle stehen, stets $=0$.*

Das System $(e_{ik}, a_{ik}, b_{ik}, \ldots)$ der Koeffizienten an der Stelle (ik) bezeichnen wir im folgenden als eine **Stellenzeile.** Diese Einteilung der Koeffizienten einer Substitutionsgruppe erweist sich in der Folge als fundamental. Summen erstreckt über die verschiedenen Elemente der Gruppe bezeichnen wir mit dem Symbol

$$\sum_S \quad \text{oder} \quad \sum_{\mathfrak{G}},$$

wobei S also die Elemente $E, A, B, \ldots$ von $\mathfrak{G}$ durchlaufen soll.

Ist nun L irgendeine invariante Linearform, so ist sie in der obigen Gestalt darstellbar. Denn bezeichnen wir sie mit

$$b_1 x_1 + b_2 x_2 + \cdots + b_n x_n,$$

üben wir der Reihe nach alle Substitutionen auf sie aus und addieren wir die so entstehenden Formen, so bekommen wir

$$b_1 L_1 + b_2 L_2 + \cdots + b_n L_n.$$

Andererseits ändert sich L bei den Substitutionen nicht und wir können das Resultat auch mit gL bezeichnen, wo g die Ordnung der Gruppe bedeutet. Daraus folgt, daß sich L linear durch die Formen $L_1, L_2, \ldots, L_n$ darstellen läßt, die hierbei auftretenden Koeffizienten sind einfach

$$b_1/g, \quad b_2/g, \ldots, b_n/g.$$

Die identische Darstellung ist daher in Γ genau so oft enthalten, als es linear unabhängige unter den Zeilen von M gibt. Diese Zahl heißt der Rang der Matrix M und wir haben den

Satz 141. *Man erhält alle invarianten Linearformen zu einer Substitutionsgruppe Γ, indem man ihre Matrizen addiert, aus den Zeilen der so entstehenden Matrix Linearformen bildet und sie mit beliebigen Zahlen multipliziert und addiert. Die Gruppe Γ enthält die identische Darstellung genau so oft, als die Zahl der linear unabhängigen invarianten Linearformen beträgt. Diese Zahl ist identisch mit dem Rang der Summenmatrix.*

Wenn eine Substitutionsgruppe die identische Darstellung genau einmal enthält, so ist die Summe M ihrer Matrizen nicht die Nullmatrix. Ihre Zeilen müssen aber, soweit sie nicht aus lauter Nullen bestehen, dieselbe Linearform, eventuell mit einem Faktor versehen, ergeben.

In einer irreduziblen Substitutionsgruppe, welche nicht die identische Darstellung ist, kann diese letztere nicht mehr als Bestandteil auftreten, daher gibt es für sie keine invariante Linearform und die Summe der Koeffizienten einer Stellenzeile ist stets $=0$.

Hieraus ergibt sich eine überaus einfache Methode zur Bestimmung des Ranges von M. Der Charakter von M ist nämlich eine Zahl, welche nach Satz 128 bei einer beliebigen Transformation der Gruppe sich nicht ändert. Nehmen wir die Gruppe in reduzierter Form an, so liefern die Bestandteile, welche von der identischen Darstellung verschieden sind, nach dem eben Bemerkten keinen Beitrag an den Charakter, dagegen liefert Γ_1 genau den Beitrag g, wenn dies die Ordnung der Gruppe bedeutet. Daraus folgt der

Satz 142. *Die Summe der Charaktere der Matrizen einer beliebigen endlichen Substitutionsgruppe ist immer $= 0$ oder ein Vielfaches der Ordnung der Gruppe, etwa $= r\,g$. Die Zahl r zeigt an, wie oft in der Gruppe die identische Darstellung enthalten ist.*

§ 53. Die Fundamentalrelationen der Koeffizienten irreduzibler Substitutionsgruppen.

Aus einer beliebigen Darstellung Γ einer endlichen Gruppe mit den Matrixen $E, A, B, \ldots$ läßt sich in folgender Weise eine neue ableiten. Man bezeichne allgemein mit S^0 die zu S transponierte (S. 144) Matrix. Dann folgt aus dem Bestehen der Gleichung $A\,B = C$ ohne weiteres die Gleichung $B^0 A^0 = C^0$; nämlich die Relationen, welche die erste Gleichung bilden, sind dieselben wie diejenigen der zweiten. Andererseits gilt auch $B^{-1} A^{-1} = C^{-1}$. Bildet man daher zu jeder Matrix S die Matrix $S_t = S^{0-1}$, indem man nacheinander transponiert und zur inversen übergeht (diese beiden Operationen sind vertauschbar), so folgt aus $A\,B = C$ wiederum $A_t B_t = C_t$. Wir bezeichnen die Gruppe Γ_t, deren Matrizen $E, A_t, B_t, \ldots$ sind, als *die zu Γ adjungierte Substitutionsgruppe*[1].

Satz 143. *Das Charakterensystem von Γ_t ist konjugiert imaginär zu demjenigen von Γ.*

Beweis. Wir zeigen, daß $\chi(A)$ konjugiert imaginär zu $\chi(A_t)$ ist, in folgender Weise: Es gilt zunächst $\chi(A) = \chi(A^0)$, ferner ist $\chi(A^{-1})$ konjugiert imaginär zu $\chi(A)$, denn sei A auf Diagonalform reduziert $=$

$$
\begin{pmatrix} \varepsilon_1 & 0 & \ldots & 0 \\ 0 & \varepsilon_2 & \ldots & 0 \\ \multicolumn{4}{c}{\cdot \ \cdot \ \cdot \ \cdot \ \cdot \ \cdot} \\ 0 & 0 & \ldots & \varepsilon_n \end{pmatrix}, \quad \text{so wird } A^{-1} = \begin{pmatrix} \varepsilon_1^{-1} & 0 & \ldots & 0 \\ 0 & \varepsilon_2^{-1} & \ldots & 0 \\ \multicolumn{4}{c}{\cdot \ \cdot \ \cdot \ \cdot \ \cdot \ \cdot \ \cdot \ \cdot} \\ 0 & 0 & \ldots & \varepsilon_n^{-1} \end{pmatrix}
$$

---

[1] Zwei adjungierte Substitutionen A und A_t lassen sich auch so charakterisieren, daß die bilineare Form

$$x_1 y_1 + x_2 y_2 + \cdots + x_n y_n$$

ungeändert bleibt, wenn man auf die Variablen x die Substitution A, auf die Variablen y dagegen die Substitution A_t anwendet. Die kovarianten und kontravarianten Vektoren in der Relativitätstheorie erfahren adjungierte Substitutionen.

und da die Zahlen ε Einheitswurzeln sind, so stimmt ε^{-1} mit der konjugiert imaginären Zahl zu ε überein.

Die adjungierte der adjungierten Gruppe stimmt mit der ursprünglichen Gruppe überein: $\Gamma_{tt} = \Gamma$, wie ohne weiteres aus der Definition folgt, wenn wir berücksichtigen, daß Transposition und Inversion vertauschbare Operationen von der Ordnung 2 sind.

Als zweite fundamentale Operation, die man mit Substitutionsgruppen vornehmen kann, behandeln wir die Komposition zweier Substitutionsgruppen Γ und Γ'.

Die Matrizen von Γ bzw. Γ' seien $E, A, B, \ldots$ bzw. $E', A', B', \ldots$ und E, E' bzw. A, A' usw. seien jeweils Darstellungen desselben Elementes von $\mathfrak{G}$. Die Grade von Γ und Γ' seien n und n'. Wir bilden nun zwei Reihen von Variablen $x_1, \ldots, x_n$ und $y_1, \ldots, y_{n'}$. Auf die x_i werden nur Substitutionen von Γ und auf die y_i nur die entsprechenden von Γ' angewendet. Bildet man die sämtlichen Produkte $x_1 y_1, x_2 y_1, \ldots,$ $x_n y_1, x_1 y_2, \ldots, x_n y_2, \ldots, x_1 y_{n'}, \ldots, x_n y_{n'}$ und übt man auf die Variablen A bzw. A' aus, so erfahren die Produkte selbst eine lineare Substitution, und zwar gilt folgende Beziehung:

Ist A gegeben durch

$$x_i' = \sum_{j=1}^{n} a_{ij}\, x_j \qquad\qquad (i = 1, \ldots, n)$$

und A' gegeben durch

$$y_k' = \sum_{l=1}^{n'} a_{kl}'\, y_l \qquad\qquad (k = 1, \ldots, n'),$$

so wird

$$x_i'\, y_k' = \sum_{j=1}^{n} \sum_{l=1}^{n'} a_{ij}\, a_{kl}'\, x_j\, y_l\,.$$

Zu jedem Paar von entsprechenden Substitutionen aus Γ und Γ' gehört also eine bestimmte Substitution vom Grade nn' und diese bilden eine mit $\mathfrak{G}$ isomorphe Gruppe. Wir bezeichnen diese Darstellung von $\mathfrak{G}$ als die durch **Komposition von** Γ **und** Γ' entstandene Darstellung $\Gamma\Gamma'$. Vertauscht man Γ und Γ', so erhält man eine äquivalente Substitutionsgruppe, denn das kommt darauf hinaus, daß man die Produkte in folgender Reihenfolge aufschreibt:

$$y_1 x_1, y_2 x_1, \ldots, y_n x_1, y_1 x_2, \ldots$$

Dies ist aber nur eine Vertauschung der Substitutionsvariablen.

Wir müssen nun untersuchen, ob $\Gamma\Gamma'$ die identische Darstellung enthält und wie oft. Hierzu gehen wir so vor, daß wir invariante Linearformen suchen, und dazu müssen wir für die Gruppe $\Gamma\Gamma'$, deren Grad nn' ist, besondere Variable aufschreiben, etwa $z_1, z_2, \ldots$, welche genau dieselben Substitutionen erfahren, wie die Variablenprodukte $x_i y_k$, wobei jedes z einem bestimmten dieser Produkte entspricht. Bezeichnen wir nun mit $L(z)$ eine invariante Linearform der Variablen

$z_1, z_2, \ldots$, so können wir darin an Stelle dieser Variablen die zugehörigen Variablenprodukte $x_i y_k$ einsetzen und erhalten eine Bilinearform $Bil\,(x, y)$. Diese ist nur dann identisch Null, wenn $L\,(z)$ identisch Null war, denn die Variablenprodukte können sich nicht gegenseitig aufheben, es besteht keine lineare Beziehung zwischen ihnen. Statt nun zu sagen, wir üben auf die Variablen z in $L\,(z)$ eine Substitution von $\Gamma \Gamma'$ aus, können wir auch sagen, wir üben in $Bil\,(x, y)$ auf die Variablen x und y die entsprechenden Substitutionen von Γ und Γ' aus. Die Koeffizienten der beiden Formen erfahren genau dieselben Veränderungen, und insbesondere wenn die eine Form invariant ist, so ist es auch die andere.

Diese Tatsache ist für die ganze Invariantentheorie fundamental und gestattet dort die Anwendung der sog. symbolischen Methode, auf die wir aber hier nicht eingehen. Das Problem, die in $\Gamma \Gamma'$ enthaltenen identischen Darstellungen zu finden, reduziert sich jetzt darauf, bilineare Formen zu finden, die invariant bleiben, wenn man auf ihre beiden Variablenreihen die Substitutionen von Γ und Γ' anwendet. Die vollständige Antwort wird in den beiden folgenden Sätzen enthalten sein.

Satz 144. *Sind Γ und Γ' zwei irreduzible Substitutionsgruppen, und ist Γ' nichtäquivalent mit Γ_t, so gibt es keine bilineare Form der Variablen $x_1, \ldots, x_n$ und $y_1, \ldots, y_{n'}$, die stets invariant bleibt, wenn auf die beiden Variablenreihen irgend zwei entsprechende Substitutionen von Γ und Γ' ausgeübt werden.*

Beweis. Jede Bilinearform $\sum\limits_{i=1}^{n} \sum\limits_{k=1}^{n'} r_{ik}\, x_i\, y_k = g$ läßt sich nach Satz 135 auf die Gestalt

$$x_1 y_1 + x_2 y_2 + \cdots + x_r y_r = f$$

bringen, indem man auf die Variablen x und y Substitutionen mit von 0 verschiedener Determinante ausübt. Transformiert man die beiden Substitutionsgruppen Γ und Γ' durch diese Substitutionen, so erhält man zwei äquivalente Gruppen, welche die Form f ungeändert lassen.

Nun sei (a_{ik}) eine Matrix von Γ und (a'_{ik}) die entsprechende von Γ'.

In der invarianten Form $x_1 y_1 + \cdots + x_r y_r$ üben wir zunächst bloß die Substitution (a_{ik}) auf die Variablen x aus und erhalten

$$y_1 \cdot \sum_{k=1}^{n} a_{1k}\, x_k + y_2 \cdot \sum_{k=1}^{n} a_{2k}\, x_k + \cdots + y_r \cdot \sum_{k=1}^{n} a_{rk}\, x_k.$$

Diese Form ordnen wir nach den x

$$x_1 \cdot \sum_{i=1}^{r} a_{i1}\, y_i + x_2 \cdot \sum_{i=1}^{r} a_{i2}\, y_i + \cdots + x_n \cdot \sum_{i=1}^{r} a_{in}\, y_i.$$

Üben wir nun auf die Variablen y die Substitution (a'_{ik}) aus, so muß die ursprüngliche Form $x_1 y_1 + \cdots + x_r y_r$ entstehen. Vergleicht man die Koeffizienten von $x_1, \ldots, x_r$, so findet man, daß (a'_{ik}) die r Linearformen

$$\sum_{i=1}^{r} a_{i1}\, y_i\,, \ldots, \sum_{i=1}^{r} a_{ir}\, y_i$$

überführt in $y_1, \ldots, y_r$.

Ist $r < n'$, so ist also Γ' reduzibel. Dasselbe beweist man für Γ, falls $r < n$ ist. Es wird also $r = n = n'$ und $\Gamma' = \Gamma_t$.

Satz 145. *Die beiden irreduziblen Gruppen Γ und Γ_t besitzen nur die eine invariante Bilinearform*

$$f = x_1 y_1 + x_2 y_2 + \cdots + x_n y_n$$

und ihre Vielfachen $C f$.

Beweis. Jedenfalls ist f invariant. Nun möge auch die von $C f$ verschiedene Form

$$g = \sum_{i,\,k=1}^{n} r_{ik}\, x_i\, y_k$$

invariant sein. Dann zeigt man folgendermaßen, daß Γ reduzibel ist. Wir bezeichnen die Determinante $|r_{ik}| = R$ als die Determinante von g. Übt man nun auf die Variablen x und y die beiden Substitutionen T und T' mit den Determinanten d und d' aus, so erhält man eine Bilinearform, deren Determinante, wie man sofort sieht, $= d R d'$ ist. Die Determinante von f ist gleich 1, diejenige der übrigen Normalformen

$$f_r = x_1 y_1 + x_2 y_2 + \cdots + x_r y_r$$

mit $r < n$ ist dagegen $=0$. Sobald also eine Bilinearform die Determinante 0 hat, ist sie nicht auf die Gestalt f, sondern nur auf eine der Gestalten f_r transformierbar, und wenn diese invariant ist unter Γ und Γ_t, so ist Γ nach dem Beweis zu Satz 144 reduzibel. Falls $R = 0$, so sind wir schon am Ziele. Im andern Falle bilde man die Schar von invarianten Bilinearformen $g - t f$, wobei t eine beliebige Konstante bedeutet. Die Determinante einer solchen Form ist

$$|r_{ik} - t e_{ik}| \qquad e_{ik} = \begin{cases} 0 \ \text{ für } \ i \neq k \\ 1 \ \text{ für } \ i = k \end{cases}$$

und man kann t so bestimmen, daß sie verschwindet, ohne daß die ganze Matrix zur Nullmatrix wird. Also gibt es bloß eine invariante Bilinearform und deren Multipla $C f$.

Aus diesem Satze folgen die grundlegenden Relationen, denen die Koeffizienten irreduzibler Substitutionsgruppen genügen. Sie sind enthalten in folgendem

Satz 146. *Ist Γ' nicht äquivalent mit Γ_t, so bestehen zwischen den Koeffizienten von Γ und Γ' die Gleichungen*

$$\sum_{S} s_{ik}\, s'_{lm} = 0\,.$$

Zwischen Γ und Γ_t bestehen die Gleichungen

$$\sum_S s_{ik} s'_{ik} = \frac{g}{n} \quad und \quad \sum_S s_{ik} s'_{lm} = 0,$$

sobald $(l\,m)$ verschieden ist von $(i\,k)$.

Hierin bedeutet n den Grad, g die Ordnung von Γ. Ferner ist die allgemeine Substitution von Γ mit $S = (s'_{ik})$, die entsprechende von Γ' mit $S' = (s'_{ik})$ bezeichnet und die Summation soll sich über alle Substitutionen der Gruppe erstrecken.

Beweis. Wenn Γ' nicht äquivalent ist mit Γ_t, so enthält $\Gamma\Gamma'$ die identische Darstellung nicht (nach Satz 144). Daher verschwindet die Summe der Matrizen von $\Gamma\Gamma'$ und dies ist der Inhalt der ersten Gleichungen.

Falls Γ' mit Γ_t äquivalent ist, so behandeln wir den speziellen Fall, daß $\Gamma' = \Gamma_t$ ist. Denn hierdurch bekommen wir alle Relationen. Da wir hier die invarianten Formen

$$C\,(x_1\,y_1 + x_2\,y_2 + \cdots + x_n\,y_n) = C\,f$$

und keine weiteren haben, so ist die Summenmatrix aller Matrizen von $\Gamma\Gamma_t$ nicht identisch Null, aber ihre Zeilen verschwinden entweder vollständig oder sie liefern eine der Formen Cf. Wir bekommen die invarianten Bilinearformen, welche den einzelnen Zeilen entsprechen, indem wir auf $x_i y_k$ die Substitutionen von Γ und Γ_t der Reihe nach ausüben und die so entstehenden Formen addieren. Setzt man nun zur Abkürzung

$$\sum_S s_{ik} s'_{lm} = s_{iklm},$$

so lauten die invarianten Formen

$$\sum_{k=1}^{n} \sum_{m=1}^{n'} s_{iklm}\, x_k\, y_m,$$

und diese müssen entweder identisch verschwinden, oder mit einer der Formen Cf identisch sein. Also müssen jedenfalls die Koeffizienten von $x_k\,y_m\,(k \neq m)$ verschwinden, d. h.

$$s_{iklm} = 0 \qquad\qquad (k \neq m).$$

Ferner muß sein

$$s_{i1\,l1} = s_{i2\,l2} = \cdots = s_{in\,ln},$$

wobei noch offenbleibt, ob der Wert 0 ist oder nicht. Nun gelten aber für die Zahlen s_{iklm} die Beziehungen

$$s_{iklm} = s_{mlki}.$$

In der Tat stimmt der Koeffizient s_{ik} in S nach Definition überein mit dem Koeffizienten an der Stelle (ki) in S_t^{-1}, ebenso derjenige von S^{-1} an der Stelle (lm) mit dem Koeffizienten von S_t an der Stelle $(m\,l)$.

Man kann daher setzen

$$\sum_{S} s_{ik}\, s'_{lm} = \sum_{S^{-1}} s'_{ki}\, s_{ml},$$

und da die Summationsfolge keinen Einfluß hat auf die Summe, so wird

$$s_{iklm} = s_{mlki}. \tag{1}$$

Hieraus folgt sofort, daß auch für $i \neq l$ stets $s_{iklm} = 0$ ist. Also sind gewiß nur die Zahlen $s_{ikik} \neq 0$, und zwar haben sie alle denselben Werte, denn aus

$$s_{i1i1} = s_{i2i2} = \cdots = s_{inin} \qquad (i = 1, 2, \ldots, n)$$

folgt nach (1)

$$s_{1i1i} = s_{2i2i} = \cdots = s_{nini} \qquad (i = 1, 2, \ldots, n).$$

Die erste dieser beiden Zeilen enthält n Gleichungssysteme, und zwar lauten die links an erster Stelle in diesen Systemen stehenden Größen

$$s_{1111}, \quad s_{2121}, \quad \ldots, \quad s_{n1n1}.$$

Setzt man nun in dem Gleichungssystem der zweiten Zeile $i = 1$, so entsteht die Gleichung

$$s_{1111} = s_{2121} = \cdots = s_{n1n1}.$$

Hieraus folgt, daß alle n^2 Größen s_{ikik} denselben Wert haben. Um ihn zu bestimmen, berechnen wir den Charakter der Summenmatrix aller Substitutionen von $\Gamma\Gamma_t$ auf zwei Weisen. Weil diese Gruppe die identische Matrix nur einmal enthält, ist er nach Satz 142 gleich der Ordnung g der Gruppe. Andererseits sind von den n^2 von 0 verschiedenen Größen s_{ikik} bloß die n Größen

$$s_{iiii} \qquad (i = 1, 2, \ldots, n)$$

in der Hauptdiagonale gelegen. Da sie alle denselben Wert haben, so ergibt sich für die einzelne der Wert g/n, womit der Satz 146 vollständig bewiesen ist.

12. Kapitel.

Gruppencharaktere.

§ 54. Äquivalenz von Substitutionsgruppen.

Satz 147. *Sind Γ und Γ' zwei irreduzible Darstellungen von $\mathfrak{G}$, so besteht zwischen den beiden Charakterensystemen die Gleichung*

$$\sum_{S} \chi(S)\, \chi'(S) = \begin{cases} 0, & \text{wenn } \Gamma' \text{ nicht äquivalent mit } \Gamma_t, \\ g, & \text{wenn } \Gamma' \text{ äquivalent mit } \Gamma_t. \end{cases}$$

Beweis. $\sum\limits_{S} \chi(S)\, \chi'(S)$ ist nach der Definition der Charaktere (S. 147)

$$= \sum_{S} (s_{11} + s_{22} + \cdots + s_{nn})(s'_{11} + s'_{22} + \cdots + s'_{n'n'})$$

und dieses Produkt wird nach der Bezeichnungsweise des Satzes 146 gleich $\sum\limits_{i=1}^{n} \sum\limits_{k=1}^{n'} s_{iikk}$. Diese Terme sind sämtlich 0, außer wenn Γ'' mit Γ_t äquivalent ist. Für $\Gamma' = \Gamma_t$ ist $n = n'$ und

$$s_{iikk} = \begin{cases} 0 & \text{für } i \neq k \\ \dfrac{g}{n} & \text{für } i = k. \end{cases}$$

In der Doppelsumme sind daher nur n Terme von 0 verschieden, sie haben alle denselben Wert, nämlich g/n, und ihre Summe ist g.

Die Gleichungen des Satzes 147 lassen sich noch anders schreiben, wenn wir bedenken, daß nach Satz 143 die Charaktere adjungierter Gruppen konjugiert komplex sind und daß ferner in derselben Gruppe die Charaktere inverser Operationen ebenfalls konjugiert komplexe Zahlen sind. Bezeichnen wir mit $\bar{\chi}$ die konjugiert komplexe Zahl zu χ, so können wir die Gleichungen auch in den beiden folgenden Formen schreiben

$$\sum_S \chi(S)\, \chi'(S) = \begin{cases} 0, & \text{wenn } \chi' \neq \bar{\chi} \\ g, & \text{wenn } \chi' = \bar{\chi} \end{cases}$$

und

$$\sum_S \chi(S)\, \chi'(S^{-1}) = \begin{cases} 0, & \text{wenn } \chi' \neq \chi \\ g, & \text{wenn } \chi' = \chi. \end{cases}$$

Satz 148. *Die notwendige und hinreichende Bedingung für die Äquivalenz zweier irreduzibler Darstellungen besteht in der Gleichheit des Charakterensystems.*

Beweis. Durch Transformation ändert sich der Charakter einer Matrix nicht, daher ist Gleichheit des Charakterensystems eine notwendige Bedingung. Nunmehr seien Γ und Γ' zwei irreduzible Darstellungen mit demselben Charakterensystem $\chi(S)$ $(S = E, A, \ldots)$. Ferner sei Γ_t die Adjungierte von Γ. Ihr Charakterensystem ist $\bar{\chi}(S)$. Ferner ist die Adjungierte von Γ_t wieder Γ (§ 53).

Nun gilt

$$\sum_S \bar{\chi}(S)\, \chi(S) = g.$$

Daher sind nach dem vorigen Satz die Substitutionsgruppen mit dem Charakterensystem χ äquivalent mit der Adjungierten zu Γ_t, also mit Γ, womit der Satz bewiesen ist.

Satz 149. *Eine reduzible Darstellung von $\mathfrak{G}$ läßt sich auf eine und nur eine Weise als Summe irreduzibler Bestandteile darstellen.*

Beweis. Sei

$$\Gamma = c_1 \Gamma_1 + c_2 \Gamma_2 + \cdots + c_r \Gamma_r = c_1' \Gamma_1 + \cdots + c_r' \Gamma_r,$$

wobei die Koeffizienten c_i und c_i' ganze positive Zahlen oder Null sind, da wir auch die Möglichkeit zulassen müssen, daß in der einen Zerlegung ein irreduzibler Bestandteil auftritt, der in der anderen nicht vorkommt.

Bezeichnen wir die Charaktere von Γ mit χ, diejenigen von Γ_i mit $\chi^{(i)}$, so gilt allgemein für jedes Element von $\mathfrak{G}$

$$\chi = c_1 \chi^{(1)} + c_2 \chi^{(2)} + \cdots + c_r \chi^{(r)} = c_1' \chi^{(1)} + \cdots + c_r' \chi^{(r)}.$$

Daraus wird weiter, wegen Satz 147,

$$\sum_S \chi(S)\, \chi^{(i)}(S^{-1}) = c_i\, g = c_i'\, g,$$

also $c_i = c_i'$.

Satz 150. *Die notwendige und hinreichende Bedingung für die Äquivalenz zweier Darstellungen von $\mathfrak{G}$ besteht in der Gleichheit ihres Charakterensystems.*

Beweis. Zunächst ist die Bedingung notwendig. Sie ist aber auch hinreichend, denn wie im vorigen Beweis folgt, daß die beiden Darstellungen dieselben irreduziblen Bestandteile besitzen, sie lassen sich also in dieselbe vollständig reduzierte Gestalt transformieren und sind daher äquivalent.

§ 55. Weitere Relationen zwischen den Gruppencharakteren.

In § 7 haben wir eine Einteilung der Elemente einer Gruppe in Klassen kennengelernt. Wir bezeichnen die Klassen mit $\mathfrak{C}_1, \mathfrak{C}_2, \ldots, \mathfrak{C}_r$ und die Anzahl der Elemente in $\mathfrak{C}_i$ sei h_i. Wenn $\mathfrak{C}_i$ aus den Elementen $A_1^{(i)}, \ldots, A_{h_i}^{(i)}$ besteht, so schreiben wir $\mathfrak{C}_i = A_1^{(i)} + \cdots + A_{h_i}^{(i)}$. Man kann nun das Produkt $\mathfrak{C}_i \mathfrak{C}_k$ definieren als

$$\left(A_1^{(i)} + \cdots + A_{h_i}^{(i)}\right)\left(A_1^{(k)} + \cdots + A_{h_k}^{(k)}\right) = \sum_{l=1}^{h_i} \sum_{m=1}^{h_k} A_l^{(i)} A_m^{(k)},$$

und diese neue Summe ist wiederum eine Summe von Klassen, denn transformiert man die linke Seite durch ein beliebiges Element, so erfahren die Elemente jeder Klammer unter sich eine Permutation. Indem wir rechts abzählen, wie oft jedes Element auftritt[1], erhalten wir die Gleichung

$$\mathfrak{C}_i \mathfrak{C}_k = \sum_{l=1}^r c_{ikl}\, \mathfrak{C}_l,$$

wobei die Koeffizienten c ganze positive Zahlen oder 0 sind. Mit Hilfe dieser Koeffizienten lassen sich nun Gleichungen definieren, denen die Charaktere jedes Systems genügen.

Wir bemerken zunächst, daß unter den Charakteren $\chi(S)$ einer Darstellung von $\mathfrak{G}$ höchstens r verschiedene vorkommen, denn die Matrizen derselben Klasse von $\mathfrak{G}$ besitzen denselben Charakter. Zu jeder Klasse gehört ein Wert von χ und wir setzen $\chi(A) = \chi_i$, wenn A zu $\mathfrak{C}_i$ gehört. Speziell wird $\chi(E) = \chi_1 = n$.

---

[1] Durch diese Festsetzung unterscheidet sich die neue Produktdefinition vom Komplexkalkül des § 6.

Alsdann lassen sich die Relationen von Satz 147 auch so schreiben

$$\sum_{i=1}^{r} h_i \chi_i \overline{\chi}_i' = \begin{cases} 0 & \text{für } \chi' \neq \chi \\ g & \text{für } \chi' = \chi. \end{cases}$$

Bildet man die Summe aller Matrizen einer Substitutionsgruppe, welche zu Elementen derselben Klasse $\mathfrak{C}$ von $\mathfrak{G}$ gehören, so erhält man eine Matrix C, welche mit allen Matrizen der Gruppe vertauschbar ist. Denn transformiert man die Elemente einer Klasse durch ein beliebiges Element der Gruppe, so erfahren sie nur eine Vertauschung, die Summe bleibt ungeändert. Nun gilt der

Satz 151. *Die einzigen Matrizen, welche mit allen Matrizen einer irreduziblen Substitutionsgruppe vertauschbar sind, sind die* **Multiplikationen** cE.

Beweis. Es sei die Matrix $T = (t_{ik})$ mit allen Matrizen der irreduziblen Substitutionsgruppe Γ vertauschbar. Insbesondere gelte $TA = AT$. Wir bilden nun die Bilinearform

$$g = \sum_{i,k=1}^{n} t_{ik}\, x_i\, y_k.$$

Ich behaupte, daß sie invariant bleibt, wenn man auf die Variablen x die Substitution A_t von Γ_t und auf die Variablen y die entsprechende A von Γ anwendet. Hierdurch geht nämlich g über in eine Bilinearform mit der Matrix $A_t^0 T A$. Nach Voraussetzung ist $A_t^0 T A = A_t^0 A T$ und dies ist nach dem Anfang von § 53 gleich T. Nun gibt es aber nach Satz 145 für irreduzible Gruppen nur die invarianten Formen cf. Daher muß g mit einer dieser Formen übereinstimmen und die Substitution T ist daher gleich cE.

Satz 152. *Zwischen den Charakteren einer irreduziblen Darstellung von* $\mathfrak{G}$ *gelten die Gleichungen*

$$\frac{h_i \chi_i}{\chi_1} \cdot \frac{h_k \chi_k}{\chi_1} = \sum_{l=1}^{r} c_{ikl} \frac{h_l \chi_l}{\chi_1} \qquad \text{oder} \qquad h_i \chi_i h_k \chi_k = \chi_1 \sum_{l=1}^{r} c_{ikl} h_l \chi_l.$$

Beweis. Die Summe C_i der Matrizen der i-ten Klasse ist nach dem vorigen Satz eine Multiplikation. Wir setzen

$$C_i = \eta_i E.$$

Diese Matrizen müssen nun den Gleichungen für die Klassen genügen, die am Anfang dieses Paragraphen aufgeschrieben sind, d. h. es müssen die Gleichungen gelten

$$\eta_i \eta_k = \sum_{l=1}^{r} c_{ikl} \eta_l.$$

Der Charakter von C_i ist $n\eta_i = \chi_1 \eta_i$. Andererseits ist er auch die Summe der Charaktere der h_i Matrizen der Klasse, also $= h_i \chi_i$. Daraus folgt: $\chi_1 \eta_i = h_i \chi_i$ oder $\eta_i = \dfrac{h_i \chi_i}{\chi_1}$, womit der Satz bewiesen ist.

Man kann auch zwischen den Charakteren der Matrizen, die in den verschiedenen irreduziblen Darstellungen zum selben Element gehören, Relationen angeben.

Seien $\Gamma_1, \ldots, \Gamma_r$, Repräsentanten der verschiedenen irreduziblen Darstellungen und sei die vollständige Reduktion von $\Gamma_u \Gamma_v$ durch folgende Formeln gegeben

$$\Gamma_u \Gamma_v = \sum_{w=1}^{r'} g_{uvw} \Gamma_w\,.$$

Der Charakter der zum Element A gehörigen Matrix in $\Gamma_u \Gamma_v$ ist Produkt der entsprechenden Charaktere in Γ_u und Γ_v, daher wird

$$\chi^{(u)}(S)\,\chi^{(v)}(S) = \sum_{w=1}^{r'} g_{uvw}\,\chi^{(w)}(S)\,,$$

oder

$$\chi_j^{(u)}\,\chi_j^{(v)} = \sum_{w=1}^{r'} g_{uvw}\,\chi_j^{(w)} \qquad (j = 1, \ldots, r)\,.$$

Es bleibt bloß noch übrig, r', die Anzahl der nichtäquivalenten irreduziblen Darstellungen, zu bestimmen. Bis jetzt können wir bloß sagen, daß $r' \leqq r$ ist. Denn wäre $r' > r$, so bestände zwischen den r' Charakterensystemen mindestens eine lineare Relation

$$\sum_{v=1}^{r'} \alpha_v \chi_k^{(v)} = 0 \qquad (k = 1, \ldots, r)\,.$$

Multipliziert man sie mit $h_k \bar{\chi}_k^{(u)}\;(k = 1, \ldots, r)$ und addiert, so folgt $\alpha_u = 0$. Im nächsten Paragraphen werden wir zeigen, daß $r = r'$.

§ 56. Die reguläre Darstellung einer Gruppe.

Die Quelle aller Darstellungen einer Gruppe ist diejenige durch eine *reguläre* Permutationsgruppe, die man erhält, indem man die g Elemente $E, A, B, \ldots$ rechts der Reihe nach mit $E, A, B, \ldots$ multipliziert.

In dieser Darstellung ist $\chi(E) = g$, $\chi(A) = 0$ für $A \neq E$, da die Permutationen, die zu den von E verschiedenen Elementen gehören, kein Element in Ruhe lassen. Wir bezeichnen diese Darstellung mit Π und setzen sie vollständig reduziert folgendermaßen an:

$$\Pi = n_1 \Gamma_1 + \cdots + n_{r'} \Gamma_{r'}\,.$$

Wenn wir die Charaktere links und rechts einander gleichsetzen, folgt

$$\sum_{v=1}^{r'} n_v \chi^{(v)}(A) = \begin{cases} 0 & \text{für } A \neq E \\ g & \text{für } A = E. \end{cases}$$

Multipliziert man diese Gleichung mit $\chi^{(l)}(A^{-1})$ und addiert über alle Matrizen A, so erhält man rechts $g \cdot \chi^{(l)}(E)$, links wegen Satz 147 $n_l g$

und hieraus $n_l = \chi^{(l)}(E)$. Hiermit sind nach der Methode vom letzten Paragraphen die irreduziblen Bestandteile von Π gefunden und wir haben den

Satz 153. *Die reguläre Darstellung Π von $\mathfrak{G}$ enthält jede irreduzible Darstellung so oft, als deren Grad beträgt. Für die Charaktere der irreduziblen Darstellungen gelten die Gleichungen*

$$\sum_{v=1}^{r'} \chi^{(v)}(E)\,\chi^{(v)}(A) = \begin{cases} 0 & \text{für } A \neq E \\ g & \text{für } A = E \end{cases} \quad \text{oder} \quad \sum_{v=1}^{r'} \chi_1^{(v)}\chi_l^{(v)} = \begin{cases} 0 & \text{für } l \neq 1 \\ g & \text{für } l = 1. \end{cases}$$

Zu jeder Klasse $\mathfrak{C}_i$ von Elementen gibt es eine Klasse, welche aus den inversen Elementen von $\mathfrak{C}_i$ besteht. Wir bezeichnen sie mit $\mathfrak{C}_{i'}$ und bemerken, daß $i = i'$ sein kann. $\mathfrak{C}_i$ und $\mathfrak{C}_{i'}$ bestehen aus gleichvielen, $h_i = h_{i'}$ Elementen. $\mathfrak{C}_i\mathfrak{C}_{i'}$ enthält die Klasse $\mathfrak{C}_1 = E$ genau h_i mal, während $\mathfrak{C}_i\mathfrak{C}_k$ für $k \neq i'$ die Klasse $\mathfrak{C}_1$ nicht enthält.

Hieraus folgt, daß

$$c_{ik1} = \begin{cases} 0 & \text{für } k \neq i' \\ h_i & \text{für } k = i'. \end{cases}$$

Summieren wir nun die Gleichungen von Satz 152

$$h_i \chi_i^{(v)}\, h_k \chi_k^{(v)} = \chi_1^{(v)} \sum_{l=1}^{r} c_{ikl}\, h_l \chi_l^{(v)}$$

über alle Werte $v = 1, \ldots, r'$ und benutzen wir die Gleichungen von Satz 153, so folgt, da $h_1 = 1$ ist

$$\sum_{v=1}^{r'} h_i \chi_i^{(v)}\, h_k \chi_k^{(v)} = \sum_{l=1}^{r} c_{ikl}\, h_l \sum_{v=1}^{r'} \chi_1^{(v)}\,\chi_l^{(v)} = \begin{cases} 0 & \text{für } k \neq i' \\ gh_i & \text{für } k = i' \end{cases}$$

und da wir $h_i h_k$ vor das Summationszeichen setzen können, erhalten wir den

Satz 154. *Zwischen den Charakteren bestehen folgende Relationen:*

$$\sum_{v=1}^{r'} \chi_i^{(v)}\,\chi_k^{(v)} = \begin{cases} 0 & \text{für } k \neq i' \\ \dfrac{g}{h_i} & \text{für } k = i'. \end{cases}$$

Hieraus schließen wir, daß die r Reihen

$$\begin{array}{cccc} \chi_1^{(1)} & \chi_1^{(2)} & \cdots & \chi_1^{(r')} \\ \chi_2^{(1)} & \chi_2^{(2)} & \cdots & \chi_2^{(r')} \\ \multicolumn{4}{c}{\cdot\ \cdot\ \cdot\ \cdot\ \cdot\ \cdot\ \cdot\ \cdot} \\ \chi_r^{(1)} & \chi_r^{(2)} & \cdots & \chi_r^{(r')} \end{array}$$

linear unabhängig sind und daraus weiter, daß $r \leqq r'$. In Verbindung mit $r' \leqq r$ ergibt sich $r = r'$:

Satz 155. *Die Anzahl der nichtäquivalenten irreduziblen Darstellungen von $\mathfrak{G}$ ist gleich der Anzahl der Klassen der Elemente in $\mathfrak{G}$.*

§ 57. Übersicht.

Um eine Übersicht über die Relationen zwischen den Gruppencharakteren zu erhalten, bilden wir folgendes quadratische Schema:

	$\mathfrak{C}_1$	$\mathfrak{C}_2$	....	$\mathfrak{C}_r$
Γ_1	$\chi_1^{(1)}$	$\chi_2^{(1)}$	....	$\chi_r^{(1)}$
Γ_2	$\chi_1^{(2)}$	$\chi_2^{(2)}$	....	$\chi_r^{(2)}$
....	....	....	....	....
Γ_r	$\chi_1^{(r)}$	$\chi_2^{(r)}$	....	$\chi_r^{(r)}$

In jeder Zeile stehen die Charaktere einer irreduziblen Darstellung
nach den Klassen von $\mathfrak{G}$ geordnet, in jeder Spalte diejenigen, welche
zur selben Klasse von $\mathfrak{G}$ gehören, nach den verschiedenen Darstellungen
geordnet.

1. *Zwischen den Zeilen* bestehen die bilinearen Beziehungen

$$\sum_{i=1}^{r} h_i \chi_i^{(v)} \chi_i^{(w)} = \begin{cases} 0 & w \neq v' \\ g & w = v', \end{cases}$$

wobei $\chi^{(v')}$ den zu $\chi^{(v)}$ konjugiert imaginären Charakter bezeichnet, d. h.
den zur adjungierten Darstellung gehörigen.

2. *Zwischen den Spalten* bestehen die Gleichungen

$$\sum_{v=1}^{r} \chi_i^{(v)} \chi_k^{(v)} = \begin{cases} 0 & k \neq i' \\ \dfrac{g}{h_i} & k = i', \end{cases}$$

wobei $\chi_{i'}$ den zur inversen Klasse von χ_i gehörigen Charakter bezeichnet.
Auch χ_i und $\chi_{i'}$ sind konjugiert imaginär.

3. Zwischen den Charakteren *einer* beliebigen *Zeile* bestehen die
Gleichungen

$$h_i h_k \chi_i \chi_k = \chi_1 \sum_{l=1}^{r} c_{ikl} h_l \chi_l.$$

4. Zwischen den Charakteren *einer Spalte* bestehen die Gleichungen

$$\chi^{(u)} \chi^{(v)} = \sum_{w=1}^{r} g_{uvw} \chi^{(w)}.$$

Wir bemerken, daß 1 und 2 auseinander folgen, wenn man den
Satz anwendet, daß zwei inverse Matrizen M und M^{-1} vertauschbar
sind: $M M^{-1} = M^{-1} M = E$.

In der Tat bezeichnet man die Matrix

$$\left(\chi_i^{(v)}\right) \qquad \begin{matrix} (i = 1, \ldots, r) \\ (v = 1, \ldots, r) \end{matrix}$$

mit X, so wird X^{-1} wegen der Relationen 1 gleich der transponierten Matrix zu

$$\left(\frac{h_i}{g}\,\chi_i^{(v')}\right).$$

Bildet man nun $X^{-1}X$, so erhält man

$$\sum_{v=1}^{r}\frac{h_i}{g}\,\chi_i^{(v')}\chi_k^{(v)} = \begin{cases} 0 & i \neq k \\ 1 & i = k. \end{cases}$$

Nun ist $\chi_i^{(v')} = \chi_{i'}^{(v)}$, also

$$\sum \chi_{i'}^{(v)}\chi_k^{(v)} = \begin{cases} 0 & i \neq k \\ \dfrac{g}{h_i} & i = k, \end{cases}$$

was gerade die Formeln 2 sind.

Die Größen c_{ikl} sind gewissen einfach anzugebenden Beschränkungen unterworfen. So ist $c_{ikl} = c_{kil}$, denn $\mathfrak{C}_i\mathfrak{C}_k = \mathfrak{C}_k\mathfrak{C}_i$. Ferner wird, wie schon bemerkt,

$$c_{ik1} = \begin{cases} 0 & k \neq i' \\ h_i & k = i'. \end{cases}$$

Außerdem

$$c_{1kl} = c_{k1l} = \begin{cases} 0 & l \neq k \\ 1 & l = k. \end{cases}$$

Schließlich gelten noch die komplizierten, aber für die Theorie der hyperkomplexen Zahlen fundamentalen Beziehungen, welche aus dem Bestehen der assoziativen Gesetze folgen $(\mathfrak{C}_i\,\mathfrak{C}_j)\,\mathfrak{C}_k = \mathfrak{C}_i\,(\mathfrak{C}_j\,\mathfrak{C}_k)$.

Es wird

$$(\mathfrak{C}_i\,\mathfrak{C}_j)\,\mathfrak{C}_k = \sum_{l=1}^{r} c_{ijl}\,\mathfrak{C}_l\,\mathfrak{C}_k = \sum_{l=1}^{r}\sum_{m=1}^{r} c_{ijl}\,c_{lkm}\,\mathfrak{C}_m.$$

Ebenso

$$\mathfrak{C}_i\,(\mathfrak{C}_j\,\mathfrak{C}_k) = \sum_{l=1}^{r} c_{jkl}\,\mathfrak{C}_i\,\mathfrak{C}_l = \sum_{l=1}^{r}\sum_{m=1}^{r} c_{jkl}\,c_{ilm}\,\mathfrak{C}_m.$$

Daher

$$\sum_{l=1}^{r} c_{ijl}\,c_{lkm} = \sum_{l=1}^{r} c_{jkl}\,c_{ilm}.$$

Hierbei ist vom Bestehen des kommutativen Gesetzes kein Gebrauch gemacht.

Für die Größen g_{uvw} gelten ganz entsprechende Gleichungen

$$g_{uvw} = g_{vuw} \qquad\qquad \sum_{w=1}^{r} g_{utw}\,g_{wvs} = \sum_{w=1}^{r} g_{tvw}\,g_{uws}$$

$$g_{1vw} = g_{v1w} = \begin{cases} 0 & v \neq w \\ 1 & v = w, \end{cases}$$

$$g_{uv1} = \begin{cases} 0 & v \neq u' \\ 1 & v = u'. \end{cases}$$

Die Zahlen c_{ikl} und g_{uvw} lassen sich durch die Charaktere ausdrücken. So folgt aus

$$h_i h_k \chi_i^{(v)} \chi_k^{(v)} = \chi_1^{(v)} \sum_{l=1}^{r} c_{ikl} h_l \chi_l^{(v)}$$

nach Multiplikation mit $\dfrac{\chi_{l'}^{(v)}}{\chi_1^{(v)}}$ und Summierung über v

$$h_i h_k \sum_{v=1}^{r} \frac{\chi_i^{(v)} \chi_k^{(v)} \chi_{l'}^{(v)}}{\chi_1^{(v)}} = c_{ikl} \cdot g.$$

Ebenso findet man aus

$$\chi_i^{(u)} \chi_i^{(v)} = \sum_{w=1}^{r} g_{uvw} \chi_i^{(w)}$$

nach Multiplikation mit $h_i \chi_i^{(w')}$ und Summation über i

$$\sum_{i=1}^{r} h_i \chi_i^{(u)} \chi_i^{(v)} \chi_i^{(w')} = g_{uvw} \cdot g.$$

Aus dieser Gleichung ersieht man sofort, daß $g_{uvw} = g_{vuw}$, ferner $g_{uvw} = g_{w'vu'} = g_{uw'v'}$. Da die rechte Seite reell ist, bleibt die linke ungeändert, wenn man alle Zahlen durch die konjugiert komplexen, d. h. u durch u', v durch v', w' durch w ersetzt und man erhält $g_{uvw} = g_{u'v'w'}$.

Setzt man in der zweiten Relation $i = k = 1$, so wird $h_i = 1$ und man erhält den

Satz 156. *Die Grade $\chi_1^{(1)}, \ldots, \chi_1^{(r)}$ der irreduziblen Darstellungen von $\mathfrak{G}$ genügen der Gleichung*

$$\left(\chi_1^{(1)}\right)^2 + \cdots + \left(\chi_1^{(r)}\right)^2 = g.$$

Die Charaktere sind, als Summen von Einheitswurzeln, ganze algebraische Zahlen. Dasselbe gilt von den Ausdrücken $\dfrac{h_i \chi_i^{(v)}}{\chi_1^{(v)}}$. Denn bezeichnen wir sie bei festgehaltenem v mit $\eta_1, \ldots, \eta_r$, so genügen sie den Gleichungen

$$\eta_i \eta_k = \sum_{l=1}^{r} c_{ikl} \eta_l.$$

Halten wir hierin den Index k fest, so folgt in bekannter Weise aus dem Bestehen der r Gleichungen für $i = 1, \ldots, r$, daß η_k der Gleichung in t genügen muß

$$\begin{vmatrix} c_{1k1} - t & c_{1k2} & \ldots c_{1kr} \\ c_{2k1} & c_{2k2} - t & \ldots c_{2kr} \\ \cdots \cdots \cdots \cdots \cdots \cdots \cdots \\ c_{rk1} & c_{rk2} & \ldots c_{rkr} - t \end{vmatrix} = 0.$$

Hierin ist $(-1)^r$ der Koeffizient von t^r, die übrigen Koeffizienten sind ganze rationale Zahlen. Die r Wurzeln dieser Gleichung sind die r Zahlen

$$\frac{h_k \chi_k^{(v)}}{\chi_1^{(v)}} \qquad (v = 1, \ldots, r).$$

Multipliziert man die Zahl $\dfrac{h_i \chi_i^{(v)}}{\chi_1^{(v)}}$ mit $\chi_i^{(v')}$ und summiert über i, so erhält man $\dfrac{g}{\chi_1^{(v)}}$. Nun muß die Summe ganzer Zahlen wiederum eine ganze Zahl sein und wir erhalten den

Satz 157. *Die Grade der irreduziblen Darstellungen von $\mathfrak{G}$ sind Teiler der Ordnung von $\mathfrak{G}$.*

Wir betrachten noch die Darstellungen ersten Grades von $\mathfrak{G}$. Eine solche ist zyklisch und holoedrisch isomorph mit der Faktorgruppe eines Normalteilers $\mathfrak{N}$ von $\mathfrak{G}$. Der Normalteiler $\mathfrak{N}$ enthält die Kommutatorgruppe $\mathfrak{C}$ von $\mathfrak{G}$. Umgekehrt ist jede Darstellung von $\mathfrak{G}/\mathfrak{C}$ auch Darstellung von $\mathfrak{G}$ und vom ersten Grade, falls sie irreduzibel ist, denn $\mathfrak{G}/\mathfrak{C}$ ist *Abel*sch. Daraus folgt der

Satz 158. *Ist s der Index der Kommutatorgruppe $\mathfrak{C}$ von $\mathfrak{G}$, so gibt es genau s irreduzible Darstellungen von $\mathfrak{G}$, die den Grad 1 haben, nämlich die s Darstellungen von $\mathfrak{G}/\mathfrak{C}$.*

Mit den Matrizen bilden auch deren Determinanten eine Darstellung von $\mathfrak{G}$, und zwar eine solche vom Grade 1. Daraus folgt der

Satz 159. *Diejenigen Substitutionen von Γ, deren Determinante 1 ist, bilden einen Normalteiler, dessen Faktorgruppe zyklisch ist.*

So besteht z. B. die alternierende Gruppe aus denjenigen Permutationen, deren Determinante $+1$ ist, während die übrigen die Determinante -1 haben.

§ 58. Vollständige Reduktion der regulären Permutationsgruppe.

Die Formeln des vorigen Paragraphen erschöpfen nicht die ganze Fülle der Beziehungen zwischen den Koeffizienten der irreduziblen Substitutionsgruppen. Um diese zu finden, wenden wir ein neues Verfahren an mit Hilfe der hyperkomplexen Zahlen. Bereits im vorigen Paragraphen sind die Summen $\mathfrak{C}_i$ gebildet worden. Wir definieren jetzt allgemein:

Definition. Sind $e_1, e_2, \ldots, e_g$ Elemente einer Gruppe, so heißt $\zeta = a_1 e_1 + \cdots + a_g e_g$ eine **hyperkomplexe Zahl**, wobei die Koeffizienten a irgendwelche reelle oder komplexe Zahlen sind. Ist $\eta = b_1 e_1 + \cdots + b_g e_g$ eine weitere, so heißt

$$\zeta + \eta = (a_1 + b_1) e_1 + \cdots + (a_g + b_g) e_g$$

die Summe und

$$\zeta \cdot \eta = a_1 b_1 e_1^2 + a_1 b_2 e_1 e_2 + \cdots + a_g b_g e_g^2$$

das Produkt von ζ und η. Offenbar gilt das assoziative und distributive Gesetz, dagegen nicht das kommutative für die Multiplikation. Ferner setzen wir fest: Ist $\zeta = \eta$, so ist $a_i = b_i$. Daraus folgt: Zwischen den n Zahlen $\zeta^{(k)} = a_1^{(k)} e_1 + \cdots + a_g^{(k)} e_g (k = 1, \ldots, n)$ besteht dann und nur dann eine lineare Beziehung, wenn die sämtlichen n-reihigen Determinanten der Matrix $(a_i^{(k)})$ verschwinden. Die Relationen zwischen den hyperkomplexen Zahlen sind genau dieselben wie diejenigen zwischen den Zeilen in dieser Matrix.

Nunmehr betrachten wir irgendeine Darstellung Γ von $\mathfrak{G}$ durch Substitutionen. Die Matrizen seien $E, A, B, \ldots, S, \ldots$, die Elemente $e_E, e_A, e_B, \ldots, e_S, \ldots$, so daß, wenn $AB = C$, auch $e_A e_B = e_C$ ist; nun bilden wir die Matrix

$$E e_E + A e_A + \cdots + S e_S + \cdots = \sum_S S e_S = M.$$

M kann offenbar auch durch (ζ_{ik}) bezeichnet werden, wobei

$$\zeta_{ik} = e_{ik} e_E + a_{ik} e_A + \cdots + s_{ik} e_S + \cdots .$$

Setzt man M mit S^{-1} rechts zusammen, so ergibt sich

$$M S^{-1} = S^{-1} e_E + A S^{-1} e_A + \cdots = E e_S + A e_{AS} + \cdots = M e_S.$$

Bilden wir die erste Zeile rechts und links, so folgt

$$\zeta_{11} \bar{s}_{11} + \zeta_{12} \bar{s}_{12} + \cdots + \zeta_{1n} \bar{s}_{1n} = \zeta_{11} e_S$$
$$\zeta_{11} \bar{s}_{21} + \zeta_{12} \bar{s}_{22} + \cdots + \zeta_{1n} \bar{s}_{2n} = \zeta_{12} e_S$$
$$\cdots \cdots \cdots \cdots \cdots \cdots \cdots \cdots$$
$$\zeta_{11} \bar{s}_{n1} + \zeta_{12} \bar{s}_{n2} + \cdots + \zeta_{1n} \bar{s}_{nn} = \zeta_{1n} e_S,$$

wobei $(\bar{s}_{ik})$ die zu S adjungierte Matrix bedeutet, d. h. die transponierte Matrix von S^{-1}.

Entsprechende Formeln erhalten wir für die übrigen Zeilen. Das ergibt den wichtigen

Satz 160. *Bei rechtsseitiger Multiplikation der Zahlen* $\zeta_{i1}, \ldots, \zeta_{in}$ *mit* e_S *erfahren sie die Substitution* $\bar{S}$ *von* Γ_t.

Genau gleich beweist man den analogen

Satz 161. *Bei linksseitiger Multiplikation mit* $e_{S^{-1}}$ *erfährt jede Spalte* $\zeta_{1k}, \ldots, \zeta_{nk}$ *die Substitution* S.

Nunmehr sei Γ irreduzibel. Es wird

$$\zeta_{ik} e_S = \sum_{j=1}^{n} \zeta_{ij} \bar{s}_{kj}.$$

Multipliziert man diese Gleichung mit s_{lm} und addiert über alle S, so erhält man wegen Satz 146

$$\zeta_{ik} \cdot \sum_S s_{lm} e_S = \begin{cases} 0 & k \neq l \\ \dfrac{g}{\chi_1} \zeta_{im} & k = l. \end{cases}$$

Daher

$$\zeta_{ik}\zeta_{lm} = 0 \qquad k \neq l,$$

$$\zeta_{ik}\zeta_{km} = \frac{g}{\chi_1}\zeta_{im},$$

entnimmt man dagegen die s'_{lm} aus irgendeiner irreduziblen, mit Γ nichtäquivalenten Darstellung von $\mathfrak{G}$, so erhält man $\zeta_{ik}\zeta'_{lm} = 0$.

Daraus erhalten wir den

Fundamentalsatz 162. *Zwischen den hyperkomplexen Zahlen ζ_{ik} der irreduziblen Substitutionsgruppe Γ bestehen die Beziehungen*

$$\zeta_{ik}\cdot\zeta_{lm} = 0 \qquad k \neq l$$

$$\zeta_{ik}\zeta_{km} = \frac{g}{\chi_1}\zeta_{im}.$$

Stammt ζ'_{lm} aus einer mit Γ nichtäquivalenten irreduziblen Darstellung Γ', so gilt

$$\zeta_{ik}\zeta'_{lm} = 0$$

für alle Indices.

Betrachtet man speziell die Koeffizienten von e_E, so erhält man die Beziehungen des Satzes 146 zurück, die übrigen ergeben neue Relationen.

Nunmehr sei $\Gamma_1, \ldots, \Gamma_r$ ein vollständiges System nichtäquivalenter irreduzibler Darstellungen von $\mathfrak{G}$.

Wir schreiben die Zahlen ζ_{ik} von Γ_l ($l = 1, 2, \ldots, r$) in der nach Zeilen geordneten Reihenfolge auf

$$\zeta_{11}, \zeta_{12}, \ldots, \zeta_{1n}, \zeta_{21}, \ldots, \zeta_{2n}, \ldots, \zeta_{nn};$$

dann erhalten wir, wegen $\sum\limits_{l=1}^{r} (\chi_1^{(l)})^2 = g$, gerade g Zahlen, die mit $\zeta_1, \ldots, \zeta_g$ bezeichnet werden sollen. Multipliziert man sie rechts mit e_S ($S = E, A, \ldots$), so erhält man nach Satz 160 eine Darstellung von $\mathfrak{G}$ in vollständig reduzierter Gestalt und jeder irreduzible Bestandteil tritt darin gerade so oft auf, als sein Grad beträgt.

Satz 163. *Die g Stellenzeilen eines vollständigen Systems irreduzibler Darstellungen sind linear unabhängig und bilden untereinander aufgeschrieben eine quadratische Matrix N mit g Zeilen und Spalten.*

Beweis. N ist quadratisch, weil wir g Stellenzeilen mit je g Koeffizienten haben. Eine lineare Beziehung besteht dann und nur dann zwischen den Stellenzeilen, wenn die Determinante von N gleich Null ist. Wir ersetzen nun jede Darstellung des vollständigen Systems durch die adjungierte und bilden mit diesen die entsprechende Matrix, die mit $\overline{N}$ bezeichnet werden soll. Setzen wir N mit $\overline{N}$ Zeile für Zeile zusammen, so erhalten wir, wegen Satz 146, eine Diagonalmatrix, deren Determinante sich leicht berechnet zu

$$\frac{g^g}{\prod\limits_{v=1}^{r} \chi_1^{(v)(\chi_1^{(v)})^2}}.$$

Daher ist auch die Determinante von N von 0 verschieden. Hieraus folgt nun leicht der

Satz 164. *Die reguläre Gruppenmatrix läßt sich durch Transformation mit der aus einem vollständigen System irreduzibler Darstellungen genommenen Matrix N vollständig reduzieren.*

Beweis. Man erhält die reguläre Darstellung durch die Zahlen: $e_E, e_A, \ldots$, indem man sie der Reihe nach mit e_S $(S = E, A, B, \ldots)$ multipliziert. Aus ihnen gehen die Zahlen $\zeta_1, \ldots, \zeta_g$ durch die lineare Substitution N hervor, diese erfahren daher die durch N transformierten Substitutionen bei Multiplikation mit e_S.

Ist Γ eine beliebige Darstellung von $\mathfrak{G}$ mit den Matrizen $E, A, B, \ldots$, so kann man die **Gruppenmatrix** $(E\,x_E + A\,x_A + B\,x_B + \cdots)$ bilden. Ihre Determinante, die **Gruppendeterminante,** ist eine Form vom selben Grad wie Γ in den Variablen $x_E, x_A, \ldots$. Wir bezeichnen sie mit $\Phi(x)$. Wenn nun Γ vollständig reduziert die Gestalt hat

$$\Gamma = n_1 \Gamma_1 + \cdots + n_r \Gamma_r,$$

so wird

$$\Phi(x) = \Phi_1^{n_1}(x)\, \Phi_2^{n_2}(x) \ldots \Phi_r^{n_r}(x),$$

wobei $\Phi_v(x)$ die Gruppendeterminante von Γ_v bedeutet. Die Formen Φ_v sind unzerlegbar, denn die Determinante $|x_{ik}|$ ist, als Funktion der n^2 Variablen x_{ik} betrachtet, unzerlegbar und Φ_v läßt sich durch eine lineare Substitution mit nicht verschwindender Determinante in diese Funktion transformieren, weil die n^2 Linearformen in der Gruppenmatrix von Γ_v (nach Satz 163) linear unabhängig sind. Die **reguläre Gruppendeterminante,** d. h. die Gruppendeterminante der regulären Darstellung, ist daher das Produkt der $\chi_1^{(v)}$-ten Potenzen aller $\Phi_v(x)$ und damit in ihre unzerlegbaren Bestandteile zerlegt.

Wie man sieht, entspricht jedem unzerlegbaren Faktor einer Gruppendeterminante ein irreduzibler Bestandteil der zugehörigen Substitutionsgruppe.

Zum Schluß soll noch gezeigt werden, wie man für zwei äquivalente irreduzible Darstellungen Γ und Γ' eine Substitution U finden kann, welche Γ in Γ' überführt. Wir setzen, wie früher, $\zeta_{ik} = \sum_S s_{ik} e_S$ und weiter $\eta_{lm} = \sum_S s'_{lm} e_S$, wobei (s'_{ik}) die Matrizen von Γ' darstellen. Nun gilt offenbar

$$U^{-1}(\zeta_{ik})\, U = (\eta_{ik}).$$

Setzt man $U = (u_{ik})$, $U^{-1} = (u^*_{ik})$, so wird

$$\eta_{ik} = \sum_{h,j}' u^*_{ij}\, \zeta_{jh}\, u_{hk}.$$

Daher wird wegen Satz 162

$$\eta_{ik}\, \zeta_{lm} = \frac{g}{\chi_1} \sum_j u^*_{ij}\, u_{lk}\, \zeta_{jm}.$$

Nun betrachte man auf beiden Seiten den Koeffizienten von e_E. Rechts ist er nur in ζ_{mm} von Null verschieden und darin gleich 1, daher ist rechts der Koeffizient von e_E gleich $u^*_{im} u_{lk} \dfrac{g}{\chi_1}$. Links ist er, wenn man die Matrix S^{-1} mit (s^*_{ik}) bezeichnet, gleich $\sum\limits_S s'_{ik} s^*_{lm}$. Daher wird

$$\sum_S s'_{ik} s^*_{lm} = \frac{g}{\chi_1} u^*_{im} u_{lk}.$$

Setzt man z. B. $i = m = 1$, so erhält man

$$\sum_S s'_{1k} s^*_{l1} = \frac{g}{\chi_1} u^*_{11} u_{lk}$$

und kann so, falls u^*_{11} von 0 verschieden ist, die Größen u_{lk} bis auf einen gemeinsamen Faktor finden. Jedes U ist damit gefunden, denn U ist bei irreduziblen Gruppen genau bis auf einen solchen Faktor bestimmt durch die Bedingung $U^{-1} \Gamma U = \Gamma'$.

§ 59. Einige Beispiele für die Darstellung von Gruppen.

Für *Abelsche Gruppen* lassen sich leicht die sämtlichen Darstellungen angeben. $A_1, \ldots, A_m$ mögen eine Basis von $\mathfrak{G}$ bilden, und die zugehörigen Ordnungen seien $a_1, \ldots, a_m$. Nun bezeichne ε_i eine primitive a_i-te Einheitswurzel. Ersetzt man A_i durch irgendeine Potenz von ε_i $(i = 1, \ldots, m)$, so ist damit jedem Element ein Zahlwert zugeordnet. Man kann so den m Basiselementen auf $a_1 \cdots a_m$ verschiedene Weisen Zahlwerte zuordnen und hat also die sämtlichen irreduziblen Darstellungen auf diese Weise erhalten.

Bei der Komposition reproduzieren sie sich und bilden eine mit $\mathfrak{G}$ holoedrisch isomorphe Gruppe. Man ordne nämlich die Darstellung, bei der A_i durch $\varepsilon_i^{b_i}$ $(i = 1, \ldots, m)$ ersetzt ist, dem Element $A_1^{b_1} \cdots A_m^{b_m}$ zu. Ist bei einer weiteren A_i durch $\varepsilon_i^{c_i}$ dargestellt, so wird bei der komponierten A_i durch $\varepsilon_i^{b_i + c_i}$ ersetzt und für die zugeordneten Elemente gilt

$$A_1^{b_1} \cdots A_m^{b_m} \cdot A_1^{c_1} \cdots A_m^{c_m} = A_1^{b_1 + c_1} \cdots A_m^{b_m + c_m}.$$

Wir gehen nunmehr über zu den *Diedergruppen*. Sie sind gegeben durch folgende Gleichungen:

$$A^m = E \qquad B^2 = E \qquad B^{-1} A B = A^{-1}.$$

Offenbar bildet $\{A\}$ einen Normalteiler vom Index 2. Daher erhält man zunächst 2 Darstellungen, nämlich die identische

$$A = B = (1)$$

und die folgende

$$A = (1) \qquad B = (-1).$$

Weitere findet man in folgender Weise: Sei ε eine primitive m-te Einheitswurzel und

$$A = \begin{pmatrix} \varepsilon & 0 \\ 0 & \varepsilon^{-1} \end{pmatrix} \qquad B = \begin{pmatrix} 0 & 1 \\ 1 & 0 \end{pmatrix}.$$

Diese Matrizen genügen den drei Bedingungen.

Allgemein erhält man die Darstellungen

$$A = \begin{pmatrix} \varepsilon^i & 0 \\ 0 & \varepsilon^{-i} \end{pmatrix} \qquad B = \begin{pmatrix} 0 & 1 \\ 1 & 0 \end{pmatrix}.$$

Ist zunächst m ungerade $= 2l + 1$, so erhält man, wenn man $i = 1, \ldots, l$ setzt, l verschiedene Darstellungen, weil für sie die charakteristischen Wurzeln von A sämtlich verschieden sind. Sie sind ferner irreduzibel, denn sie bilden keine kommutative Gruppe. Wir haben so l Gruppen vom Grade 2 und 2 vom Grade 1. Addiert man die Quadrate der Grade, so kommt

$$l \cdot 4 + 2 = 2 \, (2l + 1) = 2m = \text{Ordnung der Gruppe.}$$

Wir haben also alle Darstellungen der Diedergruppe gefunden. Sie sind sämtlich monomial.

Ist m gerade, so ergibt der Fall $i = \frac{m}{2}$ eine reduzible Darstellung:

$$A = \begin{pmatrix} -1 & 0 \\ 0 & -1 \end{pmatrix} \qquad B = \begin{pmatrix} 0 & 1 \\ 1 & 0 \end{pmatrix},$$

die in zwei verschiedene Darstellungen vom Grade 1 zerfällt

$$A = (-1) \quad B = (1) \quad \text{und} \quad A = (-1) \quad B = (-1).$$

Hier gibt es 4 Darstellungen vom Grade 1 und $\frac{m}{2} - 1$ vom Grade 2. Es wird wieder

$$4 \left(\frac{m}{2} - 1 \right) + 4 = 2m.$$

Die *Quaternionen-Gruppe* ist definiert durch die Gleichungen

$$A^4 = E \qquad B^2 = A^2 \qquad A^{-1} B A = B^{-1}.$$

$B^2 = A^2$ ist das einzige Element von der Ordnung 2. Es erzeugt einen Normalteiler mit *Abel*scher Faktorgruppe vom Typus $(2, 2)$. Dies ergibt 4 Darstellungen vom ersten Grad. Um eine weitere zu finden, wenden wir die Methoden der monomialen Darstellung an. $\{A\}$ ist zyklischer Normalteiler. Wir bilden

$$E + iA + i^2 A^2 + i^3 A^3$$
$$B + iAB + i^2 A^2 B + i^3 A^3 B.$$

Man findet sofort, daß rechtsseitige Multiplikation mit A die Substitution ergibt

$$\begin{pmatrix} -i & 0 \\ 0 & i \end{pmatrix}, \text{ während } B \text{ die Substitution } \begin{pmatrix} 0 & 1 \\ -1 & 0 \end{pmatrix} \text{ liefert.}$$

Damit ist die irreduzible, weil nicht *Abel*sche Darstellung gefunden:

$$A = \begin{pmatrix} -i & 0 \\ 0 & i \end{pmatrix} \qquad B = \begin{pmatrix} 0 & 1 \\ -1 & 0 \end{pmatrix}.$$

Diese und die 4 vom Grade 1 bilden ein vollständiges System irreduzibler Darstellungen.

Man verifiziere in allen Fällen, daß die Anzahl der verschiedenen Darstellungen gleich der Anzahl der Klassen von Elementen ist.

Wir gehen nun über zur Untersuchung von *transitiven Permutationsgruppen* und beweisen den

Satz 165. *Jede transitive Permutationsgruppe Γ enthält die identische Darstellung genau einmal. Ist sie zweifach transitiv, so besteht sie vollständig reduziert aus der Summe der identischen und einer weiteren irreduziblen Darstellung.*

Beweis. Der Charakter einer Permutation ist gleich der Anzahl der Variablen, die ungeändert bleiben bei der Permutation. Nun ist nach Satz 102 die Summe aller Charaktere gleich der Ordnung der Gruppe, also enthält sie nach Satz 142 die identische Darstellung genau einmal. Es sei

$$\Gamma = \Gamma_1 + n_2\,\Gamma_2 + \cdots + n_r\,\Gamma_r,$$

daher der Charakter χ von Γ

$$\chi = \chi_1 + n_2\,\chi_2 + \cdots + n_r\,\chi_r.$$

χ stimmt mit dem konjugierten Charakter überein. Wir bilden

$$\sum_S \chi^2(S) = \sum_S (\chi_1(S) + \cdots + n_r\,\chi_r(S))\,(\bar{\chi}_1(S) + \cdots + n_r\,\bar{\chi}_r(S)).$$

Nach Satz 147 folgt

$$\sum_S \chi^2(S) = g \cdot (1 + \cdots + n_r^2).$$

Nun ist nach dem Satz 103 $\sum_S \chi^2(S)$ gleich g mal der Anzahl der transitiven Systeme, in denen die Untergruppe, welche eine Variable ungeändert läßt, die Variablen permutiert. Ist die Gruppe zweifach transitiv, so wird also

$$\sum_S \chi^2(S) = 2\,g.$$

Also muß sein $1 + \cdots + n_r^2 = 2$, d. h. aber, daß nur noch eines der n von 0 verschieden und gleich 1 ist, womit der Satz bewiesen ist.

Es ist leicht, aus einer Permutationsgruppe die identische Darstellung herauszuschaffen. Sind $x_1, \ldots, x_n$ die Variablen, so bilde man

$$y_1 = x_2 - x_1, \ldots, y_{n-1} = x_n - x_1.$$

Bei irgendeiner Permutation möge eine solche Differenz in $x_k - x_i$ übergehen. Dann drückt sich diese neue Differenz durch die Variablen y aus mit Hilfe der Gleichungen

$$x_k - x_i = y_{k-1} - y_{i-1}.$$

Bereits die $n-1$ Variablen $y_1, \ldots, y_{n-1}$ erfahren also eine lineare Substitution.

Mit Hilfe dieses Satzes können wir die sämtlichen Darstellungen der *Tetraedergruppe* bestimmen. Sie ist gleich der alternierenden Gruppe von 4 Variablen und besitzt 4 Klassen, nämlich:

1. E,
2. die Elemente der Ordnung 2: (12) (34), (13) (24), (14) (23).

Die Elemente von der Ordnung 3 zerfallen in 2 Klassen:

3. (123), (214), (341), (432) und
4. (124), (213), (342), (431).

Die 4 Charaktere sind 4, 0, 1, 1. Da die Gruppe zweifach transitiv ist, so bleibt nach Wegnahme von Γ_1 eine irreduzible Darstellung übrig, deren Charakterensystem folgendes ist: 3, -1, 0, 0. In der Tat ist

$$1 \cdot 3^2 + 3 \cdot (-1)^2 + 4 \cdot 0^2 + 4 \cdot 0^2 = 12.$$

Die Gruppe besitzt einen Normalteiler von der Ordnung 4 und daher 3 Darstellungen 1. Grades, für welche sich die Charaktere leicht berechnen lassen. Sei ε eine 3. Einheitswurzel, so lautet die Tafel der Charaktere

	$\mathfrak{C}_1$	$\mathfrak{C}_2$	$\mathfrak{C}_3$	$\mathfrak{C}_4$
Γ_1	1	1	1	1
Γ_2	1	1	ε	ε^{-1}
Γ_3	1	1	ε^{-1}	ε
Γ_4	3	-1	0	0

Man verifiziere die Gleichungen von § 57.

Das *Ikosaeder* gibt uns zu einigen weiteren Bemerkungen Anlaß. Seine Gruppe gestattet eine Darstellung durch reelle orthogonale Substitutionen von drei Variablen, entsprechend den Drehungen des Ikosaeders.

Jede orthogonale Substitution von ungeradem Grade besitzt $+1$ als eine charakteristische Wurzel. In der Tat, ist A eine solche, so wird $A^{-1} = A^0$ die transponierte Matrix zu A. Ferner wird

$$(A - E) A^{-1} = (E - A^0).$$

Geht man zur Determinante über und bedenkt, daß $|A| = 1$ ist, so wird

$$|A - E| = |E - A|.$$

Andererseits wird $|A - E| = (-1)^n |E - A|$, wobei n der Grad von A ist. Daraus folgt, wenn n ungerade, $|A - E| = 0$, d. h. 1 ist charakteristische Wurzel von A.

Wir berechnen nun die Charaktere der Darstellung. Die Gruppe besitzt 5 Klassen: E, ferner die 15 Substitutionen von der Ordnung 2, deren Wurzeln 1, -1, -1 sind (Drehung um eine Achse mit Winkel

180°), die 20 Substitutionen von der Ordnung 3. Die übrigen 24 von der Ordnung 5 zerfallen in zwei Klassen, solche von Drehungen um die Winkel $\pm\frac{2\pi}{5}$ bzw. $\pm 2\cdot\frac{2\pi}{5}$. Die charakteristischen Wurzeln der Matrizen von der Ordnung 3 sind 1, ε, ε^{-1} (ε = 3-te Einheitswurzel), da sie einer reellen Gleichung vom Grade 3 genügen, diejenigen der Matrizen von der Ordnung 5: 1, η, η^{-1} bzw. 1, η^2, η^{-2} (η = 5-te Einheitswurzel).

Die Charaktere sind infolgedessen:

2) 3, -1, 0, $1+\eta+\eta^{-1}$, $1+\eta^2+\eta^{-2}$ bzw.

3) 3, -1, 0, $1+\eta^2+\eta^{-2}$, $1+\eta+\eta^{-1}$.

Hierbei ist (vgl. S. 186)

$$1+\eta+\eta^{-1} = \frac{+1+\sqrt{5}}{2}, \qquad 1+\eta^2+\eta^{-2} = \frac{+1-\sqrt{5}}{2}.$$

Die Gruppe ist irreduzibel, denn

$$1\cdot 3^2 + 15\,(-1)^2 + 20\cdot 0^2 + 12\cdot\left(\left(\frac{+1+\sqrt{5}}{2}\right)^2 + \left(\frac{+1-\sqrt{5}}{2}\right)^2\right) = 60.$$

Ferner repräsentiert sie zwei verschiedene irreduzible Darstellungen, deren Charakter durch 2) bzw. 3) gegeben wird. Wir beweisen diese Behauptung durch die folgende Überlegung. Sei Γ eine beliebige Darstellung von $\mathfrak{G}$ und sei ferner irgendein Automorphismus von $\mathfrak{G}$ gegeben. Diesen führen wir in Γ, aber nicht in $\mathfrak{G}$ aus, und erhalten so offenbar eine neue Darstellung von $\mathfrak{G}$. Sie ist dann und nur dann nichtäquivalent mit Γ, wenn der Automorphismus auch im Charakterensystem eine Permutation hervorruft. In unserem speziellen Fall besitzt die Ikosaedergruppe einen derartigen Automorphismus. Als alternierende Gruppe ist sie Normalteiler vom Index 2 der symmetrischen Gruppe von 5 Variablen. Transformiert man sie durch ein Element dieser letzteren außerhalb der alternierenden Gruppe, so werden, wie man sich leicht überzeugt, gerade die beiden Klassen mit den Elementen von der Ordnung 5 vertauscht und bei diesem Automorphismus geht offenbar 2) in 3) über und 3) in 2).

Die weiteren irreduziblen Darstellungen sind nun leicht gefunden:

Als alternierende Gruppe von 5 Variablen besitzt sie eine Darstellung vom Grade 5 durch gerade Permutationen. Die Charaktere der Klassen sind folgende:

$$\mathfrak{C}_1 : 5 \qquad \mathfrak{C}_2 : 1 \qquad \mathfrak{C}_3 : 2 \qquad \mathfrak{C}_4 \text{ und } \mathfrak{C}_5 : 0.$$

Denn für $\mathfrak{C}_2$ kommt nur der Typus (1 2) (3 4) in Betracht, für $\mathfrak{C}_3$ (1 2 3), für $\mathfrak{C}_4$ und $\mathfrak{C}_5$ (1 2 3 4 5).

Wir erhalten nach Wegnahme von Γ_1 eine Darstellung Γ_4 mit den Charakteren 4, 0, 1, -1, -1.

Um noch Γ_5 zu erhalten, beachten wir, daß sich die Gruppe auch als Permutationsgruppe von 6 Variablen darstellen läßt, nämlich der

6 Durchmesser, welche gegenüberliegende Ecken verbinden. Eine Drehung um einen solchen Durchmesser liefert ein Element von der Ordnung 5, und hierbei bleibt nur dieser eine Durchmesser ungeändert. Drehungen von der Ordnung 2 geschehen um die Verbindungslinie zweier gegenüberliegender Kantenmittelpunkte. Die Orthogonalebene durch O enthält zwei Durchmesser, welche bei der Drehung in sich übergehen. Daher ist hier der Charakter $= 2$. Die Drehungen von der Ordnung 3 vertauschen alle Durchmesser.

Die Charaktere sind also hier 6, 2, 0, 1, 1, daher diejenigen von Γ_5

$$5, \quad 1, \quad -1, \quad 0, \quad 0$$

und hier ist

$$1 \cdot 5^2 + 15 \cdot (1)^2 + 20 \, (-1)^2 = 60,$$

also ist Γ_5 irreduzibel. Wir bilden so die Tabelle

	$\mathfrak{C}_1$	$\mathfrak{C}_2$	$\mathfrak{C}_3$	$\mathfrak{C}_4$	$\mathfrak{C}_5$
Γ_1	1	1	1	1	1
Γ_2	3	-1	0	$\dfrac{+1+\sqrt{5}}{2}$	$\dfrac{+1-\sqrt{5}}{2}$
Γ_3	3	-1	0	$\dfrac{+1-\sqrt{5}}{2}$	$\dfrac{+1+\sqrt{5}}{2}$
Γ_4	4	0	1	-1	-1
Γ_5	5	1	-1	0	0

Als Beispiel für die Formel zur Berechnung von g_{uvw} auf S. 179 geben wir

$$g_{442} \cdot 60 = 1 \cdot 4^2 \cdot 3 + 15 \cdot 0 + 20 \cdot 0 + 12 \left(\frac{1+\sqrt{5}}{2} + \frac{1-\sqrt{5}}{2} \right) = 60,$$

$$g_{442} = 1,$$

d. h. in Γ_4^2 kommt Γ_2 genau einmal vor, ebenso Γ_3 einmal. Ferner wird

$$60 \cdot g_{444} = 1 \cdot 4^3 + 15 \cdot 0 + 20 \cdot 1^3 + 12 \, ((-1)^3 + (-1)^3) = 60$$

$$g_{444} = 1$$

und schließlich

$$60 \cdot g_{445} = 1 \cdot 4^2 \cdot 5 + 15 \cdot 0 + 20 \cdot 1^2 \cdot (-1) + 0 + 0 = 60.$$

Daher wird

$$\Gamma_4^2 = \Gamma_1 + \Gamma_2 + \Gamma_3 + \Gamma_4 + \Gamma_5.$$

Die bisherigen Überlegungen reichen vollkommen aus, um die Darstellungen selber zu berechnen. Für Γ_2 und Γ_3 kann man die Matrizen aus der analytischen Geometrie bestimmen als Drehungen des Raumes. Wir wollen sie jedoch direkt durch Reduktion einer Darstellung gewinnen und schicken noch einige allgemeine Bemerkungen voraus.

Um die *Permutation* und die durch sie erzeugte zyklische Gruppe vollständig zu reduzieren, hat man sie erst in ihre Zyklen zu zerlegen und diese zu reduzieren. Sei $(x_1, x_2, \ldots, x_n)$ ein solcher Zyklus, so bilde man, unter ε eine primitive n-te Einheitswurzel verstanden, die Ausdrücke

$$
\begin{aligned}
x_1 + \quad x_2 + \quad x_3 + \cdots + \quad & x_n = y_1, \\
x_1 + \quad \varepsilon\,x_2 + \quad \varepsilon^2\,x_3 + \cdots + \quad & \varepsilon^{n-1}\,x_n = y_2, \\
x_1 + \quad \varepsilon^2\,x_2 + \quad \varepsilon^4\,x_3 + \cdots + \quad & \varepsilon^{2\,(n-1)}\,x_n = y_3, \\
\cdots \cdots \cdots & \cdots \cdots \cdots \\
x_1 + \varepsilon^{n-1}\,x_2 + \varepsilon^{2\,(n-1)}\,x_3 + \cdots + \varepsilon^{(n-1)\,(n-1)}\,& x_n = y_n.
\end{aligned}
$$

Unter der zyklischen Vertauschung wird y_i mit dem Faktor $\varepsilon^{-\,(i-1)}$ versehen und die Reduktion ist geleistet. Die Matrix der n Linearformen, $(\varepsilon^{(i-1)\,(k-1)})\,\begin{pmatrix} i = 1, \ldots, n \\ k = 1, \ldots, n \end{pmatrix}$, leistet diese Reduktion.

Ein wichtiges Hilfsmittel zur Auffindung irreduzibler Darstellungen bilden die transitiven *monomialen Gruppen*. Falls sie nicht schon Permutationsgruppen sind, enthalten sie die identische Darstellung nicht, denn man erkennt leicht aus den Ausführungen von § 45, daß $\sum\limits_{S}' s_{ii} = 0$ ist, d. h. die Summe der Charaktere verschwindet. Nun gestattet die Ikosaedergruppe eine solche Darstellung vom Grade 6, denn sie besitzt eine Untergruppe von der Ordnung 10, die selbst einen Normalteiler vom Index 2 enthält. Geometrisch ist sie so zu definieren, daß man die 6 Durchmesser, welche gegenüberliegende Ecken verbinden, mit einem Richtungssinn versieht. Bei den Drehungen erfahren sie eine Vertauschung, teilweise verbunden mit Richtungsänderung. Findet Änderung statt, so versehe man die Variable mit dem Minuszeichen. Diese Darstellung ist reduzibel, und weil sie die identische Darstellung nicht enthält, kann sie nur $\varGamma_2$ und $\varGamma_3$ enthalten.

Bezeichnet man die 6 Durchmesser mit $x_1, \ldots, x_6$, wobei etwa x_1 die Richtung der z-Achse, $x_2, \ldots, x_6$ die übrigen Durchmesser in einer von z aus gesehen zyklischen Reihenfolge und mit Richtungssinn nach oben bedeuten, so kann man die zu der Drehung A von der Ordnung 5 um die z-Achse gehörige Substitution mit $(x_1)\,(x_2, x_3, \ldots, x_6)$ bezeichnen. Sei B eine Drehung von der Ordnung 2, welche der Gleichung $B^{-1}A\,B = A^{-1}$ genügt, so kann man B wählen als Drehung um eine Achse senkrecht zu x_1 und x_2

$$
\begin{pmatrix}
x_1 & x_2 & x_3 & x_4 & x_5 & x_6 \\
-x_1 & -x_2 & -x_6 & -x_5 & -x_4 & -x_3
\end{pmatrix}.
$$

Als Permutationen der alternierenden Gruppe von 5 Variablen werden $A = (1\,2\,3\,4\,5)$, $B = (1\,4)\,(2\,3)$. Wählt man noch $C = (1\,2)\,(3\,4)$ (Vertauschung von x_1 und x_2), so wird in monomialer Gestalt, wie man sich am Modell leicht überzeugt

$$
C = \begin{pmatrix}
x_1 & x_2 & x_3 & x_4 & x_5 & x_6 \\
x_2 & x_1 & x_6 & -x_4 & -x_5 & x_3
\end{pmatrix}.
$$

Setzt man $\{A\} = \mathfrak{H}$, $\mathfrak{H} + B\mathfrak{H} = \mathfrak{K}$, so wird die ganze Gruppe
$$\mathfrak{G} = \mathfrak{K} + \mathfrak{K}C + \mathfrak{K}CA + \mathfrak{K}CA^2 + \mathfrak{K}CA^3 + \mathfrak{K}CA^4.$$

Um die Gruppe zu reduzieren, hat man dies bloß bei A, B und C auszuführen. Wir beginnen mit A und führen daher die neuen Variablen ein

$$\begin{aligned}
y_1 &= x_1,\\
y_2 &= x_2 + \varepsilon\ x_3 + \cdots + \varepsilon^4\ x_6,\\
y_3 &= x_2 + \varepsilon^{-1} x_3 + \cdots + \varepsilon^{-4} x_6,\\
y_4 &= x_2 + x_3 + \cdots + x_6,\\
y_5 &= x_2 + \varepsilon^2\ x_3 + \cdots + \varepsilon^8\ x_6,\\
y_6 &= x_2 + \varepsilon^{-2} x_3 + \cdots + \varepsilon^{-8} x_6,
\end{aligned}$$

$$\varepsilon^5 = 1, \qquad \varepsilon \neq 1.$$

Übt man nun A aus, so erfahren die Variablen y die Substitution

$$\begin{aligned}
y_1' &= y_1, & y_2' &= \varepsilon^{-1} y_2, & y_3' &= \varepsilon\ y_3,\\
y_4' &= y_4, & y_5' &= \varepsilon^{-2} y_5, & y_6' &= \varepsilon^2\ y_6.
\end{aligned}$$

Wenn man dagegen B ausübt, so wird

$$\begin{aligned}
y_1' &= -y_1, & y_2' &= -y_3, & y_3' &= -y_2,\\
y_4' &= -y_4, & y_5' &= -y_6, & y_6' &= -y_5.
\end{aligned}$$

Etwas umständlicher gestaltet sich die Ausübung von C. Wir setzen $\varepsilon + \varepsilon^{-1} = \alpha$, $\varepsilon^2 + \varepsilon^{-2} = \beta$ und finden, daß α und β der Gleichung genügen $x^2 + x - 1 = 0$.

Wir haben

$$\alpha = \frac{-1 + \sqrt{5}}{2}, \qquad \beta = \frac{-1 - \sqrt{5}}{2}, \qquad \alpha - \beta = \sqrt{5}.$$

Dann wird

$$2 - \alpha = +\sqrt{5}\,\alpha, \qquad 2 - \beta = -\sqrt{5}\,\beta.$$

Nach leichter Rechnung findet man, daß die y die Substitution erfahren

$$\begin{pmatrix}
0 & \frac{1}{5} & \frac{1}{5} & \frac{1}{5} & \frac{1}{5} & \frac{1}{5}\\[2mm]
1 & \frac{\beta}{\sqrt{5}} & \frac{\alpha}{\sqrt{5}} & \frac{1}{\sqrt{5}} & 0 & 0\\[2mm]
1 & \frac{\alpha}{\sqrt{5}} & \frac{\beta}{\sqrt{5}} & \frac{1}{\sqrt{5}} & 0 & 0\\[2mm]
1 & \frac{1}{\sqrt{5}} & \frac{1}{\sqrt{5}} & 0 & \frac{-1}{\sqrt{5}} & \frac{-1}{\sqrt{5}}\\[2mm]
1 & 0 & 0 & \frac{-1}{\sqrt{5}} & \frac{-\alpha}{\sqrt{5}} & \frac{-\beta}{\sqrt{5}}\\[2mm]
1 & 0 & 0 & \frac{-1}{\sqrt{5}} & \frac{-\beta}{\sqrt{5}} & \frac{-\alpha}{\sqrt{5}}
\end{pmatrix}$$

Nun setze man

$$\begin{aligned}
z_1 &= \sqrt{5}\,y_1 + y_4, & z_2 &= y_2, & z_3 &= y_3,\\
z_4 &= -\sqrt{5}\,y_1 + y_4, & z_5 &= y_5, & z_6 &= y_6.
\end{aligned}$$

Alsdann bleiben A und B ungeändert, während C übergeht in:

$$\begin{pmatrix} \dfrac{1}{\sqrt5} & \dfrac{2}{\sqrt5} & \dfrac{2}{\sqrt5} & 0 & 0 & 0 \\[2mm] \dfrac{1}{\sqrt5} & \dfrac{\beta}{\sqrt5} & \dfrac{\alpha}{\sqrt5} & 0 & 0 & 0 \\[2mm] \dfrac{1}{\sqrt5} & \dfrac{\alpha}{\sqrt5} & \dfrac{\beta}{\sqrt5} & 0 & 0 & 0 \\[2mm] 0 & 0 & 0 & -\dfrac{1}{\sqrt5} & -\dfrac{2}{\sqrt5} & -\dfrac{2}{\sqrt5} \\[2mm] 0 & 0 & 0 & -\dfrac{1}{\sqrt5} & \dfrac{-\alpha}{\sqrt5} & \dfrac{-\beta}{\sqrt5} \\[2mm] 0 & 0 & 0 & -\dfrac{1}{\sqrt5} & \dfrac{-\beta}{\sqrt5} & \dfrac{-\alpha}{\sqrt5} \end{pmatrix}$$

Hiermit ist die Reduktion ausgeführt und wir finden für Γ_2'

$$A = \begin{pmatrix} 1 & 0 & 0 \\ 0 & \varepsilon^{-1} & 0 \\ 0 & 0 & \varepsilon \end{pmatrix}, \quad B = \begin{pmatrix} -1 & 0 & 0 \\ 0 & 0 & -1 \\ 0 & -1 & 0 \end{pmatrix}, \quad C = \frac{1}{\sqrt5}\begin{pmatrix} 1 & 2 & 2 \\ 1 & \beta & \alpha \\ 1 & \alpha & \beta \end{pmatrix}.$$

Hierbei hat die Gruppe nicht reelle Gestalt, trotzdem sie mit einer orthogonalen Gruppe äquivalent ist. Man findet leicht, daß die quadratische Form $x_1^2 + x_2 x_3$ invariant ist gegenüber den drei Substitutionen.

§ 60. Beziehungen zu den Algebren.

In der Lehre von den Algebren betrachtet man ein System von Größen, für welche eine Addition und eine Multiplikation definiert ist in folgender Weise: Man gibt n linear unabhängige Basisgrößen $\omega_1, \omega_2, \ldots, \omega_n$ und bildet die Gesamtheit der Größen

$$\omega = x_1 \omega_1 + x_2 \omega_2 + \cdots + x_n \omega_n,$$

wobei die Koeffizienten alle Größen eines Körpers durchlaufen und mit den Basisgrößen als vertauschbar vorausgesetzt sind. Für die Multiplikation wird das Distributivgesetz vorausgesetzt und ferner

$$\omega_i \omega_k = \sum_{l=1}^{n} g_{ikl}\, \omega_l.$$

Die Multiplikation muß assoziativ, aber nicht notwendig kommutativ sein.

Wie man sieht bilden unsere hyperkomplexen Zahlen eine Algebra. Der Satz 162 besagt nun, daß unsere Algebra die direkte Summe von vollständigen Matrixalgebren ist, wenn man den zugrunde gelegten Koeffizientenkörper genügend erweitert. Die Anzahl der unzerlegbaren Summanden ist gleich der Anzahl der Klassen von Elementen in der Gruppe $\mathfrak{G}$. Führen wir nämlich an Stelle der Gruppenelemente die aus den Stellenzeilen entstehenden Größen ζ_{ik} (S. 176) ein, so entspricht einer irreduzibeln Darstellung das System ζ_{ik}, das offenbar für sich eine Algebra bildet, und zwar die Gesamtheit aller Matrizen des n-ten Grades, deren Koeffizienten unabhängig voneinander die Zahlen des zugrunde gelegten, für die irreduzible Darstellung erforderlichen Körpers durchlaufen. Eine solche Algebra heißt eine vollständige Matrixalgebra. Nehmen wir nun die Größen aus einer andern irreduziblen Darstellung, so erhalten wir eine neue vollständige Matrixalgebra und das Produkt einer Größe der ersten mit einer solchen der zweiten Algebra ist stets Null (Satz 162). Eine derartige Addition zweier Algebren heißt eine direkte Summe. Damit ist unsere Behauptung bewiesen.

Führen wir statt der Größen ζ_{ik} die Größen $\frac{\chi_1}{g}\zeta_{ik} = e_{ik}$ ein, so gelten zwischen ihnen die einfacheren Gleichungen

$$e_{ik} \cdot e_{lm} = 0 \ (k \neq l), \quad e_{ik} e_{km} = e_{im}.$$

e_{11} genügt der Gleichung $e_{11}^2 = e_{11}$ und heißt darum ein *Idempotent*. Ferner gilt, wenn ω eine beliebige Zahl der Algebra bedeutet, stets $e_{11} \omega e_{11} = a\,e_{11}$, wo a eine Zahl des Grundkörpers bedeutet, die natürlich noch von ω abhängt. Wir nennen darum e_{11} ein *primitives Idempotent*.

Multipliziert man e_{11} rechts mit allen Größen der Algebra, so erhält man nur die n unabhängigen Größen $e_{11}, e_{12}, \ldots, e_{1n}$ und ihre linearen Verbindungen. Man erhält daher die irreduzible Darstellung Γ_t, wenn man e_{11} rechts mit den Gruppenelementen e_S multipliziert (Satz 160).

Nun sei α irgendein primitives Idempotent, d. h. eine Größe der Algebra, welche den beiden Gleichungen $\alpha^2 = \alpha$ und $\alpha \omega \alpha = a \cdot \alpha$ genügt. Dann liegt α in einem der Summanden, welche aus irreduziblen Darstellungen stammen. Denn wäre $\alpha = \alpha' + \alpha''$, und bezeichnen e' und e'' die Haupteinheiten der beiden irreduziblen Systeme, so ergäbe sich

$$\alpha \cdot e' \alpha = \alpha' \quad \text{und} \quad \alpha e'' \alpha = \alpha''$$

und α läge in beiden Systemen, wäre also $= 0$.

Die Haupteinheit des irreduziblen Systems, in dem α liegt, sei $e = e_{11} + e_{22} + \cdots + e_{nn}$. Weil $\alpha e \alpha \neq 0$, so muß mindestens eine der n Größen $\alpha e_{ii} \alpha$ von Null verschieden sein. Es sei etwa $\alpha e_{11} \alpha \neq 0$, dann ist $\alpha e_{11} \neq 0$ und ebenso $e_{11} \alpha \neq 0$. Ferner folgt aus $\alpha^2 = \alpha$, daß auch $e_{11} \alpha e_{11} \neq 0$ und daher $= c\,e_{11}$ ist, wo $c \neq 0$ ist.

Bilden wir nun die n Größen $\alpha e_{11}, \alpha e_{12}, \ldots, \alpha e_{1n}$, so sind sie linear unabhängig, denn wenn wir links mit e_{11} multiplizieren, erhalten wir die n unabhängigen Größen $c\,e_{11}, c\,e_{12}, \ldots, c\,e_{1n}$.

Offenbar erfahren die Größen $\alpha e_{11}, \alpha e_{12}, \ldots, \alpha e_{1n}$ bei der Rechtsmultiplikation mit den Gruppenelementen e_S genau dieselben Substitutionen, wie die Größen $e_{11}, e_{12}, \ldots, e_{1n}$.

Wir behaupten nun, daß α durch Transformation aus e_{11} hervorgeht, daß es also selber eine Größe e_{11} ist, die aus einer zu unserer Darstellung äquivalenten Darstellung stammt. Zum Beweis setzen wir $\alpha e_{11} = \varrho = a_{11} e_{11} + \cdots + a_{n1} e_{n1}$ und $e_{11} \alpha = \sigma = b_{11} e_{11} + \cdots + b_{1n} e_{1n}$. Nun wird $\sigma \varrho = c e_{11}$, ferner ist $\varrho \sigma \cdot \varrho \sigma = \varrho (\sigma \varrho) \sigma = c g e_{11} \sigma = c \varrho \sigma$. Setzen wir weiter $\varrho \sigma = c' \alpha$, so wird aus der Gleichung $(\varrho \sigma)^2 = c \varrho \sigma$, indem wir $\varrho \sigma$ durch $c' \alpha$ ersetzen: $c'^2 = c \cdot c'$, also $c = c'$. Weiter folgt aus

$$\sigma \varrho = (b_{11} e_{11} + \cdots + b_{1n} e_{1n})(a_{11} e_{11} + \cdots + a_{n1} e_{n1}) = c e_{11},$$

indem man die Klammern ausmultipliziert, die Beziehung

$$a_{11} b_{11} + a_{21} b_{12} + \cdots + a_{n1} b_{1n} = c.$$

Nun bilden wir eine Matrix A, deren erste Spalte $a_{11}, a_{21}, \ldots, a_{n1}$ ist und deren Determinante $= 1$ ist. Bilden wir A^{-1}, so ist das System der Unterdeterminanten der ersten Zeile gleich der ersten Spalte von A, nach den bekannten Sätzen über Determinanten. Ersetzen wir nun in A^{-1} die erste Zeile durch b_{1i}/c, so erhalten wir wieder eine Matrix mit der Determinante 1. Bezeichnen wir die zu A gehörige Zahl mit γ, so finden wir $\gamma e_{11} = \varrho$ und $e_{11} \gamma^{-1} = \sigma/c$, so daß in der Tat gilt

$$\gamma e_{11} \gamma^{-1} = \frac{\varrho \sigma}{c} = \alpha.$$

Nun genügen die transformierten Größen $\gamma e_{ik} \gamma^{-1}$ genau denselben multiplikativen Gesetzen, wie die e_{ik}, und sie stammen offenbar aus der durch γ transformierten Darstellung.

§ 61. Die Charaktere und Darstellungen der symmetrischen Gruppen[1].

Wir wollen nun die irreduziblen Darstellungen der symmetrischen Gruppe von m Variabeln bestimmen. Die Anzahl der Klassen von Elementen ist gleich der Anzahl von Zerlegungen der Zahl m in positive Summanden, denn zu jeder dieser Zerlegungen gehört genau ein Typus konjugierter Permutationen. Wir ordnen die Summanden nach ihrer Größe und bilden ein Schema von m Stellen, indem wir setzen $m = m_1 + m_2 + \cdots + m_r$ und in r Zeilen je $m_1, m_2, \ldots$ Stellen setzen nach Art des folgenden Schemas für $m = 10 = 4 + 4 + 3$

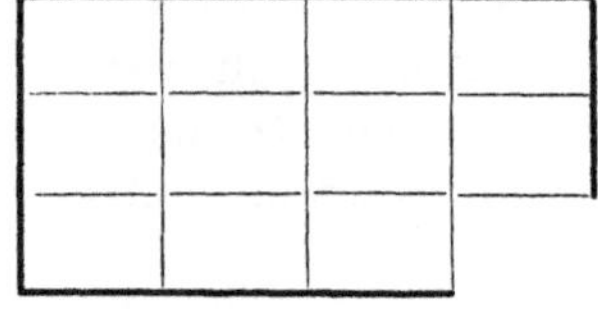

---

[1] Vgl. die im 11. Kapitel zitierten Abhandlungen von *Frobenius*, ferner *H. Weyl*: Gruppentheorie und Quantenmechanik, 2. Aufl., S. 315 ff. — *Specht, W.*: Die irreduziblen Darstellungen der symmetrischen Gruppe. Math. Z. Bd. 39, S. 696.

Die Elemente der symmetrischen Gruppe deuten wir als Permutationen der *Stellen* und verstehen unter $\mathfrak{P}$ die Gruppe derjenigen Permutationen, welche die Stellen in ihrer Zeile lassen, unter $\mathfrak{Q}$ diejenige, welche die Stellen in der Spalte läßt. In unserem Beispiel ist die Ordnung von $\mathfrak{P}$ gleich 4! 4! 3!, diejenige von $\mathfrak{Q}$ gleich 3! 3! 3! 2!. Die beiden Untergruppen $\mathfrak{P}$ und $\mathfrak{Q}$ haben kein gemeinsames Element außer E, denn wenn eine Permutation eine Stelle in der Zeile und Spalte läßt, so bleibt die Stelle ruhen. Der Komplex $\mathfrak{PQ}$ enthält daher kein Element doppelt, denn wäre $P_1 Q_1 = P_2 Q_2$, so ergäbe sich $P_1^{-1} P_2 = Q_1 Q_2^{-1}$, also das $\mathfrak{P}$ und $\mathfrak{Q}$ gemeinsame Element E.

Bei den Permutationen von $\mathfrak{PQ}$ werden niemals zwei Stellen derselben Zeile in solche derselben Spalte übergeführt. Denn bei $\mathfrak{P}$ kommen sicher zwei Stellen derselben Zeile in verschiedene Spalten, weil sie in derselben Zeile bleiben und nicht zusammenfallen können. Beim nachfolgenden $\mathfrak{Q}$ ändern sie ihre Spalte nicht mehr.

Es gilt aber auch die Umkehrung: jede Permutation, welche niemals zwei Stellen derselben Zeile in dieselbe Spalte überführt, gehört zu $\mathfrak{PQ}$. Zum Beweis betrachten wir zuerst die erste und längste Zeile. Ihre Variabeln werden nach der Permutation gleichviel Spalten beanspruchen wie vorher, und wir können daher durch eine Permutation aus $\mathfrak{P}$ diese Variabeln in die richtigen Spalten bringen, denn es gibt ja keine Spalten, welche nicht in die erste Zeile reichen. Dasselbe machen wir mit der zweiten Zeile. Ist sie kürzer als die erste, so kommt für ihre Variabeln jedenfalls die letzte Spalte nicht in Betracht, denn diese enthält in unserem Fall nur eine Stelle, nämlich diejenige der ersten Zeile, und diese muß durch eine Variable der ersten Zeile besetzt werden, weil die erste Zeile aller Spalten bedarf. Wir können also sicher sein, daß nach der Permutation die Variabeln der zweiten Zeile nur in solche Spalten fallen, welche in die zweite Zeile herabreichen. Diese elementare Überlegung läßt sich weiter anwenden und wir erreichen durch eine Permutation aus $\mathfrak{P}$, daß die Variabeln in der endgültigen Spalte liegen. Der Rest erfordert offenbar nur noch eine Permutation aus $\mathfrak{Q}$, womit der Satz bewiesen ist.

Wir bilden nun die beiden Größen

$$\alpha = \sum_{\mathfrak{P}} P \qquad \beta = \sum_{\mathfrak{Q}} \pm Q,$$

wobei im zweiten Fall das $+$-Zeichen gilt, wenn Q eine gerade Permutation darstellt, das $-$-Zeichen, wenn Q eine ungerade Permutation ist. $\alpha\beta = \gamma$ ist eine Summe und Differenz lauter verschiedener Elemente von $\mathfrak{PQ}$, daher $\neq 0$.

Satz 166. *Es gelten die Gleichungen* $\alpha S \beta = s \cdot \alpha \beta$. *Hierbei hat* s *den Wert* $+1$, *wenn* S *in* $\mathfrak{PQ}$ *liegt und die wohlbestimmte zweite Komponente* Q *gerade ist,* s *hat den Wert* -1, *wenn jene Komponente eine*

ungerade Permutation darstellt, und s ist $=0$, *wenn S außerhalb von*
$\mathfrak{P}\mathfrak{Q}$ *liegt.*

Beweis. Wenn P in $\mathfrak{P}$ und Q in $\mathfrak{Q}$ liegt, so gilt unmittelbar $\alpha P = \alpha$,
$Q\beta = \pm\beta$. Daraus folgt $\alpha P Q \beta = (\alpha P)(Q\beta) = \pm\alpha\beta$, womit die
beiden ersten Behauptungen bewiesen sind. Nun sei S außerhalb von
$\mathfrak{P}\mathfrak{Q}$, dann gibt es zwei Stellen derselben Zeile, welche nach der Permutation S in dieselbe Spalte fallen. Es sei P die Vertauschung jener
beiden Stellen derselben Zeile und Q diejenige der beiden Stellen in
derselben Spalte. Dann gilt offenbar $S = P S Q$. Bilden wir nun $\alpha S \beta$,
so ergibt sich $\alpha S \beta = \alpha P S Q \beta = (\alpha P) S (Q\beta) = -\alpha S \beta$, weil Q als Vertauschung von bloß zwei Stellen eine ungerade Permutation ist. Aus
$\alpha S \beta = -\alpha S \beta$ folgt aber $\alpha S \beta = 0$.

α, β und γ sind Größen einer Algebra mit den Basisgrößen E, A,
$B, \ldots$, unter ε sei eine beliebige Größe dieser Algebra verstanden.
Wir beweisen nun den

Satz 167. *Es gilt* $\gamma^2 = c\gamma$, *wo* $c \neq 0$ *ist, und* γ/c *ist ein primitives
Idempotent.*

Beweis. Nach Satz 166 ist $\gamma \varepsilon \gamma = \alpha (\beta \varepsilon \alpha) \beta = a \cdot \alpha\beta = a\gamma$. Daher ist
γ jedenfalls primitiv. Nun muß noch gezeigt werden, daß $\gamma^2 = c\gamma$ mit von
0 verschiedenem c ist. Wir finden zunächst, wie früher, daß $\beta S\alpha = d \cdot \beta\alpha$,
wo $d = 1$, wenn $S = QP$ und Q gerade ist, ferner $d = -1$, wenn $S = QP$
und Q ungerade ist, schließlich $d = 0$, wenn S außerhalb von $\mathfrak{Q}\mathfrak{P}$ liegt.
Hieraus folgt $\gamma \varepsilon \gamma = \alpha (\beta \varepsilon \alpha) \beta = \alpha \cdot d \beta \alpha \beta = d\gamma^2$. Wäre nun $\gamma^2 = 0$, so
wäre stets $\gamma \varepsilon \gamma = 0$, entgegen der Überlegung des vorigen Paragraphen.
Daher wird $\gamma^2 = c\gamma$ und $c \neq 0$, womit unser Satz bewiesen ist.

Aus γ erhalten wir eine irreduzible Darstellung der symmetrischen
Gruppe, indem wir γ rechts mit den Elementen der Gruppe multiplizieren
und ein System unabhängiger Größen aufstellen. Diese Darstellung
bedarf bloß der rationalen Zahlen. Das Charakterensystem ergibt
sich durch folgende Überlegung: Transformieren wir γ durch alle Elemente der Gruppe und addieren wir die so entstehenden Größen, so
erhalten wir eine Zahl des Zentrums unserer Algebra, die nicht 0 ist,
weil der Koeffizient von E gleich der Ordnung der Gruppe g ist. Daher
ist diese Zahl $= c (\zeta_{11} + \zeta_{22} + \cdots + \zeta_{nn})$. Beachten wir, daß wir es nur
mit reellen Zahlen zu tun haben und verwenden wir Satz 147, so ergibt
sich, daß die Quadratsumme der Koeffizienten unserer Zahl $= c^2 g$ ist,
womit wir c und damit das Charakterensystem unserer Darstellung
berechnet haben. Insbesondere wird der Grad der Darstellung $= g/c$
und er ist daher ein Teiler von g.

Nun sei eine andere Zerlegung der Zahl m in Summanden gegeben,
die zugehörigen wie vorher gebildeten Gruppen seien $\mathfrak{P}'$ und $\mathfrak{Q}'$, die
daraus gebildete γ entsprechende Zahl sei γ'. Wir beweisen nun, daß
$\gamma \gamma' = 0$ ist. Zu dem Zweck ordnen wir die Summanden der zweiten

Zerlegung nach ihrer Größe und bilden das Schema wie früher. Die Summanden der beiden Zerlegungen seien $m_1, m_2, \ldots$ und $m_1', m_2', \ldots$. Gilt nun $m_i = m_i'$ für $i = 1, 2, \ldots, k-1$, dagegen $m_k < m_k'$, so nennen wir das zweite Schema S' größer als das erste S. Die Stellen der beiden Schemata seien einander in irgendeiner Weise zugeordnet. Dann gibt es zwei Stellen, welche in S' in einer Zeile, in S aber in einer Spalte stehen. Denn die Stellen der k ersten Zeilen des zweiten Schemas S' haben nicht mehr Platz in k Zeilen von S, es werden mindestens $k+1$ jener Stellen in derselben Spalte von S stehen und diese können nicht alle aus verschiedenen Zeilen von S' stammen, weil wir ja nur die k ersten Zeilen verwendet haben.

Nun vertauschen wir diese beiden Stellen, welche in S in derselben Spalte, in S' dagegen in derselben Zeile stehen. Diese Vertauschung sei mit V bezeichnet, sie gehört zu $\mathfrak{Q}$ und zu $\mathfrak{P}'$. Daher wird $\gamma V = -\gamma$ und $V\gamma' = \gamma'$. Also ergibt sich $\gamma V \gamma' = -\gamma\gamma' = +\gamma\gamma' = 0$. Transformieren wir γ oder γ' durch ein beliebiges Gruppenelement, so können wir unmittelbar auch für solche Paare beweisen, daß ihr Produkt verschwindet, denn transformierte γ gehören zum selben Schema, nur daß die Stellen anders numeriert sind. Daher ergibt sich, daß auch die beiden Haupteinheiten e und e', die wir durch Addition der transformierten γ und γ' erhalten, der Gleichung $e\,e' = 0$ genügen. Weil sie zum Zentrum gehören, folgt auch $e'\,e = 0$. Steht umgekehrt S höher als S', so kommen wir auf demselben Weg zu $\gamma'\gamma = 0$ und daraus zu $e'\,e = e\,e' = 0$.

Hiermit ist gezeigt, daß jede Zerlegung von m in positive Summanden eine irreduzible Darstellung der symmetrischen Gruppe liefert, und daß verschiedene Zerlegungen verschiedene Darstellungen ergeben. Da es genau soviele Klassen und daher irreduzible Darstellungen gibt, als die Anzahl jener Zerlegungen beträgt, so sind damit alle Darstellungen der symmetrischen Gruppe gewonnen und wir können folgende Regel aussprechen:

Regel. *Man erhält alle irreduziblen Darstellungen der symmetrischen Gruppe von m Variabeln, indem man m in positive Summanden zerlegt und zu jeder Zerlegung die beiden Gruppen $\mathfrak{P}$ und $\mathfrak{Q}$ sowie die hyperkomplexe Zahl $\gamma = \alpha\beta$ bildet. Die Koeffizienten von γ bilden die Stellenzeile mit dem Index 1,1 einer irreduziblen Darstellung Γ. Es gilt $\gamma^2 = c\,\gamma$ und der Grad von Γ ist g/c, ferner berechnet man daraus nach dem Beweis zu Satz 152 den Charakter von Γ. Multipliziert man γ rechts mit allen Gruppenelementen, so erhält man nach der Methode von Satz 160 die irreduzible zu Γ adjungierte Darstellung. Alle irreduziblen Darstellungen der symmetrischen Gruppe werden auf diesem Weg erhalten, sie sind alle in ganzen rationalen Zahlen wiederzugeben und die Charaktere sind ganze rationale Zahlen.*

13. Kapitel.

Anwendungen der Theorie der Gruppencharaktere.

§ 62. Ein Satz von *Burnside* über einfache Gruppen.

Frobenius und *Burnside* haben mit Hilfe der Gruppencharaktere wichtige Sätze über abstrakte Gruppen bewiesen.

Wir haben gesehen (S. 174), daß stets $\dfrac{h_i \chi_i}{\chi_1}$ eine ganze algebraische Zahl ist. h_i und χ_1 sind ganze rationale Zahlen. Wenn daher h_i prim ist zu χ_1, so muß χ_i/χ_1 eine ganze algebraische Zahl sein. χ_i ist eine Summe von χ_1 Einheitswurzeln. Wir wollen annehmen, daß diese Einheitswurzeln nicht sämtlich untereinander übereinstimmen, andernfalls gehört die Substitution zum Zentrum. Indem man χ_i in der komplexen Zahlenebene als Summe von χ_1 Einheitsvektoren deutet, deren Richtung nicht stets dieselbe ist, erkennt man, daß $|\chi_i| < \chi_1$ ist. Daher wird $|\chi_i/\chi_1| < 1$. Für die konjugiert algebraischen Zahlen zu χ_i/χ_1 läßt sich dieselbe Ungleichung aufstellen. Daher wird das Produkt derselben, die Norm von χ_i/χ_1, ihrem Betrag nach kleiner als 1, und da χ_i/χ_1 eine ganze Zahl sein muß, so wird $\chi_i = 0$. Hieraus folgt der

Satz 168. *Ist in einer irreduziblen Substitutionsgruppe der Grad prim zu der Anzahl der Elemente in einer Klasse $\mathfrak{C}_i$, so ist entweder der Charakter der Elemente von $\mathfrak{C}_i$ gleich 0 oder $\mathfrak{C}_i$ besteht aus einem Element des Zentrums der Gruppe.*

Wir beweisen nun den

Satz 169. *Wenn die Anzahl der Elemente einer Klasse eine Primzahlpotenz ist, so ist die Gruppe nicht einfach.*

Beweis. Sei A ein Element aus einer Klasse, die aus p^m Elementen besteht. Es gibt gewiß eine von Γ_1 verschiedene Darstellung, deren Grad prim ist zu p, denn $\sum\limits_v (\chi_1^{(v)})^2 = g$ und $\chi_1^{(1)} = 1$. χ_i sei der Charakter von A in einer solchen Darstellung. Dann ist nach dem vorigen Satz $\chi_i = 0$ oder A gehört zum Zentrum in der betreffenden Darstellung. Dieser letztere Fall kann bei einfachen Gruppen nicht auftreten. Nun gilt $\sum\limits_{v=1}^{r} \chi_1^{(v)} \chi_i^{(v)} = 0$. In Γ_1 ist $\chi_i^{(1)} = 1$, sonst ist stets $\chi_1^{(v)} \chi_i^{(v)}$ entweder 0 oder durch p teilbar und wir erhalten den Widerspruch

$$1 \equiv 0 \ (\mathrm{mod}\, p).$$

Es gibt also eine mit der Gruppe isomorphe Gruppe, deren Zentrum Elemente von der Ordnung p enthält.

Satz 170[1]. *Wenn die Ordnung einer Gruppe bloß durch zwei verschiedene Primzahlen teilbar ist, so ist die Gruppe auflösbar.*

---

[1] *Burnside:* Theory of groups, 2nd ed., S. 323.

Beweis. Sei $g = p^a q^b$. Eine p-Sylowgruppe hat ein von E verschiedenes Zentrum. Sei A ein Element daraus, so ist die Anzahl der Elemente in der Klasse von A eine Potenz von q. Daher enthält die Gruppe einen eigentlichen Normalteiler. Für ihn und seine Faktorgruppe gilt dasselbe.

§ 63. Primitive und imprimitive Substitutionsgruppen.

Definition. Eine Substitutionsgruppe heißt *imprimitiv,* wenn ihre Variablen dergestalt in Systeme ohne gemeinsame Variable eingeteilt werden können, daß die Variablen eines jeden Systems in lineare Formen der Variablen desselben oder eines anderen Systems übergeführt werden. Die einzelnen Variablensysteme nennt man *Systeme der Imprimitivität.*

Gehen die Variablen eines Systems über in Linearformen der Variablen eines zweiten Systems, so müssen beide Systeme dieselbe Anzahl von Variablen enthalten. Als Beispiel wählen wir folgende Substitution in drei Systemen

$$\begin{pmatrix} 0 & P & 0 \\ 0 & 0 & Q \\ R & 0 & 0 \end{pmatrix}.$$

Dabei bedeuten 0 quadratische Matrizen von r Zeilen, deren Koeffizienten sämtlich verschwinden, während P, Q und R ebenfalls quadratische Matrizen mit r Zeilen, aber mit von 0 verschiedener Determinante bedeuten. Hier erfahren die Systeme eine zyklische Permutation verbunden mit Substitutionen ihrer Variablen.

Permutationsgruppen sind spezielle Fälle, denn hier bildet jede Variable für sich ein derartiges System. Dasselbe gilt von den monomialen Gruppen.

Definition. Eine Gruppe heißt *transitiv,* wenn jedes System in ein beliebiges anderes übergeführt werden kann. Sei $\mathfrak{G}$ eine imprimitive transitive Substitutionsgruppe, $\mathfrak{H}$ diejenige Untergruppe, welche das erste System in sich substituiert, G_i eine Substitution, welche das erste in das i-te überführt, so wird

$$\mathfrak{G} = \mathfrak{H} + \mathfrak{H}\,G_2 + \cdots + \mathfrak{H}\,G_n,$$

wobei n den Index von $\mathfrak{H}$ oder, was damit gleichbedeutend ist, die Anzahl der Systeme bezeichnet.

Die Substitutionen, welche das erste System unter $\mathfrak{H}$ erfährt, bilden eine Darstellung von $\mathfrak{H}$. Wir sagen, die imprimitive Substitutionsgruppe ist *erzeugt* durch diese Darstellung von $\mathfrak{H}$. Eine Permutationsgruppe ist demnach erzeugt durch die *identische* Darstellung von $\mathfrak{H}$, eine monomiale durch irgendeine solche vom Grade 1. Man erkennt leicht, daß alle diese Definitionen logische Erweiterungen der früheren über Permutationsgruppen sind. Es gilt nun auch der folgende Satz, der Satz 121 als Spezialfall enthält.

Satz 171. *Ist eine imprimitive Substitutionsgruppe gegeben, welche durch die Darstellung Δ der Untergruppe $\mathfrak{H}$ in $\mathfrak{G}$ erzeugt ist, so läßt sie sich dergestalt transformieren, daß die Teilmatrizen (im Beispiel P, Q, R) lauter Matrizen aus Δ sind.*

Beweis. G_i möge das erste System in das i-te überführen, es sei etwa S diese Substitutionsmatrix. Man übe auf das i-te System S^{-1} aus, was nach § 48 mit einer Transformation[1] der Gruppe gleichbedeutend ist, dann wird G_i die Variablen des ersten Systems einzeln in die Variablen des i-ten Systems überführen, die Substitutionsmatrix wird die Einheitsmatrix. Macht man das für $i = 2, \ldots, n$, so erkennt man, daß diejenigen Teilmatrizen, welche das erste System in irgendein anderes überführen, in Δ enthalten sind. Denn jede Substitution hat die Gestalt $H G_i$, wobei H in Δ ist. Nunmehr möge die beliebige Substitution K das i-te System in das k-te überführen und S sei die Substitutionsmatrix. Dann wird $G_i K$ das erste System in das k-te überführen und S wird immer noch die Substitutionsmatrix sein. Daher ist S in Δ.

Satz 172. *Sei Γ eine Substitutionsgruppe mit einem Abelschen Normalteiler N, der nicht zum Zentrum gehört. Wenn N vollständig reduziert ist, so ist Γ intransitiv oder imprimitiv.*

Beweis. Der Normalteiler N wird vollständig reduziert bloß Darstellungen vom Grade 1 enthalten, und es sei

$$N = n_1 N_1 + n_2 N_2 + \cdots + n_u N_u,$$

wobei N_i die irreduziblen Bestandteile von N sind. Die Matrizen von N sind Diagonalmatrizen, und wir können annehmen, daß ihre Hauptdiagonalen die Gestalt haben (ε_1 (n_1-mal), ε_2 (n_2-mal), $\ldots$), indem zunächst n_1-mal die Darstellung N_1, dann n_2-mal die Darstellung N_2 usw. steht. Man kann nun v Zahlen $\alpha_1, \ldots, \alpha_v$ finden dergestalt, daß $\sum\limits_{i=1}^{v} \alpha_i A_i$, wobei A_i die Gruppe N durchläuft, eine beliebige Diagonalmatrix D mit der Hauptdiagonalen (η_1 (n_1-mal), η_2 (n_2-mal) usw.) wird. Denn die Matrix $\sum\limits_{i=1}^{v} \alpha_i A_i$ enthält in der Hauptdiagonalen Linearformen in den α, deren Koeffizienten durch die u Darstellungen $N_1, \ldots, N_u$ gegeben sind. Da diese linear unabhängig sind (Satz 163), so wird $v \geqq u$ und man kann die Zahlen α so bestimmen, daß die u verschiedenen Linearformen beliebige Zahlwerte annehmen. Insbesondere

---

[1] Als Beispiel sei gegeben

$$\begin{pmatrix} E & 0 & 0 \\ 0 & P & 0 \\ 0 & 0 & E \end{pmatrix} \begin{pmatrix} 0 & P & 0 \\ 0 & 0 & Q \\ R & 0 & 0 \end{pmatrix} \begin{pmatrix} E & 0 & 0 \\ 0 & P^{-1} & 0 \\ 0 & 0 & E \end{pmatrix} = \begin{pmatrix} 0 & E & 0 \\ 0 & 0 & PQ \\ R & 0 & 0 \end{pmatrix}.$$

können wir annehmen, daß die *Zahlen η sämtlich untereinander verschieden sind.*

Transformiert man N durch eine Substitution aus Γ, so erhält man einen Automorphismus von N. Die irreduziblen Darstellungen in N sind immer noch dieselben, weil sich bei der Transformation der Charakter der Substitutionen von N nicht ändert, aber die Reihenfolge der irreduziblen Bestandteile hat sich geändert. Zwar stehen immer noch an den n_1 ersten Stellen der Hauptdiagonalen gleiche Zahlen, aber sie gehören eventuell einer anderen Darstellung an. *Bei der Transformation erfahren die verschiedenen irreduziblen Darstellungen N_i eine Vertauschung.* Hierbei kann N_i nur dann in N_k übergehen, wenn $n_i = n_k$. Insbesondere geht D über in diejenige Diagonalmatrix, welche durch die entsprechende Vertauschung der η hervorgerufen wird. An dieser Matrix machen wir nun die weiteren Überlegungen. Wir nehmen an, daß bei den Transformationen von Γ nicht alle η ineinander übergeführt werden können. Setzen wir die Hauptdiagonale von D (also die η)

$$= (a_1, \ldots, a_r, b_{r+1}, \ldots, b_n),$$

so mögen stets die a unter sich, die b unter sich vertauscht werden, während alle a von allen b verschieden sind. Ist nun S eine beliebige Substitution von Γ, so sei

$$S^{-1}DS = D',$$

wobei die Hauptdiagonale von D' $(a_1', \ldots, a_r', b_{r+1}', \ldots, b_n')$ sei, dann wird

$$DS = SD'.$$

Es wird also

$$a_i s_{ik} = a_k' s_{ik} \qquad i, k \leqq r$$
$$a_i s_{ik} = b_k' s_{ik} \qquad i \leqq r, k > r$$
$$b_i s_{ik} = a_k' s_{ik} \qquad i > r, k \leqq r$$
$$b_i s_{ik} = b_k' s_{ik} \qquad i, k > r.$$

Wenn $s_{ik} \neq 0$, so kann man diesen Faktor auf beiden Seiten wegheben. In den mittleren Fällen kommt dann eine unmögliche Gleichung heraus, also sind alle

$$s_{ik} = 0 \text{ für } \begin{array}{l} i \leqq r, \ k > r \\ i > r, \ k \leqq r, \end{array}$$

d. h. die Gruppe ist intransitiv.

Analog verläuft der Beweis im transitiven Fall. Hier sind alle n_i einander gleich und die η erfahren eine transitive Permutationsgruppe. Indem man wiederum die Gleichung $DS = SD'$ diskutiert, folgt die Tatsache, daß die Gruppe imprimitiv ist. Sie wird erzeugt durch diejenigen Substitutionen, welche die n_1 ersten Stellen von D mit η_1 bei der Transformation in sich überführen.

Satz 173. *Jede Substitutionsgruppe, deren Ordnung eine Primzahlpotenz ist, läßt sich auf monomiale Gestalt transformieren.*

Beweis[1]. Da der Satz für Gruppen von der Ordnung p und alle *Abel*schen Gruppen gilt, kann man vollständige Induktion anwenden. Wenn $\mathfrak{P}$ nicht *Abel*sch ist, so besitzt $\mathfrak{P}$ gewiß einen *Abel*schen Normalteiler, der nicht zum Zentrum gehört. Denn das Zentrum ist nach Satz 81 in einem Normalteiler von $\mathfrak{P}$ als Untergruppe vom Index p enthalten, und dieser ist selbstverständlich *Abel*sch. Daher ist die Gruppe intransitiv oder imprimitiv. Da es offenbar genügt, den Satz für irreduzible, also transitive Gruppen zu beweisen, so können wir annehmen, die Gruppe sei imprimitiv. Sie sei erzeugt durch die Untergruppe $\mathfrak{H}$ von $\mathfrak{P}$ und deren Darstellung Γ. Von Γ können wir voraussetzen, daß sie monomiale Gestalt hat, da die Ordnung von $\mathfrak{H}$ niedriger als diejenige von $\mathfrak{P}$ ist, und nach Satz 121 folgt, daß die Teilmatrizen von $\mathfrak{P}$ sämtlich als Matrizen von $\mathfrak{H}$, also als monomiale Matrizen angenommen werden dürfen. Das heißt aber, daß $\mathfrak{P}$ selbst monomiale Gestalt hat.

Hiermit ist für alle Gruppen, deren Ordnung eine Primzahlpotenz ist, eine *kanonische Gestalt* gewonnen. Es wäre eine interessante Aufgabe, zu untersuchen, was für spezielle Eigenschaften diejenigen Untergruppen haben, die irreduzible Darstellungen erzeugen.

Satz 174. *Substitutionsgruppen, deren Ordnung ein Produkt von lauter verschiedenen Primzahlen ist, lassen sich stets auf monomiale Gestalt transformieren.*

Beweis. Wir bilden eine Hauptreihe (Satz 123), die das Zentrum enthält. Hierin kommt ein Normalteiler vor, der das Zentrum als Untergruppe von Primzahlindex enthält. Dieser Normalteiler ist *Abel*sch, und nun verläuft der Beweis genau so wie im vorigen Fall.

Satz 175. *Wenn sämtliche Darstellungen einer Gruppe als monomiale geschrieben werden können, so ist ihre Kommutatorgruppe eine eigentliche Untergruppe oder E.*

Beweis. Wir können uns auf den nicht-*Abel*schen Fall beschränken und betrachten eine nicht-*Abel*sche Darstellung vom niedrigsten Grad größer als 1. Wir nehmen sie in monomialer Gestalt an und ersetzen alle Einheitswurzeln durch 1. Alsdann erhalten wir eine Darstellung der Gruppe durch Permutationen, welche sicher nicht alle der identischen Permutationen gleich sind; sie ist (Satz 165) reduzibel und kann bloß aus irreduziblen Darstellungen vom Grade 1 bestehen. Darunter gibt es solche, die von der identischen Darstellung verschieden sind, womit der Satz bewiesen ist.

Wir beweisen nun noch den allgemeinen

Satz 176. *Wenn eine irreduzible Substitutionsgruppe einen Normalteiler enthält, der vollständig reduziert mindestens zwei verschiedene Darstellungen besitzt, so ist die Gruppe imprimitiv.*

---

[1] Der erste einwandfreie Beweis des Satzes stammt wohl von *Blichfeldt* in *Miller, Blichfeldt, Dickson,* Finite groups, S. 231.

Beweis. Wir denken uns den Normalteiler N vollständig reduziert und betrachten die Substitutionen einer Klasse von N. Addieren wir sie, so erhalten wir Diagonalmatrizen. Jeder irreduzible Bestandteil liefert so viele gleiche Koeffizienten in der Hauptdiagonale, als sein Grad beträgt, und sie hängen in bekannter Weise mit den Charakteren zusammen.

Bei der Transformation von N mit einer beliebigen Substitution der Gruppe erfahren die Darstellungen im allgemeinen eine Vertauschung und man zeigt genau, wie im Beweis zu Satz 172, daß die Gruppe intransitiv oder imprimitiv ist. Als irreduzible Gruppe ist sie daher imprimitiv.

§ 64. Vollständige Reduktion imprimitiver Gruppen.

Man erhält einen tieferen Einblick in die imprimitiven Gruppen, wenn man sie mit der Gruppenmatrix in Beziehung setzt.

Zunächst bestimmen wir die reguläre Gruppenmatrix (S. 170). Wir haben zu dem Zweck die einzelnen Permutationen der Gruppe in Matrizenform zu schreiben und jede derselben mit der zugehörigen Variablen zu multiplizieren und schließlich die so entstandenen Matrizen zu addieren. Bringen wir die Gruppenelemente in irgendeine bestimmte Reihenfolge

$$E, A, \ldots, P, \ldots,$$

so ist die Permutation, welche dem Element R in der regulären Darstellung entspricht, gegeben durch folgende Permutation der Gruppenelemente

$$R, AR, \ldots, PR, \ldots .$$

Die zugehörige mit x_R multiplizierte Matrix läßt sich so beschreiben: in der zu P gehörigen Zeile steht an der Stelle PR die Variable x_R.

Hierin sind P und R ganz beliebige Elemente. Setzt man noch $PR = Q$, so findet man

Satz 177. *Die reguläre Gruppenmatrix hat folgende Gestalt*

$$(x_{P^{-1}Q}) \quad P, Q = E, A, B, \ldots .$$

Man kann das Resultat mit der Gruppentafel auf S. 13 in Beziehung setzen, wo entsprechende Zeilen und Kolonnen mit inversen Elementen bezeichnet sind, und findet aus einer solchen Tafel die zur Gruppe gehörige reguläre Gruppenmatrix, indem man jedes Element der Tafel durch die zugehörige Variable ersetzt.

Noch steht es uns frei, die Elemente der Gruppe in eine beliebige Ordnung zu bringen, und das benutzen wir, indem wir die Gruppe $\mathfrak{G}$ nach einer Untergruppe $\mathfrak{H}$ und ihren Nebengruppen ordnen. Ist

$$\mathfrak{G} = \mathfrak{H} + \mathfrak{H}\,S_2 + \cdots + \mathfrak{H}\,S_n,$$

so hat die Gruppenmatrix von $\mathfrak{G}$ die Gestalt

$$\begin{pmatrix} M & M\,S_2\cdots & M\,S_n \\ S_2^{-1}\,M & S_2^{-1}\,M\,S_2\cdots S_2^{-1}\,M\,S_n \\ \cdot\ \cdot\ \cdot\ \cdot\ \cdot\ \cdot\ \cdot\ \cdot\ \cdot\ \cdot\ \cdot \\ S_n^{-1}\,M & S_n^{-1}\,M\,S_2\cdots S_r^{-1}\,M\,S_n \end{pmatrix}.$$

Hierbei bedeutet M die Gruppenmatrix $(x_{P^{-1}Q})$ von $\mathfrak{H}$ und $P,\,Q$ durchlaufen die Elemente von $\mathfrak{H}$. Ferner bedeutet allgemein $S\,M\,T$ die Matrix $(x_{SP^{-1}QT})$, wobei P und Q wiederum die Elemente von $\mathfrak{H}$ durchlaufen. Ersetzt man jedes Element A von $\mathfrak{H}$ durch das Element $S\,A\,T$, so geht M über in $S\,M\,T$. Hieraus folgt, daß die reguläre Darstellung von $\mathfrak{G}$ angesehen werden kann als imprimitive Gruppe, erzeugt durch irgendeine reguläre Darstellung einer Untergruppe.

In der Hauptdiagonalen stehen die Gruppenmatrizen von $\mathfrak{H}$ und den konjugierten Gruppen. Da die Matrizen $S_i^{-1}\,M\,S_k$ nur in der Bezeichnung der Variablen sich unterscheiden, so können sie alle durch dieselbe Substitution A in vollständig reduzierte Gestalt transformiert werden. Durch die Substitution

$$\begin{pmatrix} A & 0\ldots 0 \\ 0 & A\ldots 0 \\ \cdot\ \cdot\ \cdot\ \cdot\ \cdot \\ 0 & 0\ldots A \end{pmatrix}$$

wird die Gruppenmatrix dergestalt transformiert, daß die irreduziblen Bestandteile von $\mathfrak{H}$ hervorgehoben sind. Dies liefert gleichzeitig eine (nicht vollständige) Reduktion der Gruppenmatrix von $\mathfrak{G}$. *Ersetzt man M durch irgendeine irreduzible Gruppenmatrix von $\mathfrak{H}$, so erhält man die durch diese Darstellung von $\mathfrak{H}$ erzeugte imprimitive Darstellung von $\mathfrak{G}$.*

Die Gruppenmatrix wird nun zerlegt in solche imprimitive Darstellungen und jede tritt so oft auf, als der Grad der sie erzeugenden irreduziblen Darstellung von $\mathfrak{H}$ beträgt. Diese teilweise Zerlegung der Gruppenmatrix ist besonders wichtig für Fragen über die Zahlkörper, die zur Darstellung von Gruppen notwendig sind, denn hier treten offenbar nur solche Körper auf, die zur vollständigen Reduktion der Gruppenmatrix einer *Untergruppe* $\mathfrak{H}$ erfordert werden.

Wir beweisen folgenden

Satz 178 von *Schur*. *Ist n das kleinste gemeinsame Vielfache der Ordnungen der Elemente von $\mathfrak{G}$ und ist $\mathfrak{G}$ eine auflösbare Gruppe, so ist für jede Darstellung von $\mathfrak{G}$ höchstens der Körper der n-ten Einheitswurzeln erforderlich.*

Beweis. Wir wenden vollständige Induktion an und setzen den Satz als bewiesen voraus für Gruppen von niedrigerer Ordnung. Wir werden also den Satz bloß für primitive Gruppen zu beweisen haben. Ein größter Normalteiler $\mathfrak{N}$ besitzt eine Primzahl p als Index. Seine irreduziblen Bestandteile N stimmen überein nach Satz 176. Die Gruppe ist enthalten in einer der imprimitiven Darstellungen, die durch Benutzung der Gruppenmatrix von $\mathfrak{N}$ entstehen, und zwar, indem man sie etwa durch den irreduziblen Bestandteil N' ersetzt. Sehen wir nun zu, was für weitere Darstellungen von $\mathfrak{N}$ hierin enthalten sind, so erkennen wir, daß es die folgenden sind: $S_i^{-1}N'S_i\ (i=2,\ldots,p)$, d. h. es sind Darstellungen, die aus N' durch einen Automorphismus hervorgehen. Da unser Normalteiler einen Primzahlindex besitzt, so sind diese p irreduziblen Darstellungen entweder alle äquivalent oder alle verschieden.

Betrachten wir den ersteren Fall und nehmen wir die irreduzible Darstellung $N'=N$ von $\mathfrak{N}$ für sich. Da der Automorphismus $S^{-1}\mathfrak{N}\,S$ eine äquivalente Darstellung liefert, so gibt es eine Substitution $\overline{S}$, welche denselben Automorphismus für N leistet, und sie ist bis auf einen Faktor a bestimmt. S^p liefert einen inneren Automorphismus von $\mathfrak{N}$, daher stimmt $\overline{S}^p$ bis auf einen Faktor mit einer Substitution A aus N überein. Sei $\overline{S}^p=b\,A$, so setzen wir $a^p=\dfrac{1}{b}$, $\dfrac{1}{a}=\sqrt[p]{b}$. Dann wird $a\,\overline{S}=S$ eine Substitution sein, für die $S^p=A$ ist, und diese zusammen mit N liefert eine Darstellung von $\mathfrak{G}$, bei der $\mathfrak{N}$ irreduzibel ist. S erfordert außer dem Körper, in dem die Koeffizienten von N liegen, nur noch den Körper, in dem der Charakter dieser irreduziblen Darstellung von $\mathfrak{G}$ liegt. Denn S kann als eine Substitution mit von 0 verschiedenem Charakter genommen werden, weil es notwendigerweise außerhalb von $\mathfrak{N}$ solche geben muß. Aus $S^{-1}\mathfrak{N}\,S$ läßt sich S bis auf den Faktor als eine Substitution im Körper der Darstellung von $\mathfrak{N}$ bestimmen. Aus dem Charakter von S bestimmt sich nun weiter der Faktor, so daß die Behauptung erwiesen ist.

Wenden wir uns dem zweiten Fall zu, so erkennen wir, daß die imprimitive Gruppe irreduzibel ist. Denn der Bestandteil $\mathfrak{N}$ besteht aus einer Summe von p verschiedenen irreduziblen Darstellungen. Bei der Transformation mit S und seinen Potenzen erfahren sie eine zyklische Vertauschung. Wenn die Gruppe zerlegbar wäre, so könnte $\mathfrak{N}$ in einem Bestandteil nur einen Teil dieser p Darstellungen enthalten, während doch eine zyklische Vertauschung aller p Darstellungen stattfindet.

Hiermit ist der Satz zurückgeführt auf den Fall eines Unterkörpers, denn der Charakter einer Darstellung ist gewiß in dem im Satz angegebenen Kreiskörper enthalten.

Über die vollständige Reduzierung einer imprimitiven Gruppe läßt sich folgender bemerkenswerte Satz beweisen:

Satz 179. *Wenn die durch die irreduzible Darstellung Δ der Untergruppe $\mathfrak{H}$ erzeugte imprimitive Darstellung Γ von $\mathfrak{G}$ die irreduzible Darstellung $\Gamma^{(u)}$ von $\mathfrak{G}$ genau k-mal enthält, so enthält in $\Gamma^{(u)}$ die Untergruppe $\mathfrak{H}$ vollständig reduziert Δ genau k-mal. Umgekehrt, wenn $\Gamma^{(u)}$ Δ k-mal* *enthält, so ist $\Gamma^{(u)}$ in der durch Δ erzeugten Darstellung von $\mathfrak{G}$ genau k-mal enthalten.*

Beweis. Bezeichnen wir mit $\chi(A)$ den Charakter der imprimitiven Darstellung Γ von $\mathfrak{G}$, mit $\psi(A)$ denjenigen von Δ, ferner mit $\chi^{(u)}(A)$ den Charakter der irreduziblen Darstellung $\Gamma^{(u)}$ von $\mathfrak{G}$, so ist

$$\sum_{\mathfrak{G}} \chi(A)\,\chi^{(u')}(A) = k\,g,$$

wobei k angibt, wie oft $\Gamma^{(u)}$ in Γ enthalten ist. Um diese Summe zu bilden, benutzt man die Darstellung von Γ durch die Tabelle am Anfang des Paragraphen. Man sieht, daß

$$\sum_{\mathfrak{G}} \chi(A)\,\chi^{(u')}(A) = \sum_{\mathfrak{H}} \psi(A)\,\chi^{(u')}(A) + \sum_{S_2^{-1}\mathfrak{H}S_2} \psi(A)\,\chi^{(u')}(A) + \cdots.$$

Ist Δ in $\Gamma^{(u)}$ genau l-mal enthalten, so wird $\sum_{\mathfrak{H}} \psi(A)\,\chi^{(u')}(A) = l \cdot h$.

Alsdann haben aber die weiteren $n-1$ Summen den nämlichen Wert, denn konjugierte Untergruppen erfahren die nämliche Zerlegung. Daher hat die Summe links den Wert $l \cdot h \cdot n = l\,g$. Also ist $k = l$.

Wählt man für $\mathfrak{H}$ die Gruppe E, so wird Γ zur regulären Darstellung von $\mathfrak{G}$ und man erhält Satz 153 als Spezialfall des Satzes 179.

Aus diesem Satz lassen sich leicht die wichtigen Formeln von *Frobenius* herleiten, welche die Charaktere einer Gruppe mit denjenigen einer Untergruppe verknüpfen.

Sei $\Delta^{(v)}$ eine Darstellung von $\mathfrak{H}$ und $\psi^{(v)}$ ihr Charakter. In $\Gamma^{(u)}$ sei die Untergruppe $\mathfrak{H}$ vollständig reduziert und

$$\{\Gamma^{(u)}\} = \sum_{v} k_{uv}\,\Delta^{(v)},$$

wobei $\{\Gamma^{(u)}\}$ die Darstellung von $\mathfrak{H}$ als Untergruppe von $\Gamma^{(u)}$ bedeutet. Sei $\varphi^{(v)}$ der Charakter der durch $\Delta^{(v)}$ erzeugten imprimitiven Darstellung von $\mathfrak{G}$. Dann wird

$$\varphi^{(v)} = \sum_{u} k_{uv}\,\chi^{(u)}.$$

Nun läßt sich aber $\varphi^{(v)}$ durch $\psi^{(v)}$ ausdrücken. Sei S irgendein Element aus $\mathfrak{H}$ und $\mathfrak{C} = S + T + \cdots$ die Klasse in $\mathfrak{G}$, zu der S gehört. Wir bestimmen den Wert der Summe

$$\varphi^{(v)}(\mathfrak{C}) = \varphi^{(v)}(S) + \varphi^{(v)}(T) + \cdots = h_S\,\varphi^{(v)}(S),$$

wobei h_S die Anzahl der Elemente in $\mathfrak{C}$ bedeutet. Indem wir wiederum auf die Tabelle S. 199 zurückgehen, finden wir für die erste Matrix der Hauptdiagonalen $\Delta^{(v)}$ den Betrag

$$\sum_{S} \psi^{(v)}(S)$$

erstreckt über die Elemente S in $\mathfrak{C}$, die in $\mathfrak{H}$ vorkommen. Die übrigen Matrizen der Hauptdiagonale $S_i^{-1}\,\Delta^{(v)}\,S_i$ liefern offenbar denselben Beitrag, und daher wird

$$\varphi^{(v)}(\mathfrak{C}) = \frac{g}{h} \sum_{S} \psi^{(v)}(S).$$

So erhalten wir die Formel

$$\sum_u k_{uv}\, \chi^{(u)}(S) = \frac{g}{h \cdot h_S} \sum_T \psi^{(v)}(T),$$

wo die Summe rechts sich über die Elemente der Klasse von S erstreckt, die in $\mathfrak{H}$ auftreten.

Dies ist die Formel von *Frobenius*; sie läßt sich auch mit Hilfe der Relationen zwischen den Gruppencharakteren herleiten (vgl. *Burnside*, Theory of groups, S. 330). Über die Zahlen k_{uv} sei noch bemerkt, daß stets $k_{uv} = k_{u'v'}$ ist, wenn $\chi^{(u')}$ bzw. $\psi^{(v')}$ die zu $\chi^{(u)}$ bzw. $\psi^{(v)}$ adjungierten Charaktere sind. Ferner ist

$$k_{u1} = \begin{cases} 1 & \text{für } u = 1 \\ 0 & \text{für } u > 1. \end{cases}$$

§ 65. Ein Satz von *Frobenius* über transitive Permutationsgruppen.

Wir gehen zurück auf die Formeln von Satz 149 und bilden mit Hilfe der Charaktere der irreduziblen Darstellungen von $\mathfrak{G}$ folgenden Ausdruck

$$c_1 \chi_1(S) + c_2 \chi_2(S) + \cdots + c_r \chi_r(S) = \chi(S),$$

wobei wir nur voraussetzen, daß die Koeffizienten c_k ganze Zahlen sind. Wir erhalten nun auf Grund der Formeln von Satz 147

$$\sum_S \bar{\chi}(S)\, \bar{\chi}(S) = (c_1^2 + c_1^2 + \cdots + c_r^2)\, g.$$

Nehmen wir an, daß wir anderswoher wissen, daß diese Summe $= g$ ist, so folgt daraus, daß alle c verschwinden außer einem, dessen Quadrat $= 1$ ist, so daß es selber den Wert ± 1 hat. Ist insbesondere $\chi(E)$ positiv, so sind wir sicher, daß $\chi(S)$ Charakter einer irreduziblen Darstellung ist.

Mit dieser einfachen Überlegung können wir folgenden Satz von *Frobenius* (Berl. Ber. 1901) beweisen, wobei wir eine von *Witt* herrührende erhebliche Vereinfachung des Beweises benutzen:

Satz 180. *Wenn $\mathfrak{G}$ eine Untergruppe $\mathfrak{H}$ besitzt, die mit keinem Element außerhalb von $\mathfrak{H}$ vertauschbar ist und mit keiner ihrer konjugierten ein Element außer E gemeinsam hat, so bilden die Elemente außerhalb von $\mathfrak{H}$ und den dazu konjugierten Gruppen zusammen mit E einen Normalteiler von $\mathfrak{G}$.*

Als Satz über Permutationsgruppen lautet er folgendermaßen: *Wenn außer E alle Permutationen einer transitiven Gruppe vom Grade n höchstens eine Variable ungeändert lassen, so bilden diejenigen, welche* *alle Variablen permutieren, zusammen mit E einen Normalteiler von der Ordnung n.*

Beweis. Stellen wir $\mathfrak{G}$ als Permutationsgruppe dar, indem wir $\mathfrak{H}$ als erzeugende Untergruppe nehmen, so hat jedes Element von $\mathfrak{H}$ und seinen konjugierten Gruppen den Charakter 1, außer E, das den Charakter n (= Index von $\mathfrak{H}$) hat. Die übrigen Elemente besitzen 0 als Charakter. Nimmt man die identische Darstellung weg, so hat E den Charakter $n-1$, die $n-1$ Elemente außerhalb $\mathfrak{H}$ und seinen konjugierten Gruppen haben den Charakter -1, alle übrigen 0.

Wir bezeichnen diesen Charakter mit $\chi_1(S)$.

Nun sei $\varDelta$ eine irreduzible Darstellung von $\mathfrak{H}$. Wir bilden die durch $\varDelta$ erzeugte Darstellung $\varGamma$ von $\mathfrak{G}$ (S. 199). Bezeichnen wir die Charaktere der Elemente von $\mathfrak{H}$ in $\varDelta$ durch $\psi(H)$, so sind die Charaktere von $\varGamma$ folgende: $\chi(E) = n \cdot \psi(E)$, $\chi(A) = 0$, falls A außerhalb von $\mathfrak{H}$ und seinen konjugierten liegt. Für die Elemente von $\mathfrak{H}$ gilt $\chi(H) = \psi(H)$ und dasselbe gilt für die konjugierten Untergruppen.

Von dieser durch $\varDelta$ erzeugten Darstellung subtrahieren wir nun $\psi(E)$-mal die oben verwendete Darstellung des Grades $n-1$ und behaupten, daß alsdann eine irreduzible Darstellung von $\mathfrak{G}$ übrigbleibt. Zunächst ist

$$\chi(E) - \psi(E) \cdot (n-1) = \psi(E).$$

Um

$$\sum_{\mathfrak{G}} \{\chi(S) - \psi(E)\,\chi_1(S)\}\,\{\chi'(S) - \psi(E)\,\chi_1'(S)\} \qquad (1)$$

zu berechnen, summieren wir zunächst über die Elemente von $\mathfrak{H}$, außer E, und bedenken, daß $\chi_1(H) = 0$ ist. Es ergibt sich

$$\sideset{}{'}\sum_{\mathfrak{H}} \psi(H) \cdot \psi'(H) = h - \psi^2(E),$$

wo h die Ordnung von $\mathfrak{H}$ bedeutet. Dieselbe Formel gilt für die entsprechenden Elemente der zu $\mathfrak{H}$ konjugierten Gruppen. Für die $n-1$ Elemente A außerhalb von $\mathfrak{H}$ und den konjugierten Gruppen ist $\chi(A) = 0$, $\chi_1(A) = -1$ und wir erhalten stets $\psi^2(E)$. Zusammen ergibt sich für (1)

$$\psi^2(E) + n \cdot (h - \psi^2(E)) + (n-1)\,\psi^2(E) = n\,h = g.$$

Damit ist gezeigt, daß unser Charakter zu einer irreduziblen Darstellung von G gehört, welche den Grad $\psi(E)$ besitzt und für die Elemente von A außerhalb von $\mathfrak{H}$ und seinen konjugierten stets den Charakter $\psi(E)$ = dem Grad liefert. Dies ist aber nur möglich, wenn die Elemente A durch die Einheitsmatrix dargestellt sind. Für die übrigen Elemente außer E ist dies sicher nicht stets der Fall, da wir ja beliebige irreduzible Darstellungen von $\mathfrak{H}$ verwenden, und damit ist bewiesen, daß die Elemente A zusammen mit E einen Normalteiler von $\mathfrak{G}$ bilden.

14. Kapitel.

Arithmetische Untersuchungen über Substitutionsgruppen.

§ 66. Beschränkung auf algebraische Zahlkörper.

Satz 181. *Jede endliche Gruppe linearer Substitutionen läßt sich so transformieren, daß ihre Koeffizienten in einem algebraischen Zahlkörper liegen.*

Beweis. Es genügt, den Satz für irreduzible Gruppen zu beweisen. Γ sei eine solche vom Grade n und

$$M = E\, x_E + A\, x_A + \cdots = (z_{ik})$$

sei ihre Gruppenmatrix. Die Determinante von M besitzt als Koeffizienten Zahlen des durch den Charakter von Γ bestimmten Körpers k. Denn die Koeffizienten der charakteristischen Gleichung von M lassen sich durch die Potenzsummen der charakteristischen Wurzeln, also durch die Spuren von M und seinen Potenzen darstellen. Diese liegen alle in k. Die z_{ik} sind n^2 Linearformen der x, welche unabhängig voneinander sind. Daraus folgt, daß die charakteristische Gleichung der Gruppenmatrix unzerlegbar ist; man kann daher nach einem Satz von *Hilbert* (*Crelles* Journ. Bd. 110, S. 104) den Variablen x solche Werte aus k beilegen, daß die charakteristische Gleichung lauter verschiedene Wurzeln hat. Eine solche Matrix sei M, die x mögen also Zahlen aus k bedeuten. M läßt sich als Matrix mit lauter verschiedenen Wurzeln auf die Diagonalform transformieren. Dieselbe Transformation denken wir uns auf $E, A, B, \ldots$ ausgeübt und nehmen unter Beibehaltung der bisherigen Bezeichnung an, daß M die Diagonalform hat. Ihre Hauptdiagonale sei

$$\alpha_1, \alpha_2, \ldots, \alpha_n\,.$$

Mit M sind auch sämtliche Potenzen lineare Ausdrücke der Substitutionen von Γ. Nun sei S eine beliebige Substitution von Γ. Der Charakter von $M\,S$ ist einerseits

$$\alpha_1 s_{11} + \alpha_2 s_{22} + \cdots + \alpha_n s_{nn} = \gamma\,,$$

andererseits gleich dem Charakter von

$$S\, x_E + A\, S\, x_A + \cdots,$$

d. h. eine Zahl aus k. Macht man dasselbe für die Potenzen von M, so findet man, daß

$$\alpha_1^i s_{11} + \alpha_2^i s_{22} + \cdots + \alpha_n^i s_{nn} = \gamma_i \qquad (i = 1, 2, \ldots, n)$$

sämtlich Zahlen aus k sind. Aus diesen n Gleichungen lassen sich die Zahlen $s_{11}, \ldots, s_{nn}$ berechnen und man findet, daß sie dem Zahlkörper K angehören, der durch k und die Wurzeln $\alpha_1, \ldots, \alpha_n$ bestimmt ist. Diese Tatsache gilt für alle Matrizen von Γ.

Nun bilden wir wie in § 58 die Matrix

$$E\,e_E + A\,e_A + \cdots = (\xi_{ik}).$$

Die Koeffizienten von ξ_{11} liegen in K. Multipliziert man ξ_{11} rechts mit allen e_S, so erhält man genau n unabhängige hyperkomplexe Zahlen, deren Koeffizienten sämtlich in K liegen, alle übrigen drücken sich linear und mit Koeffizienten aus K durch sie aus. Multipliziert man diese daher rechts mit e_S, so erfahren sie eine Substitution mit Koeffizienten aus K. Die so entstehende Gruppe ist nach Satz 160 äquivalent mit der adjungierten zu Γ, womit der Satz bewiesen ist.

Satz 182. *Wenn Γ eine Substitution S enthält, welche eine ihrer charakteristischen Wurzeln, z. B. ε, nur einmal enthält, so läßt Γ sich so transformieren, daß ihre Koeffizienten in dem durch die Charaktere von Γ und durch ε bestimmten Zahlkörper k liegen.*

Beweis. Wir nehmen Γ in einem algebraischen Zahlkörper an, dann reduzieren wir S auf die Diagonalform, was nur algebraische Irrationalitäten erfordert. Γ möge jetzt im Körper K liegen, die *Galois*sche Gruppe von K in k sei $\mathfrak{Z}$. Übt man auf die Koeffizienten von Γ die Substitutionen von $\mathfrak{Z}$ aus, so erhält man lauter äquivalente Gruppen $\Gamma, \Gamma', \ldots,$ denn die Charaktere bleiben ungeändert. Es sei z. B. $T^{-1}\Gamma T = \Gamma'$. Nun bedenken wir, daß S seine Diagonalform beibehält und daß ε, welches die Stelle s_{11} einnehmen möge, ungeändert bleibt. Es folgt nach dem Verfahren von Satz 172, daß T reduzierte Gestalt hat und in einen Bestandteil vom Grade 1 nebst einem solchen vom Grade $n-1$ zerfällt. Daher bleiben unter T die Koeffizienten $a_{11}, b_{11}, \ldots$ aller Substitutionen von Γ ungeändert, d. h. diese Stellenzeile liegt in k. Daraus folgt der Satz 182.

Satz 183. *Wenn $m\Gamma$ in einem Zahlkörper k irreduzibel ist, so ist m ein Teiler des Grades n von Γ. Hierbei bedeutet Γ eine absolut irreduzible Gruppe.*

Beweis. Die Substitutionen von $m\Gamma$ seien $E, A, B, \ldots$. Wir bilden

$$E\,e_E + A\,e_A + \cdots = (\xi_{ik})$$

und betrachten die Zeilen

$$\xi_{i1}, \xi_{i2}, \ldots, \xi_{il} \quad (i = 1, 2, \ldots, l;\ l = m \cdot n).$$

Jede dieser Zeilen erfährt bei rechtsseitiger Multiplikation mit e_S die Substitutionen der zu $m\Gamma$ adjungierten Gruppe. Die Zahlen jeder Zeile sind linear unabhängig, denn die Beziehungen ließen sich in K herstellen und daher wäre die Gruppe in K reduzibel.

Betrachten wir nun die l Systeme hyperkomplexer Zahlen

$$x_1 \xi_{i1} + \cdots + x_l \xi_{il} \quad (i = 1, 2, \ldots, l),$$

wo die x alle Zahlen von K durchlaufen. Wenn das erste mit dem zweiten gemeinsame Zahlen hat, so sind sie identisch, denn die gemeinsamen Zahlen lassen sich durch eine Basis darstellen und ihre Gesamtheit bleibt unverändert bei rechtsseitiger Multiplikation mit e_S.

Wenn sie nur einen Teil der Zahlen des ersten Systems bildeten, so könnte man diese zur Bildung einer Basis desselben verwenden, indem man die Basis der gemeinsamen Zahlen ergänzt. Die Gruppe wäre in k reduzibel. Man erkennt, daß die Anzahl der unabhängigen Zahlen in den l Systemen zusammengenommen ein Vielfaches von l ist. Andererseits ist diese Zahl gleich n^2, weil Γ der einzige absolut irreduzible Bestandteil ist. Daher ist m ein Teiler von n.

Satz 184. *Zwei in einem beliebigen Zahlkörper K irreduzible Gruppen sind entweder äquivalent oder sie haben keinen gemeinsamen absolut irreduziblen Bestandteil.*

Beweis. Für die beiden Gruppen seien

$$(\xi_{ik}) \quad \text{und} \quad (\eta_{ik})$$

die im vorigen Beweis benutzten Matrizen hyperkomplexer Zahlen. Für die Zahlen, die sich durch die ξ_{ik} ausdrücken lassen, bilden gewisse Zeilen der Matrix (ξ_{ik}) eine Basis, dasselbe gilt für η_{ik}. Falls die beiden Gruppen gemeinsame, absolut irreduzible Bestandteile haben, müssen zwischen den ξ und η Beziehungen bestehen, deren Koeffizienten selbstverständlich in K liegen. Eine Basis für das durch die ξ und η bestimmte System läßt sich nach dem vorigen Beweis durch Zeilen aus (ξ_{ik}) und (η_{ik}) angeben. Nimmt man hierfür zunächst die Basis der ξ, so können die hinzukommenden Zeilen von (η_{ik}) keine Basis aller η_{ik} bilden, weil sonst die beiden Systeme unabhängig wären.

$$\eta_1, \ldots, \eta_r$$

sei eine Basiszeile der η_{ik}, die nicht in der ausgewählten Basis des zusammengesetzten Systems vorkommt. Wir drücken sie durch die letztere aus. η_i wird dann die Summe zweier Zahlen

$$\eta_i = \alpha_i + \beta_i \qquad (i = 1, 2, \ldots, r), \quad (1)$$

wobei die α_i bloß durch die erste Zeile ξ_{1k} dargestellt sind und die β_i durch die übrigen Zahlen der Basis des zusammengesetzten Systems. Statt der ersten Zeile kann auch eine andere Basiszeile aus den ξ_{ik} hervorgehoben werden. Bei rechtsseitiger Multiplikation mit e_S erfahren die $\alpha_i + \beta_i$ und die η_i wegen (1) dieselbe Substitution aus der zur zweiten Gruppe adjungierten. Nun sind aber die α_i und die β_i unabhängig voneinander. Daher erfahren die α_i und die β_i je unter sich die angegebenen Substitutionen bei der Multiplikation mit e_S. Wären die α_i nicht unabhängig, so wäre diese Gruppe reduzibel, daher sind sie unabhängig und die beiden Gruppen erweisen sich als äquivalent. Ohne weiteres folgt nun

Satz 185. *Eine Gruppe läßt sich auf eine und nur eine Weise in Bestandteile zerlegen, die in einem Zahlkörper K irreduzibel sind. Mit einem absolut irreduziblen Bestandteil kommen stets diejenigen gemeinsam vor, deren Charakterensysteme relativ zu K konjugiert sind.*

Für absolut irreduzible Gruppen Γ erweitern wir die Überlegungen von Satz 182. Wenn eine Substitution S eine Wurzel ε genau r-mal enthält, so läßt sich $r\Gamma$ in dem durch das Charakterensystem und ε bestimmten Körper k darstellen. Man denke sich S reduziert und ε an die r ersten Stellen der Hauptdiagonale gebracht. Dann beweist man genau wie früher, daß

$$\xi_{11} + \xi_{22} + \cdots + \xi_{rr}$$

in K liegt, womit die Behauptung bewiesen ist.

Nun möge die Substitution S die Wurzel ε genau r-mal enthalten und d sei der größte gemeinschaftliche Teiler aller r, die man erhält, indem S alle Substitutionen von Γ und ε alle ihre charakteristischen Wurzeln durchläuft. Dann gilt der

Satz 186. *$d\Gamma$ läßt sich in dem durch sämtliche Wurzeln der charakteristischen Gleichungen bestimmten Körper darstellen.*

Beweis. Ist $\bar{d}\Gamma$ die im angegebenen Körper irreduzible Darstellung, so muß $\bar{d}$ ein Teiler aller r und daher auch von d sein.

I. Schur beweist folgenden

Satz 187. *Ist $s\Gamma$ irreduzibel in einem Körper K, so läßt sich Γ selber darstellen in einem Körper, dessen Relativgrad gegenüber K gleich s ist.*

Der Beweis erfolgt durch ein Verfahren wie im Beweis von Satz 181[1].

§ 67. Gruppen im Körper der rationalen Zahlen.

Es gilt der

Satz 188. *Jede Gruppe mit rationalen Koeffizienten läßt sich so transformieren, daß sie ganzzahlige rationale Koeffizienten besitzt.*

Beweis. Es genügt, den Satz für Gruppen Γ zu beweisen, die im rationalen Zahlkörper irreduzibel sind. Es sei N der Generalnenner aller Koeffizienten von Γ. Übt man auf $N x_1$ alle Substitutionen von Γ aus, so erhält man lauter ganzzahlige Formen der n Variablen von Γ, und zwar kommen darunter n linear unabhängige vor, sonst wäre Γ reduzibel. Wir bilden nun das System aller Formen, die sich durch die soeben abgeleiteten linear und mit ganzzahligen Koeffizienten zusammensetzen lassen. Diese bilden einen sog. ***Modul***. Betrachten wir die sämtlichen auftretenden Koeffizienten von x_1. Mit je zweien kommt auch ihre Differenz vor und man kann daher in ihrem System den euklidischen Algorithmus ausüben, d. h. das System besteht aus den sämtlichen Vielfachen einer bestimmten ganzen Zahl d_1. L_1 sei eine Form mit d_1 als erstem Koeffizienten. Ist L eine beliebige andere,

---

[1] Weitere Sätze geben *Speiser:* Zahlentheoretische Sätze aus der Gruppentheorie. Math. Z. Bd. 5, S. 1. — *Schur, I.:* Einige Bemerkungen zu der vorstehenden Arbeit des Herrn *A. Speiser:* Math. Z. Bd., 5 S. 7. — *Brauer, R.:* Über Zusammenhänge zwischen arithmetischen und invariantentheoretischen Eigenschaften von Gruppen linearer Substitutionen. Berl. Sitzgsber. 1926, S. 410—416.

so kann man in der Gestalt $L - a L_1$ eine Form herstellen, die zum Modul gehört und deren erster Koeffizient 0 ist; a wird eine ganze Zahl. Es sei d_2 der gemeinsame Teiler aller Koeffizienten von x_2 in denjenigen Formen, deren erster Koeffizient verschwindet, und L_2 sei eine solche mit d_2 als Koeffizient von x_2. Dann lassen sich a und b so als ganze Zahlen bestimmen, daß $L - a L_1 - b L_2$ von x_1 und x_2 unabhängig ist. Man fahre wie bisher fort und findet, daß unser Modul eine Basis von n Formen besitzt, die folgende Gestalt haben

$$
\begin{aligned}
L_1 &= d_{11}\, x_1 + d_{12}\, x_2 + \cdots + d_{1\,n}\, x_n \\
L_2 &= \phantom{d_{11}\, x_1 + {}} d_{22}\, x_2 + \cdots + d_{2\,n}\, x_n \\
&\; \cdots \cdots \cdots \cdots \cdots \cdots \cdots \\
L_n &= \phantom{d_{11}\, x_1 + d_{22}\, x_2 + \cdots + {}} d_{nn}\, x_n \, .
\end{aligned}
$$

Übt man auf die Variablen x die Substitutionen von Γ aus, so erfahren die Formen unseres Moduls nur unter sich eine Vertauschung und die Basis geht wieder in eine solche über, d. h. die n Linearformen erfahren eine ganzzahlige Substitutionsgruppe. Diese ist äquivalent mit Γ, denn sie entsteht durch Transformation von Γ mit (d_{ik}), womit der Satz bewiesen ist.

Für Substitutionen mit algebraischen Koeffizienten läßt sich ein ähnlicher Satz beweisen. Die Koeffizienten von x_1 bilden dort ein Ideal $\mathfrak{a}$. Geht man zum Klassenkörper über, so ist $\mathfrak{a}$ Hauptideal; man braucht aber nicht die Existenz dieses Körpers vorauszusetzen, denn es gibt bekanntlich immer eine gewisse Potenz von $\mathfrak{a}$, die Hauptideal ist. Wenn

$$
\mathfrak{a}^m = (\alpha) \, ,
$$

so adjungiere man dem Körper die m-te Wurzel aus α. Es wird dann

$$
\mathfrak{a} = \left(\sqrt[m]{\alpha} \right) .
$$

Somit läßt sich das Verfahren im Beweis zum vorigen Satz fortsetzen und man erhält den

Satz 189. *Wenn Γ im Körper K liegt, so läßt sich stets eine äquivalente Gruppe mit ganzen Zahlen eines Körpers angeben, dessen Galoissche Gruppe in K auflösbar ist.*

Wir kehren nun zurück zu den Gruppen mit rationalen Koeffizienten. Aus einer Gruppe mit ganzzahligen Koeffizienten lassen sich durch Transformation mit unimodularen ganzzahligen Matrizen eine unendliche Menge neuer gewinnen. Wir fassen diese zu einer **Klasse** zusammen, dann gilt der

Satz 190. *Die äquivalenten ganzzahligen, rational irreduziblen Gruppen zerfallen in eine endliche Anzahl Klassen.*

Der Beweis dieses Satzes wurde zum erstenmal von *C. Jordan* geführt (Journ. de l'école polyt. Bd. 48). Weitere Beweise gaben *H. Minkowski* (Diskontinuitätsbereich für arithmetische Äquivalenz, *Crelles*

Journ. Bd. 129 und Werke Bd. 2, S. 53—100) und *L. Bieberbach* (Gött. Nachrichten 1912). Alle diese Beweise benutzen die Theorie der quadratischen Formen und ihre Wiedergabe übersteigt den Rahmen unseres Buches. Wir begnügen uns daher, zwei extreme Fälle zu behandeln, und weisen schon hier auf den Schlußabschnitt hin, wo dem vorliegenden Theorem seine zentrale Stellung in der allgemeinen Zahlentheorie vindiziert wird.

1. Fall. Γ ist zyklisch und von der Ordnung m. Der Grad n ist dann $\varphi(m)$. Auch die adjungierte Gruppe $\overline{\Gamma}$ ist ganzzahlig, und mit ihrer Hilfe bilden wir die Matrix

$$\sum_1^m \varepsilon^i \, \overline{A}^i = \mathsf{M},$$

wobei ε eine primitive m-te Einheitswurzel bedeutet. Nun gilt

$$\varepsilon \, \mathsf{M} \, \overline{A} = \mathsf{M}.$$

Bezeichnen wir die erste Zeile von M mit

$$\zeta_1, \zeta_2, \ldots, \zeta_n,$$

so gelten die Gleichungen

$$\varepsilon \zeta_i = \sum_1^n a_{ik} \zeta_k \qquad (a_{ik}) = A. \tag{1}$$

Die ζ_i sind ganze Zahlen des durch ε bestimmten Zahlkörpers k und das Gleichungssystem (1) besagt, daß $\zeta_1, \ldots, \zeta_n$ die Basis eines Ideales bilden. Umgekehrt, bilden diese Zahlen die Basis eines Ideales, so erhält man durch Multiplikation mit ε eine ganzzahlige Darstellung der zyklischen Gruppe. Weil ε eine einfache Wurzel von A ist, so sind durch die Gleichungen (1) die Zahlen ζ_i bis auf einen gemeinschaftlichen Faktor, die zugehörigen Ideale also als Ideale einer Idealklasse bestimmt. Es gibt genau so viele Klassen ganzzahliger Darstellungen, als es Idealklassen in k gibt, und diese Zahl ist bekanntlich endlich.

2. Fall. Die Gruppe Γ ist vollständig irreduzibel, was z. B. bei den Darstellungen der symmetrischen Gruppen *(Frobenius)* immer der Fall ist. Hier benutzen wir die Formeln des Satzes 160. Die hyperkomplexen Zahlen besitzen ganze rationale Zahlenkoeffizienten und erfahren bei rechtsseitiger Multiplikation mit e_S die Substitutionen der adjungierten, ebenfalls ganzzahligen Gruppe $\overline{\Gamma}$, die wir als die gegebene betrachten. Wiederum bezeichnen wir die erste Zeile der ζ_{ik} mit

$$\zeta_1, \zeta_2, \ldots, \zeta_n.$$

Äquivalente ganzzahlige Darstellungen, die zu verschiedenen Klassen gehören, erhält man durch Transformation mit Matrizen, die man als ganzzahlig annehmen kann, aber mit einer von ± 1 verschiedenen Determinante. Den größten gemeinsamen Teiler der Koeffizienten darf man als 1 voraussetzen. Wenn es also mehrere Klassen gibt, so muß es möglich sein, lineare Formen der ζ_k zu bilden mit ganzzahligen Koeffizienten u_{ik}

$$\eta_i = \sum u_{ik}\zeta_k,$$

die bei rechtsseitiger Multiplikation mit e_S ganzzahlige Substitutionen erfahren. Bilden wir den Modul

$$x_1\eta_1 + x_2\eta_2 + \cdots + x_n\eta_n,$$

wobei die x_i alle ganzen Zahlen durchlaufen, so erhält man durch Multiplikation mit e_S lauter Zahlen dieses Moduls. Dasselbe gilt daher auch bei rechtsseitiger Multiplikation mit ζ_{ik}. Multiplizieren wir die Größen η_i der Reihe nach mit allen ζ_{k1}, so kommt heraus $u_{ik}c\zeta_1$, wobei $c = \frac{g}{n}$ ist. Da die u_{ik} teilerfremd sind, so kommt im Modul auch $c\zeta_1$ vor, und ebenso $c\zeta_i$. Damit ist die Anzahl der Moduln limitiert und der Satz bewiesen.

H. Minkowski verdankt man wichtige Sätze über die Ordnung von rationalen Substitutionsgruppen. Da die charakteristische Determinante einer Substitution in diesem Falle eine Funktion mit rationalen Koeffizienten ist, so ist die Ordnung der Substitutionen durch den Grad n der Gruppe limitiert. Geht p^m in einer Ordnung auf, so gilt für die zahlentheoretische Funktion $\varphi(p^m)$ folgende Ungleichung

$$\varphi(p^m) \leqq n,$$

denn eine p^m-te Einheitswurzel genügt einer irreduziblen Gleichung mit rationalen Koeffizienten vom Grade $\varphi(p^m)$. Für $n = 2$ und $n = 3$ findet man folgende möglichen Werte für die Ordnung: 1, 2, 3, 4, 6. Für $n = 4$ und 5 treten noch die Werte 5, 8, 10, 12 hinzu.

Weiterhin gilt folgender

Satz 191. *Reduziert man eine Gruppe mit ganzen rationalen Koeffizienten modulo einer ungeraden Primzahl, so erhält man eine holoedrisch isomorphe Kongruenzgruppe.*

Beweis. Wir zeigen, daß keine ganzzahlige Substitution endlicher Ordnung (mod p) der Einheitssubstitution kongruent ist, außer E. Es sei $S = E + p^a U$, wobei der größte gemeinsame Teiler der Koeffizienten von U zu p prim ist. Bildet man die Potenzen von S, so darf man die Binomialformel anwenden. S habe die Primzahlordnung l, dann wird

$$S^l = E + \binom{l}{1} p^a U + \cdots + p^{al} U^l = E.$$

Wenn p von l verschieden ist, so folgt, daß $S^l \pmod{p^{a+1}}$ kongruent ist $E + l p^a U$, also nicht kongruent E, was einen Widerspruch gibt. Ist $p = l$, so erinnere man sich daran, daß die Binomialkoeffizienten durch p teilbar sind, außer dem ersten und dem letzten. Reduziert man daher (mod p^{a+2}), so gelangt man wie vorher zu einem Widerspruch. Auch für $p = 2$ gilt der Satz, wenn $l \neq 2$ ist, und schließlich auch für $p = l = 2$, wenn a größer als 1 ist. *Kennt man also die Modulsubstitutionen modulo einer ungeraden Primzahl, so sind damit auch die rationalen Gruppen des betreffenden Grades bekannt. Die Gruppen ungerader Ordnung erhält man bereits durch Reduktion (mod 2).* Die Ordnung einer ganzzahligen Gruppe vom Grade n muß Teiler von

$$(p^n - 1)\,(p^n - p)\,(p^n - p^2) \cdots (p^n - p^{n-1})$$

sein für alle ungeraden Primzahlen p. Daraus folgt eine obere Grenze für die Primzahlpotenz l^a, die in g aufgehen kann. Es sei l^u eine genügend hohe Potenz von l, so daß jedenfalls $l^u > nl$ ist. Nun wähle man p aus einer primitiven Restklasse (mod l^u). Aus Satz 56 folgt, daß

$$(p^n - 1)\,(p^{n-1} - 1) \cdots (p - 1)$$

genau durch die folgende Potenz von l teilbar ist, falls $l \neq 2$

$$\left[\frac{n}{l-1}\right] + \left[\frac{n}{l(l-1)}\right] + \left[\frac{n}{l^2(l-1)}\right] + \cdots,$$

wobei $[a]$ die größte ganze Zahl $\leqq a$ darstellt. Für $l = 2$ findet man

$$n + 2\left[\frac{n}{2}\right] + \left[\frac{n}{4}\right] + \cdots.$$

§ 68. Beziehungen zur Krystallographie.

Wir wollen zeigen, daß das Problem, die ganzzahligen Gruppen des Grades n zu finden, gleichbedeutend ist mit der Aufsuchung aller Gitter des n-dimensionalen Raumes mit besonderen Symmetrien.

Es seien $\mathfrak{p}_1, \mathfrak{p}_2, \ldots, \mathfrak{p}_n$ die Fundamentalvektoren eines n-dimensionalen Gitters, so daß man alle Gitterpunkte erhält, indem man die Gesamtheit der Vektoren

$$x_1\mathfrak{p}_1 + \cdots + x_n\mathfrak{p}_n$$

von einem festen Punkt 0 aus abträgt. Hierbei durchlaufen $x_1, \ldots, x_n$ alle ganzen Zahlen. Die Länge des Vektors $\mathfrak{p}_i$ sei $+\sqrt{a_{ii}}$, ferner setzen wir

$$\sqrt{a_{ii}}\,\sqrt{a_{kk}} \cdot \cos(\mathfrak{p}_i, \mathfrak{p}_k) = a_{ik} = a_{ki},$$

dann wird das Quadrat der Länge des Vektors

$$x_1\mathfrak{p}_1 + \cdots + x_n\mathfrak{p}_n$$

gegeben durch die quadratische Form

$$\sum_{i=1}^{n} \sum_{k=1}^{n} a_{ik}\,x_i\,x_k\,.$$

Umgekehrt ist durch eine beliebige definite quadratische Form der n Variablen x_i ein Gitter definiert bis auf die Lage im Raum und bis auf eine Symmetrie. Man kennt alsdann nämlich die Länge der Fundamentalvektoren und die Winkel zwischen ihnen. Wählt man $n-1$ aus ihnen aus, so spannen sie eine $(n-1)$-dimensionale lineare Teilmannigfaltigkeit aus, und man kann den letzten Vektor auf zwei zu ihr spiegelbildliche Weisen hinzufügen. Man kann zeigen, daß es nur zwei zu einer Fundamentalform gehörige Gitter gibt. Wir wählen eines derselben.

Die Variablen $x_1, \ldots, x_n$ sind die Koordinaten des Endpunktes des Vektors $x_1 \mathfrak{p}_1 + \cdots + x_n \mathfrak{p}_n$ in demjenigen Koordinatensystem, dessen Achsen die Richtungen der Vektoren $\mathfrak{p}_i$ haben, während die Einheitsstrecke der i-ten Achse durch den Vektor $\mathfrak{p}_i$ gegeben ist. Die Determinante $|a_{ik}|$ stellt das Quadrat des Inhaltes des Fundamentalparallelepipedes dar. Man kann das Gitter auf unendlich viele Arten durch Fundamentalvektoren aufbauen, man erhält sie alle, wenn man auf die Vektoren $\mathfrak{p}_1, \ldots, \mathfrak{p}_n$ die sämtlichen ganzzahligen Substitutionen mit der Determinante ± 1 ausübt. Die „metrische" Fundamentalform $\sum \sum a_{ik} x_i x_k$ erfährt dabei die transponierten Substitutionen, denn eine Substitution auf die $\mathfrak{p}_i$ in $x_1 \mathfrak{p}_1 + \cdots + x_n \mathfrak{p}_n$ kann auch als die transponierte auf die x_i gedeutet werden.

Falls das Gitter eine Symmetrie aufweist, muß es möglich sein, neue Fundamentalvektoren einzuführen, welche dieselbe Konfiguration bilden wie die vorigen (Bewegung) oder die spiegelbildliche (Symmetrie zweiter Art), d. h. die zugehörigen Substitutionen müssen die metrische Fundamentalform in sich überführen.

Umgekehrt, wenn wir eine ganzzahlige endliche Gruppe haben, so besitzt sie eine invariante definite quadratische Form. Man hat bloß auf $x_1^2 + \cdots + x_n^2$ alle Substitutionen auszuüben und die entstehenden Formen zu addieren. Es gibt daher Gitter, welche die betreffende Symmetrie aufweisen. Damit ist das Problem, symmetrische Gitter aufzusuchen, als identisch erwiesen mit der Frage nach den ganzzahligen Substitutionsgruppen.

Äquivalente Gruppen besitzen dieselben Operationen, sie lassen sich auf dieselbe orthogonale Gruppe transformieren. Sie definieren dieselbe **Krystallklasse.** Es besteht infolgedessen der

Satz 192. *Es gibt nur endlich viele Krystallklassen in n Dimensionen.*

Beweis. Als abstrakte Gruppen kommen nach Satz 191 nur endlich viele in Betracht und diese lassen nur endlich viele nichtäquivalente Darstellungen in n Variablen zu.

Dasselbe Gitter gehört nur zu solchen ganzzahligen Gruppen, die durch ganzzahlige unimodulare Substitutionen ineinander transformierbar sind, also zu Substitutionen derselben Klasse nach der Bezeichnung von § 67. Das Wort „Klasse" hat leider in der Krystallographie und in der Theorie der Substitutionsgruppen nicht dieselbe Bedeutung.

Satz 193. *Wenn die ganzzahlige Gruppe im Gebiet der rationalen Zahlen irreduzibel ist, so gibt es nur eine endliche Anzahl verschiedener Gitter der zugehörigen Klasse.*

Der Beweis folgt ohne weiteres aus Satz 190.

Hier ist jedoch noch folgende Bemerkung von Wichtigkeit: Wenn die Gruppe reduzibel ist, so besitzt sie mindestens zwei linear unabhängige invariante quadratische Formen. f_1 und f_2 seien zwei solche. Dann ist die Gesamtheit der quadratischen Formen

$$a_1 f_1 + a_2 f_2$$

invariant, wobei a_1 und a_2 zwei beliebige reelle Zahlen sind. Insbesondere bilden die Formen

$$t f_1 + (1-t) f_2,$$

in denen t von 0 nach 1 stetig variiert, eine Schar positiv-definiter Formen, welche f_1 mit f_2 stetig verbindet. Zu unserer Gruppe gehört daher eine unendliche Menge von Gittern, aber sie lassen sich durch stetige Deformation, ohne die Symmetrie zu verlieren, ineinander überführen. Eine solche Schar betrachten wir nur als *ein* Gitter. So sind wir auch bei drei Dimensionen vorgegangen: nur das kubische Gitter besaß keinen Freiheitsgrad, abgesehen von der Wahl der Einheitsstrecke.

Der Vollständigkeit halber wollen wir noch einige Hilfsmittel zur Behandlung der Raumgitter herleiten. Wir benutzen hierbei die von *Einstein* herrührende Vereinfachung der Bezeichnung, welche in der Regel besteht, daß über doppelt auftretende Indices stets von 1 bis n summiert wird.

Die metrische Fundamentalform ist $a_{ik} x_i x_k$. Unter einer Ebene durch O verstehen wir die $(n-1)$-dimensionale Mannigfaltigkeit der Punkte, welche einer Gleichung $l_i x_i = 0$ genügen. Sie enthält dann und nur dann ein $(n-1)$-dimensionales Teilgitter unseres Gitters, wenn die l_i rationale Zahlenverhältnisse zueinander haben. Wir normieren die l_i, indem wir sie als teilerfremde ganze Zahlen annehmen, und nennen sie alsdann die **Indices** der Ebene. Es ist von Wichtigkeit, die Größe des Fundamentalparallelogrammes der Ebene zu kennen, da durch sie die „**Belastung**" der Gitterebene bestimmt ist. Man erhält alle parallelen Gitterebenen in der Gestalt $l_i x_i = l$, wobei l alle ganzen Zahlen durchläuft, insbesondere ist $l_i x_i = 1$ eine benachbarte Ebene zu $l_i x_i = 0$. Wir bestimmen ihren Abstand von O, indem wir das Minimum von $a_{ik} x_i x_k$ unter der Nebenbedingung $l_i x_i = 1$ aufsuchen. Indem wir $a_{ik} x_i x_k - 2\lambda l_i x_i$ nach x_k differenzieren, bekommen wir

$$a_{ik} x_i - \lambda l_k = 0.$$

Wir multiplizieren mit x_k und summieren, es ergibt sich

$$\lambda = a_{ik} x_i x_k = e^2,$$

wenn wir unter e die gesuchte Entfernung verstehen. Andererseits lösen wir die Gleichungen nach den x_i auf, indem wir die aus den

Unterdeterminanten A_{ik} der Matrix (a_{ik}) gebildete Determinante $|A_{ik}|$ benutzen. Es ergibt sich

$$A\,x_i = e^2\,l_k\,A_{ik}\,, \qquad A = \big|\,a_{ik}\,\big|\,.$$

Wir multiplizieren mit l_i und summieren

$$A = e^2\,A_{ik}\,l_i\,l_k\,.$$

$A_{ik}\,l_i\,l_k$ heißt die zu $a_{ik}\,x_i\,x_k$ *adjungierte quadratische Form*. Ziehen wir die Quadratwurzel, so ergibt sich links der Inhalt des Fundamentalparallelepipedes des ganzen Gitters. Dieser ist nun aber gleich dem Inhalt desjenigen unserer Ebene multipliziert mit dem Abstand zweier benachbarter Ebenen (Inhalt = Basis mal Höhe). Hieraus folgt der

Satz 194. *Das Fundamentalparallelogramm der Ebene mit den Indices l_i hat den Inhalt*

$$\sqrt{A_{ik}\,l_i\,l_k}\,.$$

Diesen Satz hat bereits *Gauss* gekannt (vgl. Geometrische Seite der ternären Formen, Werke Bd. 2, S. 305).

Indices und Variable stehen in kontragredientem Verhältnis, sie erfahren in unserer Terminologie adjungierte Substitutionen bei Einführung neuer Fundamentalvektoren bzw. bei den Gittersymmetrien.

15. Kapitel.

Gruppen von gegebenem Grade.

§ 69. Die endlichen Substitutionsgruppen vom Grade n.

Eine Gruppe Γ des Grades n, deren Ordnung eine Primzahlpotenz p^a ist, kann immer auf monomiale Gestalt transformiert werden. Ist p^b die höchste in $n!$ aufgehende Potenz von p, so enthält Γ einen *Abel*schen Normalteiler, dessen Index ein Teiler von p^b ist. Er besteht aus den Substitutionen der monomialen Gruppe, welche nur in der Hauptdiagonalen von 0 verschiedene Zahlen haben (Satz 119). Das Problem, alle Substitutionsgruppen n-ten Grades, deren Ordnung eine Potenz von p ist, aufzustellen, ist zurückgeführt auf das Problem, die Sylowgruppe von der Ordnung p^b für die symmetrische Gruppe von n Variablen zu bestimmen. Wir sind noch weit davon entfernt, ein ähnliches Konstruktionsprinzip für alle endlichen Gruppen des Grades n anzugeben, aber einige hochwichtige Resultate sind in dieser Hinsicht bereits erzielt worden.

Satz 195. *Wenn eine irreduzible Substitutionsgruppe Matrizen besitzt, deren Charaktere im Körper der p^a-ten, der q^b-ten usw., aber nicht der p^{a-1}-ten, der q^{b-1}-ten usw. Einheitswurzeln liegen, so enthält sie auch eine Substitution von der Ordnung $p^a\,q^b\ldots$. Hierbei bedeuten $p,\,q,\,\ldots$ verschiedene Primzahlen.*

Beweis. Zwischen den Potenzen einer primitiven p^a-ten Einheitswurzel ε bestehen in einem beliebigen Körper, der prim ist zu dem durch ε bestimmten, genau die folgenden linearen Beziehungen

$$\varepsilon^i + \varepsilon^i \varepsilon_1 + \varepsilon^i \varepsilon_1^2 + \cdots + \varepsilon^i \varepsilon_1^{p-1} = 0 \qquad (i = 0, 1, \ldots, p^{a-1}-1),$$

wobei

$$\varepsilon_1 = \varepsilon^{p^{a-1}},$$

und diejenigen, welche sich aus diesen durch lineare Verbindungen herleiten. Die Darstellung einer Zahl als Summe von Einheitswurzeln ist daher nicht eindeutig. Wenn in jeder Darstellung eine primitive s-te Einheitswurzel vorkommt, so sagen wir kurz: Die Zahl *bedarf* der s-ten Einheitswurzeln. Wir nehmen nun an, ein Charakter χ_i bedürfe der s-ten Einheitswurzeln und s sei prim zu p. Es gibt ferner nach der Voraussetzung einen Charakter χ_k, welcher der p^a-ten Einheitswurzeln bedarf. Es gilt nach Satz 152 folgende Gleichung

$$h_i \chi_i \cdot h_k \chi_k = \chi_1 \sum_{l=1}^{r} c_{ikl} h_l \chi_l. \tag{1}$$

Auf beiden Seiten stehen Summen von Einheitswurzeln, deren jede Produkt einer bestimmten (primitiven oder imprimitiven) p^a-ten und einer dazu primen Einheitswurzel ist. Wir greifen diejenigen heraus, deren erster Faktor eine der Zahlen

$$\varepsilon\, \varepsilon_1^k \qquad (k = 1, 2, \ldots, p) \qquad (\varepsilon_1^p = 1)$$

ist. Links steht

$$\varepsilon\, (a_1 \varepsilon_1 + a_2 \varepsilon_1^2 + \cdots + a_p \varepsilon_1^p)\, \chi_i$$

und wir dürfen ε so gewählt denken, daß nicht alle a_i einander gleich sind, sonst bedürfte χ_k nicht der p^a-ten Einheitswurzeln. Rechts stehe

$$\varepsilon\, (\alpha_1 \varepsilon_1 + \cdots + \alpha_p \varepsilon_1^p),$$

wobei die Zahlen α der p-ten Einheitswurzeln nicht bedürfen. Beide Seiten müssen einander gleich sein und es ergibt sich

$$a_1 \chi_i - \alpha_1 = a_2 \chi_i - \alpha_2 = \cdots = a_p \chi_i - \alpha_p.$$

Nun sei etwa $a_1 - a_2 = b$ von 0 verschieden, dann folgt

$$b \chi_i = \alpha_1 - \alpha_2.$$

Da diese Differenz der s-ten Einheitswurzeln bedarf, so gilt dasselbe mindestens von α_1 oder von α_2. Daraus folgt, daß die rechte Seite von (1) eine primitive $p^a s$-te Einheitswurzel enthält und infolgedessen auch einer ihrer Summanden χ_l. Es gibt also eine Substitution, deren charakteristische Wurzeln eine primitive $p^a s$-te Einheitswurzel enthalten, und daher auch eine solche von der Ordnung $p^a s$. Durch vollständige Induktion beweist man ohne weiteres unsern Satz.

Aus diesem Hilfssatz aus der Theorie der Kreiskörper folgt nun folgender

Satz 196. *Eine irreduzible Substitutionsgruppe n-ten Grades von der Ordnung $n_1 n_2$, wobei die Primfaktoren von n_1 größer, diejenigen von n_2 kleiner oder gleich $n + 1$ sind, besitzt eine Abelsche Untergruppe von der Ordnung n_1.*

Beweis. Wir nehmen zunächst an, daß alle Substitutionen die Determinante 1 haben. Jede Untergruppe von einer Ordnung, die in n_1 aufgeht, ist *Abel*sch, denn der Grad ihrer irreduziblen Darstellungen muß ein Teiler von n_1 und gleichzeitig höchstens gleich n sein. Es kommt also nur 1 in Betracht.

Wir setzen $n_1 = p^a q^b \ldots$ Die Charaktere der Substitutionen von der Ordnung p bzw. q usw. bedürfen der p-ten, q-ten usw. Einheitswurzeln und es gibt daher eine Substitution S der Ordnung $pq \ldots$ Ihre Zerlegung in vertauschbare Faktoren von den Ordnungen $p, q, \ldots$ sei

$$S = PQ \ldots$$

$P, Q, \ldots$ können nicht zum Zentrum der Gruppe gehören, denn sonst wären sie Multiplikationen und ihre Determinante wäre von 1 verschieden. Die (*Abel*schen) Sylowgruppen, welche $P, Q, \ldots$ enthalten, seien $\mathfrak{P}, \mathfrak{Q}, \ldots$ Die mit P vertauschbaren Elemente bilden eine Untergruppe und für solche nehmen wir den Satz als bewiesen an. Da unsere Untergruppe sowohl $\mathfrak{P}$ als S enthält, so ist jedes Element von $\mathfrak{P}$ mit S vertauschbar. Genau dasselbe beweist man für die Elemente von $\mathfrak{Q}$ usw. Daher ist die Ordnung der Untergruppe bestehend aus allen mit S vertauschbaren Elementen durch n_1 teilbar, sie enthält also eine *Abel*sche Untergruppe von der Ordnung n_1.

Falls eine Substitution P eine von 1 verschiedene Determinante ε besitzt, so multipliziere man sie mit η, welches der Gleichung genügt $\eta^n = \varepsilon^{-1}$. Man erweitere ferner das Zentrum durch ηE. In derselben Weise verfährt man mit allen Substitutionen, soweit sie nicht bereits zum Zentrum gehören. Die so erweiterte Gruppe besitzt einen Normalteiler, bestehend aus den Substitutionen mit der Determinante 1, und für seine Nebengruppen kann man Substitutionen aus dem Zentrum wählen. Daher gilt auch für diese Gruppe der Satz. Diejenigen Substitutionen der *Abel*schen Untergruppe, welche bereits in der ursprünglichen Gruppe liegen, bilden eine Untergruppe von der Ordnung n_1.

§ 70. Der Satz von *Jordan*.

Eine endliche Substitutionsgruppe vom Grade n besitzt einen Abelschen Normalteiler, dessen Index eine gewisse von n allein abhängige Schranke nicht überschreiten kann.

Diesen Satz hat *C. Jordan* in seinem Mémoire sur les équations différentielles linéaires à intégrale algébrique (*Crelle*s Journal Bd. 84, S. 89—215) durch einen auch in seiner logischen Form höchst bemerkenswerten Beweis erhärtet. Gleichzeitig hat er auch primitive Gruppen der Grade 2 und 3 aufgestellt[1]. Inzwischen ist der Satz von verschiedenen Seiten in Angriff genommen worden. *Blichfeldt* (G. A. Miller, H. F. Blichfeldt, L. E. Dickson: Theory and applications of finite groups, New York 1916, chapter XII) hat zahlentheoretische Methoden angewendet. *Bieberbach*[2] benutzt kontinuierliche Veränderliche. Seine Methode ist von *Frobenius*[3] verschärft worden, und wir folgen hier zunächst dessen zweiter Abhandlung über unitäre Matrizen (Berl. Sitzgsber. 1911, S. 373—378).

Jede endliche Gruppe läßt sich auf die unitäre Form transformieren (§ 50). . Die charakteristischen Wurzeln der Matrizen deuten wir in der komplexen Zahlenebene. Sie liegen auf dem Einheitskreis mit O als Zentrum. Es gilt nun der

Satz 197. *Sei $C = A B A^{-1} B^{-1}$ der Kommutator der beiden Substitutionen A und B. Die Wurzeln von B mögen nicht ganz einen Halbkreis einnehmen. Ist dann A mit C vertauschbar, so ist auch A mit B vertauschbar, also $C = E$.*

Beweis. Wir nehmen B in der Diagonalform und A als unitär an. Die charakteristischen Wurzeln von B seien

$$e^{i\,\varphi_l} \qquad\qquad (l = 1,\, 2,\, \ldots,\, n).$$

φ_l nennen wir die *Phasen* der Wurzeln. Weil A mit $B A^{-1} B^{-1}$ vertauschbar ist, so ergibt sich

$$C = A\,(B A^{-1} B^{-1}) = (B A^{-1} B^{-1})\,A = A\,B\overline{A}^0\overline{B} = B\overline{A}^0\overline{B}A\,.$$

Hierbei bedeutet S^0 die zu S transponierte, $\overline{S}$ die zu S konjugiert imaginäre Matrix. Weil B Diagonalform hat, kann man den Index 0 weglassen.

Für die Koeffizienten der Hauptdiagonale von C findet man

$$c_{ll} = \sum_{m=1}^{n} a_{l\,m}\, b_m\, \overline{a}_{l\,m}\, \overline{b}_l = \sum_{m=1}^{n} b_l\, \overline{a}_{m\,l}\, \overline{b}_m\, a_{m\,l}$$

oder ausführlich geschrieben

$$\sum_{m=1}^{n} \left| a_{l\,m} \right|^2 e^{i\,(\varphi_m - \varphi_l)} = \sum_{m=1}^{n} \left| a_{m\,l} \right|^2 e^{i\,(\varphi_l - \varphi_m)}$$

und durch Vergleichung der imaginären Teile findet man

$$\sum_{m=1}^{n} \left(\left| a_{l\,m} \right|^2 + \left| a_{m\,l} \right|^2 \right)\, \sin\,(\varphi_m - \varphi_l) = 0\,.$$

Nun sei

$$\varphi_1 = \varphi_2 = \cdots = \varphi_r < \varphi_{r+1} = \cdots = \varphi_s < \cdots \leqq \varphi_n < \varphi_1 + \pi\,.$$

---

[1] Vgl. die historischen Angaben im Enzyklopädieartikel von *Wiman* über endliche Gruppen linearer Substitutionen. Math. Enz. Bd. I 1, S. 528f.

[2] *Bieberbach, L.:* Über einen Satz des Herrn C. *Jordan* in der Theorie der endlichen Gruppen linearer Substitutionen. Berl. Ber. 1911, S. 231—240.

[3] *Frobenius, G.:* Über den von L. Bieberbach gefundenen Beweis eines Satzes von C. *Jordan*. Berl. Ber. 1911, S. 241—248. Außerdem die oben erwähnte Abhandlung über unitäre Matrizen.

Setzt man in der letzten Formel $l = 1$, so werden alle Glieder positiv und es werden alle a_{lm} gleich Null, für welche einer der Indices größer als r, der andere aber kleiner oder gleich r ist. A zerfällt in zwei Teilmatrizen, von denen die erste nur die Wurzeln $e^{i\varphi_1}$ besitzt, also eine Multiplikation und daher mit B vertauschbar ist. Die zweite kann man in derselben Weise behandeln und findet, daß auch sie reduzierte Gestalt hat und mit B vertauschbar ist, womit der Satz bewiesen ist.

Satz 198. *Liegen die Wurzeln von A oder B auf einem Kreisbogen der Größe σ, so liegen die Phasen des Kommutators zwischen $-\sigma$ und $+\sigma$.*

Beweis. Aus der unitären Matrix $P = (p_{kl})$ bilde man die Form

$$\sum_{kl} p_{kl}\, x_k\, \bar{x}_l .$$

Übt man auf die x die unitäre Substitution S und gleichzeitig auf die $\bar{x}$ die konjugiert komplexe $\bar{S}$ aus, so entsteht eine neue Form, deren Matrix $S^0 P \bar{S}$ ist. $\bar{S}$ und S^0 sind aber inverse Matrizen, die neue Matrix entsteht aus der alten durch Transformation und man kann daher S so bestimmen, daß die neue Form die Gestalt hat

$$\sum r_{ii}\, x_i\, \bar{x}_i ,$$

wobei die r die charakteristischen Wurzeln von P sind. Die Phasen derselben mögen zwischen φ und $\varphi + \sigma$ liegen, dann liegt auch die Phase von

$$s_1 r_{11} + \cdots + s_n r_{nn} ,$$

wo die s positive reelle Zahlen bedeuten, innerhalb derselben Grenzen, wie man sofort erkennt, wenn man die r_{ii} vektoriell deutet. Setzt man nun in $\sum_i r_{ii}\, x_i\, \bar{x}_i$ für x_i und $\bar{x}_i$ konjugiert imaginäre Werte ein, so erhält man nur Zahlen, deren Phasen in denselben Grenzen liegen, und dasselbe gilt schließlich von der Form $\sum_{i,k} p_{ik}\, x_i\, \bar{x}_k$, die durch konjugiert imaginäre Substitutionen auf die x und $\bar{x}$ erhalten wird und also dieselben Werte annimmt.

Nun seien P und Q zwei unitäre Matrizen und s eine charakteristische Wurzel von PQ^{-1}, also eine Wurzel der Gleichung

$$| PQ^{-1} - sE | = 0 \quad \text{oder} \quad | P - sQ | = 0 .$$

Dann kann man nicht sämtlich verschwindende Größen $x_1, \ldots, x_n$ so bestimmen, daß

$$\sum_k p_{kl}\, x_k = s \sum_k q_{kl}\, x_k .$$

Es wird dann

$$\sum_{k,l} p_{kl}\, x_k\, \bar{x}_l = s \sum_{k,l} q_{kl}\, x_k\, \bar{x}_l .$$

Wenn daher die Phasen der Wurzeln von P und Q zwischen φ und $\varphi + \sigma$ liegen, so wird s Quotient zweier Zahlen, welche nach dem eben bewiesenen Satz über den Wertevorrat von Formen nur Phasen zwischen

φ und $\varphi + \sigma$ haben. Da beim Quotienten die Phasen subtrahiert werden müssen, so folgt, daß die Phase von s zwischen $-\sigma$ und $+\sigma$ liegt. Setzt man jetzt $P = A$ und $Q = BAB^{-1}$, so ist der Satz bewiesen.

Satz 199 von *Frobenius*. *In einer endlichen Substitutionsgruppe ist jede Substitution A, deren Wurzeln nicht ganz den sechsten Teil des Kreises einnehmen, mit jeder Substitution vertauschbar, deren Wurzeln nicht ganz den halben Kreis einnehmen.*

Beweis. B sei irgendeine Substitution der Gruppe, und wir bilden folgende Reihe von Kommutatoren

$$ABA^{-1}B^{-1} = C, \quad ACA^{-1}C^{-1} = D, \dots, \quad ALA^{-1}L^{-1} = M,$$
$$AMA^{-1}M^{-1} = N, \dots.$$

Die Wurzeln aller dieser Kommutatoren $C, D, \dots$ haben ihre Phasen zwischen $-\dfrac{\pi}{3}$ und $+\dfrac{\pi}{3}$.

Nun bezeichne $\vartheta(P)$ für eine beliebige Matrix P die Summe der Normen der Koeffizienten, d. h. $\sum\limits_{k,\,l} p_{kl}\overline{p}_{kl}$. Wir nennen sie die **Spannung** von P, sie ist gleich dem Charakter der Matrix $P\overline{P}{}^0$ oder auch von $\overline{P}{}^0 P$. Sind U und V unitär, so wird

$$\vartheta(UP) = \chi(\overline{P}{}^0 \overline{U}{}^0 U P) = \chi(\overline{P}{}^0 P) = \vartheta(P)$$

und

$$\vartheta(P) = \vartheta(UPV).$$

Wir setzen nun voraus, daß die Gruppe auf unitäre Gestalt und speziell A auf die Diagonalform transformiert sei und die charakteristischen Wurzeln $a_1, \dots, a_n$ habe. Dann wird

$$\vartheta(E - C) = \vartheta(E - AB(BA)^{-1}) = \vartheta(BA - AB)$$
$$= \vartheta(A(E - B) - (E - B)A),$$
$$= \sum_{kl} |a_k(e_{kl} - b_{kl}) - (e_{kl} - b_{kl})a_l|^2 = \sum_{kl} |a_k - a_l|^2 |e_{kl} - b_{kl}|^2.$$

Hier ist $|a_k - a_l|$ kleiner als die Seite des regulären Sechsecks. Ist $\varkappa$ der größte dieser Werte, so ist $\varkappa < 1$.

Es wird nun

$$\vartheta(E - C) < \varkappa^2 \vartheta(E - B) = b\varkappa^2$$

und

$$\vartheta(E - N) < b\varkappa^{2\nu}.$$

Erzeugen A und B eine endliche Gruppe, so muß einmal $\vartheta(E - N) = 0$ werden und daher $N = E$. Es wird infolgedessen A mit M und nach Satz 197 auch mit $L, \dots, D, C$ vertauschbar, und wenn die Wurzeln von B nicht ganz einen Halbkreis einnehmen, auch mit B.

Nun bedeute $Z(n)$ die Anzahl der Primzahlen $\leqq n + 1$. Dann läßt sich der Satz von *Jordan* in folgender präziseren Weise aussprechen:

Satz 200. *Eine endliche Substitutionsgruppe in n Variablen besitzt stets einen Abelschen Normalteiler, dessen Index kleiner ist als*

$$n! \ 12^{n(Z(n)+1)}.$$

Beweis. Eine Sylowgruppe der Substitutionsgruppe besitzt nach der Bemerkung am Anfang von § 69 einen *Abel*schen Normalteiler, dessen Index ein Teiler von $n!$ ist. Seine Ordnung sei $\geqq 12^n - 10$. Man teile den Einheitskreis in 12 gleiche Teile und rechne jeweils einen der Grenzpunkte zum Intervall, den anderen zum benachbarten. Für die Verteilung der n Wurzeln einer Substitution unserer *Abel*schen Gruppe, die wir in Normalform voraussetzen, auf die 12 Teile des Einheitskreises kommen 12^n Möglichkeiten in Betracht. Daher müssen entweder bei einer Substitution außer E die sämtlichen Wurzeln im selben Fach liegen, oder aber es gibt zwei, etwa A und B, bei denen die Verteilung gleich ist. Im letzteren Fall nehmen die Wurzeln von $A B^{-1}$ nicht ganz den sechsten Teil des Kreises ein. Es gibt also sicher Substitutionen von dieser Beschaffenheit. Diese sind aber mit allen Substitutionen ihrer Klasse vertauschbar und erzeugen daher einen *Abel*schen Normalteiler.

Für jede Primzahl $\leqq n + 1$ machen wir diese Überlegung. Indem wir ferner den Satz 196 beachten, ergibt sich der Beweis unseres Satzes.

Beschränkt man sich auf primitive Gruppen, deren Substitutionen die Determinante 1 haben, so muß nach Satz 172 der *Abel*sche Normalteiler zum Zentrum gehören und kann höchstens die Ordnung n haben, denn seine Substitutionen sind Multiplikationen. Daher gilt folgender

Satz 201. *Die Ordnung einer irreduziblen primitiven Substitutionsgruppe vom Grade n, deren Substitutionen die Determinante 1 haben, ist kleiner als*

$$n! \ n \cdot 12^{n(Z(n)+1)}.$$

Es gibt nur endlich viele nichtäquivalente Gruppen.

Auf zahlentheoretischem Weg läßt sich folgender Satz beweisen:

Satz 202. *Falls die Primzahl p größer als $2n^2 + 1$ ist, so bildet die zugehörige Sylowgruppe einen Abelschen Normalteiler.*

Beweis. A und B seien zwei Substitutionen, deren Ordnungen Potenzen von p sind. Für ihre Charaktere χ_i und χ_k gelten folgende Gleichungen

$$h_i \chi_i \cdot h_k \chi_k = \chi_1 \sum_{l=1}^{r} c_{ikl} h_l \chi_l .$$

Rechts und links stehen Summen von gleich vielen Einheitswurzeln; links kommen aber höchstens $n^2 < \dfrac{p-1}{2}$ verschiedene vor und eine solche Zahl läßt sich auf keine andere Weise durch gleich viel oder weniger Einheitswurzeln additiv darstellen. Daher stehen auch rechts nur Charaktere von Substitutionen, deren Ordnung eine Potenz von p ist. Das Produkt von A und B gehört infolgedessen auch zu ihnen und die Sylowgruppe bildet einen Normalteiler. Dieser ist wegen $p > n$ *Abel*sch.

§ 71. Substitutionen in *Galois*feldern.

Bereits bei der Behandlung der Automorphismen *Abel*scher Gruppen § 43 sind wir auf lineare Substitutionen gekommen, deren Koeffizienten die Reste der ganzen Zahlen nach dem Modul einer Primzahl sind, während die Determinanten der Null nicht kongruent sind, und wir haben die Ordnung dieser Gruppen bestimmt. Wir erweitern diese Betrachtungen, indem wir für die Koeffizienten ein beliebiges *Galois*feld $GF\,(p^f)$ (§ 18) zugrunde legen. Eine solche Substitution sei

$$x_1' = s_{11}\,x_1 + \cdots + s_{1\,n}\,x_n$$
$$\cdots \cdots \cdots \cdots$$
$$x_n' = s_{n1}\,x_1 + \cdots + s_{nn}\,x_n.$$

Für die rechte Seite von x_1' kommen beliebige Linearformen in Betracht, die nicht identisch verschwinden, d. h. $p^{fn}-1$ Formen. Sind S und T zwei Substitutionen, welche x_1 in dieselbe Form überführen, so läßt $S\,T^{-1}$ die Variable x_1 ungeändert und hat folgende Gestalt

$$\begin{pmatrix} 1 & 0 \\ A & B \end{pmatrix},$$

wobei A eine Spalte von $n-1$ Zahlen, B eine quadratische Matrix von $n-1$ Zeilen und Spalten bedeutet. Diese Substitutionen bilden eine Untergruppe, und bei festgehaltenem B kann die Spalte A aus beliebigen Größen des GF bestehen, es kommen also $p^{(n-1)f}$ Möglichkeiten vor. Diejenigen Substitutionen, bei denen A aus Nullen besteht, bilden eine Untergruppe, deren Ordnung wir mit $O\,(n-1)$ bezeichnen. Für die Ordnung $O\,(n)$ der ganzen Gruppe finden wir also folgende Rekursionsformel

$$O\,(n) = (p^{nf} - 1)\,p^{(n-1)f}\,O\,(n-1)$$

und erhalten damit den

Satz 203. *Die Ordnung der Gruppe Γ aller homogenen linearen Substitutionen des Grades n im $GF\,(p^f)$ ist*

$$(p^{nf} - 1)\,(p^{nf} - p^f)\cdots(p^{nf} - p^{(n-1)f}).$$

Diese Gruppe besitzt einen Normalteiler Γ_1, dessen Faktorgruppe zyklisch und von der Ordnung p^f-1 ist, bestehend aus den Substitutionen mit der Determinante 1. Außerdem besitzt sie ein Zentrum von derselben Ordnung, bestehend aus den Multiplikationen. Ist d der größte gemeinschaftliche Teiler von p^f-1 und n, so enthält Γ_1 mit dem Zentrum eine Untergruppe von der Ordnung d gemeinsam, die wir mit Γ_2 bezeichnen. Es gilt der Satz, daß die Gruppe Γ_1/Γ_2 einfach ist, außer in den Fällen des $GF\,(2)$ und $GF\,(3)$ bei dem Grade 2. Für den Beweis verweisen wir auf die Monographie von *Dickson*, Linear groups S. 83[1]. Es gibt also für jeden Grad eine zweifach unendliche

---

[1] Wichtige Ergänzungen enthalten *L. E. Dickson:* On the group defined for any given field by the multiplication table: Amer. math. Soc. Trans. Bd. 3 (1902), S. 285—301. Modular theory of group characters: Amer. math. Soc. Bull. (2) Bd. 13 (1907), S. 477—488.

Schar verschiedener einfacher Gruppen, die wir in dieser Weise erhalten.
Wir wollen nun die p-Sylowgruppen untersuchen und nachher diejenigen
Untergruppen, deren Ordnung zu p prim ist.

Die Ordnung einer p-Sylowgruppe ist nach der Formel für $O(n)$

$$p^{(1+2+\cdots+(n-1))f} = p^{\frac{n(n-1)}{2}f}.$$

Nun bilden diejenigen Substitutionen, deren Koeffizienten oberhalb
der Hauptdiagonalen 0 sind, während die Hauptdiagonale lauter 1
enthält, eine Untergruppe, welche genau die angegebene Ordnung besitzt. Sie ist daher eine Sylowgruppe und jede andere Untergruppe
von dieser Ordnung ist nach Satz 69 mit ihr äquivalent. Sie bildet
eine Normalform für Untergruppen, deren Ordnung eine Potenz von p ist.

Satz 204. *Jede Substitutionsgruppe in einem $GF(p^f)$, deren Ordnung eine Potenz von p ist, läßt sich so transformieren, daß die Koeffizienten oberhalb der Hauptdiagonalen 0 sind, und diejenigen der Hauptdiagonalen 1.*

Zur näheren Untersuchung unserer Gruppen verwenden wir folgende
Bezeichnung. Eine Substitution in der obigen Normalform bezeichnen
wir mit $E + V$. Dabei hat V auch in der Hauptdiagonalen noch lauter
Nullen stehen. Wir betrachten die sich nach links unten daran anschließenden Diagonalen und zählen ab, wie viele davon mit Nullen
ausgefüllt sind. Sind es die i ersten, wobei die Hauptdiagonale mitgezählt wird, so bezeichnen wir eine solche Matrix mit V_i. Man verifiziert sogleich, daß $V_i V_k = V_{i+k}$. In dieser Symbolik bedeutet V
nicht eine bestimmte Matrix, sondern nur den Typus. Nun seien zwei
Matrizen gegeben

$$E + V_i \quad \text{und} \quad E + V_k.$$

Ihr Produkt ist $E + V_i + V_k + V_i V_k$. Die beiden Matrizen sind also
vertauschbar, wenn V_i und V_k es sind. Für die p-te Potenz von $E + V_i$
finden wir

$$(E + V_i)^p = E + V_i^p = E + V_{pi}.$$

Wenn also der Grad nicht größer als p ist, so ist die Ordnung aller Elemente der Sylowgruppe $= p$. Allgemein ergibt sich das zu $E + V_i$
inverse Element in der Gestalt

$$E - V_i + V_i^2 - V_i^3 + \cdots,$$

wobei man so weit zu gehen hat, bis die Glieder verschwinden. Der
Beweis ergibt sich unmittelbar durch Multiplikation mit $E + V_i$. Nun
möge in V_1 und V_1' die erste an die Hauptdiagonale stoßende Diago-
nale aus den Zahlen $a_1, a_2, \ldots, a_{n-1}$ bzw. $b_1, b_2, \ldots, b_{n-1}$ bestehen. Dann
lautet in $(E + V_1)(E + V_1')$ die entsprechende Diagonale

$$a_1 + b_1, a_2 + b_2, \ldots, a_{n-1} + b_{n-1}.$$

Daher bilden die Substitutionen von der Gestalt $E + V_2$ einen Normalteiler, dessen Faktorgruppe *Abel*sch ist und durch die additive Gruppe

der Systeme von $n-1$ Größen des $GF(p^f)$ gebildet wird. Diese Gruppe hat die Ordnung $p^{f(n-1)}$ und den Typus $(p, p, \ldots)$. In derselben Weise bilden die Substitutionen von der Form $E + V_i$ einen Normalteiler $\mathfrak{N}_i$, und wir können den Satz aussprechen:

Satz 205. *Die Sylowgruppe* $\mathfrak{P} = \mathfrak{N}_1$ *besitzt eine Reihe von* $n-1$ *Normalteilern* $\mathfrak{N}_2, \mathfrak{N}_3, \ldots, \mathfrak{N}_{n-1}, E,$ *für welche* $\mathfrak{N}_i/\mathfrak{N}_{i+1}$ *Abelsch von der Ordnung* $p^{f(n-i)}$ *und vom Typus* $(p, p, \ldots)$ *ist.* $\mathfrak{N}_i$ *besteht aus allen Substitutionen von der Gestalt* $E + V_i$.

Wenden wir uns jetzt zu den Gruppen, deren Ordnung zu p prim ist. Wir beweisen den fundamentalen

Satz 206. *Wenn eine Gruppe* $\mathfrak{G}$ *sich durch Substitutionen vom Grade n in einem Galoisfeld $GF(p^f)$ darstellen läßt und wenn p prim ist zur Ordnung der Gruppe, so läßt sich $\mathfrak{G}$ auch durch Substitutionen desselben Grades in einem algebraischen Körper darstellen. Aus dieser letzteren Darstellung erhält man diejenige im $GF(p^f)$, indem man die algebraischen Zahlen nach einem Primidealteiler von p als Modul reduziert. Die Reduktion der Darstellungen in Galoisfeldern, deren p prim ist zur Ordnung der Gruppe, verläuft genau wie die Reduktion in Zahlkörpern.*

Dieser Satz ist die weiteste Verallgemeinerung des Satzes 191 von *Minkowski*.

Beweis. Es sei $\mathfrak{G}$ eine Gruppe mit zu p primer Ordnung. Wir zeigen, daß die vollständige Zerfällung der Gruppendeterminante in den *Galois*feldern genau in derselben Weise erfolgt, wie in gewöhnlichen komplexen Zahlen. Eine irreduzible Darstellung mit Zahlenkoeffizienten kann stets so transformiert werden, daß ihre Koeffizienten ganze algebraische Zahlen sind. Es sei K ein Körper, in dem alle irreduziblen Darstellungen von $\mathfrak{G}$ gegeben werden können, und f sei der Grad eines Primidealteilers $\mathfrak{p}$ von p. Reduziert man (mod $\mathfrak{p}$), so erhält man Darstellungen von $\mathfrak{G}$ durch Substitutionen im $GF(p^f)$. Aus irreduziblen Darstellungen entstehen so immer *irreduzible* Darstellungen im $GF(p^f)$, wie folgendermaßen bewiesen werden kann: Man nimmt ein vollständiges System irreduzibler nichtäquivalenter Darstellungen von $\mathfrak{G}$ und bildet die Matrix ihrer Stellenzeilen. Diese ist quadratisch und ihre Determinante ist nur durch Primzahlen teilbar, die auch in der Ordnung von $\mathfrak{G}$ aufgehen (S. 177). Sie ist daher zu p prim, infolgedessen sind die Stellenzeilen auch (mod $\mathfrak{p}$) unabhängig. Daraus folgt, daß eine algebraisch irreduzible Darstellung auch (mod $\mathfrak{p}$) irreduzibel bleibt, denn im anderen Fall wären ihre Stellenzeilen (mod $\mathfrak{p}$) nicht unabhängig.

Wir müssen nun noch zeigen, daß es keine weiteren irreduziblen Darstellungen gibt, und daß jede halbreduzible Gruppe auch vollständig reduzibel ist. Wir greifen zu diesem Zweck zurück auf die Formeln von Satz 162. ξ_{ik} und η_{ik} seien die hyperkomplexen Zahlen, welche durch zwei nichtäquivalente irreduzible Darstellungen geliefert werden. Dann gilt

$$\begin{aligned}
\xi_{ik}\,\xi_{kl} &= c\,\xi_{il} & \eta_{ik}\,\eta_{kl} &= c'\,\eta_{il} \\
\xi_{ik}\,\xi_{lm} &= 0 & \eta_{ik}\,\eta_{lm} &= 0 & (k \neq l) \\
& & \xi_{ik}\,\eta_{lm} &= 0\,.
\end{aligned}$$

Eine irreduzible Darstellung im $GF(p^f)$, welche auch in jedem höheren GF irreduzibel bleibt, möge in entsprechender Weise die hyperkomplexen Größen ζ_{ik} liefern. Wir multiplizieren sie rechts mit allen Zahlen ξ_{ii}, welche durch die algebraisch irreduziblen Darstellungen nach der Reduktion (mod $\mathfrak{p}$) entstehen. Nicht alle so entstehenden Produkte können verschwinden, denn durch die Multiplikatoren ξ_{ii} setzt sich die Gruppeneinheit linear zusammen. Es sei beispielsweise $\zeta_{11}\cdot\xi_{11}$ von 0 verschieden. Dann erhält man durch rechtsseitige Multiplikation mit den hyperkomplexen Zahlen nur lineare Verbindungen folgender Größen: $\zeta_{11}\xi_{1i}$ $(i = 1, 2, \ldots, n)$, und diese erfahren bei rechtsseitiger Multiplikation mit den Gruppenelementen die Substitutionen der adjungierten Gruppe zu derjenigen, aus welcher die ξ_{ik} entnommen sind; sie sind daher unabhängig und unsere irreduzible Darstellung ist äquivalent mit der zu ξ_{ik} gehörigen. Damit ist bewiesen, daß wir in den irreduziblen algebraischen Darstellungen alle irreduziblen Darstellungen im $GF(p^f)$ gefunden haben.

Nun sei eine halbreduzierte Darstellung im $GF(p^f)$ gegeben. Wir können uns auf den Fall zweier irreduzibler Bestandteile beschränken, da der allgemeine Fall durch sukzessive Anwendung des speziellen Resultates bewiesen werden kann. Die Substitutionen mögen die Gestalt haben

$$\begin{pmatrix} A & C \\ 0 & B \end{pmatrix}\!.$$

Die hyperkomplexen Zahlen der ersten Zeile seien

$$\xi_1, \ldots, \xi_n, \eta_1, \ldots, \eta_m\,.$$

Bei rechtsseitiger Multiplikation mit den Gruppenelementen erfahren sie die zu unserer Darstellung adjungierte, welche folgende Gestalt hat

$$(1) \qquad \begin{pmatrix} A' & 0 \\ C' & B' \end{pmatrix}\!.$$

Falls die $m + n$ Zahlen linear unabhängig sind, so führt bereits das oben angewendete Verfahren zum Ziel. Dies ist insbesondere der Fall, wenn die Darstellungen A und B nicht äquivalent sind. Nun sei $A = B$ und daher $m = n$. Falls die Beziehung besteht

$$a_1\xi_1 + \cdots + a_n\xi_n = b_1\eta_1 + \cdots + b_n\eta_n,$$

so bleibt sie richtig, wenn man mit einer beliebigen hyperkomplexen Zahl multipliziert, es lassen sich also die n unabhängigen Zahlen

$\xi_1, \xi_2, \ldots, \xi_n$ durch die n Zahlen η_i ausdrücken und die letzteren sind daher unabhängig. Wir können sie umgekehrt durch die ξ_i ausdrücken. Es gelte

$$\eta_i = \sum_1^n a_{ik}\xi_k.$$

Nun führen wir durch die unimodulare Substitution

$$\xi_i' = \xi_i, \quad \eta_i' = \eta_i - \sum_1^n a_{ik}\xi_k$$

neue Veränderliche ein. Multipliziert man sie rechts mit den Gruppenelementen, so erfahren sie eine mit (1) äquivalente Substitution, welche in derselben Weise reduziert ist. Sie sei $\begin{pmatrix} A & 0 \\ C & B \end{pmatrix}$, insbesondere wird

$$\eta_i' e_S = c_{i1}\xi_1' + \cdots + c_{in}\xi_n' + b_{i1}\eta_1' + \cdots + b_{in}\eta_n'.$$

Nun sind aber die Variablen η_i' Null und unsere Gleichung wird zu

$$c_{i1}\xi_1' + \cdots + c_{in}\xi_n' = 0.$$

Da die ξ_i unabhängig sind, so müssen die Koeffizienten verschwinden, und wir finden $\mathfrak{C} = 0$, was zu beweisen war.

Als spezielle Resultate heben wir folgende hervor:

Eine *Abel*sche Substitutionsgruppe, deren Ordnung zu p prim ist, läßt sich auf die Diagonalform reduzieren. Hierzu ist im allgemeinen eine Erweiterung des *Galois*feldes notwendig.

Wenn eine Gruppe $\mathfrak{G}$ sich in einem $GF(p^f)$ darstellen läßt und ihre Ordnung zu p prim ist, so läßt sich zu jeder anderen Primzahl q ein Exponent f' bestimmen dergestalt, daß sich $\mathfrak{G}$ als Gruppe desselben Grades im $GF(q^{f'})$ darstellen läßt. Falls die erste Gruppe irreduzibel war, so können auch die übrigen als irreduzible Gruppen bestimmt werden, vorausgesetzt, daß die zugehörige Primzahl q die Ordnung von $\mathfrak{G}$ nicht teilt.

Ferner gilt der Satz 200 für den Fall, daß p zur Ordnung prim ist, in seinem vollen Umfange. Die Substitutionsgruppen vom Grade n im $GF(p^f)$ verdanken also, wenn man p alle Primzahlen, f alle ganzen positiven Zahlen durchlaufen läßt, ihre ungeheure Mannigfaltigkeit einzig dem Primteiler p in ihrer Ordnung. Für die anderen Untergruppen findet eine außerordentliche Ökonomie in den möglichen Typen statt.

Eine Aufstellung der für die verschiedenen Primzahlen p möglichen Typen von Gruppen, deren Ordnung zu p prim ist, hängt mit zahlentheoretischen Fragen zusammen. Fragen wir, für welche Werte von p eine Gruppe vom Grade 2 im $GF(p)$ die erweiterte Ikosaedergruppe (§ 78) darstellt, so muß die Ordnung durch 5 teilbar sein, d. h. es muß sein

$$p^2 \equiv 1 \ (\mathrm{mod}\, 5),$$

d. h. p ist quadratischer Rest (mod 5). Wenn diese Bedingung erfüllt ist, so enthält die Gruppe wirklich die erweiterte Ikosaedergruppe, denn diese läßt sich im Körper $k\left(\sqrt{5}\right)$ algebraisch darstellen, und hier zerfallen gerade diese Primzahlen in Primideale ersten Grades. Für die übrigen Primzahlen p sind die Untergruppen mit einer zu p primen Ordnung sämtlich auflösbar.

§ 72. Raumgruppen.

In § 32 haben wir die sämtlichen Raumgitter mit besonderen Symmetrien aufgestellt und in § 68 haben wir diese Betrachtungen vertieft und teilweise auf beliebig viele Dimensionen ausgedehnt. Wir haben es dabei bewenden lassen mit denjenigen Symmetrien, welche den Anfangspunkt festlassen. Jetzt wollen wir diese Schranke fallen lassen und die Gruppe aller Symmetrien betrachten, welche ein Gitter in sich überführen. In ihr ist eine Gruppe $\mathfrak{T}$ enthalten, welche aus allen Translationen des Gitters in sich besteht, sie ist *Abel*sch und besitzt im Falle von n Dimensionen n Erzeugende. Durch eine geeignete Wahl des Koordinatensystems können wir erreichen, daß ihre erzeugenden Substitutionen T_i folgende Gestalt haben

$$x_i' = x_i + 1 \quad x_k' = x_k \qquad (k \neq i),$$

wobei i alle Zahlen von 1 bis n durchläuft.

Wir wollen im folgenden dieses Koordinatensystem festhalten. Eine allgemeine Symmetrie des Raumes wird dann durch die Gleichungen gegeben

$$x_k' = a_{k1} x_1 + \cdots + a_{kn} x_n + a_k \quad (k = 1, 2, \ldots, n).$$

Hierbei bedeuten die ungestrichenen Variablen x_i diejenigen des *neuen* Punktes, in welchen der ursprüngliche Punkt durch die Symmetrie übergeht. Nur bei dieser Festsetzung gewinnen wir für die Zusammensetzung der Symmetrien die gewohnten Gesetze der Matrizenzusammensetzung von Zeilen und Kolonnen. Wir bezeichnen die Substitution symbolisch mit

$$\begin{pmatrix} A & a \\ 0 & 1 \end{pmatrix} = (A),$$

wobei A die quadratische Matrix a_{kl} bedeutet, a die Spalte der a_k und 0 eine Zeile von n Nullen. A heißt der **rotative,** a der **translative** Teil. Ist (B) eine zweite solche Symmetrie, so findet man die zusammengesetzte (C), indem man die Matrizen zusammensetzt

$$\begin{pmatrix} A & a \\ 0 & 1 \end{pmatrix} \begin{pmatrix} B & b \\ 0 & 1 \end{pmatrix} = \begin{pmatrix} C & c \\ 0 & 1 \end{pmatrix}.$$

Offenbar wird

$$C = A B \quad \text{und} \quad c = A b + a.$$

Gruppen, die aus solchen Substitutionen gebildet sind, heißen **Raumgruppen.** Die Untergruppe der Translationen ist stets Normalteiler.

Nun sei eine beliebige Raumgruppe gegeben mit einer Translationsgruppe $\mathfrak{T}$, die n unabhängige Translationen enthält. Außerdem möge noch die Symmetrieoperation (A) vorkommen. Dann ist $(A)\,\mathfrak{T} = \mathfrak{T}\,(A)$. Sehen wir zu, was aus dem Anfangspunkt des Koordinatensystems wird, wenn man die Operationen dieser Nebengruppe der Translationsgruppe auf ihn anwendet. Nehmen wir die Nebengruppe zuerst in der Anordnung $(A)\,\mathfrak{T}$. Unter (A) erfährt der Anfangspunkt die Translation a, und indem man nun alle Translationen von $\mathfrak{T}$ ausübt, erhält man ein Gitter unseres n-dimensionalen Raumes. Nun gehen wir umgekehrt vor und üben auf den Anfangspunkt die Operationen $\mathfrak{T}(A)$ aus. Es müssen dieselben Punkte entstehen. Durch $\mathfrak{T}$ entsteht dasselbe Gitter wie vorher, bloß ist die Translation a noch nicht ausgeführt. Nun kommt noch (A) hinzu. Dies gibt die Translation a und die durch A repräsentierte Symmetrie. Bereits durch die Translation ist aber unser Gitter in die definitive Lage gekommen und die Symmetrie A muß daher das Gitter in sich selbst transformieren, sie muß zu einer der endlich vielen ganzzahligen Gruppen gehören. Damit haben wir folgenden Satz gewonnen:

Satz 207. *In einer Raumgruppe des n-dimensionalen Raumes mit einer Translationsgruppe, die n unabhängige Erzeugende besitzt, bilden die rotativen Bestandteile eine ganzzahlige Gruppe.*

Falls es in jeder Nebengruppe der Translationsgruppe eine Operation gibt, deren translativer Bestandteil verschwindet, so besteht die Gruppe aus den Translationen eines Gitters und einem Teil der zum Gitter gehörigen Symmetrien, die einen Gitterpunkt ungeändert lassen. Dies ist aber nicht immer der Fall, wie wir für den Fall der Ebene in § 29 gesehen haben, und die Anzahl der Raumgruppen wird dadurch erheblich vergrößert. Wir beginnen mit einem speziellen Beispiel.

Das *monokline Gitter* besitzt eine Zweierachse (A). Wir nehmen den Fall des nichtzentrierten Gitters. $(A)\,\mathfrak{T}$ besteht aus Schraubenachsen, deren rotativer Teil eine Drehung von 180° ist, während die Schraubung aus allen Vielfachen der Elementardistanz für die Achsenrichtung besteht. Statt der Zweierachse nehmen wir jetzt eine Schraubenachse mit der halben Distanz als Schraubung. Übt man diese Operation zweimal aus, so erhält man eine Translation. Aus der Schraubenachse entstehen durch Zusammensetzung mit den Translationen neue parallele Schraubenachsen, deren Schraubungskomponente in der Elementardistanz gemessen die Länge hat: $\frac{1}{2} +$ eine beliebige ganze Zahl. Diese Achsen bilden zusammen mit den Translationen auch eine Gruppe, sie ist aber verschieden von der vorigen, denn sie enthält nur Schraubenachsen mit von 0 verschiedener Schraubung und Translationen, aber keine reinen Drehungen. Wenn wir dagegen vom zentrierten Gitter ausgehen, so gibt es nur eine Raumgruppe, denn hier ist die Distanz zweier nächster Gitterebenen, die senkrecht zur Achse liegen, die Hälfte der Elementardistanz für die Achse. Da die Schraubungskomponente jedenfalls die Hälfte eines ganzzahligen Vielfachen der Elementardistanz ist, so kann sie durch eine Translation des Gitters weggeschafft werden. *Es gibt also drei Raumgruppen, die zu der monoklinen Hemimorphie gehören.* Bei einer *Dreierachse* kommen zwei Gitter in Betracht: das *rhomboedrische,* zu dem es nur *eine Raumgruppe* gibt, und das *hexagonale,* wo wir *drei* erhalten: die Schraubungskomponente kann 0, $\frac{1}{3}$, $\frac{2}{3}$ der Elementardistanz für die Achse sein. Die Viererachse ergibt in derselben Weise für ihre zwei Gitter im ganzen $4 + 2$ Gruppen und die Sechserachse 6.

Im ganzen gibt es 230 Raumgruppen. Ihre Aufstellung ist eine ziemlich mühsame Aufgabe. Sie wurde zuerst von *Schönflies* gelöst in seinem Werk Krystallsysteme und Krystallstruktur (Leipzig 1891). Seither hat *P. Niggli* (Geometrische Krystallographie des Diskontinuums, Leipzig 1919) diese Gruppen vollständig durchgerechnet, die Substitutionen angegeben und die gegenüber einzelnen derselben invarianten Punkte aufgesucht. Sein Buch stellt die gründlichste Untersuchung dar, welche jemals einem Spezialgebiet der Gruppentheorie zuteil geworden ist, und das darin enthaltene Zahlenmaterial wird für die algebraische Zahlentheorie von ebensogroßem Wert sein wie für die Bestimmung der Krystallstruktur.

Die Aufstellung sämtlicher Raumgruppen übersteigt bei weitem den Rahmen dieses Buches. Wir wollen uns darauf beschränken, das Problem analytisch zu formulieren und in die allgemeine Theorie einzuordnen.

Wir betrachten im folgenden nur Gruppen, deren rotativer Teil vollständig reduziert die identische Darstellung nicht enthält, und beweisen den auch ohne diese Beschränkung gültigen

Satz 208. *Es gibt nur endlich viele nichtäquivalente Raumgruppen des n-dimensionalen Raumes, welche n unabhängige Translationen besitzen.*

Beweis. Die rotativen Bestandteile können wir als ganzzahlig annehmen, und hierfür kommen nur endlich viele nichtäquivalente Gruppen in Betracht. Es muß nun noch gezeigt werden, daß man auch die translativen Bestandteile limitieren kann. Hierfür kommt nur noch die richtige Wahl des Koordinatenanfangspunktes in Betracht. Die ganze Gruppe sei $\mathfrak{G}$, die Translationsgruppe $\mathfrak{T}$. Wir wählen aus jeder ihrer Nebengruppen eine Substitution (S, s) aus, wobei S den rotativen, s den translativen Teil bedeutet. s ist nur bis auf beliebige ganze Zahlen bestimmt, die man zu seinen Komponenten addieren kann. S durchläuft jede Substitution des rotativen Teiles genau einmal. Die Anzahl derselben sei h. Nun üben wir auf einen beliebigen Punkt diese h Substitutionen aus und bilden den Schwerpunkt dieser Punkte. Zu dem Zweck haben wir die Koordinaten dieser h Punkte zu addieren und durch h zu dividieren. Da die Summe aller Matrizen

S verschwindet, so fallen hierbei die Koordinaten des ausgewählten Punktes heraus, und wir finden für den gesuchten Schwerpunkt

$$\frac{1}{h} \sum s \, .$$

Da die s nur bis auf Gittervektoren bestimmt sind, so bilden die Schwerpunkte ein mit dem Translationsgitter ähnliches Gitter, dessen Abmessungen den h-ten Teil betragen. Jede Operation unserer Raumgruppe muß dieses Gitter in sich selbst überführen. Legen wir daher den Anfangspunkt in einen Schwerpunkt, so können die translativen Bestandteile nur noch rationale Zahlen mit dem Nenner h sein, denn sie bilden diejenigen Punkte, welche in den Nullpunkt übergeführt werden und müssen daher Vektoren des Schwerpunktgitters sein. Hiermit ist gezeigt, daß die translativen Bestandteile durch die rotativen limitiert sind, und unsere Behauptung ist bewiesen.

Falls die Gruppe $\mathfrak{G}/\mathfrak{T}$ einen Normalteiler $\mathfrak{N}/\mathfrak{T}$ von der Ordnung k besitzt, dessen rotativer Bestandteil die identische Darstellung nicht enthält, so kann man den Nenner auf k beschränken, denn man zeigt leicht, daß bereits die Schwerpunkte der Punktsysteme, die durch den Normalteiler erzeugt werden, durch alle Operationen der Gruppe in sich transformiert werden. Allgemein werden nämlich die Schwerpunkte eines durch eine Untergruppe erzeugten Punktsystems durch die Operationen der Gruppe in solche übergeführt, welche durch konjugierte Untergruppen entstehen.

Aus dieser Bemerkung ist ersichtlich, daß im Falle des Symmetriezentrums als Nenner nur 2 auftritt. Ferner haben gerade die kompliziertesten Gruppen des R_3, nämlich diejenigen des kubischen Systems, einen *Abel*schen Normalteiler von der Ordnung 4, die Vierergruppe, so daß auch hier nur der Nenner 4 auftritt, statt 12 und 24. Diesem Umstand ist die relativ geringe Zahl der Raumgruppen des R_3 zu verdanken. Es ist dieselbe Tatsache, welche auch die Lösbarkeit der Gleichungen der vier ersten Grade durch Wurzeln ermöglicht.

Reduziert man in den Substitutionen die translativen Bestandteile nach dem Modul der ganzen Zahlen, so bilden sie eine mit der Gruppe der rotativen Teile holoedrisch isomorphe Gruppe Γ, und die Aufsuchung aller Raumgruppen einer Krystallklasse ist gleichbedeutend mit der Aufstellung dieser sämtlichen nichtäquivalenten Gruppen. Um über die gruppentheoretische Natur dieses Problems vollen Aufschluß zu erhalten, füge man zu Γ noch die sämtlichen Translationen hinzu, deren Komponenten rationale Zahlen mit dem Nenner h und echte Brüche sind. In der zusammengesetzten Gruppe Γ' bilden die Translationen einen Normalteiler und Γ besteht aus den erzeugenden Elementen der Faktorgruppe. Das Problem besteht nun darin, *alle Systeme von Elementen zu finden, welche die Faktorgruppe erzeugen und eine Gruppe bilden.* Dieses Problem ist in seiner Allgemeinheit noch nicht gelöst.

Man kann die Voraussetzungen noch allgemeiner fassen und zeigen, daß jede Raumgruppe mit endlichem Fundamentalbereich im R_n gerade n unabhängige Translationen enthält, so daß der allgemeine Satz[1] gilt, den wir für $n = 2$ in § 31 bewiesen haben:

Es gibt nur endlich viele nichtäquivalente Raumgruppen des R_n mit endlichem Fundamentalbereich.

Hierbei hat man natürlich im Falle der „zerlegbaren" Gruppen, insbesondere wenn der rotative Bestandteil die identische Darstellung enthält, den Begriff der Äquivalenz sinngemäß zu erweitern.

<h2 style="text-align:center">16. Kapitel.</h2>

<h1 style="text-align:center">Die allgemeinen linearen homogenen
Substitutionen und ihre Invarianten
und Kovarianten[2].</h1>

<h3 style="text-align:center">§ 73. Substitutionen zweiten Grades.</h3>

Die Komposition von Substitutionsgruppen läßt sich auf beliebige lineare homogene Substitutionen, also auf beliebige quadratische Matrizen unmittelbar ausdehnen und es ist interessant, die Reduktion der so entstehenden Matrizen zu untersuchen, weil sie sich auf alle endlichen Substitutionsgruppen ohne weiteres erstreckt.

Wir beginnen mit den Substitutionen des zweiten Grades und bezeichnen die allgemeine Matrix mit

$$\begin{pmatrix} \varkappa & \lambda \\ \mu & \nu \end{pmatrix} = \Gamma.$$

Die Koeffizienten $\varkappa$, λ, μ, ν können als Variable im algebraischen Sinne aufgefaßt werden oder aber als Variable, welche alle Zahlen eines beliebigen Körpers durchlaufen. Die Matrizen bilden keine Gruppe, aber für die Fragen nach der Reduktion kommt das nicht in Betracht. Für das folgende müssen wir voraussetzen, daß der Körper, den wir zugrunde legen, unendlich viele Elemente enthält (vgl. Satz 209).

Um aus Γ die mit sich komponierte Γ^2 zu bilden, haben wir nach § 53 zwei Systeme von Variabeln x_1, x_2 und y_1, y_2 zu bilden und auf beide Systeme kogredient dieselbe Substitution Γ auszuüben, dadurch

---

[1] *Bieberbach, L.:* Über die Bewegungsgruppen der Euklidischen Räume. Math. Ann. Bd. 70 (1911), S. 297 und Bd. 72 (1912), S. 400. — *Frobenius, G.:* Über die unzerlegbaren diskreten Bewegungsgruppen. Berl. Sitzsber. 1911, S. 654.

[2] Wegen der Literatur verweisen wir auf die Darstellungen von *Faà di Bruno*, *Gordan-Kerschensteiner* und *Weitzenböck*.

entsteht eine Substitution 4-ten Grades. In entsprechender Weise ist Γ^m eine Substitution des Grades 2^m.

Identifizieren wir die m Variabelnpaare, so erhalten wir

$$x_1^m, \ x_1^{m-1}\, x_2, \ x_1^{m-2}\, x_2^2, \ \ldots, \ x_1\, x_2^{m-1}, \ x_2^m.$$

Diese $m+1$ Ausdrücke erfahren eine Substitution des Grades $m+1$, welche wir mit Γ_m bezeichnen, falls wir auf x_1 und x_2 die Substitution Γ anwenden. Wir behaupten nun

Satz 209. *Γ_m ist irreduzibel, wenn der zugrunde gelegte Körper unendlich viele Elemente enthält.*

Beweis. $f(x_1, x_2)$ sei eine Form m-ten Grades, welche unter den Substitutionen Γ nur in einen Teil der Formen übergeht. Wir üben speziell die Substitutionen der Gestalt $x_1' = x_1$, $x_2' = \delta\, x_2$ aus. Hierbei erfahren die einzelnen Terme der Form nur eine Potenz von δ als Faktor, und zwar jeder eine verschiedene Potenz. Wir erteilen δ nun $m+1$ verschiedene Werte (hier kommt die Tatsache zur Anwendung, daß der Grundkörper unendlich viele Elemente enthalten muß). Durch diese Substitutionen möge f übergehen in $g_0, g_1, \ldots, g_m$. Diese $m+1$ Formen kommen mit f im irreduziblen System vor. Aus ihnen kann man aber die einzelnen Terme $x_1^k\, x_2^{m-k}$ von f linear darstellen nach bekannten Sätzen, daher kommen auch sie im irreduziblen System vor. Nun möge speziell x_1^m darunter vorkommen. Dann liegt auch $(x_1 + x_2)^m$ darin, weil es durch die Substitution $x_1' = x_1 + x_2$, $x_2' = x_2$ daraus hervorgeht, und wenn wir nun wieder das vorige Verfahren anwenden, so ergibt sich, daß alle Terme, d. h. alle Ausdrücke der Gestalt $x_1^k\, x_2^{m-k}$ und damit alle Formen m-ten Grades im System enthalten sind. Ist x_1^m kein Term von f, so kommt jedenfalls ein Term der Gestalt $x_1^k\, x_2^{m-k}$ darin vor, und wenn man die Substitution $x_1' = x_1$, $x_2' = x_1 + x_2$ ausübt, so erhält man eine Form, welche x_1^m enthält.

Satz 210. *Es gilt die Formel $\Gamma_m\,\Gamma = \Gamma_{m-1} + \Gamma_{m+1}$.*

Beweis. Die Substitution Γ_m ist dieselbe, welche die symmetrisierten Terme in Γ^m erfahren, d. h. die Formen, welche man erhält, wenn man diejenigen Terme addiert, welche nach der Identifikation der Variabelnpaare denselben Term in x_1 und x_2 ergeben. Denn diese symmetrisierten Ausdrücke substituieren sich nur unter sich und ihre Anzahl ist $m+1$, ferner gehen sie in die Potenzprodukte über, sobald man die Variabeln identifiziert, bloß mit ganzzahligen Faktoren versehen, indem jeder Term eine Einheit liefert. Aber diese numerischen Faktoren stören nicht, denn die entstehenden Substitutionen gehen durch Transformation mit einer numerischen Matrix auseinander hervor, sie sind äquivalent.

Um nun $\Gamma_m\,\Gamma$ zu erhalten, müssen wir die Ausdrücke

$$x_1^m\, y_1, \ x_1^m\, y_2, \ x_1^{m-1}\, x_2\, y_1, \ x_1^{m-1}\, x_2\, y_2, \ \ldots, \ x_2^m\, y_2$$

bilden. Wieder symmetrisieren wir und bilden

$$x_1^m y_1, \; x_1^m y_2 + x_1^{m-1} x_2 y_1, \; \dots .$$

Diese $m + 2$ Ausdrücke liefern offenbar Γ_{m+1}. Nun bilden wir noch die ergänzenden m Ausdrücke

$$x_1^m y_2 - x_1^{m-1} x_2 y_1, \; x_1^{m-1} x_2 y_2 - x_1^{m-2} x_2^2 y_1, \; \dots .$$

Aus ihnen hebt sich in allen Fällen die Determinante $x_1 y_2 - x_2 y_1$ heraus und der Rest besteht aus den Potenzprodukten von Γ_{m-1}.

Es ergibt sich hieraus, daß $\Gamma_m \Gamma$ aus Γ_{m+1} und aus Γ_{m-1} besteht, wobei aber die Koeffizienten von Γ_{m-1} noch mit der Determinante $x_1 y_2 - x_2 y_1$ multipliziert werden müssen.

Man findet nun leicht folgende Zerlegungsformeln, wobei $\Gamma = \Gamma_1$ gesetzt ist und Γ_0 die identische Darstellung bedeutet, d. h. Produkte aus Determinanten der Variabelnpaare, welche sich nur mit Potenzen der Substitutionsdeterminante multiplizieren:

$$\begin{aligned}
\Gamma &= && && \Gamma_1 \\
\Gamma^2 &= \Gamma_0 && + && \Gamma_2 \\
\Gamma^3 &= && 2\,\Gamma_1 && + && \Gamma_3 \\
\Gamma^4 &= 2\,\Gamma_0 && + 3\,\Gamma_2 && + && \Gamma_4 \\
\Gamma^5 &= && 5\,\Gamma_1 && + 4\,\Gamma_3 && + && \Gamma_5 \\
\Gamma^6 &= 5\,\Gamma_0 && + 9\,\Gamma_2 && + 5\,\Gamma_4 && + && \Gamma_6
\end{aligned}$$

$$\cdots \cdots \cdots \cdots \cdots \cdots$$

Die Koeffizienten hängen mit den Binomialkoeffizienten zusammen, brauchen aber nicht allgemein angegeben zu werden, dagegen notieren wir den

Satz 211. *Γ^n enthält vollständig reduziert nur die Bestandteile Γ_m. Ist n gerade, so kommen nur die Bestandteile Γ_m mit geradem Index m vor, ist n ungerade, dann nur diejenigen mit ungeradem Index. Invarianten entstehen nur durch Multiplikation von Determinanten der Variabelnpaare, kommen also nur bei geradem n vor.*

Dieser Satz deckt den Grund für die sog. symbolische Methode auf. Sie besteht darin, daß man zuerst Γ^n bildet und dann weiter reduziert.

Um nun die Kovarianten zu bilden, betrachten wir eine binäre Form m-ten Grades

$$f(x_1, x_2) = a_0 x_1^m + a_1 x_1^{m-1} x_2 + \cdots + a_m x_2^m.$$

Übt man auf die Variabeln x_1 und x_2 die Substitution Γ aus, und ordnet man nachher, so erhält man abgesehen von numerischen Koeffizienten dasselbe Resultat, wie wenn man auf die Koeffizienten a_0, $a_1, \dots, a_m$ die transponierte Substitution Γ_m^0 ausgeübt hätte. Macht man diese letztere Substitution rückgängig, d. h. aber, übt man auf die Koeffizienten die zu Γ_m adjungierte Substitution Γ_m^t aus, so erhält man die ursprüngliche Form wieder. Hieraus ergibt sich die allgemeine Definition der Kovariante:

Definition. Es sei eine Form der Variabeln x_1 und x_2 gegeben, deren Koeffizienten Formen eines festen Grades in den $a_0, a_1, \ldots, a_m$ sind. Bleibt die Form ungeändert, falls man auf die Variabeln x_1 und x_2 die Substitution Γ und gleichzeitig auf die $a_0, a_1, \ldots, a_m$ die Substitution Γ_m^t anwendet, so heißt die Form eine *Kovariante* von $f(x_1, x_2)$.

Offenbar ist trivialerweise f selbst eine Kovariante von sich. Im allgemeinen interessieren die Koeffizienten mehr als die Variabeln, es ist darum bequemer, die Rollen zu vertauschen, indem man auf die Koeffizienten die Substitution Γ_m, auf die Variabeln dagegen die zu Γ adjungierte anwendet.

Unter einer *Invariante* versteht man eine Form der Koeffizienten $a_0, a_1, \ldots, a_m$, welche bei der Substitution Γ_m nur eine Potenz der Substitutionsdeterminante $(\varkappa \nu - \lambda \mu)$ als Faktor erhält.

Es zeigt sich nun, daß die Auffindung der Invarianten und der Kovarianten aufs engste mit der Reduktion von Γ_m zusammenhängt.

Satz 212. *Das Produkt $\Gamma_m \Gamma_n$ mit $m \geq n$ gibt vollständig reduziert die Formel:*

$$\Gamma_m \Gamma_n = \Gamma_{m-n} + \Gamma_{m-n+2} + \Gamma_{m-n+4} + \cdots + \Gamma_{m+n-2} + \Gamma_{m+n} \,.$$

Beweis. Wir wenden vollständige Induktion an und nehmen den Satz als bewiesen an für alle Zahlenpaare p, q, für welche $p \leq m$, $q \leq n$ ist. Die nach Voraussetzung gültige Formel unseres Satzes multiplizieren wir mit Γ und wenden den Satz 210 an. Wir finden so

$$\Gamma_m \cdot \Gamma_n \Gamma = \Gamma_m \Gamma_{n-1} + \Gamma_m \Gamma_{n+1} = \Gamma_{m-n-1} +$$
$$+ 2\Gamma_{m-n+1} + \cdots + 2\Gamma_{m+n-1} + \Gamma_{m+n+1} \,.$$

Indem wir den bekannten Wert von $\Gamma_m \Gamma_{n-1}$ subtrahieren, ergibt sich die Richtigkeit der Formel für m, $n+1$. Da selbstverständlich $\Gamma_m \Gamma_n = \Gamma_n \Gamma_m$, so ist damit die Anwendung der vollständigen Induktion möglich und der Satz bewiesen.

Wir merken insbesondere die Formel an

$$\Gamma_m^2 = \Gamma_0 + \Gamma_2 + \cdots + \Gamma_{2m-2} + \Gamma_{2m} \,.$$

Aus der Formel dieses Satzes ergibt sich unmittelbar, daß Γ_m^n vollständig reduziert eine Summe von irreduziblen Bestandteilen aus Γ_0 bis Γ_{mn} enthält, und zwar sind die Indices von derselben Parität wie die Zahl mn. Wir identifizieren nun die n Variabelnreihen oder, was auf dasselbe herauskommt, wir bilden alle Produkte von n Koeffizienten aus $a_0, a_1, \ldots, a_m$, deren Anzahl nach einer bekannten Formel (Kombinationen von $m+1$ Variabeln zu n mit Wiederholung) $= \binom{m+n}{n}$ ist.

Die Substitution, welche so entsteht, bezeichnen wir mit (Γ_m^n). Auch sie wird vollständig reduziert eine Summe von irreduziblen Bestandteilen aus der Schar $\Gamma_0, \ldots, \Gamma_{mn}$ ergeben, nämlich einen Teil der Bestandteile von Γ_m^n. Die Bestandteile der Gestalt Γ_0 liefern die Invarianten, es gibt daher soviele linear unabhängige, als der Koeffizient von Γ_0

in der vollständigen Reduktion von (Γ_m^n) beträgt. Natürlich ist jede lineare Kombination von Invarianten des Grades n wieder eine solche.

Nun möge in der reduzierten Gestalt von (Γ_m^n) insbesondere Γ_r vorkommen. Dies besagt, daß man $r+1$ Formen n-ten Grades in $a_0, a_1, \ldots, a_m$ finden kann, welche die Substitution Γ_r, noch mit einer Potenz der Substitutionsdeterminante multipliziert, erfahren, wenn man auf die Koeffizienten Γ_m ausübt. Diese Formen seien mit $A_0, A_1, \ldots, A_r$ bezeichnet. Nun bilde man die Form

$$A_0\, x_1^r + A_1\, x_1^{r-1}\, x_2 + \cdots + A_r\, x_2^r.$$

Wenn man auf die Variabeln x_1 und x_2 die adjungierte zu Γ anwendet und gleichzeitig auf die Koeffizienten $a_0, a_1, \ldots, a_r$ die Substitution Γ_m, so erfahren die Koeffizienten $A_0, A_1, \ldots, A_r$ unserer Form und die Variabelnprodukte adjungierte Substitutionen und die Form bleibt daher invariant bis auf eine Potenz der Substitutionsdeterminante, sie ist also eine Kovariante. Falls der Bestandteil Γ_r u-mal vorkommt, so erhalten wir eine u-fache lineare Schar von Kovarianten, welche in den Koeffizienten vom Grade n, in den Variabeln vom Grade r sind, und es ist leicht zu zeigen, daß alle Kovarianten dieser Art auf diese Weise erhalten werden.

Unsere Aufgabe, alle Invarianten und Kovarianten zu überblicken, ist also darauf zurückgeführt, (Γ_m^n) vollständig zu reduzieren und die Anzahl der Bestandteile zu berechnen. Dies läßt sich nun auf elementare Abzählungen zurückführen. Vor allen Dingen muß berechnet werden, mit welcher Potenz der Substitutionsdeterminante sich eine Kovariante bei der Substitution multipliziert. Die Form möge den Grad r in den Variabeln und den Grad n in den Koeffizienten $a_0, a_1, \ldots, a_m$ haben wie bisher. Die Substitution (Γ_m^n), welche auf $A_0, A_1, \ldots, A_r$ ausgeübt wird, hat in den Substitutionskoeffizienten den Grad mn, diejenige auf die Variabeln den Grad -1, daher auf die Variabelnprodukte r-ten Grades den Grad $-r$. Zusammen wird nach der Substitution unsere Form den Grad $mn-r$ in den Substitutionskoeffizienten haben. Nun müssen sich aber diese Größen als Faktor in Gestalt einer Potenz der Substitutionsdeterminante herausheben und der Exponent ist daher $\frac{mn-r}{2}$. Hieraus ergibt sich, in Übereinstimmung mit früher, daß r dieselbe Parität mit mn haben muß, denn diese Potenz ist eine ganze Zahl.

Um nun die Abzählung auszuführen, genügt es, von einer Substitution der Gestalt $\begin{pmatrix} 1 & 0 \\ 0 & D \end{pmatrix}$ auszugehen, deren Determinante D ist. Unter der hieraus entstehenden Substitution Γ_m erfährt der Koeffizient a_i den Faktor D^i. Damit werden wir darauf geführt, für die Koeffizientenprodukte ein Gewicht einzuführen. Allgemein erfährt der Ausdruck

$$a_0^{\alpha_0}\, a_1^{\alpha_1} \ldots a_m^{\alpha_m}$$

den Faktor D^g, wo g das *Gewicht* des Termes heißt und folgenden Wert hat

$$g = 1 \cdot \alpha_1 + 2 \cdot \alpha_2 + \cdots + m \cdot \alpha_m.$$

Die Summe $\alpha_0 + \alpha_1 + \cdots + \alpha_m = n$ ist der Grad des Termes. Wir merken an, daß das Gewicht g eine Zahl ist, welche sich additiv aus n Zahlen der Reihe $0, 1, 2, \ldots, m$ zusammensetzt. Es gibt soviele Terme des Gewichtes g, als es Zerlegungen der Zahl g in n Zahlen von 0 bis m gibt. Diese Zahl bezeichnen wir mit $Z(m, n, g)$.

Wir betrachten nun den Fall, daß mn eine gerade Zahl $2M$ ist. Aus einer Invariante muß sich die M-te Potenz der Substitutionsdeterminante herausheben. Sie ist daher eine Summe von Termen des Gewichtes M. Gehen wir zur Kovariante des Grades 2 über. Sie sei $A_0 x_1^2 + A_1 x_1 x_2 + A_2 x_2^2$. Bei der Substitution wird x_1 nicht geändert, x_2 dagegen durch D dividiert. Nun muß sich nach der Substitution die $(M-1)$-te Potenz von D herausheben. Daher ist A_0 vom Gewicht $M-1$, A_1 vom Gewicht M und A_2 vom Gewicht $M+1$. Man sieht schon, wie es bei den höheren Kovarianten weitergeht, und wir finden, daß jede Kovariante genau eine Form des Gewichtes M liefert, nämlich den Koeffizienten des mittleren Gliedes. Die Anzahl der linear unabhängigen Formen des Gewichtes M ist $Z(m, n, M)$. Setzen wir nun

$$(\Gamma_m^n) = c_0 \Gamma_0 + c_2 \Gamma_2 + \cdots + c_{mn} \Gamma_{mn},$$

so erhalten wir

$$c_0 + c_2 + \cdots + c_{mn} = Z(m, n, M).$$

Nun liefern aber die Bestandteile $\Gamma_2, \Gamma_4, \ldots, \Gamma_{mn}$ je eine Form des Gewichtes $M-1$, nämlich den Koeffizienten des Gliedes vor dem mittleren Glied. So erhalten wir die weiteren Gleichungen

$$c_2 + c_4 + \cdots + c_{mn} = Z(m, n, M-1)$$
$$c_4 + \cdots + c_{mn} = Z(m, n, M-2)$$
$$\cdots \cdots \cdots \cdots \cdots$$
$$c_{mn} = Z(m, n, 0) = 1.$$

Daraus erhalten wir die Gleichungen

$$c_0 = Z(m, n, M) - Z(m, n, M-1)$$
$$c_{2k} = Z(m, n, M-k) - Z(m, n, M-k-1).$$

Statt die Formen des Gewichtes $M-1$ zu betrachten, hätten wir diejenigen des Gewichtes $M+1$ nehmen können, nämlich die Koeffizienten, die sich in den Kovarianten rechts an das mittlere Glied anschließen. So würde sich dasselbe Formelsystem ergeben, nur daß rechts $Z(m, n, M+k)$ statt $Z(m, n, M-k)$ stände. Aber diese beiden Zahlen sind gleich, denn zu einer Darstellung der Zahl $M-k$ als Summe von n Zahlen der Reihe 0 bis m gehört eindeutig eine solche der Zahl $M+k$. Man hat nur jeden Summanden s durch $m-s$ zu ersetzen. So ergibt sich nach dem Grundprinzip der Mengenlehre die Gleichung

$$Z(m, n, M-k) = Z(m, n, M+k).$$

Satz 213. (*Reziprozitätsgesetz von Hermite.*) *Im Sinne der Zerlegung in irreduzible Bestandteile gilt* $(\Gamma_n^m) = (\Gamma_m^n)$. *Eine binäre Form m-ten Grades hat gleichviele Invarianten und Kovarianten des Grades n in den Koeffizienten, wie eine binäre Form n-ten Grades Invarianten und Kovarianten des Grades m in den Koeffizienten besitzt.*

1. Beweis. Auch hier begnügen wir uns für den Beweis mit dem Fall, daß mn eine gerade Zahl ist, da der andere Fall genau gleich behandelt wird. Wir setzen

$$(\Gamma_m^n) = c_0\,\Gamma_0 + c_2\,\Gamma_2 + \cdots + c_{mn}\,\Gamma_{mn} \qquad (\Gamma_n^m) = d_0\,\Gamma_0 + d_2\,\Gamma_2 + \cdots + d_{mn}\,\Gamma_{mn}$$

und erhalten

$$c_{2k} = Z\,(m, n, M - k) - Z\,(m, n, M - k - 1)$$
$$d_{2k} = Z\,(n, m, M - k) - Z\,(n, m, M - k - 1).$$

Nun gilt aber die allgemeine Formel $Z\,(m, n, g) = Z\,(n, m, g)$.

Es genügt, den Beweis an einem einfachen Beispiel zu erläutern. Eine Zerlegung der Zahl 10 in drei Summanden von 0 bis 4 ist z. B. $10 = 3 + 3 + 4$. Wir schreiben

$$3 = 1 + 1 + 1$$
$$3 = 1 + 1 + 1$$
$$4 = 1 + 1 + 1 + 1.$$

Wir addieren nun die Zahlen der vier Spalten und erhalten die Zerlegung von 10 in vier Summanden von 0 bis 3, nämlich $10 = 3 + 3 + 3 + 1$. Auch hier ist die Zuordnung umkehrbar eindeutig und die beiden Anzahlen sind daher gleich.

2. Beweis. Dieser Beweis schließt sich an denjenigen von *Hermite* an. Wir bilden die Form m-ten Grades

$$(a\,x_1 + \alpha_1\,x_2)\,(a\,x_1 + \alpha_2\,x_2) \cdots (a\,x_1 + \alpha_m\,x_2) = g\,(x_1, x_2).$$

Übt man auf die Variabeln x_1 und x_2 die adjungierte Substitution zu Γ aus, so erfahren die Koeffizienten dieser Form Γ_m. Nun sind diese aber die elementarsymmetrischen Funktionen von $\alpha_1, \alpha_2, \ldots, \alpha_m$, jede noch mit einer solchen Potenz von a multipliziert, daß das Aggregat im ganzen den Grad m erhält. Diese $m + 1$ Koeffizienten sind nun nicht nur linear, sondern absolut unabhängig. Wir können daher (Γ_m^n) bilden, indem wir aus ihnen Terme n-ten Grades (in den Koeffizienten von g) bilden. Was man so erhält, ist die Gesamtheit aller symmetrischen Funktionen von $\alpha_1, \alpha_2, \ldots, \alpha_m$, welche in der einzelnen Größe α_i höchstens den Grad n haben. Jede dieser Funktionen ist durch Multiplikation mit einer geeigneten Potenz von a so zu normieren, daß der Gesamtgrad mn wird. Hiermit ist (Γ_m^n) charakterisiert.

Um nun (Γ_n^m) zu bilden, verfahren wir anders. Wir bilden aus a, α_1 die Terme n-ten Grades $a^{n-i}\alpha_1^i$. Sie erfahren unter Γ die Substitution Γ_n. Nun bilden wir zuerst Γ_n^m, indem wir m solcher Paare wählen. Hierbei dürfen wir die erste der beiden Variabeln, a, ungeändert lassen und ersetzen die zweite α_1 allgemein durch α_i. Denn für Reduktionen kommt allein in Betracht, daß die Variabelnreihen algebraisch unabhängig sind und dazu genügt die Änderung von α_1. Um jetzt (Γ_n^m) zu bilden, müssen wir die Variabelnreihen symmetrisieren. Auf diesem Wege erhalten wir aber wieder genau alle symmetrischen Funktionen von $\alpha_1, \ldots, \alpha_m$, welche in den einzelnen Variabeln höchstens bis zum n-ten Grade aufsteigen, ergänzt durch geeignete Potenzen von a. Die Gruppen sind daher auf die gleiche Art zu definieren und darum äquivalent.

Als weitere Aufgaben der Invariantentheorie lassen sich nennen: die explizite Ausführung der Reduktion von Γ_m^n und damit die tatsächliche Herstellung der Invarianten und Kovarianten, ferner die Untersuchung der Beziehungen. Multipliziert man zwei Kovarianten vom r-ten und s-ten Grade, so erhält man eine Kovariante vom Grade $r + s$; hier wird der Fundamentalsatz bewiesen, daß es nur endlich viele wesentlich verschiedene Invarianten und Kovarianten gibt. Alle andern drücken sich durch sie ganz und rational aus. Zum Beispiel besitzt Γ_2 nur die eine Invariante $4\,a\,c - b^2$ und sich selbst $a\,x_1^2 + b x_1 x_2 + c\,x_2^2$ als Kovariante. In der Tat findet man als Kovarianten vom Grade $2n$ aus ihnen unmittelbar die folgenden

$$D^n, D^{n-1} f^2, \ldots, f^{2\,n}.$$

Daraus ergibt sich, daß $(\Gamma_2^{2\,n})$ jedenfalls die Bestandteile $\Gamma_0, \Gamma_4, \ldots, \Gamma_{4n}$ enthält. Addiert man aber die Grade, so ergibt sich rechts $(2\,n + 1)\,(n + 1)$ und dies ist wiederum der Grad von (Γ_2^{2n}), nämlich $\binom{2\,n + 2}{2\,n}$.

Hieraus und mit Hilfe von Satz 213 erhalten wir

Satz 214. *Es gelten die beiden Formeln, welche die in den Koeffizienten quadratischen Kovarianten der binären Formen liefern*

$$(\Gamma_{2n}^2) = \Gamma_0 + \Gamma_4 + \cdots + \Gamma_{4n}$$
$$(\Gamma_{2n+1})^2 = \Gamma_2 + \Gamma_6 + \cdots + \Gamma_{4n+2}.$$

Diese Relationen liefern z. B. für $n = 1$: $(\Gamma_3)^2 = \Gamma_2 + \Gamma_6$. Hier ist Γ_6 trivial, nämlich das Quadrat der binären kubischen Ausgangsform, aber Γ_2 ist nicht trivial. Es zeigt, daß eine quadratische Form, deren Koeffizienten quadratisch in denjenigen der Ausgangsform sind, Kovariante ist.

§ 74. Substitutionen höheren Grades[1].

Ist Γ eine Substitution in $m\ (>2)$ Veränderlichen, so ist die Theorie noch nicht so weit geführt, wie im Falle $m = 2$. Dagegen können alle irreduziblen Bestandteile von Γ^n angegeben werden mit Hilfe der Charaktere der symmetrischen Gruppe von n Variabeln. Wir haben hier n Reihen von je m Variabeln zu verwenden, auf die wir kogredient Γ ausüben. Die Reihen seien $x_i, y_i, z_i, \ldots\ (i = 1, 2, \ldots, m)$, der allgemeine Term $x_a\,y_b\,z_c \ldots$, wir können ihn charakterisieren durch das geordnete System

---

[1] Vgl. *I. Schur:* Dissertation 1901. — *Weyl, H.:* Math. Z. Bd. 23, S. 271. — *Schur:* Berl. Sitzgsber. 1927, S. 58. — *van der Waerden:* Math. Ann. Bd. 104, S. 92.

der n Indices $(a, b, c, \ldots)$. Wir nennen zwei Terme vom gleichen *Gewicht*, wenn ihre Indices $a, b, c, \ldots$ in ihrer Gesamtheit, aber nicht notwendig in ihrer Anordnung übereinstimmen.

Wir denken uns nun einen Term mit den n Indices $a, b, c, \ldots$ gegeben und üben auf die Indices eine beliebige Permutation der symmetrischen Gruppe von n Variabeln aus. Hierbei kommt es nur auf die Stelle an, wo ein Index steht, nicht auf seinen Zahlenwert. Zum Beispiel wird die Vertauschung $(1, 2)$ bedeuten, daß die Indices von x und y vertauscht werden, gleichgültig, welchen Wert sie haben. Sind sie gleich, so wird die Permutation den Term nicht ändern. Nur diejenigen Terme, deren Indices n verschiedene Zahlen sind, werden bei den Permutationen in $n!$ verschiedene Terme übergehen, die andern werden bei einer gewissen Untergruppe sich reproduzieren.

Die grundlegende Eigenschaft besteht nun darin, daß die Indicespermutation und die kogrediente Anwendung von Γ auf die n Variabelnsysteme vertauschbare Operationen sind. Zum Beweis bezeichnen wir die Matrix Γ mit $(\alpha\,(i, k))$, wo i und k die Zeilen und Kolonnen bezeichnen sollen und von 1 bis n laufen. Durch Γ geht $x_a\,y_b\,z_c \ldots$ über in $\sum \alpha\,(a, a')\,\alpha\,(b, b') \ldots x_{a'}\,y_{b'} \ldots$, wo die Summe rechts über alle m^n Indicessysteme $a', b'\,c', \ldots$ läuft. Üben wir nun eine Permutation auf unsern Term aus und machen wir nachher die Substitution, so haben wir in der Summe auf die ersten Indices in den Koeffizienten $\alpha\,(a, a')\,\alpha\,(b, b') \ldots$ die Permutation auszuüben. Denken wir uns dagegen erst nach der Substitution die Permutation ausgeübt, so wird der Term $x_{a'}\,y_{b'} \ldots$ den Koeffizienten $\alpha\,(a, a'')\,\alpha\,(b, b'') \ldots$ erhalten, bei dem $a', b', \ldots$ aus $a'', b'', \ldots$ durch die Permutation hervorgeht. Das Produkt ändert sich nicht, wenn wir die Koeffizienten so permutieren, daß die zweiten Indices wieder in die Reihenfolge $a', b', \ldots$ gelangen. Dadurch wird aber die erste Reihe $a, b, \ldots$ gerade die Permutation erfahren.

Nun sei f irgendeine Form n-ten Grades, die in jedem der n Variabelnsysteme $x, y, z, \ldots$ linear ist, also eine Summe von Termen mit numerischen Koeffizienten, wie wir sie bisher betrachtet haben. Ferner sei e_S ein Element der symmetrischen Gruppe von n Variabeln. Wir verstehen unter $e_S f$ die Form, welche aus f entsteht, wenn wir in jedem Term von f auf die Indices die Permutation e_S anwenden. Ferner sei allgemein

$$(a_E\,e_E + a_A\,e_A + \cdots)\,f = a_E\,e_E\,f + a_A\,e_A\,f + \cdots,$$

wo die a_S Zahlen sind. Die allgemeine Gruppenzahl $e = \sum_{\mathfrak{S}} a_S\,e_S$ wird so ein *Operator* und es gilt allgemein, daß die Anwendung eines Operators auf eine Funktion und die Ausübung der Substitution Γ kogredient auf alle n Variabelnsysteme in f vertauschbare Operationen sind. Üben wir auf die Form ef die Operation e' aus, so entsteht die Form $ee'f$

wobei wir ee' nach den Regeln der Multiplikation von Gruppenzahlen zu bilden haben. Damit sind wir nun in der Lage, die Reduzierung der regulären Darstellung zu verwenden.

Wir nehmen die Gruppenzahlen $\zeta_{1i}, \zeta_{2i}, \ldots, \zeta_{si}$ aus Satz 162, welche einer Spalte einer irreduziblen Darstellung entstammen, und bilden die Gesamtheit aller Funktionen $a_1 \zeta_{1i} f + a_2 \zeta_{2i} f + \cdots + a_s \zeta_{si} f$. Mit je zwei Formen ist auch jede lineare Kombination im System enthalten. Übt man auf sie die Operation ζ_{ii} aus, so reproduzieren sie sich bis auf einen Faktor. Nehmen wir dagegen eine andere Spalte derselben irreduziblen Darstellung oder eine Spalte einer andern Darstellung, so ergibt die Operation ζ_{ii} stets 0, so daß die $\chi_1^{(1)} + \chi_1^{(2)} + \cdots + \chi_1^{(r)}$ Systeme, die man so erhält, zueinander fremd sind. Bei der Substitution $\varGamma$ werden die Formen eines jeden dieser Systeme nur unter sich transformiert, womit die Reduktion von $\varGamma^m$ geleistet ist. Denn durch die Systeme läßt sich additiv jede Form f darstellen, weil sich e_E additiv durch die Operatoren darstellen läßt. Es muß jetzt noch gezeigt werden, daß die Teilsysteme irreduzibel sind, wobei wir freilich voraussetzen müssen, daß die Koeffizienten von $\varGamma$ entweder als freie Variable oder als Zahlen eines unendlichen Zahlkörpers (d. h. nicht eines *Galois*feldes) angesehen werden.

Wir denken uns die Terme $x_a y_b z_c \ldots$ in irgendeiner Weise angeordnet und üben auf sie eine lineare Substitution mit den Koeffizienten

$$c\,(a, b, c, \ldots ; a', b', c', \ldots)$$

aus. Die Substitution ist dann und nur dann mit allen Permutationen der Indices (den Operatoren der symmetrischen Gruppe) vertauschbar, wenn die Koeffizienten sich nicht ändern, sobald man auf $a, b, c, \ldots$ und $a', b', c', \ldots$ kogredient dieselbe Permutation anwendet. In unserem Falle von $\varGamma^m$ ist

$$c\,(a, b, c, \ldots ; a', b', c', \ldots) = \alpha\,(a, a')\,\alpha\,(b, b')\,\alpha\,(c, c') \ldots$$

und die Eigenschaft ist erfüllt, weil es sich nur um eine Permutation der Faktoren im Produkt handelt. Aus unsern Voraussetzungen über die Koeffizienten $\alpha\,(i, k)$ folgt, daß zwischen verschiedenen Produkten der rechten Seite keine linearen Beziehungen bestehen. Sie sind linear ebenso unabhängig, wie die c auf der linken Seite. Die vollständige Reduktion von $\varGamma^m$, die ja nur von linearen Beziehungen abhängt, ist daher genau dieselbe wie diejenige der Matrix der c.

Wir betrachten nun speziell das System, das durch die Operatoren $\zeta_{11}, \zeta_{21}, \ldots, \zeta_{s1}$ erzeugt wird und stellen es durch eine Basis dar. Üben wir auf die Basis eine ganz beliebige lineare Substitution aus, so erhalten wir wieder Größen desselben Systemes und diese generelle lineare Substitution ist irreduzibel. Auf die Basisfunktionen üben wir der Reihe nach die Operatoren $\zeta_{12}, \zeta_{13}, \ldots, \zeta_{1s}$ aus und erhalten offenbar jeweils eine Basis des zugehörigen Systems. Die allgemeine lineare Substitution soll nun kogredient auf alle diese r Basen ausgeübt werden. Dann erhalten wir eine Substitution, welche mit allen Operatoren vertauschbar ist. Denn entstammt der Operator dem eben verwendeten System, so erfährt ja die Basis nach der Operation wegen der Kogredienz dieselbe Substitution wie vorher. Entstammt der Operator aber einer andern Darstellung der symmetrischen Gruppe, so ist das Resultat stets 0. Gehen wir wieder zur ersten Basis zurück und üben wir Γ aus, so erhalten wir offenbar eine lineare Substitution von spezieller Art, aber sie kann nicht reduzibel sein, sonst müßte auch die generelle Substitution nach der obigen Bemerkung linearen Beziehungen genügen, was sie nicht tut. Damit ist unsere Behauptung in allen Teilen erwiesen.

17. Kapitel.

Gleichungstheorie.

Die Gruppentheorie ist nach *Lagrange* die „wahre Metaphysik" der Gleichungen. Aber umgekehrt ist auch zu sagen, daß ihre Sätze durch die Übertragung auf algebraische Gleichungen häufig an Faßlichkeit gewinnen, ähnlich wie die Geometrie dem Verständnis der Analysis hilft. In noch viel höherem Maß gilt dies von der die Algebra verfeinernden Zahlentheorie. Diese bildet streckenweise eine beinahe unzertrennbare Einheit mit der Gruppentheorie. Dies soll in der folgenden kurzen Übersicht gezeigt werden.

§ 75. Die *Lagrange*sche Gleichungstheorie.

Ein System von Zahlen oder Funktionen bildet einen **Körper,** wenn die vier elementaren Rechnungsoperationen Addition, Subtraktion, Multiplikation und Division angewendet auf zwei Individuen des Systems nur solche Zahlen oder Funktionen ergeben, die bereits im System vorkommen. Hierbei ist die Division durch die Null auszunehmen.

Wir gehen aus von der Gesamtheit aller rationalen Funktionen der n Variablen $x_1, x_2, \ldots, x_n$. Als numerische Koeffizienten lassen wir in diesem Paragraphen alle reellen und komplexen Zahlen zu. Diese Funktionen bilden einen Körper, den wir mit K bezeichnen. Diejenigen Funktionen aus K, welche bei sämtlichen Permutationen der n Variablen ungeändert bleiben, bilden einen Körper, den wir mit S bezeichnen, er ist ein **Teilkörper** oder **Unterkörper** von K, da jede seiner Funktionen in K vorkommt. Die algebraische Beziehung zwischen S und K aufzudecken ist unsere Aufgabe.

Eine Funktion aus S heißt eine symmetrische Funktion der n Variablen und sie kann als rationale Funktion der n elementarsymmetrischen Funktionen dargestellt werden. Für später ist hier noch hinzuzufügen, daß die Koeffizienten rationale Zahlen sind, wenn die Funktion aus S rationale Koeffizienten hatte. Wir bezeichnen die $n!$ Permutationen der Variablen mit $E, A, \ldots$ und die ganze symmetrische Gruppe mit $\mathfrak{S}$. Die Gesamtheit aller Permutationen, welche eine Funktion aus K ungeändert lassen, bilden eine Untergruppe von $\mathfrak{S}$. Man sagt dann, die Funktion **gehört** zu dieser Untergruppe. Ist $f(x_1, \ldots, x_n)$ eine Funktion aus K, so bezeichnen wir diejenigen Funktionen, die aus ihr durch die Permutationen $E, A, B, \ldots$ entstehen, mit $f_E = f, f_A, f_B, \ldots$ Sie heißen die zu f **konjugierten** Funktionen und genügen einer Gleichung vom Grade $n!$, deren Koeffizienten symmetrische Funktionen sind, nämlich

$$(t - f_E)\,(t - f_A)\,(t - f_B) \cdots = 0 \,.$$

Wenn f zur Untergruppe $\mathfrak{H}$ von $\mathfrak{S}$ gehört, so kann man f auch mit $f_{\mathfrak{H}}$ bezeichnen. Ist

$$\mathfrak{S} = \mathfrak{H} + \mathfrak{H}\,S_2 + \cdots + \mathfrak{H}\,S_r \,,$$

so sind bloß r der mit f konjugierten Funktionen voneinander verschieden, nämlich in leicht verständlicher Bezeichnungsweise die Funktionen

$$f_{\mathfrak{H}}, f_{\mathfrak{H}\,S_2}, \ldots, f_{\mathfrak{H}\,S_r} \,.$$

Sie genügen im Körper S einer Gleichung vom Grade r.

Es gilt nun der

Satz 214. *Wenn f zu der Untergruppe $\mathfrak{H}$ gehört, so läßt sich jede Funktion y aus K, die bei den Permutationen von $\mathfrak{H}$ ungeändert bleibt, darstellen als ganze Funktion von f mit Koeffizienten aus S. Der Grad dieser Funktion von f kann immer auf $r-1$ erniedrigt werden.*

Beweis. Man bildet nach *Lagrange* folgenden Ausdruck

$$(t - f_{\mathfrak{H}})\,(t - f_{\mathfrak{H}\,S_2}) \cdots (t - f_{\mathfrak{H}\,S_r})\left(\frac{y_{\mathfrak{H}}}{t - f_{\mathfrak{H}}} + \frac{y_{\mathfrak{H}\,S_2}}{t - f_{\mathfrak{H}\,S_2}} + \cdots + \frac{y_{\mathfrak{H}\,S_r}}{t - f_{\mathfrak{H}\,S_r}}\right) = G(t) \,.$$

$G(t)$ ist eine ganze Funktion $(r-1)$-ten Grades von t, deren Koeffizienten symmetrische Funktionen der n Variabeln x sind, d. h. G liegt in S. Dasselbe gilt von

$$H(t) = (t - f_{\mathfrak{H}})\,(t - f_{\mathfrak{H}\,S_2}) \cdots .$$

Setzt man nun $t = f$, so folgt

$$y = \frac{G(f)}{H'(f)} \,.$$

Multipliziert man Zähler und Nenner mit dem Produkt

$$H'(f_{\mathfrak{H}\,S_2})\,H'(f_{\mathfrak{H}\,S_3}) \cdots H'(f_{\mathfrak{H}\,S_r}) \,,$$

so wird der Nenner eine symmetrische Funktion und der Grad des Zählers kann mit Hilfe der Gleichung, der f in S genügt, mindestens auf $r-1$ herabgesetzt werden.

Satz 215. *Zu jeder Untergruppe gehört ein Unterkörper von K, der S enthält.*

Beweis. Die Funktion
$$x_1 + 2\,x_2 + 3\,x_3 + \cdots + n\,x_n = y$$
gehört zu E, daher läßt sich jede Funktion aus K als ganze Funktion vom Grade $n! - 1$ von y mit Koeffizienten aus S darstellen. Ist nun $\mathfrak{H}$ irgendeine Untergruppe von $\mathfrak{S}$, so bilde man das Produkt
$$\prod_{\mathfrak{H}} y_s$$
von y mit den Linearformen, die durch die Permutationen von $\mathfrak{H}$ daraus hervorgehen. Diese Funktion gehört zu $\mathfrak{H}$ und erzeugt den zu $\mathfrak{H}$ gehörigen Körper.

Satz 216. *Außer den zu den verschiedenen Untergruppen von $\mathfrak{S}$ gehörigen Körpern gibt es keine weiteren Unterkörper von K, die S enthalten.*

Beweis. Wenn ein Körper zwei Funktionen enthält, die zu den Untergruppen $\mathfrak{H}$ und $\mathfrak{K}$ gehören, so enthält er auch eine solche, die zum Durchschnitt $\mathfrak{D}$ von $\mathfrak{H}$ und $\mathfrak{K}$ gehört. Wir können nämlich die beiden Funktionen als Formen, z. B. als Produkte der y, annehmen und bezeichnen sie mit f und g. Alsdann bilden wir den Ausdruck
$$h = f + g^a,$$
wobei a eine ganze positive Zahl bedeutet, die so groß ist, daß der Grad von g^a größer ist als derjenige von f. Bei jeder Permutation außerhalb von $\mathfrak{D}$ ändert sich mindestens einer der Summanden, und in der Summe können sich die Änderungen wegen der Verschiedenheit der Grade nicht aufheben. Also gehört h zu $\mathfrak{D}$. Nun gehört in einem beliebigen Körper zwischen S und K jede Funktion zu einer bestimmten Untergruppe von $\mathfrak{S}$, und es folgt aus dem eben Bewiesenen, daß der Körper auch eine Funktion enthält, die zu dem Durchschnitt aller dieser Untergruppen gehört, d. h. unser Körper ist identisch mit dem zu diesem Durchschnitt gehörigen Körper.

Ersichtlich ist die Aufgabe, die algebraische Beziehung des Körpers K gegenüber dem Körper S zu bestimmen, identisch mit dem Problem der Auflösung der allgemeinen Gleichung n-ten Grades. Der gewaltige Fortschritt, den *Lagrange* erreicht hat, besteht in der vollen Übersicht, die man über die einzelnen Etappen des Weges gewinnt; daß man nicht direkt auf die Wurzeln lossteuern muß, sondern daß man andere Größen des Körpers zu Hilfe nehmen kann, ist bereits im Ansatz der *Tschirnhausen*schen Transformation enthalten; seit *Lagrange* weiß man aber, welches die Hilfsfunktionen sind, die zum Ziele führen können. Die Gruppentheorie ist die „wahre Metaphysik" des Problemes.

Wie *Lagrange* seine Erkenntnis auf die Gleichungen 3. und 4. Grades angewendet hat, ist allgemein bekannt und in jedem Lehrbuch der Algebra nachzulesen, wir verzichten auf eine Reproduktion. Dagegen soll einiges über die sog. **Lagrangeschen Resolventen** hier Platz finden.

Satz 217. *Kennt man den zu einer zyklischen Untergruppe $\mathfrak{H}$ von der Ordnung h gehörigen Körper, so läßt sich der ganze Körper durch die Auflösung einer reinen Gleichung vom Grade h bestimmen.*

Beweis. Bei der zyklischen Gruppe möge die Variable x_1 übergehen in $x_2, x_3, \ldots, x_h$. Man bezeichne mit ε die Zahl

$$e^{\frac{2\pi i}{h}}$$

und bilde die Ausdrücke

$$y_i = x_1 + \varepsilon^{-i} x_2 + \cdots + \varepsilon^{-i(h-1)} x_h \quad (i = 1, 2, \ldots, h).$$

Bei der zyklischen Permutation erhält y_i den Faktor ε^i. Daher bleiben die h-ten Potenzen bei $\mathfrak{H}$ ungeändert und lassen sich rational bestimmen. Wir bilden nun y_1, indem wir eine h-te Wurzel aus der zu $\mathfrak{H}$ gehörigen Funktion y_1^h ziehen, und erhalten dafür h verschiedene Werte. Jetzt sind die übrigen Größen y_i eindeutig durch y_1 bestimmt, denn die $h - 2$ Ausdrücke

$$y_1 y_{h-1}, \; y_1^2 y_{h-2}, \; \ldots, \; y_1^{h-2} y_2$$

gehören zu $\mathfrak{H}$. Durch Addition aller h Funktionen y_i findet man $h x_1$, und indem man für y_1 alle seine h Werte einsetzt, erhält man die h Wurzeln $x_1, x_2, \ldots, x_h$. Auf dieselbe Weise findet man die übrigen Variablen.

Man kann das Resultat von *Lagrange* so formulieren: *Der zu einer zyklischen Gruppe von der Ordnung h gehörige Unterkörper enthält die h-te Potenz einer Funktion, die sich bei jeder Permutation außer E ändert.* Bei drei oder vier Variablen kann man nach diesem Muster von dem Körper der symmetrischen Funktion sukzessive bis zum Körper K gelangen. Aber erst *Galois* hat erkannt, daß diese Tatsache bereits aus der Beschaffenheit der Gruppe folgt.

§ 76. Die *Galois*sche Gleichungstheorie.

Für die weitere Entwicklung der Gruppentheorie sind von entscheidender Bedeutung die Disquisitiones arithmeticae von *Gauß* (1801). In der sectio VII werden die Kreisteilungsgleichungen behandelt, insbesondere die Gleichung

$$x^p = 1,$$

wobei p eine Primzahl ist. Ihre Wurzeln lassen sich bekanntlich mit Hilfe der trigonometrischen Funktionen angeben. *Gauß* untersuchte ihren algebraischen Charakter gegenüber den rationalen Zahlen. Er bewies, daß die Gleichung

$$x^{p-1} + x^{p-2} + \cdots + x + 1 = 0$$

im Bereich der rationalen Zahlen irreduzibel ist, d. h. nicht in zwei Faktoren niedrigeren Grades mit rationalen Koeffizienten zerfällt. *Ferner erkannte er, daß der Berechnung ihrer Wurzeln nicht das allgemeinste*

Lagrangesche Problem von $p-1$ Variablen zugrunde liegt, sondern bloß dasjenige mit zyklischer Gruppe von der Ordnung $p-1$, und führte die Aufgabe zurück auf die Auflösung gewisser Hilfsgleichungen von Primzahlgrad, deren Wichtigkeit er betonte: Summam attentionem merentur aequationes auxiliares, ..., quae mirum in modum cum proprietatibus maxime reconditis numeri n (hier p) connexae sunt (art. 356). Dies ist die von *Abel* und *Galois* häufig zitierte „méthode de M. *Gauß*".

*Abel*s Untersuchungen über Gruppentheorie führen ihn zu dem Resultat, daß jede Gleichung mit kommutativer „*Abel*scher" Gruppe durch Wurzelzeichen lösbar ist (Mémoire sur une classe particulière d'équations résolubles algébriquement, *Crelle*s Journ. Bd. 4 (1829) und Oeuvres, Bd. 1, S. 478, nouvelle édition). Weitere Untersuchungen über algebraisch auflösbare Gleichungen, sowie den Beweis der Unmöglichkeit, die allgemeine Gleichung 5. Grades algebraisch aufzulösen, führt er ohne explizite Heranziehung der Gruppentheorie.

Die allgemeine Idee der Gruppe einer Gleichung hat *E. Galois* erkannt und mit wunderbarer Klarheit und Schärfe in seinem Mémoire sur les conditions de résolubilité des équations par radicaux entwickelt. Diese Abhandlung vom Jahre 1830 wurde erst 1846 von *Liouville* in seinem Journal veröffentlicht (Oeuvres de *Galois*, S. 33). Dagegen erschien 1832 der Brief an *Auguste Chevalier*, den *Galois* am Abend vor seinem Tode geschrieben hat und in dem er seine wichtigsten mathematischen Entdeckungen mitteilt.

Es bedeutet nur eine unwesentliche Einschränkung, wenn wir im folgenden die Voraussetzung machen, daß die Gleichungen rationale Zahlen als Koeffizienten haben. Wir setzen voraus, daß wir jede ganze Funktion im Körper der rationalen Zahlen in ihre irreduziblen Faktoren zerlegen können. Mit Hilfe des Euklidischen Algorithmus beweist man folgende Sätze:

Eine im Körper R der rationalen Zahlen irreduzible Funktion besitzt keine mehrfachen Wurzeln.

$f(t)$ und $g(t)$ seien zwei Funktionen in R mit einer gemeinsamen Wurzel und $f(t)$ sei irreduzibel, dann ist g teilbar durch f.

Es sei eine im Körper R der rationalen Zahlen irreduzible Gleichung mit Koeffizienten aus R gegeben

$$f(t) = 0.$$

Ihre Wurzeln seien

$$\alpha_1, \alpha_2, \ldots, \alpha_n.$$

Die Gesamtheit der rationalen Funktionen der Wurzeln mit rationalen Zahlenkoeffizienten bilden einen *Zahlkörper K*, dessen algebraische Natur gegenüber dem Grundkörper R untersucht werden soll. Wir beweisen zunächst folgenden

Satz 218. *Man kann n rationale Zahlen A_i so bestimmen, daß die $n!$ Zahlen, die aus*

$$A_1 \alpha_1 + A_2 \alpha_2 + \cdots + A_n \alpha_n = \vartheta$$

hervorgehen, indem man auf die Wurzeln α_i die $n!$ Permutationen ausübt, sämtlich untereinander verschieden sind.

Beweis. Wir fassen die n Größen A_i zunächst als Variable auf. Übt man auf die Wurzeln in ϑ die Permutationen aus, so erhält man $n!$ voneinander verschiedene Linearformen der Variablen A_i. Die Differenz zweier beliebiger dieser Formen ist wieder eine nicht verschwindende Linearform und das Produkt aller Differenzen ist eine Form der A_i, deren Koeffizienten symmetrische Funktionen der Wurzeln mit ganzzahligen Koeffizienten sind, d. h. die Koeffizienten sind rationale Zahlen. Man kann nun den Variablen solche rationale Werte erteilen, daß die Form einen von 0 verschiedenen Wert annimmt, womit der Satz bewiesen ist.

Wir verstehen unter ϑ eine nach Satz 218 gewählte Zahl. Es läßt sich dann jede Zahl des Körpers als ganze Funktion vom $(n!-1)$-ten Grade in ϑ mit rationalen Koeffizienten darstellen. Statt ϑ kann auch eine beliebige der $n!$ Zahlen gewählt werden, die durch die Permutationen daraus hervorgehen. Wir bezeichnen sie mit $\vartheta = \vartheta_1, \vartheta_2, \ldots, \vartheta_{n!}$.

Die Gleichung

$$(t - \vartheta_1)(t - \vartheta_2) \cdots (t - \vartheta_{n!}) = 0$$

besitzt rationale Zahlenkoeffizienten, *sie braucht aber in R nicht irreduzibel zu sein.* $F(t)$ sei einer ihrer irreduziblen Faktoren, $\vartheta, \vartheta', \ldots, \vartheta^{(g-1)}$ seien seine Wurzeln. Infolge des Bestehens der Gleichung $F(\vartheta) = 0$ läßt sich jede Zahl α von K bereits als Funktion $(g-1)$-ten Grades von ϑ ausdrücken

$$x_1 + x_2 \vartheta + \cdots + x_g \vartheta^{g-1} = \alpha.$$

Jetzt ersetzt man ϑ durch ϑ'. Die Zahlen von K erfahren dadurch eine bestimmte Permutation, die durch (ϑ, ϑ') symbolisiert werden kann. Allgemein definiert $(\vartheta, \vartheta^{(i)})$ eine Permutation, und wir wollen ihre Eigenschaften durch folgende Sätze charakterisieren.

Satz 219. *Diejenigen Zahlen, welche bei allen Permutationen $(\vartheta, \vartheta^{(i)})$ ungeändert bleiben, bilden den Körper der rationalen Zahlen.*

Beweis. Wenn

$$\alpha = x_1 + x_2 \vartheta + \cdots + x_g \vartheta^{g-1}$$

eine rationale Zahl ist, so ist

$$x_2 = x_3 = \cdots = x_g = 0, \qquad x_1 = \alpha,$$

denn andernfalls würde ϑ in R einer Gleichung vom Grade $g-1$ genügen. Hieraus folgt, daß die Substitutionen $(\vartheta, \vartheta^{(i)})$ ohne Einfluß auf die Zahl sind. Nun möge umgekehrt α bei den Substitutionen ungeändert bleiben. Man addiere die Ausdrücke

$$\alpha = x_1 + x_2 \vartheta^{(i)} + \cdots + x_g \vartheta^{(i)g-1},$$

indem man für $\vartheta^{(i)}$ alle Wurzeln $\vartheta, \vartheta', \ldots, \vartheta^{(g-1)}$ einsetzt und findet, daß $g\alpha$ und daher auch α einen rationalen Zahlwert hat, weil dasselbe von den Potenzsummen der ϑ gilt.

Nun sei

$$\alpha = x_1 + x_2\vartheta + \cdots + x_g\vartheta^{g-1}$$

eine beliebige Zahl aus K, ferner setzen wir

$$\alpha^{(i)} = x_1 + x_2\vartheta^{(i)} + \cdots + x_g\vartheta^{(i)^{g-1}} \qquad (i = 1, 2, \ldots, g-1)$$

und nennen $\alpha^{(i)}$ die zu α **konjugierten Zahlen**.

Satz 220. *Es ist für zwei beliebige Zahlen aus K stets*

$$(\alpha + \beta)^{(i)} = \alpha^{(i)} + \beta^{(i)} \qquad (\alpha\beta)^{(i)} = \alpha^{(i)}\beta^{(i)}.$$

Beweis. Wir setzen

$$\alpha + \beta = \gamma \qquad \alpha\beta = \delta$$

und drücken die vier Zahlen α, β, γ, δ durch ϑ aus. Dann erhalten wir zwei Gleichungen für ϑ mit rationalen Koeffizienten. Diese müssen auch erfüllt sein, wenn wir ϑ durch eine beliebige der konjugierten Zahlen $\vartheta^{(i)}$ ersetzen, womit der Satz bewiesen ist.

Satz 221. *Die Permutationen $(\vartheta, \vartheta^{(i)})$ bilden g Automorphismen des Körpers K, d. h. jede rationale Beziehung mit rationalen Koeffizienten, die zwischen Zahlen von K besteht, geht durch die Permutationen in richtige Beziehungen über.*

Beweis. Jede der angegebenen Beziehungen läßt sich auf die Gestalt bringen

$$F(\alpha, \beta, \gamma, \ldots) = 0,$$

wobei F eine ganze rationale Funktion der Zahlen $\alpha, \beta, \gamma, \ldots$ mit rationalen Koeffizienten ist. Indem man Satz 220 mehrere Male anwendet, findet man

$$F(\alpha, \beta, \gamma, \ldots)^{(i)} = F(\alpha^{(i)}, \beta^{(i)}, \gamma^{(i)}, \ldots) = 0^{(i)} = 0.$$

Hieraus folgt, daß die konjugierten Zahlen Wurzeln derselben irreduziblen Gleichung in R sind.

Satz 222. *Die Permutationen $(\vartheta, \vartheta^{(i)})$ bilden eine Gruppe, die **Galoissche Gruppe** des Körpers K. Sie ist identisch mit der Gruppe aller Automorphismen von K.*

Beweis. Führt man zwei Automorphismen nacheinander aus, so ist das Resultat wieder ein solcher, d. h. die Automorphismen bilden eine Gruppe. Da die rationalen Zahlen stets ungeändert bleiben, so kann ϑ nur in eine der Zahlen $\vartheta', \ldots, \vartheta^{(g-1)}$ übergehen und die beliebige Zahl

$$\alpha = x_1 + x_2\vartheta + \cdots + x_g\vartheta^{g-1}$$

bleibt entweder ungeändert oder sie geht in $\alpha^{(i)}$ über. Es gibt also nur die g Automorphismen

$$(\vartheta, \vartheta) \qquad \text{und} \qquad (\vartheta, \vartheta^{(i)}) \qquad (i = 1, 2, \ldots, g-1).$$

Satz 223. *Zu jeder Untergruppe der Galoisschen Gruppe $\mathfrak{G}$ gehört ein Unterkörper, jeder Unterkörper gehört zu einer Untergruppe.*

Beweis. Wie zu Satz 215 und 216.

Die *verschiedenen* Zahlen $\alpha, \alpha', \ldots, \alpha^{(r-1)}$, welche aus α durch die Permutationen von $\mathfrak{G}$ hervorgehen, sind die Wurzeln der in R irreduzibeln Gleichung, welcher α genügt. Sie erfahren unter $\mathfrak{G}$ eine transitive Permutationsgruppe. Diejenigen Permutationen, welche α ungeändert lassen, bilden eine Untergruppe von $\mathfrak{G}$ vom Index r. Körper, die durch konjugierte Zahlen erzeugt werden, heißen konjugierte Körper. Sie gehören zu konjugierten Untergruppen.

Definition. Körper, die mit ihren konjugierten übereinstimmen, heißen *Galoissche Körper.*

Satz 224. *Die notwendige und hinreichende Bedingung dafür, daß ein Unterkörper von K Galoissch ist, besteht darin, daß seine Gruppe ein Normalteiler von $\mathfrak{G}$ ist.*

Satz 225. *Ist H ein Galoisscher Unterkörper, der zu dem Normalteiler $\mathfrak{N}$ von $\mathfrak{G}$ gehört, so ist $\mathfrak{G}/\mathfrak{N}$ seine Gruppe in R.*

Beweis. Ist r der Index von $\mathfrak{N}$ unter $\mathfrak{G}$, so ist r auch der Grad von H und seine Gruppe hat daher die Ordnung r. Gerade so viele Automorphismen liefert aber die *Galois*sche Gruppe von K, denn die Zahlen von H bleiben bei $\mathfrak{N}$ ungeändert und erfahren unter $\mathfrak{G}$ eine Permutationsgruppe von der Gestalt $\mathfrak{G}/\mathfrak{N}$. Die *Galois*sche Gruppe von H ist isomorph (homomorph) mit derjenigen von K.

Die Resultate dieses Paragraphen lassen sich ohne weiteres auf den Fall übertragen, daß der Grundkörper ein beliebiger Körper R ist. Die *Galois*sche Gruppe besteht aus denjenigen Automorphismen von K, bei denen die Größen von R ungeändert bleiben. Man erhält alle Körper zwischen R und K, indem man alle Untergruppen der *Galois*schen Gruppe bestimmt. Zu einem Normalteiler gehören Körper, die *in R* oder *relativ zu R Galois*sch sind. Hier ordnet sich auch der Fall des vorigen Paragraphen unter.

Satz 226. *Eine Gleichung ist dann und nur dann durch Wurzelzeichen auflösbar, wenn ihre Gruppe auflösbar ist.*

Beweis. Jeder Körper K, der aus R durch Wurzeloperationen erreichbar ist, kann offenbar folgendermaßen aufgebaut werden: Man zieht aus einer Größe von R die p-te Wurzel, wobei p eine Primzahl ist, und fügt sie zu R hinzu. Hierdurch entstehe der Körper K_1. Wir setzen voraus, daß R die p-ten Einheitswurzeln enthält und finden, daß der neue Körper in R *Galois*sch ist. Sein Relativgrad ist p und seine Gruppe daher zyklisch und von der Ordnung p. Mit K_1 verfährt man gleich, selbstverständlich können Wurzeln von beliebigem Primzahlgrad vorkommen. Schließlich wird man K erreichen. Die eingeschalteten Körper seien $R, K_1, \ldots, K_{r-1}, K$. Jeder Körper ist *Galois*sch in dem vorhergehenden. Daraus folgt, daß die zu ihnen gehörenden Untergruppen eine Kompositionsreihe für $\mathfrak{G}$ mit lauter zyklischen Faktorgruppen bilden. Umgekehrt: Ist $\mathfrak{G}$ auflösbar und bildet $\mathfrak{G}, \mathfrak{H}_1,$

$\mathfrak{H}_2, \ldots, \mathfrak{H}_{r-1}, E$ eine Kompositionsreihe, so bilden die zu dieser Reihe gehörigen Körper eine Folge von derselben Beschaffenheit wie die obige Reihe der Körper K, denn jeder ist *Galois*sch in dem vorhergehenden und seine Relativgruppe hat Primzahlordnung. Nach Satz 217 lassen sie sich also durch Wurzeln bestimmen.

Wenn ferner K ein Körper mit nicht auflösbarer Gruppe ist, so kann er nicht in einem auflösbaren Körper enthalten sein, das würde dem Satz 27 über die Kompositionsreihe widersprechen: in einer auflösbaren Gruppe ist jede Untergruppe und jede Faktorgruppe auflösbar.

§ 77. Anwendungen der allgemeinen Gruppentheorie.

Jeder Satz der Gruppentheorie wird nun zu einem Satz über algebraische Körper. Wir geben hier einige Beispiele: Ein Unterkörper von K, der zu einer größten Untergruppe von $\mathfrak{G}$ gehört, möge **primitiv** in R heißen. Eine ihn erzeugende Zahl erfährt mit ihren konjugierten unter der *Galois*schen Gruppe eine primitive Permutationsgruppe. Wenn also K auflösbar ist, so ist nach Satz 98 der Grad seiner primitiven Unterkörper eine Primzahlpotenz.

Wenn ein Körper einen *Abel*schen Unterkörper enthält, so enthält er auch einen *größten Abel*schen Unterkörper, der alle anderen umfaßt, es ist der zur *Kommutatorgruppe* (Satz 35) gehörige.

α sei eine Größe, welche zu der Untergruppe $\mathfrak{H}$ gehört und

$$f(t) = 0$$

sei die in R irreduzible Gleichung, der α genügt. Wie zerfällt sie in dem zur Untergruppe $\mathfrak{K}$ gehörigen Körper? Um diese Frage zu beantworten, zerlege man $\mathfrak{G}$ nach dem Doppelmodul $(\mathfrak{H}, \mathfrak{K})$. Jedem Komplex dieser Zerlegung entspricht ein Faktor von f, dessen Grad gleich der Anzahl der Nebengruppen von $\mathfrak{H}$ in diesem Komplex ist. Adjungieren wir der Gleichung $f(t) = 0$ eine ihrer Wurzeln α, so wird sich nur der Faktor $t - \alpha$ abspalten, falls die Gruppe der Gleichung (die Permutationsgruppe ihrer Wurzeln) mindestens zweifach transitiv ist. Im anderen Falle ergeben jeweils die unter $\mathfrak{H}$ transitiv verbundenen Größen die Wurzeln eines irreduzibeln Faktors von $f(t)$.

Die Methoden lassen sich ferner auf die von *Galois* entdeckten Imaginären, die sog. *Galois*felder GF (vgl. § 18) übertragen. Ein solches ist vollkommen bestimmt, wenn die Anzahl seiner Elemente, die eine beliebige Primzahlpotenz sein kann, gegeben ist. Das $GF(p^f)$ enthält als Unterkörper das $GF(p)$, d. h. die Reste der ganzen Zahlen (mod p). Wir beweisen, daß seine Gruppe im $GF(p)$ zyklisch und von der Ordnung f ist. Ersetzt man nämlich jedes seiner Elemente durch seine p-te Potenz, so bleiben die Elemente aus $GF(p)$ ungeändert und die Elemente des $GF(p^f)$ erfahren einen Automorphismus. Es gilt ja

$$(\alpha \cdot \beta)^p = \alpha^p \cdot \beta^p \quad \text{und} \quad (\alpha + \beta)^p = \alpha^p + \beta^p,$$

letztere Gleichung deswegen, weil in der Binomialformel sämtliche Koeffizienten außer dem ersten und letzten durch p teilbar sind. Ist nun α ein erzeugendes (primitives) Element des $GF(p^f)$, so genügt es im $GF(p)$ einer irreduziblen Gleichung vom Grade f. Wegen des Automorphismus sind die Wurzeln dieser Gleichung

$$\alpha^p, \alpha^{p^2}, \ldots, \alpha^{p^f} = \alpha.$$

Die *Galois*sche Gruppe wird gebildet von den f Substitutionen

$$(\alpha, \alpha), \quad (\alpha, \alpha^p), \ldots, \big((\alpha, \alpha^{p^{f-1}}\big).$$

Ist $f = r\,s$, so bilden die Elemente, die bei der Substitution $\big(x, \alpha^{p^r}\big)$ ungeändert bleiben, den Unterkörper $GF(p^r)$.

Die Tatsache, daß man die *Galois*sche Theorie der GF völlig beherrscht, ist von größter Wichtigkeit für die algebraische Zahlentheorie. Man zeigt dort, daß die Reste eines Primideals $\mathfrak{p}$, das in p aufgeht, ein $GF(p^f)$ bilden. f heißt der **Grad** von $\mathfrak{p}$.

Diejenige Untergruppe $\mathfrak{Z}$ der Gruppe des Zahlkörpers, welche das Primideal $\mathfrak{p}$ nicht ändert, heißt die **Zerlegungsgruppe.** Übt man sie auf die Zahlen des Körpers aus und reduziert (mod $\mathfrak{p}$), so erhält man einen Automorphismus des $GF(p^f)$. Ist $\mathfrak{T}$ die Untergruppe von $\mathfrak{Z}$, welche den identischen Automorphismus liefert, so ist $\mathfrak{T}$ Normalteiler von $\mathfrak{Z}$ und $\mathfrak{Z}/\mathfrak{T}$ zyklisch. $\mathfrak{T}$ heißt die **Trägheitsgruppe** von $\mathfrak{p}$ und man zeigt leicht, daß ihr Index genau gleich f ist. Um auch $\mathfrak{T}$ zu untersuchen, die nur für Diskriminantenteiler von E verschieden ist, untersucht man nach *Hilbert* (Zahlbericht, S. 250f., vgl. ferner *Speiser*, Die Zerlegungsgruppe. *Crelle*s Journ. Bd. 149, S. 174—188) die Automorphismengruppe der Reste nach höheren Potenzen von $\mathfrak{p}$. Die Aufgabe wird dadurch erleichtert, daß man die erzeugende Zahl der Reste (mod $\mathfrak{p}$) als unverändert durch $\mathfrak{T}$ annehmen kann. Ist nun π eine durch $\mathfrak{p}$, aber nicht durch $\mathfrak{p}^2$ teilbare Zahl, so sind alle Reste (mod $\mathfrak{p}^2$) darstellbar in der Gestalt

$$\alpha + \beta\pi,$$

wobei α und β alle Reste (mod $\mathfrak{p}$) durchlaufen. Man erhält nun alle Automorphismen von $\mathfrak{T}$, indem man die Änderungen von π angibt. Offenbar darf π übergehen in jeden Rest $\gamma\pi$, wenn nur γ von 0 verschieden ist. Diese Substitutionen bilden wieder eine zyklische Gruppe von der Ordnung $p^f - 1$. Die Untergruppe, welche auch diese Reste ungeändert läßt, heißt die **Verzweigungsgruppe** $\mathfrak{V}$. Nimmt man die Reste (mod $\mathfrak{p}^3$), so sehen die Substitutionen von $\mathfrak{V}$ so aus:

$$\pi \to \pi + \alpha\pi^2.$$

Setzt man zwei solche zusammen, etwa die obige und eine zweite mit β statt α, so erhält man die Substitution

$$\pi \to \pi + (\alpha + \beta)\pi^2.$$

Die Gruppe ist also gleich beschaffen wie die additive Gruppe des $GF(p^f)$, d. h. sie ist *Abel*sch vom Typus $(p, p, \ldots)$ und von der Ordnung p^f. In dieser zuletzt angegebenen Weise geht es für die Reste nach höheren Potenzen von $\mathfrak{p}$ fort. Es ist jedoch zu bemerken, daß die wirklich auftretende Gruppe $\mathfrak{T}$ stets eine *Untergruppe* der vollen Gruppe aller Automorphismen ist.

Die Sätze über die *Automorphismen Abelscher Gruppen* finden ihre Anwendung in folgendem Problem der algebraischen Zahlkörper. Die Idealklassen bilden eine *Abel*sche Gruppe. Ist der Körper *Galois*sch und übt man die Substitutionen der Körpergruppe aus, so erfährt die Gruppe der Idealklassen eine Automorphismengruppe. Man gelangt auf diesem Wege direkt zu der Gruppe des Klassenkörpers. Man vergleiche hierüber die Arbeiten von *Fueter*, *Furtwängler* und *Takagi*.

Die Basiseinheiten eines *Galois*schen Körpers erfahren beim Übergang zu den konjugierten in ihren Exponenten eine *ganzzahlige Substitutionsgruppe*. Hier ist die Frage nach der *vollständigen Reduzierung im Bereich der ganzen rationalen Zahlen von großer Wichtigkeit*.

Betrachtet man schließlich die Körper, die durch die p-ten Wurzeln aus Einheiten oder beliebigen Zahlen und ihren konjugierten entstehen, so wird man auf *ganzzahlige Substitutionsgruppen* (mod p) geführt.

Wir haben hier nur einige charakteristische Beispiele von Anwendungen der Gruppentheorie gegeben, sie mögen einen Begriff geben von dem weiten Forschungsfeld, das hier offen liegt. Etwas ausführlicher wollen wir auf die Anwendungen der Substitutionsgruppen eingehen.

§ 78. Die *Klein*sche Gleichungstheorie.

Wir gehen aus von einer beliebigen Substitutionsgruppe Γ vom Grade n und von der Ordnung g. Ihre Matrizen seien $E, A, B, \ldots, S, \ldots$. Ferner sei K der Körper aller rationalen Funktionen von $x_1, \ldots, x_n$. Die numerischen Koeffizienten seien auf denjenigen Körper beschränkt, der durch die Koeffizienten der Matrizen von Γ bestimmt ist. R sei der Unterkörper von K, dessen Funktionen ungeändert bleiben, wenn man auf die Variablen sämtliche Substitutionen von Γ ausübt.

Man zeigt leicht, daß es in K Funktionen gibt, die unter den Substitutionen g verschiedene Werte annehmen. Wiederum gehören die Unterkörper und die Untergruppen zusammen.

Das Problem, aus dem Körper R die Variablen x_i und damit den Körper K zu bestimmen, heißt nach *F. Klein* das **Formenproblem von Γ**[1]. Falls Γ eine Permutationsgruppe ist, so haben wir das *Lagrange-*

---

[1] In der Sprache der Invariantentheorie, von der *Klein* in seinen diesbezüglichen Arbeiten Gebrauch machte, spricht sich das Formenproblem folgendermaßen aus: Es sei $F_1(x_1, \ldots, x_n)$, $F_2(x_1, \ldots, x_n)$, $\ldots, F_\mu(x_1, \ldots, x_n)$ ein *vollständiges* System bei der betrachteten Gruppe invarianter Formen. Wenn für diese im Einklang mit den zwischen ihnen bestehenden Syzygien Zahlenwerte vorgeschrieben

sche Problem vor uns; die allgemeinere Fassung gestattet in allen Fällen, das Problem zu vereinfachen. Wir zeigen das an zwei Beispielen, den Gleichungen 3. und 5. Grades.

Die *symmetrische Gruppe dreier Variabler* läßt sich folgendermaßen als monomiale Gruppe 2. Grades schreiben

$$S = \begin{pmatrix} \varepsilon & 0 \\ 0 & \varepsilon^2 \end{pmatrix} \qquad T = \begin{pmatrix} 0 & 1 \\ 1 & 0 \end{pmatrix}.$$

Sie besitzt folgende zwei *Invarianten*

$$I_1 = x_1 x_2 \qquad I_2 = x_1^3 + x_2^3.$$

Als Auflösung findet man

$$x_2 = \frac{I_1}{x_1} \quad \text{und} \quad x_1 = \sqrt[3]{\frac{I_2}{2} \pm \sqrt{\frac{I_2^2}{4} - I_1^3}},$$

ein Ausdruck, der gleich gebaut ist wie die *Cardani*sche Formel.

Dieses Formenproblem löst jede Gleichung 3. Grades. Zum Beweis bezeichnen wir die 6 Matrizen E, S, S^2, T, TS, TS^2 in dieser Reihenfolge mit $A_1, \ldots, A_6$ und ordnen gleichzeitig S die Permutation $(\alpha_1 \alpha_2 \alpha_3)$, T die Permutation $(\alpha_2 \alpha_3)$ der Wurzeln unserer Gleichung zu. Die Funktion $f(\alpha_1, \alpha_2, \alpha_3)$ möge durch die Permutationen übergehen in $f = f_1, f_2, \ldots, f_6$. Alsdann bilden wir, wie in § 58, die Matrix

$$A_1 f_1 + \cdots + A_6 f_6 = \mathsf{M}.$$

Übt man auf die α_i eine Permutation aus und setzt man gleichzeitig M rechts mit der entsprechenden Matrix A zusammen, so bleibt M ungeändert, denn die Matrizen A_k und die Funktionen f_k erfahren dadurch dieselbe Permutation. Durch die Permutation der α_i geht M in eine Matrix M_A mit konjugierten Koeffizienten über und wir finden

$$\mathsf{M}_A A = \mathsf{M} \quad \text{oder} \quad \mathsf{M}_A = \mathsf{M} A^{-1}.$$

Daraus folgt, daß die Zeilen von M beim Übergang zu den konjugierten Werten die Substitutionen der adjungierten Gruppe erfahren, d. h. sie sind *Lösungen des zugehörigen Formenproblems*. Wählen wir für f speziell α_1, so erhalten wir die *Cardanische Formel:* Es wird

$$\mathsf{M} = \begin{pmatrix} \alpha_1 + \varepsilon \alpha_2 + \varepsilon^2 \alpha_3, & \alpha_1 + \varepsilon^2 \alpha_2 + \varepsilon \alpha_3 \\ \alpha_1 + \varepsilon^2 \alpha_2 + \varepsilon \alpha_3, & \alpha_1 + \varepsilon \alpha_2 + \varepsilon^2 \alpha_3 \end{pmatrix}.$$

Die beiden Funktionen

$$x_1 = \alpha_1 + \varepsilon \alpha_2 + \varepsilon^2 \alpha_3 \qquad x_2 = \alpha_1 + \varepsilon^2 \alpha_2 + \varepsilon \alpha_3$$

erfahren unter den Permutationen die Substitutionen unserer Gruppe Γ und setzen wir sie in den Invarianten ein, so gehen diese in symmetrische Funktionen von $\alpha_1, \alpha_2, \alpha_3$ über. So wird

werden, so sollen die zugehörigen Werte von $x_1, x_2, \ldots, x_n$ bestimmt werden. — Neben diesem *Formenproblem* behandelte *Klein* ein sog. *Funktionenproblem*; bei diesem werden rationale Kombinationen der $F_1, \ldots, F_g$ vom Homogenitätsgrade Null gegeben und es wird nach den Verhältnissen $x_1 : x_2 : \ldots : x_n$ gefragt (Anmerkung von *E. Bessel-Hagen*).

$$I_1 = x_1 \cdot x_2 = \alpha_1^2 + \alpha_2^2 + \alpha_3^2 + (\varepsilon + \varepsilon^2)(\alpha_1 \alpha_2 + \alpha_2 \alpha_3 + \alpha_3 \alpha_1),$$

wobei $\varepsilon + \varepsilon^2 = -1$ ist. Ähnlich wird

$$I_2 = x_1^3 + x_2^3 = 2(\alpha_1^3 + \alpha_2^3 + \alpha_3^3) -$$
$$- 3(\alpha_1^2 \alpha_2 + \alpha_2^2 \alpha_3 + \alpha_3^2 \alpha_1 + \alpha_1 \alpha_2^2 + \alpha_2 \alpha_3^2 + \alpha_3 \alpha_1^2) + 12 \alpha_1 \alpha_2 \alpha_3.$$

Drückt man diese Formen durch die elementarsymmetrischen Formen der α aus, d. h. durch die Koeffizienten der Gleichung

$$x^3 - a x^2 + b x - c = 0,$$

der die α genügen, so findet man

$$I_1 = a^2 - 3 b, \quad I_2 = 2 a^3 - 9 a b + 27 c.$$

Hieraus erhält man x_1 und x_2 und schließlich findet man

$$3 \alpha_1 = a + x_1 + x_2, \quad 3 \alpha_2 = a + \varepsilon^2 x_1 + \varepsilon x_2, \quad 3 \alpha_3 = a + \varepsilon x_1 + \varepsilon^2 x_2.$$

Dies ist aber die *Cardani*sche Formel.

Wir gehen nunmehr über zu den Gleichungen vom 5. Grad. Bekanntlich besitzt die symmetrische Gruppe einen Normalteiler vom Index zwei, die alternierende Gruppe, und das Differenzenprodukt ist eine zu dieser gehörige Funktion. So bleibt noch ein Gleichungsproblem vom 60. Grade übrig, und seine Gruppe ist die Ikosaedergruppe, eine einfache Gruppe, die wir eingehend behandelt haben. Insbesondere haben wir eine Darstellung derselben in 3 Variablen gegeben in § 59, und nach der eben angegebenen Methode muß sich die Gleichung durch ein Formenproblem von 3 Dimensionen lösen lassen. Wir geben hier die diesbezüglichen Formeln und bemerken noch, daß das Problem, das wir behandeln, Gegenstand der „Vorlesungen über das Ikosaeder" (Leipzig 1884) von *F. Klein* ist[1].

Die Ikosaedergruppe kann durch drei Elemente erzeugt werden. In § 59 haben wir sie mit A, B und C bezeichnet, wir wollen aber jetzt, um die Bezeichnungen von *Klein* nicht zu verändern, die Buchstaben S, T und U benutzen und S statt A, T statt C, U statt B setzen. Wir nehmen als Darstellung Γ die adjungierte zu derjenigen vom Schluß des § 59. Da T und U die Ordnung 2 haben, so brauchen wir ihre Matrizen nur zu transponieren. So finden wir

$$S = \begin{pmatrix} 1 & 0 & 0 \\ 0 & \varepsilon & 0 \\ 0 & 0 & \varepsilon^4 \end{pmatrix} \qquad T = \begin{pmatrix} \dfrac{1}{\sqrt{5}} & \dfrac{1}{\sqrt{5}} & \dfrac{1}{\sqrt{5}} \\[2mm] \dfrac{2}{\sqrt{5}} & \dfrac{\varepsilon^2 + \varepsilon^3}{\sqrt{5}} & \dfrac{\varepsilon + \varepsilon^4}{\sqrt{5}} \\[2mm] \dfrac{2}{\sqrt{5}} & \dfrac{\varepsilon + \varepsilon^4}{\sqrt{5}} & \dfrac{\varepsilon^2 + \varepsilon^3}{\sqrt{5}} \end{pmatrix}$$

$$U = \begin{pmatrix} -1 & 0 & 0 \\ 0 & 0 & -1 \\ 0 & -1 & 0 \end{pmatrix}.$$

---

[1] Vgl. ferner *A. Speiser*: Gruppendeterminante und Körperdiskriminante. Math. Ann. Bd. 77 (1916), S. 546.

Wenn wir unter f eine beliebige rationale Funktion der 5 Variablen $x_1, \ldots, x_5$ verstehen und die 60 Matrizen der adjungierten Gruppe $\overline{\Gamma}$ mit $\overline{A}_i$ $(i = 1, \ldots, 60)$ bezeichnen, so haben wir auf f die sämtlichen Permutationen der alternierenden Gruppe auszuüben und den Ausdruck zu bilden

$$\sum f_i A_i = \mathsf{M}\,(x_1, \ldots, x_5).$$

Falls M nicht identisch verschwindet, werden ihre Zeilen bei den Permutationen der Variablen die Substitutionen der Gruppe Γ erfahren. Wir wählen nun f in besonders geeigneter Weise, indem wir für sie eine Funktion ω nehmen, die zu der durch S erzeugten zyklischen Gruppe gehört. Zerlegen wir die Ikosaedergruppe nach dieser Untergruppe und ihren Nebengruppen, so können wir als repräsentierende Elemente der letzteren die folgenden 12 wählen:

$$E, U, T, UT, TS, UTS, \ldots, TS^4, UTS^4.$$

Für $\overline{\Gamma}$ ist

$$S = \begin{pmatrix} 1 & 0 & 0 \\ 0 & \varepsilon^4 & 0 \\ 0 & 0 & \varepsilon \end{pmatrix}, \quad \begin{aligned} &\overline{T} = \text{transponierte Substitution zu } T \\ &\overline{U} = U. \end{aligned}$$

Nun haben wir zu bilden: $\sum\limits_{i=1}^{60} \omega_i \overline{A}_i$. Summieren wir erst über die 5 Matrizen der zyklischen Untergruppe, so ändert sich ω nicht, und wir erhalten

$$\sum_1^5 \overline{S}^i = \begin{pmatrix} 5 & 0 & 0 \\ 0 & 0 & 0 \\ 0 & 0 & 0 \end{pmatrix} = \overline{H}.$$

Nun üben wir die Substitution U aus, wobei ω in ω' übergehen möge.

Summieren wir wieder über die 5 Elemente $\overline{S^i U}$, wobei ω immer in dieselbe Funktion ω' übergeht, so finden wir

$$\overline{H}\,\overline{U} = \begin{pmatrix} -5 & 0 & 0 \\ 0 & 0 & 0 \\ 0 & 0 & 0 \end{pmatrix}.$$

Indem wir in dieser Weise fortfahren, erhalten wir

$$\overline{H}\,\overline{T} = \begin{pmatrix} \sqrt{5}, & 2\sqrt{5}, & 2\sqrt{5} \\ 0 & 0 & 0 \\ 0 & 0 & 0 \end{pmatrix}$$

$$\overline{H}\,\overline{T}\,\overline{S}^i = \begin{pmatrix} \sqrt{5} & 2\varepsilon^i\sqrt{5} & 2\varepsilon^{4i}\sqrt{5} \\ 0 & 0 & 0 \\ 0 & 0 & 0 \end{pmatrix}.$$

Die mit ω konjugierten Funktionen bezeichnen wir in der angegebenen Reihenfolge mit $\omega, \omega', \ldots, \omega^{(11)}$ und setzen nun

$$\omega - \omega' = u_\infty, \quad \omega'' - \omega''' = u_0, \quad \omega^{(4)} - \omega^{(5)} = u_4, \ldots,$$
$$\omega^{(10)} - \omega^{(11)} = u_1,$$

indem wir die Bezeichnung von *Klein* (l. c. S. 154) benutzen. Man findet, daß nur die erste Zeile von 0 verschieden ist, und zwar lautet sie

$$5\,u_\infty + \sqrt{5}\,(u_0 + \quad u_1 + \quad u_2 + \quad u_3 + \quad u_4),$$
$$2\,\sqrt{5}\,(u_0 + \varepsilon^4\,u_1 + \varepsilon^3\,u_2 + \varepsilon^2\,u_3 + \varepsilon\ u_4),$$
$$2\,\sqrt{5}\,(u_0 + \varepsilon\ u_1 + \varepsilon^2\,u_2 + \varepsilon^3\,u_3 + \varepsilon^4\,u_4).$$

Diese 3 Funktionen von $x_1, \ldots, x_5$ erfahren also bei den Vertauschungen der alternierenden Gruppe die ternären Ikosaedersubstitutionen. Indem wir sie noch durch 5 dividieren, bezeichnen wir sie mit $\mathsf{A}_0, \mathsf{A}_1, \mathsf{A}_2$ und erhalten

$$\mathsf{A}_0 \cdot \sqrt{5} = u_\infty \sqrt{5} + u_0 + \quad u_1 + \quad u_2 + \quad u_3 + \quad u_4,$$
$$\mathsf{A}_1 \cdot \sqrt{5} = \qquad 2\,(u_0 + \varepsilon^4\,u_1 + \varepsilon^3\,u_2 + \varepsilon^2\,u_3 + \varepsilon\ u_4),$$
$$\mathsf{A}_2 \cdot \sqrt{5} = \qquad 2\,(u_0 + \varepsilon\,u_1 + \varepsilon^2\,u_2 + \varepsilon^3\,u_3 + \varepsilon^4\,u_4).$$

Hiermit sind wir jedoch noch nicht zu Ende, sondern wir können eine weitere Tatsache benutzen, nämlich, daß sich die Ikosaedergruppe auch als lineare gebrochene Substitutionsgruppe einer Variablen darstellen läßt. Projiziert man die Ikosaederdrehungen stereographisch auf die komplexe Zahlenebene, so erhält man sie. Eine leichte Überlegung, die man bei *Klein* (a. a. O. S. 39) nachlesen kann, gestattet, sie herzustellen. Wir schreiben sie gleich in homogener Form auf, indem wir $z = x/y$ setzen und die Determinanten so normieren, daß sie alle $=1$ werden. Hierdurch sind die Matrizen bis auf das Vorzeichen bestimmt

$$S = \begin{pmatrix} \pm\,\varepsilon^3 & 0 \\ 0 & \pm\,\varepsilon^2 \end{pmatrix} \qquad T = \begin{pmatrix} \mp\,\dfrac{\varepsilon - \varepsilon^4}{\sqrt{5}} & \pm\,\dfrac{\varepsilon^2 - \varepsilon^3}{\sqrt{5}} \\[2ex] \pm\,\dfrac{\varepsilon^2 - \varepsilon^3}{\sqrt{5}} & \pm\,\dfrac{\varepsilon - \varepsilon^4}{\sqrt{5}} \end{pmatrix}$$

$$U = \begin{pmatrix} 0 & \pm\,1 \\ \pm\,1 & 0 \end{pmatrix}$$

Die 120 Substitutionen bilden eine Gruppe, welche einen Normalteiler von der Ordnung 2 enthält, $\begin{pmatrix} 1 & 0 \\ 0 & 1 \end{pmatrix}$ und $\begin{pmatrix} -1 & 0 \\ 0 & -1 \end{pmatrix}$. Seine Faktorgruppe ist die Ikosaedergruppe.

Diese 120 Substitutionen übe man nun aus auf die Variablen x und y der quadratischen Form

$$a\,x^2 + b\,x\,y + c\,y^2.$$

Bezeichnet man eine der so entstehenden Formen mit

$$a'\,x^2 + b'\,x\,y + c'\,y^2,$$

so sind die neuen Koeffizienten lineare Formen der alten, d. h. die Koeffizienten a, b und c erfahren eine ternäre Substitution, die (nach einer von *Hurwitz* eingeführten Bezeichnungsweise) *induziert* ist durch die Substitution auf die Variablen. Die induzierte Substitutionsgruppe ist nur noch von der Ordnung 60 und mit der Ikosaedergruppe isomorph, sie muß also mit Γ oder $\overline{\Gamma}$ äquivalent sein. Eine elementare Rechnung zeigt, daß, wenn man die binäre Form in der Gestalt annimmt

$$A_1 x^2 + 2 A_0 x y - A_2 y^2 = f(x, y)$$

und die transformierte entsprechend mit

$$A_1' x^2 + 2 A_0' x y - A_2' y^2 = f'(x, y)$$

bezeichnet, die 3 Koeffizienten A_0, A_1, A_2 gerade die Substitutionen Γ erfahren.

Folgende 3 Operationen erzeugen also aus der Form

$$A_1 x^2 + 2 A_0 x y - A_2 y^2$$

dieselben 60 Formen:

1. Man übt auf die Variablen x und y die 120 binären Substitutionen aus.

2. Man übt auf die Koeffizienten A_0, A_1, A_2 die 60 Substitutionen von Γ aus.

3. Man ersetzt die Formen, die ja im Ikosaederkörper liegen, durch die konjugierten.

Jetzt setzen wir die Form $f(x, y)$ gleich Null und erhalten

$$\frac{x}{y} = \frac{-A_0 \pm \sqrt{A_0^2 + A_1 A_2}}{A_1} = \alpha.$$

Der Ausdruck unter dem Wurzelzeichen

$$A_0^2 + A_1 A_2 = d$$

stellt die Determinante der Form dar und bleibt daher für alle 60 Formen derselbe, d. h. d liegt im Grundkörper. Seine Quadratwurzel ist eine akzessorische Irrationalität, die mit dem Ikosaederkörper nichts zu tun hat, deren Adjunktion zum Grundkörper wir aber nicht vermeiden können.

Die Wurzeln der übrigen Formen sind nun identisch mit den zu α konjugierten Größen. Wegen 1. erhält man sie jedoch, indem man in der Gleichung

$$x/y = \alpha$$

auf die linke Seite die gebrochenen linearen Substitutionen anwendet und nach x/y auflöst, also mit anderen Worten: indem man auf α die inversen gebrochenen linearen Ikosaedersubstitutionen ausübt. Diese gehören aber zur selben Gruppe, und wir haben daher in α eine Größe des Ikosaederkörpers, welche beim Übergang zu den konjugierten eben diese gebrochene Substitutionsgruppe erfährt. Setzt man sie in der zugehörigen Invariante (*Klein* a. a. O. § 13)

$$Z = \frac{[-z^{20} - 1 + 228 \,(z^{15} - z^5) - 494 \,z^{10}]^3}{1728 \,[z \,(z^{10} + 11 \,z^5 - 1)]^5} = F(z)$$

ein, so erhält man für Z eine Größe des Grundkörpers. Man erhält
also durch Auflösung der Gleichung

$$F(z) = Z$$

jeden Ikosaederkörper, und wir können in jedem solchen Körper von
vornherein eine Zahl α angeben, welche dieser Gleichung im Grundkörper genügt, wobei wir stets voraussetzen, daß $\sqrt{d}$ mit zum Grundkörper gerechnet wird.

Schluß.

Die Gruppentheorie ordnet sich der Theorie der allgemeinen hyperkomplexen Zahlen unter, welche von *Dedekind, Weierstraß, Molien,
Frobenius, Cartan* geschaffen worden ist und neuerdings unter dem
Namen einer Theorie der Algebren eine bemerkenswerte Weiterent-
wicklung erfahren hat. Man findet die moderne Lehre dargestellt in
dem Werk von *L. E. Dickson*, Algebren und ihre Zahlentheorie, übersetzt von *J. J. Burckhardt* und *E. Schubarth*, Zürich 1927, *van der
Waerden*, Moderne Algebra, *Deuring*, Algebren, Berlin 1935.

Absichtlich haben wir mehrere Überlegungen von. § 58 an mit
Methoden geführt, die dorther stammen, und der Grund wird sofort
klar, wenn man sich etwa überlegt, wie unleserlich z. B. die Formeln
des Satzes 162 in der gewöhnlichen Darstellung geworden wären. Dem
analog wäre es, wenn jemand die algebraische Zahlentheorie in die
Sprache der zerlegbaren Formen zurückübersetzen wollte.

Gehen wir zum § 58 zurück, so handelt es sich für uns jetzt nur
um solche Fälle, in denen die Koeffizienten der Elemente algebraische
Zahlen sind, und wir wollen nun zeigen, daß das schwierige und tief-
liegende Problem der Gitter in n Dimensionen, wie es in den §§ 68
und 72 behandelt wurde, im wesentlichen auf eine Theorie der rechts-
und linksseitigen Ideale in der Algebra, welche durch die Gruppe der
Gittersymmetrien bestimmt ist, herauskommt, wobei als Koeffizienten
nur rationale Zahlen zugelassen werden.

Das Gelenk, welches die. Theorie der Substitutionen mit der eben
beschriebenen Zahlentheorie verbindet, ist Satz 160 und 161, womit
ferner zu vergleichen ist Satz 97 und 121. Bezeichnet man die Zahlen
der Algebra mit ganzen rationalen Koeffizienten als *ganze Zahlen*, so
liefern die Zahlen einer ganzzahligen Substitutionsgruppe nach Satz 160
Systeme von ganzen Zahlen, welche bei rechtsseitiger Multiplikation
mit den Gruppenelementen eine ganzzahlige Substitution erfahren. Der
durch eine solche Zeile erzeugte Modul mit ganzzahligen Koeffizienten a_k

$$a_1 \zeta_{i1} + a_2 \zeta_{i2} + \cdots + a_n \zeta_{in}$$

bildet daher ein rechtsseitiges Ideal. Ganzzahlig äquivalente Substitutionsgruppen derselben Klasse (vgl. den für diese Theorie fundamentalen Satz 190) ergeben dasselbe Ideal.

Satz 185 besagt nun in der Sprache der Algebren, daß jede der Algebren, welche durch Gruppen entstehen, die „direkte Summe" von rational irreduziblen Algebren ist. Jeder rational irreduzible Bestandteil muß für sich betrachtet werden, damit eine klare Zahlentheorie entsteht. Es ist dies die genaue Verallgemeinerung der Tatsache, daß der Körper der p-ten Einheitswurzeln bloß den Grad $p-1$ hat.

Will man eine rational irreduzible Algebra weiter zerlegen, so muß man den Körper der Charaktere adjungieren. Dieser bildet das „Zentrum" der Algebra. Die so entstehenden Algebren lassen sich nicht weiter zerlegen, aber durch Einführung gewisser weiterer Irrationalitäten kann man sie auf die Gestalt der „einfachen Matrixalgebren" bringen. Dies ist der Inhalt der Sätze 162 und 181.

Die Theorie der Idealklassen ist koordiniert mit der Frage nach den ganzzahlig äquivalenten Substitutionsgruppen, also mit Satz 190.

Ferner besagt Satz 206, daß die zweiseitigen Primideale, welche nicht in der Ordnung der Gruppe aufgehen, schon im Zentrum der Algebra liegen, während Satz 204 einigen Aufschluß über die sog. Diskriminantenteiler liefert.

Hier endet die selbständige Stellung der Gruppentheorie. Sie mündet in die allgemeine Zahlentheorie, indem sie ihr wertvolle neue Erkenntnis zuführt.

ANHANG

Geometrische Deutung der Gruppen

Wir haben mehrfach darauf hingewiesen, daß die Gruppentheorie
wesentliche Aufschlüsse über die Ornamente gibt; man wird daher ver-
muten, daß die Entwicklung der Mathematik auch Ausblicke in neue
Gebilde für die schönen Künste gewährt, die der bloß abstrakten Phantasie unzugänglich sind. Wir wollen hierzu eine kurze Anleitung geben.
Zuvor möchte ich noch auf folgende neuere Werke hinweisen, die man
mit Nutzen zu Hilfe ziehen wird. Die Kristallographie ist vom gruppentheoretischen Standpunkt aus in dem Werk von *J.J.Burckhardt*, „Die
Bewegungsgruppen der Kristallographie" (Basel 1947), dargestellt worden. Ferner hat schon 1932 *W.Threlfall* im 41.Band der Abhandlungen
der sächsischen Akademie einen längeren Aufsatz über Gruppenbilder
veröffentlicht. Ganz besonders möchten wir das faszinierende Werk von
H.S.M.Coxeter, „Regular Polytopes" (London 1948), dem Studium empfehlen. *Hermann Weyls* Buch über Symmetrie wird demnächst in einer
deutschen Übersetzung im Birkhäuserschen Verlag in Basel erscheinen.

Funktion und Substitution

Die Gruppentheorie ist die Lehre von den Substitutionen. Ihr steht
die Funktionentheorie gegenüber, und wir müssen daher zunächst den
Unterschied zwischen Substitution und Funktion klarstellen. Bei der
Funktion geht man von der unabhängigen Variablen aus und gelangt zur
abhängigen. Sind $f(x)$ und $g(x)$ zwei Funktionen, und übt man zuerst f,
nachher g aus, so erhält man die Funktion $y = g\big(f(x)\big)$. Man hat von
rechts nach links fortzugehen, erst f, dann g.

Die Substitutionen sind ebenfalls Übergänge von der unabhängigen
zur abhängigen Variablen, aber die Relationen sind nach der unabhängigen Variablen aufgelöst. Sind $x = S(y)$ und $x = T(y)$ zwei Substitutionen, und übt man erst S, dann T aus, so erhält man die Substitution
$x = S\big(T(y)\big)$, die man also von links nach rechts auszuführen hat. In
beiden Fällen können mehrere Variablen vorkommen, so daß etwa f ein
System von n linearen homogenen Funktionen der n Veränderlichen x_i
überführt in die n Variablen y_k und ebenso S. Der Matrizenkalkül mit
der Regel, daß man die Zeilen links mit den Spalten rechts zusammen-

setzen soll, stimmt sowohl für die Bildung $g\,f$, als für die Bildung $S\,T$. Aber die Funktionen und die Substitutionen lassen zwei Deutungen zu, die man wohl unterscheiden muß.

Raumfeste und körperfeste Deutung

Wenn wir analytisch, also mit Matrizen, arbeiten, so muß jede Funktion und jede Substitution im Raume eine feste Bedeutung haben. Wir betrachten die Variablen x_i als rechtwinklige Koordinaten des Ausgangsraumes und die Variablen y_k als ebensolche des Bildraumes. Meist werden die beiden Räume nachher identifiziert, so daß wir eine Abbildung des Raumes auf sich selbst erhalten. Dies geschieht sogar stets bei den Substitutionen.

Gehen wir jedoch geometrisch vor, so ist das sehr unbequem, wie nachher an einem Beispiel gezeigt werden soll. Hier möchte man mit der Abbildung mitlaufen. Wir wollen diese Auffassung mit dem Wort „körperfest", die vorherige dagegen mit „raumfest" kennzeichnen.

Wir bemerken zunächst, daß im folgenden die Funktionen f, g, h und ebenso die Substitutionen S, T, U stets als raumfest anzusehen sind. Nun gilt folgender Satz:

Deutet man die Funktion $h\big(g\big(f(x)\big)\big)$ raumfest, so hat man sie von rechts nach links zu konstruieren. Deutet man sie aber körperfest, so hat man sie von links nach rechts zu lesen. Entsprechend gilt bei den Substitutionen die Richtung von links nach rechts für die raumfeste Deutung, die Richtung von rechts nach links dagegen für die körperfeste.

Wir wollen diesen Satz für den funktionentheoretischen Fall beweisen. Unter der Funktion $f(x)$ möge die Anfangslage L_1 in die Lage L_2 übergehen, bei $g(x)$ möge L_1 in L_3 übergehen. Unter $g(x)$ wird mit L_1 auch L_2 mitgenommen und in die Lage L_4 übergeführt, die wegen der gleichen Umgebung zu L_3 liegt wie L_2 zu L_1. Hier wird es klar, dass es für die Anschauung viel bequemer ist, zu sagen: Wir bringen L_1 mittels $g(x)$ erst nach L_3 und alsdann L_3 mittels $f(x)$, das wir aber nach der Lage L_3 mitgenommen haben, in die endgültige Lage L_4. Damit haben wir aber die Funktion $g\big(f(x)\big)$ von links nach rechts gelesen.

Analytisch gestaltet sich der Beweis so: Wir müssen die raumfeste Funktion suchen, welche L_3 nach L_4 bringt. Dazu müssen wir erst L_3 nach L_1 schaffen, was offenbar durch die zu g inverse Funktion g^{-1} geschieht, alsdann $f(x)$ ausführen, wodurch wir nach L_2 kommen, und schließlich wieder $g(x)$ ausführen, wodurch L_2 nach L_4 kommt. Dies haben wir von rechts nach links auszuführen und finden, dass folgende Funktion raumfest L_3 nach L_4 überführt: $g\big(f\big(g^{-1}(x)\big)\big)$. (Selbstverständlich sind sowohl Funktionen als Substitutionen stets als umkehrbar vorausgesetzt). Jetzt wollen wir raumfest die Lage L_1 erst nach L_3, dann L_3

nach L_4 bringen, und wir erhalten die Funktion $g \, f \, g^{-1} \, g$. In dieser heben sich aber g^{-1} und g auf, und wir finden in der Tat $g\big(f(x)\big)$, womit der Satz bewiesen ist.

Nach diesen Vorbereitungen wollen wir nun das allgemeine Problem der Überdeckungen der Ebene in den drei Geometrien mit regulären m-Ecken behandeln. Indem wir vom Mittelpunkt des m-Ecks aus nach zwei aufeinanderfolgenden Ecken die Geraden ziehen, erhalten wir gleichschenklige Dreiecke. Der Winkel im Mittelpunkt ist $2\,\pi/m$, die beiden Winkel an den Ecken seien zusammen $2\,\pi/n$, so daß die Winkelsumme $= 2\,\pi\,(1/m + 1/n)$ ist. Man sieht daraus, daß wir den elliptischen Fall erhalten, also die Kugelfläche, wenn $1/m + 1/n > 1/2$ ist, den Euklidischen, wenn $1/m + 1/n = 1/2$ ist, und den hyperbolischen Fall, wenn $1/m + 1/n < 1/2$ ist. Die beiden ersten Fälle sind seit Urzeiten bekannt, und sie liegen der ganzen bisherigen Kunst zugrunde sowohl durch die Ornamentik als auch durch die Proportion des goldenen Schnittes Der hyperbolische Fall ist der Kunst noch unbekannt, und wir wollen einige Beispiele bringen.

Zunächst seien die Lösungen der beiden ersten Fälle angegeben. Der elliptische Fall gestattet die fünf Lösungen für (m, n):

$$(3,3),\ (3,4),\ (4,3),\ (3,5),\ (5,3).$$

Ihnen entsprechen die fünf regulären Körper Tetraeder, Oktaeder, Würfel, Ikosaeder, Pentagondodekaeder. In allen Fällen geht die Überdeckung der Kugel auf, und es gibt keine Überschneidungen.

Der Fall der Euklidischen Ebene mit $1/m + 1/n = 1/2$ gestattet nur die drei Lösungen

$$(3,6),\ (4,4),\ (6,3),$$

welche die Überdeckung der Ebene mit regulären Dreiecken, Quadraten und Sechsecken liefern. Auch hier reihen sich die Figuren glatt aneinander an und bilden keine Überschneidungen, aber die Gruppen sind unendlich.

Alle anderen Fälle gehören zur hyperbolischen Ebene, und wir werden zeigen, daß sie schlicht und vollständig überdeckt wird.

Um die Gruppen zu bestimmen, gehen wir von der Auffassung der Substitutionen aus, so daß man die raumfeste Deutung erhält, wenn man von links nach rechts liest. Wir beziehen uns auf die Figur 42, welche zu $(5,4)$ gehört und also eine Pflasterung der hyperbolischen Ebene mit rechtwinkligen Fünfecken darstellt. Hierzu verwenden wir die Abbildung der hyperbolischen Ebene auf einen Euklidischen Kreis, indem wir das Innere des Einheitskreises als Bild ansehen. Die Geraden werden durch Bögen von Kreisen, die auf den Einheitskreis senkrecht stehen, wiedergegeben. Bei dieser Abbildung bleiben die Winkel erhalten, während die Geraden verkürzt werden. Je näher man dem Einheitskreis

kommt, um so stärker ist die Verkürzung, denn die hyperbolische Ebene
ist unendlich. Wir legen nun das gleichschenklige Dreieck mit der Spitze
in den Mittelpunkt M des Einheitskreises. Die beiden gleichen Schenkel
werden zu zwei Geraden, welche allgemein den Winkel $2\,\pi/m$ miteinander
bilden, hier also 72°, denn die Durchmesser entsprechen selber den Geraden durch den Punkt M. Nun haben wir denjenigen Kreisbogen, der
den Einheitskreis senkrecht schneidet, zu suchen, der mit jedem der
beiden Schenkel den Winkel π/n bildet. Sein Mittelpunkt liegt auf der
Winkelhalbierenden der beiden Schenkel, und wir haben dessen Distanz
von M, die wir mit x bezeichnen wollen, sowie den Radius r des Kreises
zu berechnen. Das ist eine elementare geometrische Konstruktion. Man
bedenke, daß die Potenz des Punktes M in bezug auf den gesuchten
Kreis $= 1$ ist und betrachte das Dreieck, das aus M, ferner dem Mittelpunkt des gesuchten Kreises, schließlich aus dem Schnittpunkt des gesuchten Kreises mit einem der Schenkel gebildet ist. Setzt man noch
$\alpha = \pi/m$ und $\beta = \pi/n$, so erhält man folgende Formeln

$$x = \frac{\cos\beta}{\sqrt{\cos^2\beta - \sin^2\alpha}}, \qquad r = \frac{\sin\alpha}{\sqrt{\cos^2\beta - \sin^2\alpha}}$$

Für das Fünfeck (5,4) erhält man so

$$x = \frac{\sqrt{2}}{2}\,\frac{1}{\sqrt{\dfrac{1}{2} - \sin^2\alpha}} = 1{,}7989\dots\,, \qquad r = \frac{\sin\alpha}{\sqrt{\dfrac{1}{2} - \sin^2\alpha}} = 1{,}4953\dots\,,$$

Für das Siebeneck (7,3) ergibt sich

$$x = \frac{1}{\sqrt{2\cos 2\,\alpha - 1}} = 2{,}021\dots\,, \qquad r = \frac{2\sin\alpha}{\sqrt{2\cos 2\,\alpha - 1}} = 1{,}7461\dots$$

Der Fall (6,4) gibt $x = \sqrt{2}$, $r = 1$,
der Fall (8,3) schließlich $x = 1{,}5538\dots$, $r = 1{,}1892\dots$

Hat man diese eine Seite gefunden, so ergeben sich die andern durch
Drehung und durch Spiegelung an den Kreisen, wobei man sich daran zu
erinnern hat, daß der Einheitskreis bei den Spiegelungen an den Ortho-
gonalkreisen in sich übergeht. So kann man das Netz der Pflasterung
leicht herstellen.

Die Figuren, die man so erhält, nennt man die *Kleinschen Kreisfiguren*.
Zwar hatten schon vor ihm mehrere Mathematiker derartige Figuren
gefunden, aber erst *Felix Klein* hat ihre zentrale Bedeutung für die Mathematik erkannt. In seinem Aufsatz ,,Zur Vorgeschichte der automorphen
Funktionen`` (Gesammelte mathematische Abhandlungen, Bd. 3, S. 584)
schreibt er: ,,In der letzten Nacht vom 22. zum 23. März (1882) ... stand
plötzlich um $2\frac{1}{2}$ Uhr das Grenzkreistheorem, wie es durch die Figur des
Vierzehnecks ... eigentlich schon vorgebildet war, vor mir ... Jetzt wußte

ich, daß ich ein großes Theorem gefunden hatte." Das Vierzehneck ist
unsere Figur 43. Sie findet sich mehrmals bei Klein, z. B. im angegebenen
Band seiner Werke, S. 126, ferner in *Klein-Fricke*, ,,Vorlesungen über die
Theorie der elliptischen Modulfunktionen", Bd. 1, S. 109, 370, 464.

Abb. 42

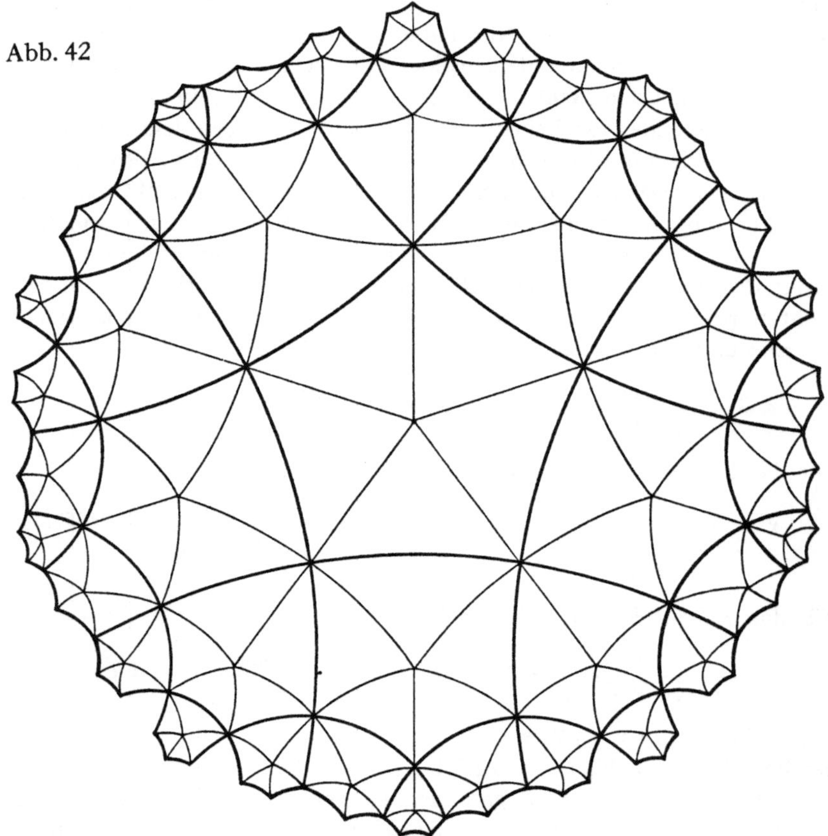

Die Gruppen der Kleinschen Kreisfiguren

Wir gehen von einem gleichschenkligen Dreieck aus, das die Spitze
in M hat. Die beiden anderen Ecken mögen A und B heißen, und der
Mittelpunkt von AB sei C. Die Drehung um M mit dem Winkel $2\pi/m$
sei P, die Drehung von 180° um C sei Q, dann lauten die erzeugenden
Relationen

$$(1)\quad P^m = 1, \quad (2)\quad Q^2 = 1, \quad (3)\quad (PQ)^n = 1.$$

P und Q seien in der Ebene festgehalten. Irgendeine Folge $P^a\, Q\, P^b\, Q \ldots$
wollen wir als ein Wort bezeichnen. Für die Anschauung ist es bequemer,

das Wort von rechts nach links, also körperfest zu lesen. Man sieht alsdann, daß man in jedes Dreieck der Pflasterung durch mindestens ein
Wort gelangen kann. Um nun zu zeigen, dass das Innere des Einheitskreises schlicht überdeckt wird, stellen wir zunächst fest, daß dies vom

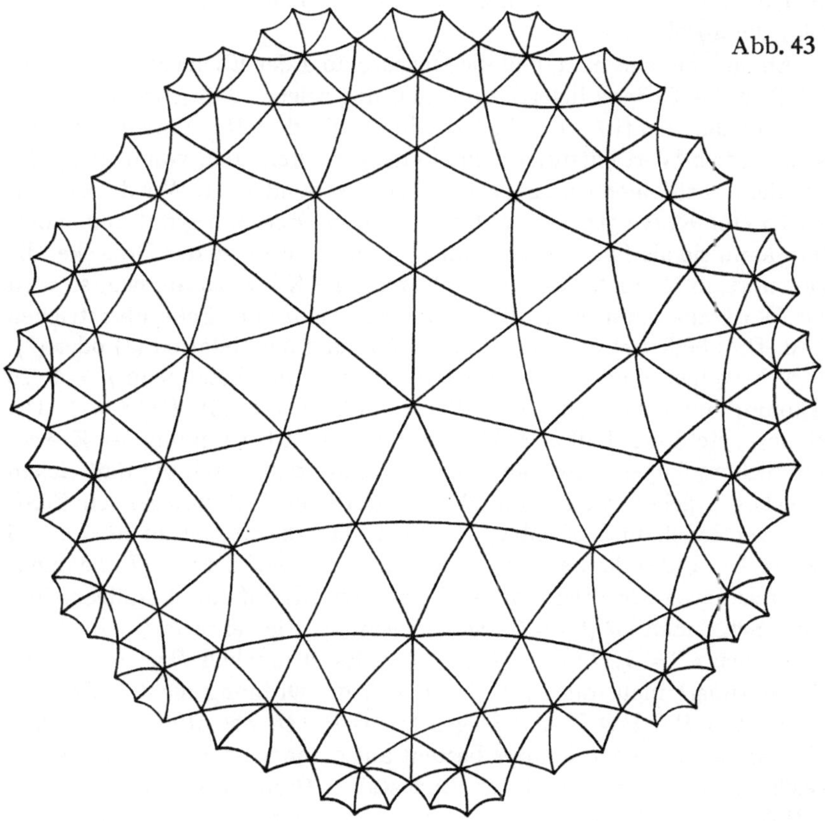

Abb. 43

m-Eck mit dem Mittelpunkt in M gilt, daß wir ferner die Ecke am Rand
mit je n solcher m-Ecke schlicht umgeben können. Nun läßt sich jeder
Punkt des zentralen m-Ecks mit einem nicht-euklidischen Kreis umgeben, der ganz innerhalb dieser schlichten Figur liegt. Den halben
Radius bezeichnen wir mit r. Jetzt sei eine Kurve im Einheitskreise
gegeben, die in M beginnt und endet. Wir müssen zeigen, dass sie sich auf
M zusammenziehen läßt. Jeder Punkt der Kurve liegt in einem m-Eck,
und wegen der gleichen Umgebung können wir ihn mit einem Kreis vom
Radius r umgeben, der lokal schlicht ist. Es sei L die größte nicht-eukli-
dische Entfernung eines Punktes der Kurve von M. Dann können wir die

Kurve zusammenziehen nach M zu, indem wir jeden ihrer Punkte auf seiner Verbindungsgeraden mit M wandern lassen. Dies geht sicher hemmungslos, bis die größte Entfernung nur noch $L - r$ beträgt. Mit dieser neuen Kurve machen wir dasselbe, und so gelangen wir zu einer Kurve, die ganz innerhalb des ersten m-Ecks liegt. Aus der lokalen Schlichtheit folgt die absolute.

Ähnlich beweist man, daß die Überdeckung der Ebene ein vollständiges Bild der Gruppe liefert. Man muß nur zeigen, daß jedes Wort, das sich auf die Identität 1 reduziert, durch die drei Relationen reduziert wird. Jedem Wort entspricht eine Folge von Dreiecken, von denen jedes mit dem nachfolgenden längs einer Seite verbunden ist. Wir denken uns wieder eine Kurve gegeben, welche im ersten Dreieck beginnt und endet. Man kann sie als Polygon annehmen, da nur die Folge der Dreiecke, die sie liefert, in Betracht kommt. Zieht man die Kurve zusammen, so wird das Wort nur dann wesentlich geändert, wenn eine Ecke überstrichen wird. Dies bedeutet aber stets die Anwendung der Relation (1) oder (3).

Wir wollen einige besondere Fälle betrachten. Setzt man $n = 4$, so bekommt man die Gruppe (1) $P^m = 1$, (2) $Q^2 = 1$, (3) $(P\,Q)^4 = 1$. Die Figur 42 stellt den Fall $m = 5$ dar und gibt die Überdeckung des Kreises mit rechtwinkligen Fünfecken. Man beachte, daß durch die fünf Ecken Kreisbogen gehen, welche die Mittelpunkte der fünf anliegenden Fünfecke verbinden und offenbar die Figur liefern, welche zu $m = n = 5$ gehört. Der Index der neuen Gruppe muß 2 sein, weil der neue Fundamentalbereich zwei der alten umfaßt. Dies führt uns auf eine Verallgemeinerung. Setzt man $(P\,Q)' = Q'$, so genügen die Elemente P, Q', $P\,Q'$ den Relationen $P^m = 1$, $Q'^2 = 1$, $(P\,Q')^m = 1$. Es ist nämlich $P\,Q' = P^2 Q P Q$. Transformiert man mit P, wodurch sich die Ordnung nicht ändert, so erhält man $P\,Q\,P\,Q\,P$, also wegen (3): $Q\,P^{-1}\,Q$, was offenbar die Ordnung m hat. Die neue Gruppe besteht aus denjenigen Werten der alten, welche eine gerade Anzahl von Buchstaben Q enthalten, denn es gilt: $Q\,P\,Q = P^{-1}\,Q'$ und $Q\,P^k\,Q = (Q\,P\,Q)^k$. Daher ist der Index $= 2$, und die zweite Gruppe ist Normalteiler der ersten.

Setzen wir nun $m = 7$ und $n = 3$, so erhalten wir die Gruppe des Siebenecks. Verbindet man hier die Mittelpunkte der anliegenden Siebenecke, so erhält man das Siebeneck mit den Winkeln $4\,\pi/7$, aber da dies kein Teiler von $2\,\pi$ ist, so schließen sich die Figuren nicht bei einmaliger Umlaufung der Eckpunkte, so daß wir keine schlichte Überdeckung der Ebene mehr erhalten. Die Figur regt die Phantasie stark an, sie enthält lauter neue Proportionen und dürfte für die Kunst von großer Bedeutung werden, was schon *Klein* gefühlt hat. Wir haben uns darum bemüht, diese Ornamente zu färben, und wollen uns zum Schluß dazu wenden, die Prinzipien dafür anzugeben.

Die Färbung der Ornamente

Verwendet man mehrere Farben für ein Ornament, so gilt das allgemeine Gesetz:

Die Felder mit derselben Farbe gehen unter einer Untergruppe in einander über.

Dieses Gesetz dürfte aus der prähistorischen Zeit stammen, aber es wurde nur an einzelnen Beispielen entdeckt. Lassen wir uns von ihm leiten, so müssen wir offenbar Untergruppen aufsuchen von möglichst kleinem Index, damit nicht zu viele Farben nötig sind. Dazu verwendet man die Darstellungen durch Permutationen. Sie liefern endliche Gruppen, wobei der Identität ein Normalteiler entspricht. Wir geben Beispiele:

$m = 5$, $n = 4$ läßt sich in fünf Variablen darstellen in der Gestalt

$$P = (1, 2, 3, 4, 5), \quad Q = (1, 2), \quad PQ = (2, 3, 4, 5) \, .$$

Man stellt ohne große Schwierigkeit fest, daß dies die symmetrische Gruppe von fünf Variablen ist, denn sie enthält ungerade Permutationen, ferner muß die Ordnung durch 20 teilbar sein und ferner durch 3, denn nach Satz 93 kommt darin auch $(2, 3)$, also auch $(2, 3, 4, 5)\,(2, 3) = (3, 4, 5)$ vor. Diese Gruppe besitzt die alternierende Gruppe als Normalteiler vom Index 2, womit der obige Satz illustriert ist.

$m = 7$, $n = 3$ läßt sich folgendermaßen darstellen:

$$P = (1, 2, 3, 4, 5, 6, 7), \quad Q = (1, 7)\,(2, 5), \quad PQ = (1, 5, 6)\,(2, 3, 4) \, .$$

Um sie zu untersuchen, kann man so vorgehen: Man konstruiert die Untergruppe, welche eine Variable, z. B. 7, festläßt. Hierzu gehört PQ, ferner unter den zu Q konjugierten Permutationen $(1, 2)\,(3, 6)$, $(3, 4)\,(1, 5)$, $(2, 6)\,(4, 5)$ (Transformation mit A, A^3 und A^4). Man findet, daß diese Permutationen eine Oktaedergruppe erzeugen. Daher ist die Ordnung der ganzen Gruppe 168. Sie ist die nach der Ikosaedergruppe kleinste einfache Gruppe. Nämlich in der Oktaedergruppe sind alle 8 Elemente der Ordnung 3 konjugiert. Nun sind alle 7 Oktaedergruppen konjugiert, und sie haben kein Element der Ordnung 3 gemeinsam, weil diese je nur eine Variable ungeändert lassen. Daher bilden die Elemente der Ordnung drei eine einzige Klasse mit $7 \cdot 8 = 56$ Elementen. Dasselbe gilt von den je 6 Elementen der Ordnung 4, denn sie bestehen aus einem Vierer- und einem Zweierzyklus, weil sie gerade sein müssen, lassen daher auch nur eine Variable ungeändert. Die Klasse enthält daher $6 \cdot 7 = 42$ Elemente. Die Gruppen der Ordnung 7 sind als Sylowgruppen konjugiert. Es gibt deren 8, da diese Anzahl die Gestalt $7\,k + 1$ haben muß. Dies liefert noch 56 Elemente, die übrigens zwei Klassen bilden. So bleiben noch 21 Elemente der Ordnung 2 übrig, die alle konjugiert sind. Nun müßte ein Normalteiler eine Ordnung besitzen, die sich additiv aus den Zahlen 1, 56, 48, 42, 21 zusammensetzen läßt, ferner 1 als Summand enthält und einen Teiler von 168 darstellt, was nicht möglich ist, wie man sich sofort überzeugt.

Die Tatsache, daß es genau 8 Gruppen der Ordnung 7 gibt, kann man auch direkt zeigen. Man transformiere die Permutation P mit Q und alsdann mit den Potenzen von P. So erhält man 8 Elemente, welche in dieser Reihenfolge mit $P = P_1, P_2, P_3, \ldots, P_8$ bezeichnet seien. Man überzeugt sich an der Gestalt dieser 8 Zyklen, daß keine eine Potenz einer andern ist, so daß wir mindestens 8 Sylowgruppen haben. Nun transformiere man diese Elemente wieder mit Q. Man erhält P_2, P_1, P_8, P_5^4, P_4^2, P_7^2, P_6^4. Dies sind keine neuen Untergruppen mehr, und wir haben daher alle erhalten.

Erklärung des Titelbildes

Die farbige Tafel stellt das Siebeneck mit den Winkeln von 120° dar. Es ist nach folgender Permutationsgruppe bemalt:

$$P = (1, 2, 3, 4, 5, 6, 7), \quad Q = (2, 6) (3, 4), \quad P Q = (1, 6, 7) (2, 4, 5) \,.$$

Da bei Q die erste Farbe ungeändert bleibt, entstehen Rhomben statt Dreiecke. Jedes Siebeneck enthält alle Farben, und nach den vorigen Ausführungen kommen 24 Permutationen vor. Das mittlere Siebeneck und die sieben anschließenden enthalten die acht Anordnungen, die wir oben mit P_1 bis P_8 bezeichnet haben. Führt man raumfest Q aus, so geht das mittlere Siebeneck in eines der angrenzenden über, die sieben angrenzenden gelangen in die entsprechenden des neuen Siebenecks. Man verifiziere die Anordnungen der Farben, wie wir sie in der Liste oben angegeben haben.

Dreht man die Figur um den Mittelpunkt um den Winkel $2\,\pi/7$, so erfahren alle Farben der ganzen Figur dieselbe Permutation, wie sie schon im Anfangssiebeneck vorgebildet ist. Machen wir dasselbe mit einem beliebigen andern Siebeneck, wo die Reihenfolge eine neue ist, so erfahren wieder alle Farben der ganzen Figur dieselbe neue Permutation. Dreht man ferner um einen Eckpunkt um den Winkel 120°, so erfahren wieder alle Farben dieselbe Permutation, nämlich zwei Dreierzyklen, so daß eine Farbe ungeändert bleibt. Auch lassen sich die Rhomben um ihren Mittelpunkt um 180° drehen, und hierbei gehen drei Farben in sich über, während sich die übrigen in zwei Vertauschungen ändern. Es handelt sich also bei dieser Figur um das symmetriehaltigste Ornament, das je gefunden wurde.

Das merkwürdigste an der Figur ist jedoch die kubische Wirkung. Nach kurzem Betrachten kann man sie nicht mehr als ebenes Muster anschauen. Weil die plastische Deutung nicht aufgeht, so springen die Würfel nach vorne und sogleich wieder nach hinten. Man kann das plastische Sehen daran üben und wird die Wirkung beim Anblick eines perspektivischen oder eines kubistischen Gemäldes sogleich spüren. So eröffnen sich auch hier neue Bahnen für die Kunst.

Namenverzeichnis.

Die Zahlen geben die Seiten an.